“十二五”国家重点出版规划项目
雷达与探测前沿技术丛书

战略预警雷达信号处理新技术

New Signal Processing Technology of Strategic Early Warning Radar

李明　黄银和　等著

国防工业出版社
·北京·

内容简介

本书以战略预警系统中的战略预警雷达，即地基/海基反导预警雷达、天基预警雷达、天波超视距雷达、预警机雷达为对象，详尽阐述战略预警雷达信号处理技术的新理论和新方法，结合工程应用进行仿真和实测数据验证，并提供了设计实例。本书重点介绍战略预警雷达信号处理近年来发展的新技术，包括目标识别、反干扰、目标检测、成像处理和分布式联合检测方面的最新进展，具有较强的前瞻性和较好的研究参考价值。

本书主要读者对象为从事雷达系统研究、应用等方面的科技和工程人员，雷达部队官兵，以及高等院校相关专业的师生。

图书在版编目(CIP)数据

战略预警雷达信号处理新技术 / 李明等著.
—北京：国防工业出版社，2017.12
(雷达与探测前沿技术丛书)
ISBN 978-7-118-11533-8

Ⅰ.①战… Ⅱ.①李… Ⅲ.①预警雷达-雷达信号处理 Ⅳ.①TN957.51

中国版本图书馆 CIP 数据核字(2018)第 014569 号

※

国防工业出版社出版发行
(北京市海淀区紫竹院南路 23 号　邮政编码 100048)
天津嘉恒印务有限公司印刷
新华书店经售
*
开本 710×1000　1/16　**印张** 18　**字数** 302 千字
2017 年 12 月第 1 版第 1 次印刷　**印数** 1—3000 册　**定价** 86.00 元

国防书店：(010)88540777　发行邮购：(010)88540776
发行传真：(010)88540755　发行业务：(010)88540717

总　序

雷达在第二次世界大战中初露头角。战后,美国麻省理工学院辐射实验室集合各方面的专家,总结战争期间的经验,于1950年前后出版了一套雷达丛书,共28个分册,对雷达技术做了全面总结,几乎成为当时雷达设计者的必备读物。我国的雷达研制也从那时开始,经过几十年的发展,到21世纪初,我国雷达技术在很多方面已进入国际先进行列。为总结这一时期的经验,中国电子科技集团公司曾经组织老一代专家撰著了"雷达技术丛书",全面总结他们的工作经验,给雷达领域的工程技术人员留下了宝贵的知识财富。

电子技术的迅猛发展,促使雷达在内涵、技术和形态上快速更新,应用不断扩展。为了探索雷达领域前沿技术,我们又组织编写了本套"雷达与探测前沿技术丛书"。与以往雷达相关丛书显著不同的是,本套丛书并不完全是作者成熟的经验总结,大部分是专家根据国内外技术发展,对雷达前沿技术的探索性研究。内容主要依托雷达与探测一线专业技术人员的最新研究成果、发明专利、学术论文等,对现代雷达与探测技术的国内外进展、相关理论、工程应用等进行了广泛深入研究和总结,展示近十年来我国在雷达前沿技术方面的研制成果。本套丛书的出版力求能促进从事雷达与探测相关领域研究的科研人员及相关产品的使用人员更好地进行学术探索和创新实践。

本套丛书保持了每一个分册的相对独立性和完整性,重点是对前沿技术的介绍,读者可选择感兴趣的分册阅读。丛书共41个分册,内容包括频率扩展、协同探测、新技术体制、合成孔径雷达、新雷达应用、目标与环境、数字技术、微电子技术八个方面。

(一) 雷达频率迅速扩展是近年来表现出的明显趋势,新频段的开发、带宽的剧增使雷达的应用更加广泛。本套丛书遴选的频率扩展内容的著作共4个分册:

(1)《毫米波辐射无源探测技术》分册中没有讨论传统的毫米波雷达技术,而是着重介绍毫米波热辐射效应的无源成像技术。该书特别采用了平方千米阵的技术概念,这一概念在用干涉式阵列基线的测量结果来获得等效大口径阵列效果的孔径综合技术方面具有重要的意义。

(2)《太赫兹雷达》分册是一本较全面介绍太赫兹雷达的著作,主要包括太赫兹雷达系统的基本组成和技术特点、太赫兹雷达目标检测以及微动目标检测技术,同时也讨论了太赫兹雷达成像处理。

(3)《机载远程红外预警雷达系统》分册考虑到红外成像和告警是红外探测的传统应用,但是能否作为全空域远距离的搜索监视雷达,尚有诸多争议。该书主要讨论用监视雷达的概念如何解决红外极窄波束、全空域、远距离和数据率的矛盾,并介绍组成红外监视雷达的工程问题。

(4)《多脉冲激光雷达》分册从实际工程应用角度出发,较详细地阐述了多脉冲激光测距及单光子测距两种体制下的系统组成、工作原理、测距方程、激光目标信号模型、回波信号处理技术及目标探测算法等关键技术,通过对两种远程激光目标探测体制的探讨,力争让读者对基于脉冲测距的激光雷达探测有直观的认识和理解。

(二) 传输带宽的急剧提高,赋予雷达协同探测新的使命。协同探测会导致雷达形态和应用发生巨大的变化,是当前雷达研究的热点。本套丛书遴选出协同探测内容的著作共10个分册:

(1)《雷达组网技术》分册从雷达组网使用的效能出发,重点讨论点迹融合、资源管控、预案设计、闭环控制、参数调整、建模仿真、试验评估等雷达组网新技术的工程化,是把多传感器统一为系统的开始。

(2)《多传感器分布式信号检测理论与方法》分册主要介绍检测级、位置级(点迹和航迹)、属性级、态势评估与威胁估计五个层次中的检测级融合技术,是雷达组网的基础。该书主要给出各类分布式信号检测的最优化理论和算法,介绍考虑到网络和通信质量时的联合分布式信号检测准则和方法,并研究多输入多输出雷达目标检测的若干优化问题。

(3)《分布孔径雷达》分册所描述的雷达实现了多个单元孔径的射频相参合成,获得等效于大孔径天线雷达的探测性能。该书在概述分布孔径雷达基本原理的基础上,分别从系统设计、波形设计与处理、合成参数估计与控制、稀疏孔径布阵与测角、时频相同步等方面做了较为系统和全面的论述。

(4)《MIMO雷达》分册所介绍的雷达相对于相控阵雷达,可以同时获得波形分集和空域分集,有更加灵活的信号形式,单元间距不受$\lambda/2$的限制,间距拉开后,可组成各类分布式雷达。该书比较系统地描述多输入多输出(MIMO)雷达。详细分析了波形设计、积累补偿、目标检测、参数估计等关键技术。

(5)《MIMO雷达参数估计技术》分册更加侧重讨论各类MIMO雷达的算法。从MIMO雷达的基本知识出发,介绍均匀线阵,非圆信号,快速估计,相干目标,分布式目标,基于高阶累计量的、基于张量的、基于阵列误差的、特殊阵列结构的MIMO雷达目标参数估计的算法。

(6)《机载分布式相参射频探测系统》分册介绍的是MIMO技术的一种工程应用。该书针对分布式孔径采用正交信号接收相参的体制,分析和描述系统处理架构及性能、运动目标回波信号建模技术,并更加深入地分析和描述实现分布式相参雷达杂波抑制、能量积累、布阵等关键技术的解决方法。

(7)《机会阵雷达》分册介绍的是分布式雷达体制在移动平台上的典型应用。机会阵雷达强调根据平台的外形,天线单元共形随遇而布。该书详尽地描述系统设计、天线波束形成方法和算法、传输同步与单元定位等关键技术,分析了美国海军提出的用于弹道导弹防御和反隐身的机会阵雷达的工程应用问题。

(8)《无源探测定位技术》分册探讨的技术是基于现代雷达对抗的需求应运而生,并在实战应用需求越来越大的背景下快速拓展。随着知识层面上认知能力的提升以及技术层面上带宽和传输能力的增加,无源侦察已从单一的测向技术逐步转向多维定位。该书通过充分利用时间、空间、频移、相移等多维度信息,寻求无源定位的解,对雷达向无源发展有着重要的参考价值。

(9)《多波束凝视雷达》分册介绍的是通过多波束技术提高雷达发射信号能量利用效率以及在空、时、频域中减小处理损失,提高雷达探测性能;同时,运用相位中心凝视方法改进杂波中目标检测概率。分册还涉及短基线雷达如何利用多阵面提高发射信号能量利用效率的方法;针对长基线,阐述了多站雷达发射信号可形成凝视探测网格,提高雷达发射信号能量的使用效率;而合成孔径雷达(SAR)系统应用多波束凝视可降低发射功率,缓解宽幅成像与高分辨之间的矛盾。

(10)《外辐射源雷达》分册重点讨论以电视和广播信号为辐射源的无源雷达。详细描述调频广播模拟电视和各种数字电视的信号,减弱直达波的对消和滤波的技术;同时介绍了利用GPS(全球定位系统)卫星信号和GSM/CDMA(两种手机制式)移动电话作为辐射源的探测方法。各种外辐射源雷达,要得到定位参数和形成所需的空域,必须多站协同。

(三) 以新技术为牵引,产生出新的雷达系统概念,这对雷达的发展具有里程碑的意义。本套丛书遴选了涉及新技术体制雷达内容的6个分册:

(1)《宽带雷达》分册介绍的雷达打破了经典雷达5MHz带宽的极限,同时雷达分辨力的提高带来了高识别率和低杂波的优点。该书详尽地讨论宽带信号的设计、产生和检测方法。特别是对极窄脉冲检测进行有益的探索,为雷达的进一步发展提供了良好的开端。

(2)《数字阵列雷达》分册介绍的雷达是用数字处理的方法来控制空间波束,并能形成同时多波束,比用移相器灵活多变,已得到了广泛应用。该书全面系统地描述数字阵列雷达的系统和各分系统的组成。对总体设计、波束校准和补偿、收/发模块、信号处理等关键技术都进行了详细描述,是一本工程性较强的著作。

(3)《雷达数字波束形成技术》分册更加深入地描述数字阵列雷达中的波束形成技术,给出数字波束形成的理论基础、方法和实现技术。对灵巧干扰抑制、非均匀杂波抑制、波束保形等进行了深入的讨论,是一本理论性较强的专著。

(4)《电磁矢量传感器阵列信号处理》分册讨论在同一空间位置具有三个磁场和三个电场分量的电磁矢量传感器,比传统只用一个分量的标量阵列处理能获得更多的信息,六分量可完备地表征电磁波的极化特性。该书从几何代数、张量等数学基础到阵列分析、综合、参数估计、波束形成、布阵和校正等问题进行详细讨论,为进一步应用奠定了基础。

(5)《认知雷达导论》分册介绍的雷达可根据环境、目标和任务的感知,选择最优化的参数和处理方法。它使得雷达数据处理及反馈从粗犷到精细,彰显了新体制雷达的智能化。

(6)《量子雷达》分册的作者团队搜集了大量的国外资料,经探索和研究,介绍从基本理论到传输、散射、检测、发射、接收的完整内容。量子雷达探测具有极高的灵敏度,更高的信息维度,在反隐身和抗干扰方面优势明显。经典和非经典的量子雷达,很可能走在各种量子技术应用的前列。

(四) 合成孔径雷达(SAR)技术发展较快,已有大量的著作。本套丛书遴选了有一定特点和前景的5个分册:

(1)《数字阵列合成孔径雷达》分册系统阐述数字阵列技术在SAR中的应用,由于数字阵列天线具有灵活性并能在空间产生同时多波束,雷达采集的同一组回波数据,可处理出不同模式的成像结果,比常规SAR具备更多的新能力。该书着重研究基于数字阵列SAR的高分辨力宽测绘带SAR成像、极化层析SAR三维成像和前视SAR成像技术三种新能力。

(2)《双基合成孔径雷达》分册介绍的雷达配置灵活,具有隐蔽性好、抗干扰能力强、能够实现前视成像等优点,是SAR技术的热点之一。该书较为系统地描述了双基SAR理论方法、回波模型、成像算法、运动补偿、同步技术、试验验证等诸多方面,形成了实现技术和试验验证的研究成果。

(3)《三维合成孔径雷达》分册描述曲线合成孔径雷达、层析合成孔径雷达和线阵合成孔径雷达等三维成像技术。重点讨论各种三维成像处理算法,包括距离多普勒、变尺度、后向投影成像、线阵成像、自聚焦成像等算法。最后介绍三维MIMO-SAR系统。

(4)《雷达图像解译技术》分册介绍的技术是指从大量的SAR图像中提取与挖掘有用的目标信息,实现图像的自动解译。该书描述高分辨SAR和极化SAR的成像机理及相应的相干斑抑制、噪声抑制、地物分割与分类等技术,并介绍舰船、飞机等目标的SAR图像检测方法。

(5)《极化合成孔径雷达图像解译技术》分册对极化合成孔径雷达图像统计建模和参数估计方法及其在目标检测中的应用进行了深入研究。该书研究内容为统计建模和参数估计及其国防科技应用三大部分。

(五) 雷达的应用也在扩展和变化,不同的领域对雷达有不同的要求,本套丛书在雷达前沿应用方面遴选了6个分册:

(1)《天基预警雷达》分册介绍的雷达不同于星载SAR,它主要观测陆海空天中的各种运动目标,获取这些目标的位置信息和运动趋势,是难度更大、更为复杂的天基雷达。该书介绍天基预警雷达的星星、星空、MIMO、卫星编队等双/多基地体制。重点描述了轨道覆盖、杂波与目标特性、系统设计、天线设计、接收处理、信号处理技术。

(2)《战略预警雷达信号处理新技术》分册系统地阐述相关信号处理技术的理论和算法,并有仿真和试验数据验证。主要包括反导和飞机目标的分类识别、低截获波形、高速高机动和低速慢机动小目标检测、检测识别一体化、机动目标成像、反投影成像、分布式和多波段雷达的联合检测等新技术。

(3)《空间目标监视和测量雷达技术》分册论述雷达探测空间轨道目标的特色技术。首先涉及空间编目批量目标监视探测技术,包括空间目标监视相控阵雷达技术及空间目标监视伪码连续波雷达信号处理技术。其次涉及空间目标精密测量、增程信号处理和成像技术,包括空间目标雷达精密测量技术、中高轨目标雷达探测技术、空间目标雷达成像技术等。

(4)《平流层预警探测飞艇》分册讲述在海拔约20km的平流层,由于相对风速低、风向稳定,从而适合大型飞艇的长期驻空,定点飞行,并进行空中预警探测,可对半径500km区域内的地面目标进行长时间凝视观察。该书主要介绍预警飞艇的空间环境、总体设计、空气动力、飞行载荷、载荷强度、动力推进、能源与配电以及飞艇雷达等技术,特别介绍了几种飞艇结构载荷一体化的形式。

(5)《现代气象雷达》分册分析了非均匀大气对电磁波的折射、散射、吸收和衰减等气象雷达的基础,重点介绍了常规天气雷达、多普勒天气雷达、双偏振全相参多普勒天气雷达、高空气象探测雷达、风廓线雷达等现代气象雷达,同时还介绍了气象雷达新技术、相控阵天气雷达、双/多基地天气雷达、声波雷达、中频探测雷达、毫米波测云雷达、激光测风雷达。

(6)《空管监视技术》分册阐述了一次雷达、二次雷达、应答机编码分配、S模式、多雷达监视的原理。重点讨论广播式自动相关监视(ADS-B)数据链技术、飞机通信寻址报告系统(ACARS)、多点定位技术(MLAT)、先进场面监视设备(A-SMGCS)、空管多源协同监视技术、低空空域监视技术、空管技术。介绍空管监视技术的发展趋势和民航大国的前瞻性规划。

(六) 目标和环境特性,是雷达设计的基础。该方向的研究对雷达匹配目标和环境的智能设计有重要的参考价值。本套丛书对此专题遴选了4个分册:

(1)《雷达目标散射特性测量与处理新技术》分册全面介绍有关雷达散射截面积(RCS)测量的各个方面,包括RCS的基本概念、测试场地与雷达、低散射目标支架、目标RCS定标、背景提取与抵消、高分辨力RCS诊断成像与图像理解、极化测量与校准、RCS数据的处理等技术,对其他微波测量也具有参考价值。

(2)《雷达地海杂波测量与建模》分册首先介绍国内外地海面环境的分类和特征,给出地海杂波的基本理论,然后介绍测量、定标和建库的方法。该书用较大的篇幅,重点阐述地海杂波特性与建模。杂波是雷达的重要环境,随着地形、地貌、海况、风力等条件而不同。雷达的杂波抑制,正根据实时的变化,从粗犷走向精细的匹配,该书是现代雷达设计师的重要参考文献。

(3)《雷达目标识别理论》分册是一本理论性较强的专著。以特征、规律及知识的识别认知为指引,奠定该书的知识体系。首先介绍雷达目标识别的物理与数学基础,较为详细地阐述雷达目标特征提取与分类识别、知识辅助的雷达目标识别、基于压缩感知的目标识别等技术。

(4)《雷达目标识别原理与实验技术》分册是一本工程性较强的专著。该书主要针对目标特征提取与分类识别的模式,从工程上阐述了目标识别的方法。重点讨论特征提取技术、空中目标识别技术、地面目标识别技术、舰船目标识别及弹道导弹识别技术。

(七) 数字技术的发展,使雷达的设计和评估更加方便,该技术涉及雷达系统设计和使用等。本套丛书遴选了3个分册:

(1)《雷达系统建模与仿真》分册所介绍的是现代雷达设计不可缺少的工具和方法。随着雷达的复杂度增加,用数字仿真的方法来检验设计的效果,可收到事半功倍的效果。该书首先介绍最基本的随机数的产生、统计实验、抽样技术等与雷达仿真有关的基本概念和方法,然后给出雷达目标与杂波模型、雷达系统仿真模型和仿真对系统的性能评价。

(2)《雷达标校技术》分册所介绍的内容是实现雷达精度指标的基础。该书重点介绍常规标校、微光电视角度标校、球载BD/GPS(BD为北斗导航简称)标校、射电星角度标校、基于民航机的雷达精度标校、卫星标校、三角交会标校、雷达自动化标校等技术。

(3)《雷达电子战系统建模与仿真》分册以工程实践为取材背景,介绍雷达电子战系统建模的主要方法、仿真模型设计、仿真系统设计和典型仿真应用实例。该书从雷达电子战系统数学建模和仿真系统设计的实用性出发,着重论述雷达电子战系统基于信号/数据流处理的细粒度建模仿真的核心思想和技术实现途径。

(八) 微电子的发展使得现代雷达的接收、发射和处理都发生了巨大的变化。本套丛书遴选出涉及微电子技术与雷达关联最紧密的3个分册:

(1)《雷达信号处理芯片技术》分册主要讲述一款自主架构的数字信号处理(DSP)器件,详细介绍该款雷达信号处理器的架构、存储器、寄存器、指令系统、I/O资源以及相应的开发工具、硬件设计,给雷达设计师使用该处理器提供有益的参考。

(2)《雷达收发组件芯片技术》分册以雷达收发组件用芯片套片的形式,系统介绍发射芯片、接收芯片、幅相控制芯片、波速控制驱动器芯片、电源管理芯片的设计和测试技术及与之相关的平台技术、实验技术和应用技术。

(3)《宽禁带半导体高频及微波功率器件与电路》分册的背景是,宽禁带材料可使微波毫米波功率器件的功率密度比Si和GaAs等同类产品高10倍,可产生开关频率更高、关断电压更高的新一代电力电子器件,将对雷达产生更新换代的影响。分册首先介绍第三代半导体的应用和基本知识,然后详细介绍两大类各种器件的原理、类别特征、进展和应用：SiC 器件有功率二极管、MOSFET、JFET、BJT、IBJT、GTO 等；GaN 器件有 HEMT、MMIC、E 模 HEMT、N 极化 HEMT、功率开关器件与微功率变换等。最后展望固态太赫兹、金刚石等新兴材料器件。

本套丛书是国内众多相关研究领域的大专院校、科研院所专家集体智慧的结晶。具体参与单位包括中国电子科技集团公司、中国航天科工集团公司、中国电子科学研究院、南京电子技术研究所、华东电子工程研究所、北京无线电测量研究所、电子科技大学、西安电子科技大学、国防科技大学、北京理工大学、北京航空航天大学、哈尔滨工业大学、西北工业大学等近 30 家。在此对参与编写及审校工作的各单位专家和领导的大力支持表示衷心感谢。

王小谟

2017 年 9 月

前 言

战略预警系统是指国家或地区的武装力量，为防御突然来袭的轰炸机和弹道导弹，应用综合性预警技术监视他国战略武器活动，做到早发现、跟踪、识别和报知来袭的警戒系统，是国家防御体系的重要组成部分，是防备突然袭击的第一道防线。战略预警系统的技术功能包括侦察与监视能力、跟踪与定位能力和目标识别能力。战略预警雷达具有全天候的探测发现能力，是战略预警系统的核心装备。美国于20世纪50年代建立起反飞机预警线。随着弹道导弹的发展，从20世纪60年代开始，战略预警的重点由防轰炸机转到预警弹道导弹，为此美国又建立了“北方弹道导弹预警系统”“潜射弹道导弹预警系统”，发展了大型相控阵雷达和预警卫星，同时改进和完善了对轰炸机的预警。

战略预警系统包括地基多功能雷达、远程相控阵雷达、天基预警雷达、天波超视距雷达、预警机等多种雷达装备和其他探测装备。信号处理技术是雷达装备的核心技术之一，战略预警雷达的信号处理技术先进、算法复杂、涵盖面广，包括杂波抑制、信号检测、目标分类识别、雷达成像、抗干扰处理、空时自适应处理等现代信号处理技术。本书以战略预警雷达为主线，系统地阐述了相关的信号处理技术的理论、方法和算法，并有仿真和实验数据验证。由于不同雷达装备的任务和使用环境不同，相应的信号处理技术也各有特点，涉及信号处理的新理论和新技术，使本书有较强的实用性以及理论研究的参考价值。

全书共6章：第1章主要介绍战略预警雷达的应用背景，包括战略预警系统的特点、组成和作战任务，战略预警雷达信号处理的难点和主要技术；第2章主要介绍战略预警雷达目标识别技术，包括弹道导弹目标识别和对空分类识别技术；第3章介绍战略预警雷达反干扰技术，包括射频隐身技术和KA－STAP技术；第4章介绍战略预警雷达中的目标检测技术，包括高速高机动目标检测和检测识别一体化技术；第5章主要介绍战略预警雷达成像技术，包括基于时频分析的机动目标成像、反投影成像和宽带外推等新技术；第6章主要介绍分布式雷达信号处理技术，包括分布式雷达联合检测技术和多波段雷达联合检测技术。

李明、黄银和对全书进行了审读和修改。第1章由李明、汪文英编写，第2章由李明、张仕元、秦晓东、王茹琪编写，第3章由郭国强、于永、吴刚编写，第4章由黄银和、王茹琪、晋本周、侯颖妮编写，第5章由黄银和、句彦伟编写，第6章由张仕元、汪文英编写。在此，对参与编写的各位同志表示衷心的感谢。同时，本书的编写得到了南京电子技术研究所相关各级领导的大力支持，在此也致以诚挚的谢意。

本书可以作为雷达系统和信号处理领域的科技人员、教师、学生的参考用书。由于本书所述学科领域发展极为迅速，限于学术水平和经验，书中难免有差错和疏漏，恳求读者批评指正。

目 录

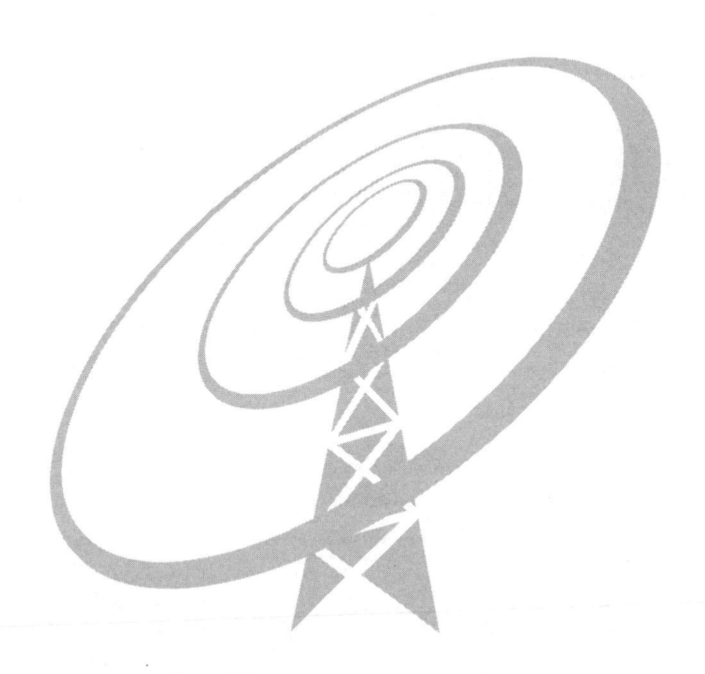

第1章 概述

1.1 战略预警雷达系统

1.1.1 战略预警系统介绍

战略预警是一个国家或地区的武装力量为防御突然袭击,运用预警技术监视他国战略武器活动态势的综合性警戒手段,成为早期发现、跟踪、识别他国的战略武器并及时发出告警而采取的必要措施,是国家防御体系的重要组成部分。它是一个国家战略防御系统及其战略导弹部队 C^3I 系统和反导防御体系的一个重要组成部分[1]。战略预警作为一个国家安全和军事战略行动的重要保障,是国家战略防御和威慑力量不可缺少的重要基础,而且对国防建设和经济发展也将产生深刻影响。

战略预警系统的主要目标是弹道导弹和战略轰炸机,它涉及卫星、雷达、红外、激光、通信、计算机等多个领域,是一个庞大的系统工程。20 世纪 50 年代,苏联和美国相继掌握了洲际弹道导弹(ICBM)技术,从而在冷战的背景下促使弹道导弹防御成为两国发展战略预警的重中之重,导弹预警系统也因此成为战略预警系统的核心[2]。

由于现代战争的突发性空前增加,一个国家要保持常备不懈,有效地防御突然袭击,就必须具备战略预警手段。冷战时期,美国和苏联都试图通过发展预警系统、反导系统、反卫星系统等防御性手段来增强自己的战略防御力量,用以守为攻牵制对方。战略预警攻防兼备的双重威慑是制约战争的有效手段,也是衡量一个国家防御力量的重要标志[3]。

战略预警的基本任务是及时在尽可能远的警戒距离内,准确探测、识别大气层及外层空间来袭的战略性远程攻击武器和作战平台;处理有关参数信息,通过电缆、光缆、微波和卫星媒介等传输通信链,将预先警戒情报传递到战略指挥机关,为国家首脑决策核心层和国家最高军事机构提供战略警报,使之对来袭目标的威胁程度做出判断,及早做出反击作战预案,保证有关军兵种进入战时状态,为军队和民防部门采取规避、伪装和机动等行动留下足够的时间,为反空袭作战的辅助支援手段[4]。

战略预警系统由预警系统、通信系统和指挥控制系统组成,涉及卫星、雷达、红外、激光、通信、指挥控制、微波、计算机以及微电子技术等的综合运用,具备多波段、多平台的海、陆、空、天预警信息系统处理功能[5]。海基、地基、空基、天基预警通信网络系统能提供传输需要的足够带宽,具有可重构能力及备份的通信链路,满足数据、话音和图像的传输需求。

战略预警系统的主要对象是弹道导弹和战略轰炸机,主要通过预警卫星(天基探测器)、预警飞机(机载红外探测器)、地面远程预警雷达(目标探测器)和舰载探测雷达来完成预警任务[6]。

战略预警系统的主要特点:一是手段多样,地基系统包括雷达系统、光电跟踪监视系统、光学观察站,空基系统有预警机、侦察机,天基系统有预警卫星;二是系统集成,在通信系统的支援下,三层系统连接成一体,能迅速、及时发现目标,提供较长的预警时间。

1.1.2 战略预警雷达作战任务

战略预警雷达在战略预警系统中发挥着不可替代的作用,特别是在导弹预警系统中的作用更是不言而喻,甚至决定着整个导弹防御系统的成败。在导弹防御系统中,战略预警雷达负责捕获跟踪远程袭击的弹道导弹和战略轰炸机,确定来袭导弹的威胁(包括发射点、弹着点、空间位置和速度信息等),并进一步指示防御系统根据战略预警雷达提供的飞行弹道数据进行导弹拦截。美国和俄罗斯都建立了战略预警雷达系统,是各自导弹防御体系中的重要一环[7]。目前战略预警雷达系统包括地基反导预警雷达、海基反导预警雷达机载预警雷达、天基预警雷达、天波超视距雷达。

1)地基反导预警雷达

地基反导预警雷达是弹道导弹防御系统的关键系统之一,用于弹道导弹的发现、截获、跟踪和识别。其自身通过不断的技术提升来加强对导弹的预警能力,美、俄地基反导预警雷达的发展史就是最好的证明[8]。美国的地基反导预警雷达(图1.1)有20世纪五六十年代的AN/FPS-49、AN/FPS-50等一系列雷达,70年代针对潜射弹道导弹(SLBM)的AN/FSS-7预警雷达和沿用至今的“铺路爪”雷达、AN/FPS-132 UEWR雷达[9]。

数字相控阵雷达的发展推动了地基反导预警雷达任务的转变,使雷达已逐步从导弹预警、空间监视任务扩展到了导弹防御、导弹预警、空间监视三种任务,从而使雷达能单独完成探测、搜索、定位、跟踪、分类、瞄准、交战和评估等一系列子任务。美国的改进型预警雷达(UEWR)现已具备执行这三大任务的能力,可

(a) XBR雷达

(b) GBR-P雷达

图 1.1 美国地基反导雷达(见彩图)

在原来两种任务的基础上为指挥与控制、战场管理和火控单元提供导弹防御信息,从而在整个导弹防御系统中实现了全能力[10]。

2）海基反导预警雷达

在美国的弹道导弹防御体系中,海基反导力量占有特殊的地位。这其中,既有美国靠海军立国的历史原因,也有地缘方面的原因。由于美国独特的地理位置,潜在对手向其发动导弹袭击时大都需经过辽阔的海洋,而大批经改进具备反导能力的“宙斯盾”战舰将可以根据需要灵活地进行全球部署,以形成多道防御链更好地保护美国本土的安全。因此,近年来,美国一直在不断加强海军的反导能力建设。继“全核海军”“千舰海军”“313 造舰计划”等之后,美国海军日前又提出了建设“全反导型海军”的大型计划。根据该计划,目前美军所有的驱逐舰和巡洋舰都将具备弹道导弹防御能力,而庞大的海军舰队也将成为美国最重要的反导力量,并能快速地根据需要进行全球部署[11]。美国弹道导弹防御系统中的海基雷达主要包括:宙斯盾作战系统的核心传感器 SPY 雷达(图 1.2)、海基 X 波段雷达(SBX)和专用测量船雷达。

图 1.2 SPY 雷达(见彩图)

SPY 雷达分别安装在 27 艘“提康德罗加”级导弹巡洋舰和 45 艘“伯克”级导弹驱逐舰上，最初主要用于航母编队的区域防空，自 20 世纪 80 年代以来，美国针对世界范围内弹道导弹的扩散及其面临的导弹威胁，一直非常重视以 SPY 雷达为核心的宙斯盾系统的升级和改进，将其作战任务向弹道导弹防御转化[12]。经过升级改造的 SPY 雷达在美国进行的海基反导试验、联合反导试验以及 2008 年 2 月摧毁失效间谍卫星中显示了良好的作战性能。目前该雷达也已经随宙斯盾作战系统出口到日本、韩国等。

SBX 雷达（图 1.3）是为支援地基中段弹道导弹防御（GMD）系统而研制的导弹中段火控雷达系统。作为 GMD 项目的一个重要组成部分，SBX 雷达系统主要用于监视近太空空间，对来袭的远程或洲际弹道导弹进行跟踪、识别和威胁评估，并向位于科罗拉多沙漠夏延山下深处的北美空天战略防御指挥中心实时传输信息，为部署在阿拉斯加或加利福尼亚的地基拦截器提供制导信息。在拦截弹发射后，SBX 雷达还将继续跟踪来袭弹，为拦截弹提供修正和识别信息，并对拦截效果进行评估[13]。SBX 雷达为地基雷达（GBR）的海基型号，隶属于地基中段反导系统，但在未来遥控作战理念和海基拦截弹能力提升的大背景下，对海基反导的支撑作用不可小觑，SBX 雷达是“全程观测、分层拦截”反导体系中不可或缺的环节之一。

(a) SBX Under Way建造

(b) SBX雷达远景

(c) SBX雷达天线罩内部

图 1.3　SBX 雷达（见彩图）

美国现役测量船有两艘，T－AGM－23“观察岛”号和 T－AGM－24“无敌”号（图 1.4），它们也是美国导弹防御系统的一部分。T－AGM－23“观察岛”号主要用于监视美国及别国的弹道导弹试验，搜集远程弹道导弹的导航、射程及精度等方面的情报。该雷达的核心是安装在舰尾甲板上的 AN/SPQ－11“眼镜蛇－

朱迪”S波段舰载相控阵雷达，其工作频率2900～3100 MHz，内径7m，整个系统重250t，高约12.2m，由12288个T/R组件构成，可以实现360°全方位探测。作为AN/SPQ－11雷达的补充，雷声公司为“观察岛”号装备了一部X波段雷达，工作频率9GHz，用于提高“观察岛”号搜集弹道导弹在飞行末段的情报数据的性能[14]。

(a)

(b)

图1.4 “观察岛”号(a)和“无敌号”测量船(b)(见彩图)

T－AGM－24“无敌”号的核心是S波段和X波段“眼镜蛇－双子星”双波段雷达。据称，该雷达系统重约50t，探测距离2000km，可以作为美国导弹防御系统的前置雷达。其中，S波段雷达负责搜索和捕获目标，X波段雷达主要用于获取感兴趣目标的高分辨数据。

3）机载预警雷达

迄今为止，世界上已经研发和生产了20多种机载预警雷达型号。美国现役的E－2C“鹰眼”上的APS－145雷达(图1.5)、E－3“望楼”装载的APY－1/2雷达、俄罗斯A－50“中坚”预警机的“雄蜂”－M雷达(图1.5)、瑞典“百眼巨人”上的“埃里眼”预警雷达、以色列的“费尔康”机载有源相控阵预警雷达都是当今机载预警雷达中的佼佼者。除了以上这些固定翼预警机雷达之外，卡－31直升机的E－801M“眼睛”固态平板天线雷达、英国“海王”ASaC7预警直升机上的“搜水2000”、意大利EH－101预警直升机装备的HEW－784预警雷达同样星光闪耀，备受欢迎[15]。

机载预警雷达装配在机载平台，主要实现360°空域入侵的空中和海面目标的搜索和跟踪，并将预警情报及时分发到地面指挥机构或其他作战单元，引导和指挥己方战斗机作战，完成国土防御。主要作战对象包括：①在山区、丘陵、城市、近海(最近距海岸线80km)的场景下探测空中目标；②在近海、岛礁、岛屿环境下探测舰船等海面目标；③在无意和蓄意电磁干扰环境下作战，蓄意干扰主要包括战斗机自卫式干扰、EA18G电子战飞机的干扰等。

4）天基预警雷达

天基预警雷达位于太空地球轨道，具有占位高、探测空域覆盖范围广，无领

(a) (b)

图1.5 美国E－2C(a)和俄罗斯A－50机载预警雷达(b)(见彩图)

空、领海限制,可到达全球,全天时、全天候远距离主动探测，以及生存能力强等显著特点。美国在20世纪90年代就开始了天基预警雷达的概念论证研究,并提出了SPEAR、“技术星”－21及“发现者”－II等多种试验计划[16]。天基预警雷达是卫星执行和完成作战任务的主要有效载荷,主要实现全球海面目标探测功能,可以满足捍卫我国海域主权和海洋权益、监视全球海域舰队和商船活动,以及情报支援远洋舰队的需求。天基预警雷达工作示意图见图1.6。

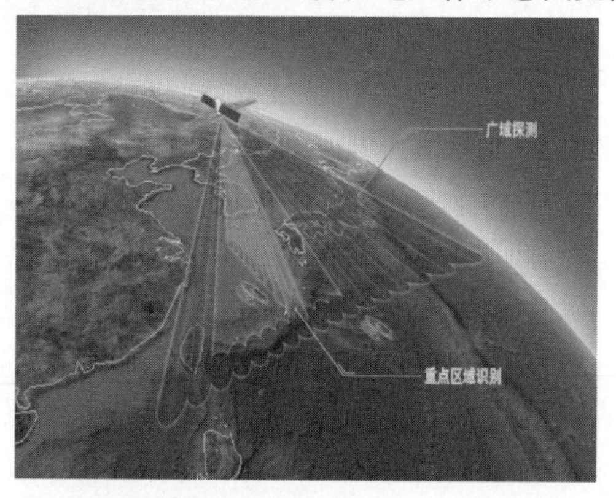

图1.6 天基预警雷达工作示意图(见彩图)

5）天波超视距雷达

天波超视距雷达(OTHR)是一种重要的远程发现、远程预警的新体制雷达(图1.7),用于对付低空突防、反辐射导弹以及隐身飞机等目标具有天然的优势,能提供的预警时间远远超出一般雷达[17]。20世纪60年代初,美国研制出了试验型的OTHR MADRE(磁鼓记录仪)系统。70年代,美国海军实验室和斯坦福大学联合研制了“宽口径研究设备”(WARF)的OTHR,能够有效克服电离层的影响以及抑制海杂波,并发现海面上慢速移动的小型船只。80年代末研制成功可搬迁重建式OTHR AN/APS－71和OTHR AN/APS－118系统,可以对巡航导弹进行探测。2013年,俄罗斯的第三代天波超视距雷达“集装箱”天波雷达也进入了“试验战斗值班”状态[18]。

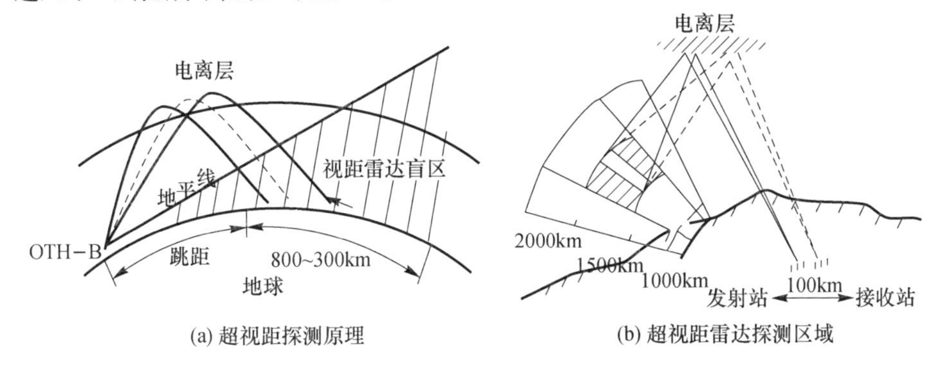

(a) 超视距探测原理

(b) 超视距雷达探测区域

图1.7 天波OTHR系统示意图

天波OTHR采用下视探测方式,可突破地球曲率限制并避开常规雷达视距盲区,探测低空飞行或隐藏高山之后的目标。天波OTHR工作在3~30MHz的高频频段,利用电离层对高频信号的反射作用自上而下探测超远距离(1000~4000km)目标,因此具备很好的早期预警优点。一部600扇区的OTH－B雷达覆盖面积达数百万平方千米,使对远距离外的飞机、舰船的预警时间提高到小时量级。与微波雷达相比,OTHR对空中目标的预警时间增加了5~10倍,对水面目标的预警时间增加了30~50倍。

1.2 战略预警雷达信号处理

1.2.1 战略预警雷达信号处理特点

1)弹道导弹目标识别

地基反导预警雷达用于弹道导弹的发现、跟踪和识别。由于弹道导弹一般都会释放诱饵(图1.8)来掩护真弹头,为了准确有效拦截真弹头,需要从众多假目标中准确地识别出真假弹头。因此,目标识别是反导防御系统的关键[19]。

弹道导弹的运动分为助推段、中段和末段。助推段较远,且拦截平台在地理部署上受限,实现目标识别并加以拦截的可行性并不高。末段是弹道导弹飞行三个阶段中时间最短的阶段,加上可能的多弹头技术、弹头机动技术等突防措施,会使防御失去跟踪识别的机会以及最佳打击时机。

2)复杂电磁环境下的干扰对抗

战略预警雷达面临多种形式的干扰,包括主瓣压制干扰、主瓣转发干扰、副瓣连续波干扰、副瓣脉冲式干扰等,且干扰参数在不同的实战环境下灵活多变。

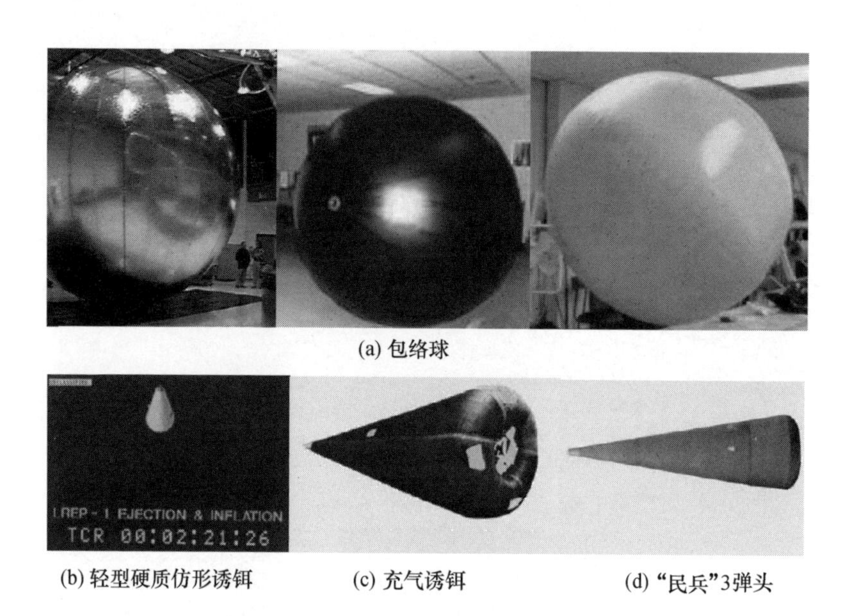

(a) 包络球

(b) 轻型硬质仿形诱饵　　(c) 充气诱饵　　(d) “民兵”3弹头

图 1.8　诱饵气球(见彩图)

复杂多变的干扰电磁环境将影响雷达探测性能。

常规抗干扰手段主要针对副瓣干扰,其原理是基于目标与干扰空间指向的不同性,利用副瓣对消和副瓣匿影等方法对干扰进行抑制[20]。对于主瓣干扰,副瓣天线和匿影天线无法从空域上区分目标和干扰的角度,因此不能抑制主瓣干扰。

主瓣干扰的形式主要有主瓣压制、主瓣转发和主瓣欺骗三大类,且干扰在使用策略、干扰调制类型、干扰形式等方面是可变的,使得主瓣干扰在时域、频域和空域与目标回波相互重叠,使雷达干扰抑制效能难以发挥,严重影响了雷达系统的目标检测、跟踪性能。

3）复杂杂波抑制

战略预警雷达特别是天基预警、机载预警和天波超视距雷达需要在复杂电磁环境下工作,对含有蓄意和无意干扰、杂波、噪声和目标的原始回波信号进行处理,实现目标检测[21]。

机载预警雷达与地面雷达相比不存在低空盲区,可谓“站得高、看得远”,但实际工作时仍有以下难点:①雷达下视必然会遇到很强的地杂波,必须具备很强的杂波抑制能力;②预警机巡航导致雷达工作在非常复杂的电磁环境下,必须适应各种情况;③雷达应用需求的提高要求雷达从单纯的目标检测功能扩展到目标特征提取,最终目标识别等。

与机载雷达的情况相比,天基雷达中的杂波和干扰的特点主要表现在以下几个方面:①由于卫星具有极高的运动速度,杂波占据了很大的多普勒范围;②由于天基雷达系统中的探测距离很远,波束在地面的覆盖范围很大,存在严重的距离模糊问题;③由于地球自转、非均匀性等因素的影响,杂波在距离上是非平稳性的,造成训练数据缺乏;④卫星的轨道运动比较具有规律性,更容易受到大量蓄意干扰影响。

4）电离层扰动补偿

天波视距雷达信号往返都要经过电离层传播,由于电离层电子浓度不规则性(非平稳)使得不同周期间的回波信号相位附加了一个准随机扰动,导致信号不能实现有效的相干积累。同时,也造成了杂波谱展宽,严重限制慢速舰船目标的检测能力[22]。此外,电离层的多层性使得在某些工作频率上,雷达信号可能经不同的电离层反射,出现多个目标具有相同的斜距(多模传播)或一个目标具有多个斜距(多径传播)的情况。其中多模传播使得接收信号多普勒谱发生重影和展宽,其结果是影响目标检测。而多径传播由于是一个目标出现在多个斜距上,从而使得目标的定位和跟踪处理复杂化。

1.2.2 战略预警雷达信号处理主要技术

战略预警雷达信号处理主要技术包括数字波束形成、知识辅助的空时二维处理、抗干扰处理、目标检测、成像处理和目标识别,如图 1.9 所示。其突出的技术难点在于复杂电磁环境下的抗干扰、杂波抑制和综合目标识别。

1）复杂电磁环境的抗干扰技术

针对副瓣到达的连续波干扰,采用自适应置零技术(图 1.10)予以抑制,使来自天线副瓣的干扰衰减到最小。

主瓣抗干扰技术主要包括基于识别的抗干扰、波形熵抗干扰、稀疏信号处理抗干扰、幅相重构抗干扰和复杂波形设计等技术[23]。

波形熵可以很好地表征雷达多个脉冲回波的起伏程度,可用于剔除异步窄脉冲干扰。稀疏信号处理抗干扰实现干扰和信号的分离以及稀疏恢复,能够有效实现回波信号和干扰的恢复。幅相解析重构算法估计信号幅度与相位,从而重构信号从接收信号中消除干扰的影响。干扰抑制处理效果见图 1.11。

欺骗式干扰机对收到的雷达主瓣信号进行延时转发,可以在雷达上形成假目标航迹。真实目标一般具有旋转部件,且具有一定的体积或尺度。两者在回波幅度、相位、多普勒频谱、点迹空域包络等方面存在一定的差异,可对这些特征进行提取、分析和识别。目标和干扰分类曲面见图 1.12。

2）基于空时自适应处理(STAP)的复杂杂波抑制技术

现代战争,军事技术不断发展,战场环境越来越复杂。来袭目标常常是大纵深、全方位、多批次、全高度,RCS 越来越小,速度越来越快。地杂波不仅强度大,而且由于不同方向的地面散射体对于载机的速度各异,杂波谱大大扩展,杂波呈现出很强的空时耦合性。为了在虚警概率不变的情况下有效地提高检测概

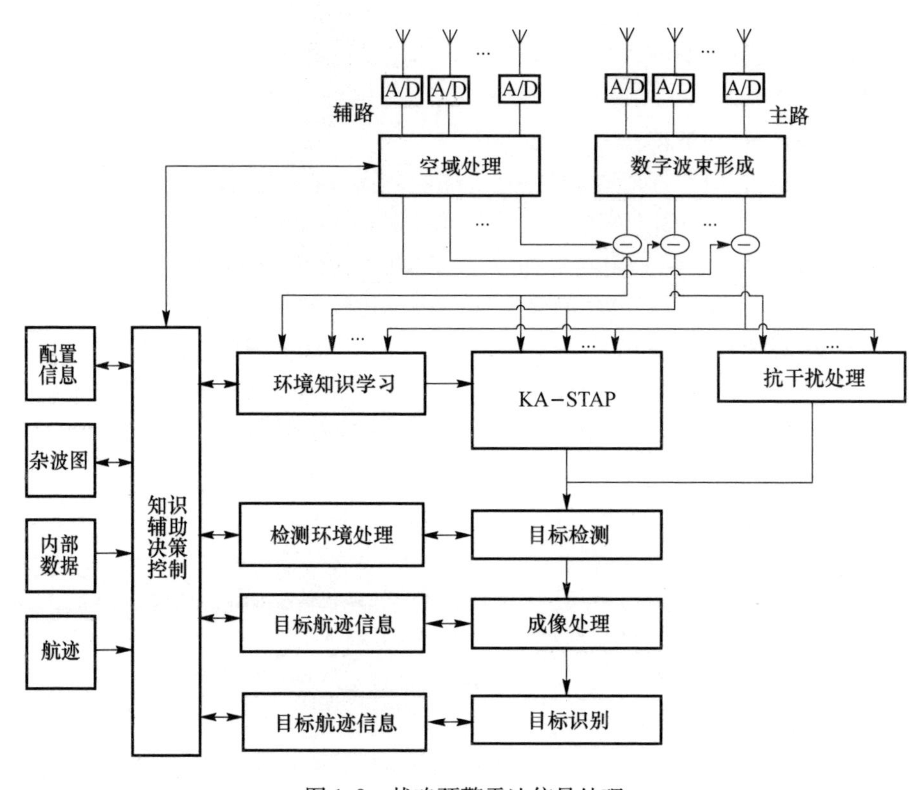

图 1.9　战略预警雷达信号处理

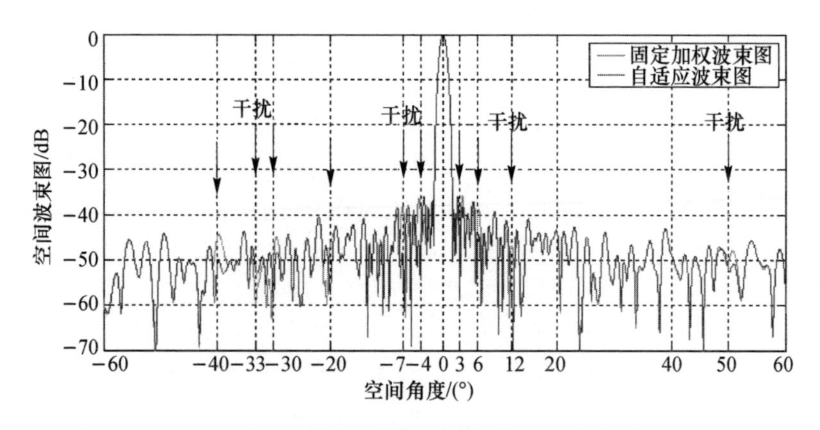

图 1.10　基于辅助波束的自适应置零(见彩图)

率,机载雷达必须有更强的抑制地杂波的能力。相控阵天线难以形成超低副瓣电平,DPCA 和 E-DPCA 技术的杂波抑制能力有限,且由于机载、天基雷达地杂波的空时耦合性,杂波在空时二维平面内呈斜线分布。空时级联的常规处理无法有效抑制这种斜线型杂波。有效抑制地杂波,是机载和天基雷达下视工作的

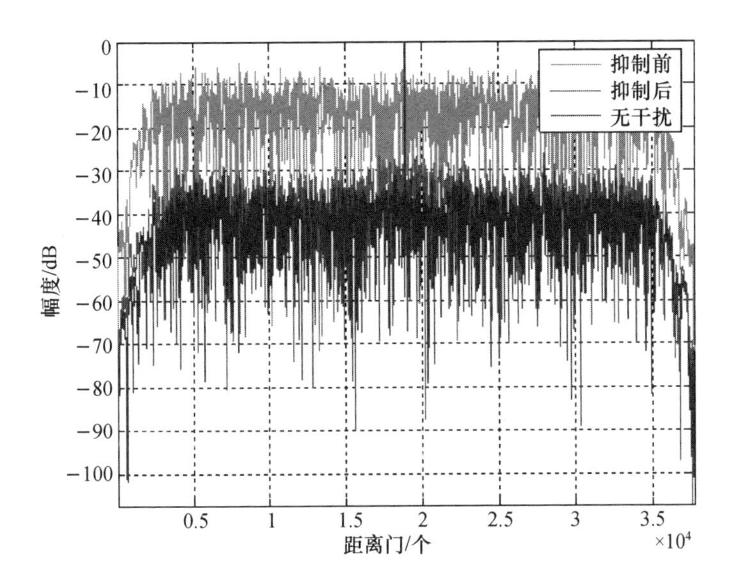

图 1.11 干扰抑制处理效果(见彩图)

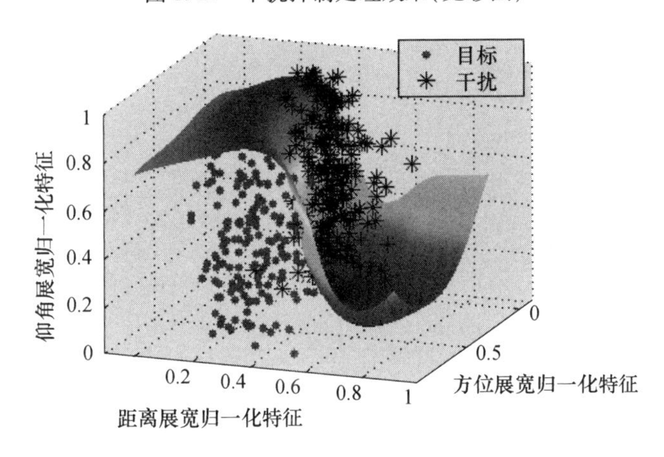

图 1.12 目标和干扰分类曲面(见彩图)

难题,而又是必须解决的问题。

STAP 技术可以有效提高机载和天基相控阵雷达的地杂波抑制能力。它利用空时自适应滤波处理,形成与杂波匹配的斜凹口滤波器,有效地抑制地杂波[24]。STAP 前、后的距离 - 多普勒图见图 1.13 和图 1.14。

3)基于杂波重构技术的海杂波抑制

舰船目标的检测是在海杂波背景下进行的,其速度慢,多普勒频率低。而海洋表面海浪运动复杂,杂波多普勒频带宽,目标谱与海杂波谱重叠,因此影响 OTHR 舰船目标检测的主要因素是海杂波,高频海杂波多普勒谱限制了目标的

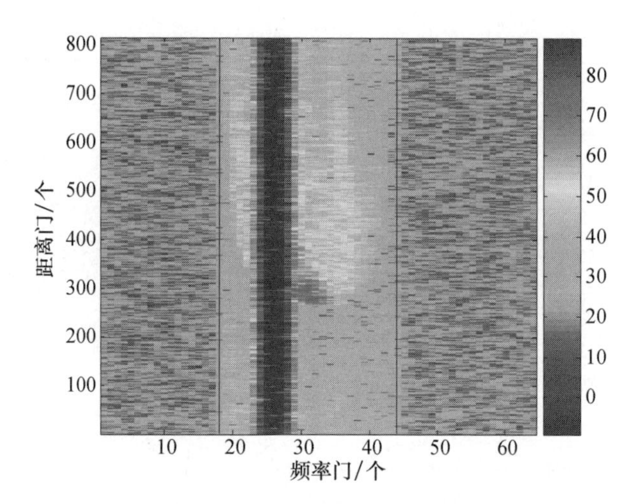

图 1.13　STAP 前距离 - 多普勒图(见彩图)

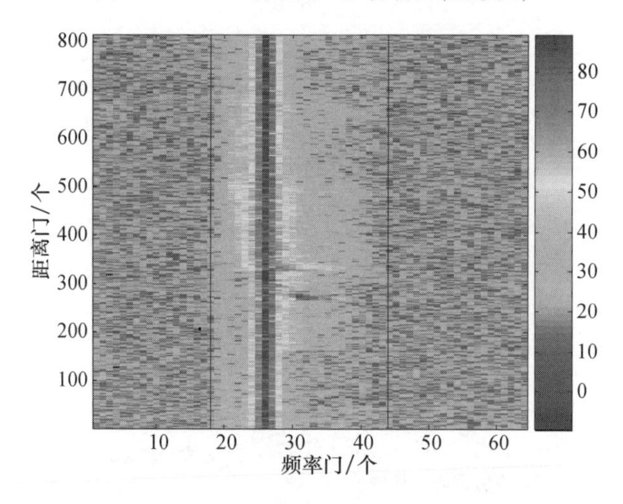

图 1.14　STAP 后距离 - 多普勒图(见彩图)

信杂比。

海洋表面对高频雷达电磁波反射起主要作用的是重力波、风生浪,波长为电磁波波长的一半且传播方向与电磁波平行的两列海浪对雷达电磁波产生最强烈的后向谐振散射,称为 Bragg 散射,对应的散射回波即为一阶回波[25]。根据一阶 Bragg 散射机理,一阶海杂波在频域表现为两个对称单频信号,海洋径向表面流 v_r 存在时一阶峰会有整体的偏移,偏移量 $\Delta f=\dfrac{2v_r}{\lambda}$;海况等级越高,则一阶散射越强、一阶回波功率越大。

二阶回波强度比一阶峰低约 10 ~ 40dB,从频域看是分布在一阶谱峰左右的连续谱,称为二阶谱或者二阶峰;二阶峰的位置和幅度随着海态等级的增加而上升并散开。图 1.15 为典型的海杂波频谱。中间对称的两个尖峰为一阶 Bragg 峰。

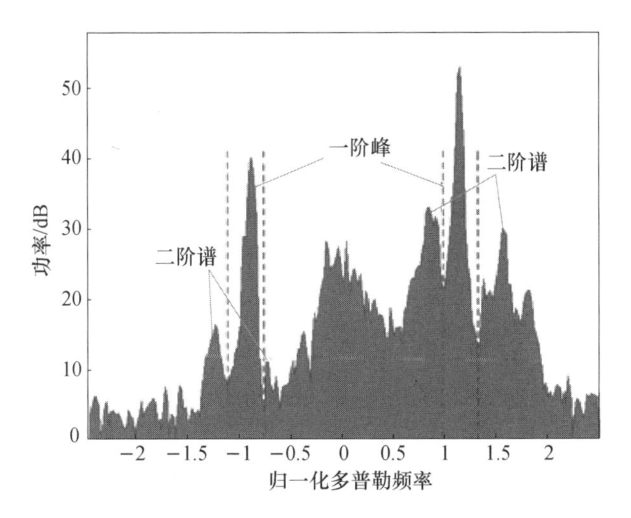

图 1.15　海洋回波多普勒谱(见彩图)

实现对舰船和低速飞机目标的探测,首先要进行海杂波抑制,通过海杂波重构技术可以有效地抑制海杂波,提高舰船目标的探测能力。

海杂波重构技术利用海杂波在相邻距离或一小段距离上杂波的相似性来提取杂波特性在空间的分布,如海杂波宽度、Bragg 峰值等。利用提取的杂波特征值对杂波分布进行白化处理,最终具备杂波抑制的能力[26]。图 1.16(a)为典型的海杂波距离 - 多普勒谱图,可以看到中间部分为较强的海杂波,通过杂波重构技术对海杂波抑制后,如图 1.16(b)所示,可以看出海杂波得到了很好的抑制,可顺利检测出目标。

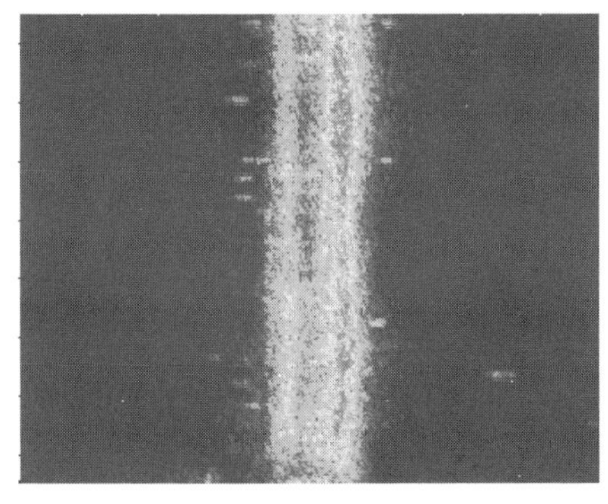

(a) 杂波抑制前

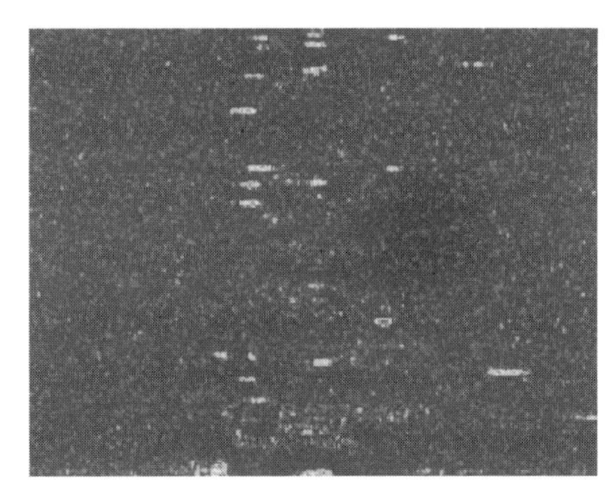

(b) 杂波抑制后

图 1.16　基于杂波重构的海杂波抑制(距离 - 多普勒图,见彩图)

4）综合目标识别技术

目标识别的难点在于来袭导弹（目标）处于极其复杂的战场环境中，很难用一种传感器、一种目标特征来完成最终的目标识别。普遍认为，只有充分利用来袭导弹在助推段、中段及再入段表现出来的各种目标特性，进行综合识别才是有效之举。利用目标特性进行目标识别的过程如图 1.17 所示。

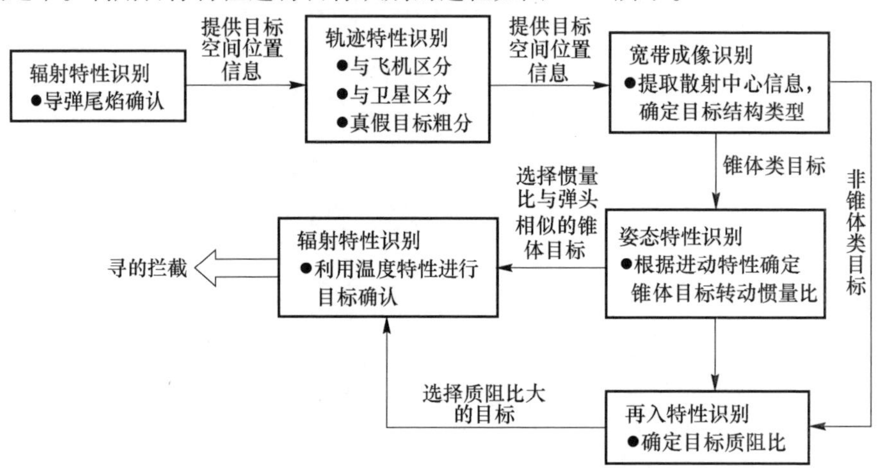

图 1.17　利用目标特性进行目标识别的过程

各种探测器根据实时接收到的目标群信息，作出目标群中各目标属于弹头的可信度判断，完成各目标的威胁排序，随着作战时序的进程实时更新威胁排序，最后选取威胁大的目标作为要拦截的对象。综合识别的实质是基于各技术途径识别结果的序贯融合过程，其核心是充分利用所有获取信息，客观判断各技术途径对总体识别结果的重要程度并合成多源信息，给出可靠的目标识别结果。图 1.18 给出了各种探测器对全程飞行的弹道导弹的识别时序图。

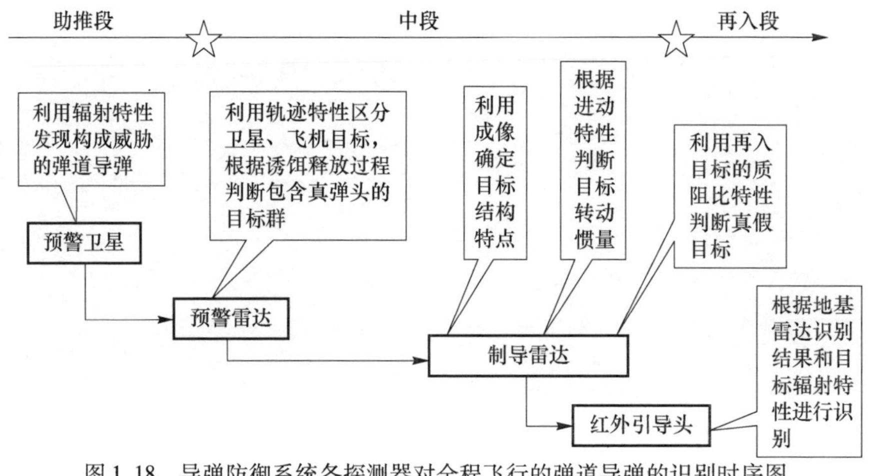

图 1.18　导弹防御系统各探测器对全程飞行的弹道导弹的识别时序图

参考文献

[1] 袁俊．国家战略预警系统发展[J]．国防信息化，2008(4):50 - 56.
[2] 闫彬,严振华．美俄战略预警系统发展及启示[J]．国防科技，2009(3)：82 - 86.
[3] 田晓广．建设空天战略预警系统的思考[J]．国防大学学报,2006(7):91 - 92.
[4] 朱和平．21 世纪预警探测系统[M]．北京:军事科学出版社,2004.
[5] 刘波．美国天基预警系统现状与发展[J]．战术导弹技术,2011 (3) :118 - 123.
[6] Charles P, Satterth W. Space surveillance and early warning radars: buried treasure for the information grid[R]. ADA 468199,2000.
[7] MerrillI. Skolnik. 雷达手册:第 3 版[M]．周万幸,万林,胡明春,译．北京：电子工业出版社,2010.
[8] Nathanson F E. Radar Design Principles[M]. New York: McGraw - Hill, 1991.
[9] Judson J. DOD : rotational platform for AN / TPY - 2 radar would require major redesign [J]. Inside Missile Defense, 2013, 19(18) : 12 - 13.
[10] 韩骏．美国战略预警系统现状与发展动向[J]．外国军事学术,2005(12).
[11] 龚旭，郝强，冯立东，等．解读美军战略预警系统[J]．中国人民防空，2004(7)：46 - 47.
[12] Senate Committee on Armed Service S. 1197 National Defense Authorization Act for Fiscal Year 2014[R]. [S. l.] :Congressional Budget Office,2013.
[13] 彭为．美国反导雷达装备发展综述[J]．现代雷达，2013,35(11)：22 - 25.
[14] 龚旭，郝强，冯立正．解读美军战略预警系统[J]．中国人民防空,2004(7).
[15] Podvig P. History and the current status of the Russian early warning system[J]. Science& Global Security, 2002, 10(1).
[16] 刘云路,王进,王英兴．美军天基预警系统建设与使用特点[J]．空军军事学术，2008 (4) : 108 - 110.
[17] Colegrove S B. Project Jindalee: from bare bones to operational OTHR[C] . Proceedings of the International Conference on Radar. Salisbury: IEEE Press, 2000: 186 - 191.
[18] Callan C, Comwall J, Diamond P, et al. Advanced Over the horizon Radar[R] . USA: JSR 90 105, 1993.
[19] 张光义，王德纯，华海根．空间探测相控阵雷达[M]．北京:科学出版社，2001：1 - 20.
[20] Ackroyd M H, Ghani F. Optimum mismatched filters for sidelobe suppression[J]. IEEE Trans. on Aerospace and Electronic Systems, 1973, 9(2):214 - 218.
[21] Demarty Y, Thirion L L, Lesturgie M. Simulated HF Doppler spectra obtained with an exact modeling of the EM backscattering by 3D time evolving sea surfaces[A] . Proceedings of 2008 IEEE Radar Conference [C] . Adelaide: IEEE Press, 2008:282 - 287.
[22] Root B. HF - over - the horizon radar ship detection with short dwells using clutter cancellation[J]. Radio Science, 1998 ,33(4): 1095 - 1111.

[23] Subbarram H, Abend K. Interference suppression via orthognal projections: A performance analysis [J]. Trans. on AP, 1993, 41(9): 1187 - 1193.
[24] Zatman M. Circular array STAP[C]. Boston, MA, USA: Proc. of the IEEE National Radar Conf., 1999:108 - 113.
[25] 江 魏,盛 文. 天波超视距雷达海杂波特性研究[J]. 中国雷达,2009(1):4 - 8.
[26] Barnum J R. Ship detection with high - resolution HF skywave radar[J]. IEEE Jour. of Oceanic Engineering, 1986, 11(2):196 - 209.

第2章 战略预警雷达目标识别技术

随着弹道导弹目标突防手段的不断提升，反导目标识别技术成为战略预警雷达最核心的技术之一；同样作为战略打击武器的远程战略轰炸机也严重威胁国家安全，对战略轰炸机等空中目标进行分类识别和威胁评估也是战略预警雷达的重要使命。

反导目标识别是战略预警雷达目标识别的核心内容，需要综合利用宽窄带特征进行弹头、母舱、诱饵等目标的分类识别；对空中目标，则需要综合利用雷达RCS、喷气发动机调制（JEM）和宽带特征进行分类识别。

本章内容：2.1 节介绍弹道导弹目标识别技术，包括作战场景的分析、弹道目标特征提取技术和综合识别技术；2.2 节介绍空中目标特征提取和分类识别技术。

2.1 弹道导弹目标识别技术

弹道导弹具有重大的战略、战术威慑作用，已经成为影响世界政治格局、左右战场态势，甚至决定战争胜负的重要因素。我国周边已有多个国家拥有弹道导弹。如印度已成功研制可从多种平台发射的“烈火”5 固体弹道导弹，其射程可达 5500km；朝鲜在研的“大浦洞”-2 射程达 5000km；俄罗斯的“白杨”-M 导弹更是能携带多达 10 枚分导弹头而使拦截导弹失去效果；而美国“民兵 3”洲际导弹采用分导式多弹头，射程超 10000km。因此，为了应对周边国家的威胁，加快弹道导弹防御系统的建设具有重要的战略意义和军事意义。

弹道导弹防御系统的关键是检测并跟踪目标后进行先期拦截。而由于弹道导弹一般都会释放轻、重诱饵等多种假目标来掩护真弹头，为了准确拦截，需要从众多假目标中准确地识别出真弹头。因此，目标识别是反导防御系统的重中之重。弹道导弹的运动分为助推段、中段和末段。助推段距反导识别系统较远，末段时间最短，因此，导弹中段是实行识别并拦截的最佳时段。

中段能用于识别弹头和轻、重诱饵的特性主要包括目标的 RCS、尺寸和微运动特征。重诱饵尺寸一般为弹头的 1/3 ~ 1/2,而轻诱饵尺寸和弹头相似,故从RCS 特征和宽带一维距离像提取出的尺寸特征中仅能识别出重诱饵,并不能区分轻诱饵。因此,要区分轻诱饵和弹头,只能寄希望于提取目标的微运动特征来进行识别。美国海军研究实验室的 Victor C. Chen[1] 最先对目标的微运动引起的雷达回波的影响进行了研究,并将目标的振动或转动对雷达回波产生的调制现象称为微多普勒效应。微运动在自然界普遍存在,如人行走时手臂的摆动,飞机的机动,桥梁的振动,电动机的转动,直升机旋翼的转动,弹道导弹弹头的进动等。雷达的微多普勒特征反映了目标的电磁特性、几何结构和运动特征,为雷达目标特征的提取和识别提供了新的途径。事实上,目标的宽带高分辨距离像是目标真实尺寸在雷达视线上的投影,但同时也受到微运动的调制,故从多幅目标的高分辨距离像序列中同时提取出目标尺寸和微运动特性成为可能。此外,雷达的窄带回波序列中也包含目标在一个距离单元内的多个散射点的微运动,且微多普勒频率幅度与散射点到目标质心的距离有关,故从弹道目标的窄带回波序列也能提取出目标的尺寸和微动参数。

2.1.1 作战场景及目标特性分析

目前国外的典型弹道导弹分别为美国的"民兵"3 和"三叉戟"、印度的"烈火"3、朝鲜的"舞水端"和"大浦洞",这些弹道场景和目标特性可概括如表 2.1 所列。其中,"烈火"3、"舞水端"和"大浦洞"未携带突防装置,而"民兵"3 和"三叉戟"可携带轻重诱饵等突防措施,见表 2.2。而"民兵 3"和"三叉戟"导弹的各目标特性如表 2.3 所列。由表 2.3 可知,"民兵"3 和"三叉戟"所携带的轻诱饵模拟弹头运动,在尺寸和进动周期上与弹头差异不大,只在进动角上有较大的差异。

表 2.1 国外典型弹道导弹表

名称	弹长 /m	弹径 /m	子弹头 /枚	射程 /km	速度 /(km/s)	突防手段	布站点
"民兵"3	18.26	1.67	3	9800 ~ 13000	6.7	多弹头、箔条、重诱饵	米诺特空军基地 大福克斯空军基地 马尔斯托姆空军基地
"三叉戟"	13.42	2.108	8	11100	6.1 ~ 8.0	多弹头、箔条、诱饵	金斯湾基地 班戈基地
"烈火"3	7.7	2.0		2500	4.5 ~ 5.0	诱饵,再入机动变轨	印度西北部孟加拉邦附近
"大浦洞"	36	2.0 ~ 2.2		6700	7.9 ~ 9.0		
"舞水端"	12	1.5		3000			舞水端里基地

表2.2　作战对象突防手段

名称	特性	功能	空间分布	作战区域
轻诱饵	(1) 外形与弹头相同; (2) RCS与弹头类似	模拟真弹头的外形、尺寸、微动和电磁散射特性	与弹头在空间上有几百米到几千米距离	中段
重诱饵	(1) 尺寸为弹头的0.3~0.5倍; (2) RCS与弹头类似	模拟真弹头的质量、微动和电磁散射特性	与弹头在空间上有几百米到几千米距离	中段、再入段
母舱	(1) 外形与弹头不同; (2) RCS比弹头大1~2个量级	干扰探测	与弹头逐渐分离	助推段后段到中段前段
碎片	不确定	干扰探测	与弹头逐渐分离	助推段
箔条云团	(1) RCS远大于弹头和诱饵; (2) 结合弹头调姿多次释放	形成真假目标组合云团,隐藏真弹头,增大背景噪声,干扰目标探测	多个椭球体,均匀分布在2~5km的弹道上	中段

表2.3　真假弹头目标特性表

名称	物理特性				运动特性		RCS
	形状	尺寸	材质结构	质量/kg	宏观运动	微运动	
弹头	锥形	1.5~2m	金属	150~200	沿弹道运动,零攻角指向,速度*Ma*数20	自旋转速:0.5~1.5r/s;进动:动角2°~3°;转速:0.25~1r/s	0.05~0.1m^2
轻诱饵	锥形	弹头的0.8~1.3倍	轻质纤维、空腔	0.5~5	速度略快,伴飞	自旋转速:1.5~4.5r/s;进动:进动角5°~10°,转速:0.3~2r/s	相似
重诱饵	锥形	弹头的0.3~0.5倍	金属材料	15~20	速度相似,伴飞	自旋转速:3~9r/s 进动:进动角3°~5°,转速:0.2~2r/s	略小
母舱	类圆柱复杂结构	长0.6~0.7m,直径1.3~2m	合金	500	速度略小逐渐分离	无	大1~2数量级

2.1.2 弹道导弹目标特征提取技术

能用于识别弹头和轻重诱饵的特性主要包括目标的 RCS、尺寸和微运动特征。本节先建立弹道目标轴线的雷达视线角模型,在此基础上,形成雷达回波,进行 RCS 特征提取、微多普勒特征提取以及一维像特征提取,及基于 RCS 序列、微多普勒序列和高分辨距离像 HRRP 序列进行目标的参数估计。

2.1.2.1 弹道目标轴线的雷达视线角模型

在锥体弹头与母舱分离过程中,弹头会受到冲击力矩的作用,力矩消失后弹头在自旋的同时极轴在平衡位置作圆锥运动,称为进动。进动是弹头目标在中段飞行过程中的一个主要特征,可用进动角和进动频率来描述。

设弹头进动时锥旋角为 θ,弹头锥体绕锥旋轴以 ω(角速度)旋转,锥旋轴与雷达视线的夹角为 α。以目标质心为坐标原点 O,锥旋轴的锥顶方向为 Z 轴正向,OX,OY,OZ 符合右手系,建立如图 2.1 所示的坐标系。

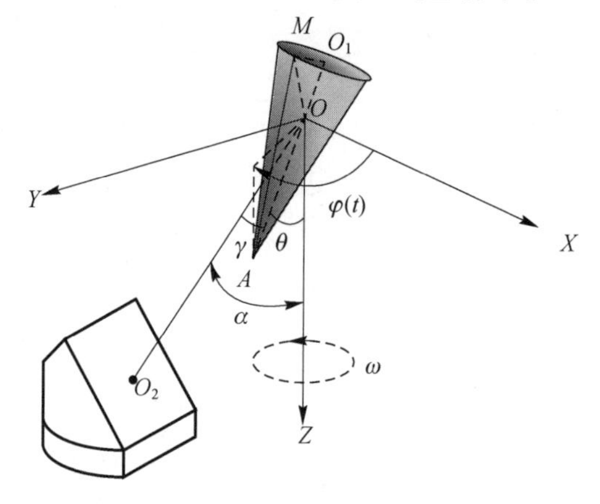

图 2.1 锥体进动示意图

为了研究方便,不考虑弹头的平动。设 $t=0$ 时,雷达视线 OO_2 在 YOZ 平面内,OO_2 单位方向矢量为

$$\boldsymbol{r}_2 = [0, \sin\alpha, \cos\alpha]^{\mathrm{T}} \tag{2.1}$$

设锥顶为 A,在 t 时刻,锥体轴线 OA 的方位角为 $\varphi(t)$,仰角为 $\pi/2-\theta$,则 OA 的单位方向矢量为

$$\boldsymbol{r}_1 = [\sin\theta\cos\varphi(t), \sin\theta\sin\varphi(t), \cos\theta]^{\mathrm{T}} \tag{2.2}$$

式中:$\varphi(t)=\omega t=2\pi f_c t+\varphi_0$,$f_c$ 为锥旋频率,φ_0 为初始相位。

雷达视线 OO_2 与目标轴线 OA 夹角(即入射角)的方向余弦为

$$\cos\gamma(t) = \boldsymbol{r}_1^{\mathrm{T}} \cdot \boldsymbol{r}_2 = P\sin\varphi(t) + Q \tag{2.3}$$

式中

$$P = \sin\theta\sin\alpha$$
$$Q = \cos\theta\cos\alpha \tag{2.4}$$

故入射角随时间变化公式为

$$\gamma(t) = a\cos(P\sin(\pi f_c t + \varphi_0) + Q) \tag{2.5}$$

2.1.2.2　RCS 特征提取

通过多次、连续的观测，雷达不仅可以获得目标的 RCS 散射特性，还能获得目标 RCS 变化的运动特性，故基于 RCS 序列的雷达目标识别也被认为是识别真假目标的有效途径之一。

RCS 序列可提取的统计特征有均值、方差、极差等。RCS 序列均值表示弹道目标在一段观测时间内电磁散射的平均能力，RCS 序列方差表示弹道目标在一段观测时间内 RCS 起伏的强弱，RCS 序列极差表示弹道目标在一段观测时间内 RCS 起伏的幅度。

弹头具有自旋和进动特有的运动方式，诱饵虽然模仿弹头的运动，但由于质量上的差异，轻、重诱饵在进动频率上与弹头存在差异，使目标的 RCS 序列呈现不同的周期特性，因此准确提取目标的 RCS 序列周期成为识别真假目标的重要课题。

提取 RCS 序列周期的方法有周期图法[2]、自相关函数法、平均幅度差函数法[3]，循环幅度差函数法[4,5]，以及循环幅度差结合自相关函数法[6]等。由于目标 RCS 一般为非平稳信号，采用傅里叶变换的周期图法对进动周期的估计误差较大，且估计精度受限于数据长度；自相关函数法、幅度差函数法以及二者的结合是同一类方法，估计较为准确，但需要两个周期的观测时间才能较准确估计进动周期，且对数据率也有较高要求，这对于有限的雷达资源来说是不能容忍的。文献[7]针对弹道中段目标 RCS 的特点，提出一种新的基于有限项三角函数拟合法估计 RCS 序列的周期，该方法在较短的观测时间和非等间隔数据率的条件下具有较高的周期估计精度。

姿态角的周期与弹头的进动周期一致。当雷达位置固定时，中段自旋稳定目标姿态角的变化主要由三部分引起，即自旋、进动和平动。对于锥体类完全体对称目标，雷达和目标相对姿态角主要由进动和平动引起。平动引起的姿态变化是一种慢变化，而进动引起的姿态变化是一种快变化，因此目标总的姿态变化可视为在慢变化上叠加上了快变化，其中快变化与进动具有一致的周期性。由目标的散射特性[8]可知，目标的雷达姿态角变化是引起 RCS 起伏的最主要原因，当姿态角呈现周期性时，相应的 RCS 也会呈现周期性变化。采用电磁计算软件对锥体目标进行电磁计算，得到具有进动特性目标的 RCS 曲线如图 2.2 所示，进动周期设为 1Hz。

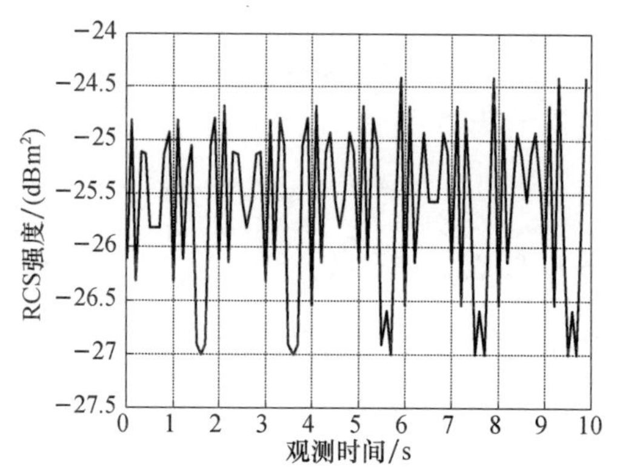

图 2.2 锥体目标 RCS 曲线

由图 2.2 可知，进动目标的 RCS 呈现明显的周期特性，同时受多种因素的影响，RCS 曲线表现出非平稳性。在低信噪比条件下，RCS 测量存在一定的误差，这些都使得 RCS 的周期估计变得十分困难。因此，寻找一种稳健的 RCS 周期估计方法变得十分重要。

1）相关函数类 RCS 周期估计

设雷达观测到的 RCS 序列幅度值为 $x(n), n=1,2,\cdots,N$，循环自相关函数法计算 RCS 序列周期的方法为

$$\phi_{c}(k) = \sum_{n=1}^{N} x(n) \cdot x(\mathrm{mod}(n+k), N) \qquad k = 0,1,2,\cdots,N-1 \quad (2.6)$$

平均幅度差函数计算 RCS 序列周期的方法为

$$D_{c}(k) = \sum_{n=0}^{N-1} \left| x(\mathrm{mod}(n+k, N)) - x(n) \right| \qquad k = 0,1,2,\cdots,N-1 \quad (2.7)$$

而幅度差加权自相关函数法计算 RCS 序列周期的方法为

$$A_{c}(k) = \phi_{c}(k) / D_{c}(k) \quad k = 0,1,2,\cdots,N-1 \quad (2.8)$$

求得相关函数、幅度差函数或者二者的综合函数后，再计算一个与该函数均值有关的门限，若自相关值超过门限，则最大值点位置对应的时间为 RCS 序列周期，反之，则认为没有明显的周期。

2）基于三角函数拟合的 RCS 周期估计方法

借鉴傅里叶级数展开的思想，可将 RCS 序列用下式表示，为

$$x_{n} = a_{0} + \sum_{k=0}^{+\infty} \left[a_{k} \cos\left(2\pi k \frac{t_{n}}{T}\right) + b_{k} \sin\left(2\pi k \frac{t_{n}}{T}\right) \right] \qquad n = 1,2,\cdots,N \quad (2.9)$$

式中：T 为观测时间；t_n 为第 n 个观测时间点。但实际上，RCS 序列只在某个频率分量上具有较强分量，其他分量较弱，且频率分量不一定是 $1/T$ 的整数倍，即可修正为用某个频率分量 f 的三角函数来拟合 RCS 序列，为

$$\tilde{x}_n = a_0 + a\cos(2\pi f t_n) + b\sin(2\pi f t_n) \qquad n = 1,2,\cdots,N \tag{2.10}$$

为了减小拟合误差，在 f 附近增加 $P-1$ 个分数倍频率分量的三角函数来拟合 $x(n)$，为

$$\hat{x}_n = a_0 + \sum_{k=1}^{P} a_k\cos(2\pi(f+(k-1)\Delta f)t_n) + b_k\sin(2\pi(f+(k-1)\Delta f)t_n) \qquad n = 1,2,\cdots,N \tag{2.11}$$

式中：$\Delta f = \dfrac{f}{P}$，P 为某个较小的整数。由上式可知，拟合的序列 $\hat{x}_n$ 为频率 f 和 a_k，b_k 的函数。

这样，针对某个固定的搜索频率 $f_i = f_0 + i \cdot \delta f$（其中 f_0 为搜索的进动频率的最小值，δf 为搜索步长）和特定的 P，采用最小二乘法可以求得使如下拟合误差 $e(i)$ 最小的参数 a_k，b_k：

$$e(i) = \sum_{n=1}^{N} (\hat{x}_n(f_i) - x_n)^2 \tag{2.12}$$

求得 a_k，b_k 后，得到拟合序列 $\hat{x}$，再代入式（2.11）与式（2.12）得第 i 个拟合误差 $e(i)$。这样，可以得到 f 从 f_0 到 $f_1 = f_0 + I \cdot \delta f$ 所有频率点的误差。在所有误差序列中如下最小误差索引 i_{pot} 对应的参数 $\{a_0, a_k, b_k, k = 1,2,\cdots,K\}_{i_{opt}}$ 即为 RCS 序列的最优参数集合：

$$i_{opt} = \min_{i}\{e(i)\} \tag{2.13}$$

在最优参数集合的 K 个参数中，幅度 $c_k = \sqrt{a_k^2 + b_k^2}$，$k = 1,2,\cdots,K$，最大的索引为

$$i_{opt} = \min_{k}\{c_k\} \tag{2.14}$$

对应的频率

$$\hat{f} = f_{i_{opt}} + k_{opt}\Delta f \tag{2.15}$$

即 RCS 序列的进动频率。式中：$f_{i_{opt}} = f_0 + i_{opt} \cdot \delta f$，$\Delta f = \dfrac{f_{i_{opt}}}{P}$。

3）仿真结果

仿真实验以某外军导弹为仿真模型，模拟弹头在中段飞行过程中，雷达所观测到的 RCS 序列。雷达工作在 X 波段，位置布置在弹头落点附近。RCS 数据由

电磁计算软件所得，弹头为长度为1.875m的均匀光滑轴对称平底锥体，模型尺寸如图2.3所示。

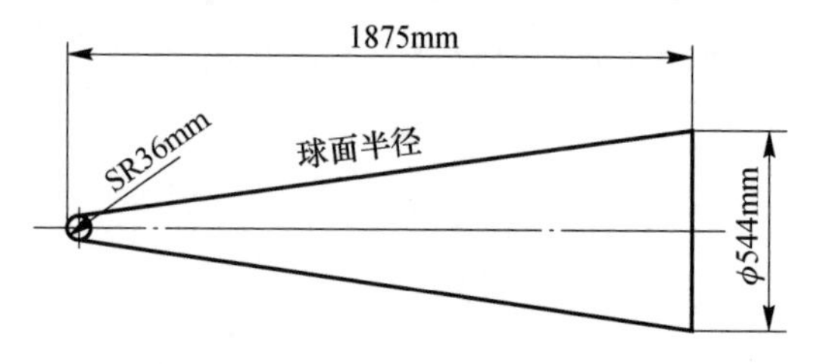

图2.3　某弹头模型结构示意图

图2.4为观测时间为4s、数据率为20Hz时，实际进动频率为0.85Hz的RCS序列，以及采用本书三角函数拟合法所得的拟合曲线，拟合曲线的频率为0.89Hz。图2.5为同样条件下，实际频率为0.35Hz的RCS序列和三角函数拟合法所得的曲线，三角函数的主要频率为0.33Hz。可知三角函数拟合法的误差小。

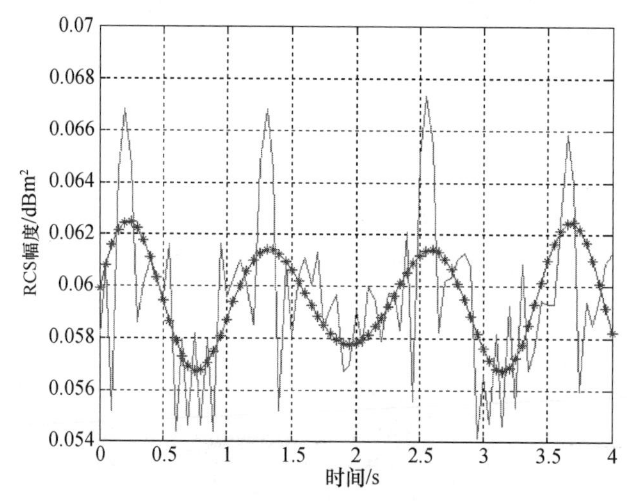

图2.4　弹头进动周期为0.85Hz的RCS序列(红色曲线)与三角函数拟合序列(蓝色曲线)对比(见彩图)

弹道类目标的进动频率一般在0.25～2Hz之间。图2.6、图2.7示出了在观测时间为4s，数据率为30Hz时，针对不同进动频率的RCS序列，本书方法经过1000次蒙特卡罗实验所得进动频率均值，为了对比，示出了幅度差结合自相关函数的进动频率估计均值，同时还示出了实际值。由图可知，本书方法的估计均值与实际值接近，而自相关方法估计均值与实际值只有进动频率为1Hz时较准确，在进动频率较小或较大时均值偏差较大。图2.7示出了两种方法的均方根误差，仍然可以看出，在0.25～2Hz的整个进动频率段，本方法的均方根误差

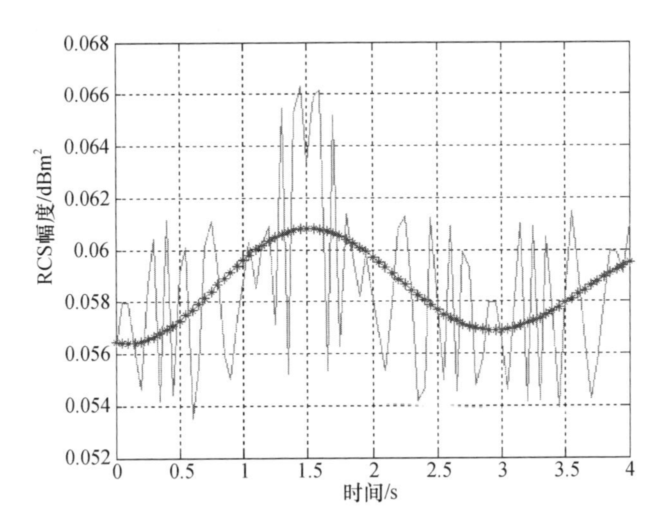

图 2.5 弹头进动周期为 0.35Hz 的 RCS 序列与三角函数拟合序列对比(见彩图)

较小。在较小的进动频率段,自相关类方法估计不准,主要是因为观测时间不足 2 个周期,使滑窗的有效求和项减少。对于其他的观测时间和数据率,本书方法与相关类函数法相比,都有类似的结论。

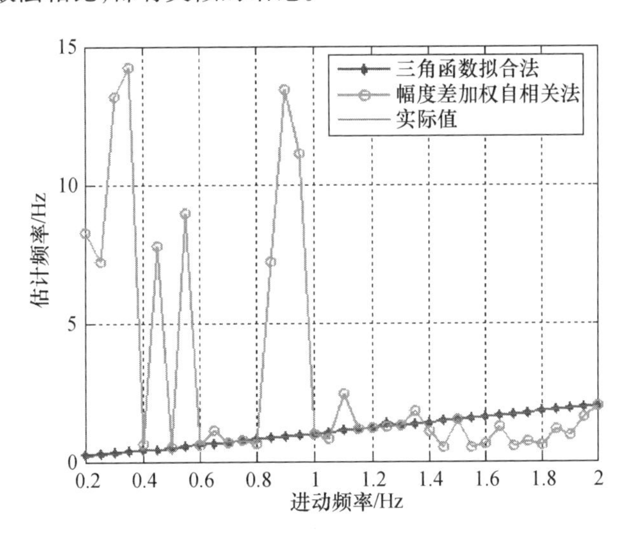

图 2.6 不同进动频率时本书方法(三角函数拟合法)和自相关类方法估计均值(见彩图)

2.1.2.3 宽带一维像特征提取

利用宽带高分辨一维距离像可估计目标的径向尺寸,但单幅距离像易受噪

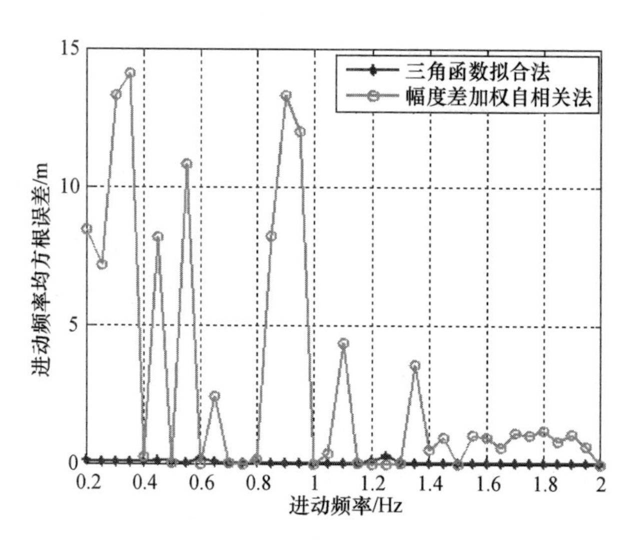

图 2.7　不同进动频率时本书方法和自相关类方法估计均方根误差(见彩图)

声影响,尺寸估计不准,也不能提取出微动参数。事实上,目标的高分辨距离像是目标真实尺寸在雷达视线上的投影,但同时也受到微运动的调制,故从多幅目标的高分辨距离像序列中同时提取出目标尺寸和微动特性成为可能。

文献[9]对进动目标的一维距离像的尺寸序列进行了建模,并采用 Levenburg Marquadt 算法直接估计目标的真实尺寸等多个参数,但由于锥旋轴与雷达视线夹角 α 及进动角 θ 耦合,对多个参数同时优化会陷入局部极值点,且对初值敏感而得不到目标正确尺寸。进动目标的高分辨尺寸序列模型可等效为四参数正弦信号[10,11],文献[12]对于正弦信号进行参数估计,先对进动目标尺寸模型采用正弦曲线拟合方法,估计出模型的频率(也是进动频率)、幅度、直流偏移和相位后,得到包含目标尺寸、进动角和视线角 3 个参数的两个方程,再根据再入目标的零攻角特性,以及跟踪的目标航迹得到锥旋轴视线角 ,从而由两个方程求得目标的真实尺寸和进动角两个参数。

1) 进动锥体目标宽带一维距离像尺寸模型

进动条件下目标运动状态示意图见图 2.1。若目标真实尺寸为 L,则在任意时刻 t,其投影到雷达视线的投影尺寸为

$$L_{\mathrm{p}}(t)=L\left|\cos(\gamma(t))\right|=L\left|\sin\theta\sin\alpha\cos(2\pi ft+\varphi_0)+\cos\theta\cos\alpha\right| \tag{2.16}$$

一般情况下,α 和 θ 都较小,故 $\cos\theta\cos\alpha>\sin\theta\sin\alpha$,上式中的绝对值符号可以去掉,即有

$$L_{\mathrm{p}}(t)=L\sin\theta\cos\alpha\cos(2\pi ft+\varphi_0)+L\cos\theta\sin\alpha \tag{2.17}$$

式(2.17)可化简为

$$L_p(t) = A\cos(2\pi ft + \varphi_0)C \tag{2.18}$$

式中

$$\begin{cases} A = L\sin\theta\sin\alpha \\ C = L\cos\theta\cos\alpha \end{cases} \tag{2.19}$$

式(2.18)可写成其等效形式

$$L_p(t) = A_1\cos(2\pi ft) + B_1\sin(2\pi fc) + C$$

式中:$A_1 = A\cos\varphi_0$;$B_1 = -A\sin\varphi_0$。

进动目标的雷达视线投影尺寸为一典型的四参数正弦信号。

2）基于四参数拟合的正弦参数估计

对于以下带观测噪声 $w_i, i=1,2,\cdots,n$,的正弦曲线

$$y_i = A_0\cos(2\pi f_0 t_i) + B_0\sin(2\pi f_0 t_i) + C_0 + w_i \tag{2.20}$$

当正弦曲线的频率已知时,三参数的正弦曲线最小二乘拟合值可按下式计算:

$$\begin{cases} A_1 = \dfrac{A_{\mathrm{N}}}{A_{\mathrm{D}}} \\ B_1 = \dfrac{B_{\mathrm{N}}}{B_{\mathrm{D}}} \\ C = \bar{y} - A_1\bar{\alpha} - B_1\bar{\beta} \end{cases} \tag{2.21}$$

式中

$$\begin{cases} \bar{y} = \dfrac{1}{n}\sum\limits_{i=1}^{n} y_i,\ \bar{\alpha} = \dfrac{1}{n}\sum\limits_{i=1}^{n}\alpha_i,\ \bar{\beta} = \dfrac{1}{n}\sum\limits_{i=1}^{n}\beta_i \\ A_{\mathrm{N}} = \dfrac{\sum\limits_{i=1}^{n} y_i\alpha_i - \bar{y}\sum\limits_{i=1}^{n}\alpha_i}{\sum\limits_{i=1}^{n}\alpha_i\beta_i - \bar{\beta}\sum\limits_{i=1}^{n}\alpha_i} - \dfrac{\sum\limits_{i=1}^{n} y_i\beta_i - \bar{y}\sum\limits_{i=1}^{n}\beta_i}{\sum\limits_{i=1}^{n}\beta_i^2 - \bar{\beta}\sum\limits_{i=1}^{n}\beta_i} \\ A_{\mathrm{D}} = \dfrac{\sum\limits_{i=1}^{n}\alpha_i^2 - \bar{\alpha}\sum\limits_{i=1}^{n}\alpha_i}{\sum\limits_{i=1}^{n}\alpha_i\beta_i - \bar{\beta}\sum\limits_{i=1}^{n}\alpha_i} - \dfrac{\sum\limits_{i=1}^{n}\alpha_i\beta_i - \bar{\alpha}\sum\limits_{i=1}^{n}\beta_i}{\sum\limits_{i=1}^{n}\beta_i^2 - \bar{\beta}\sum\limits_{i=1}^{n}\beta_i} \\ B_{\mathrm{N}} = \dfrac{\sum\limits_{i=1}^{n} y_i\alpha_i - \bar{y}\sum\limits_{i=1}^{n}\alpha_i}{\sum\limits_{i=1}^{n}\alpha_i^2 - \bar{\alpha}\sum\limits_{i=1}^{n}\alpha_i} - \dfrac{\sum\limits_{i=1}^{n} y_i\beta_i - \bar{y}\sum\limits_{i=1}^{n}\beta_i}{\sum\limits_{i=1}^{n}\alpha_i\beta_i - \bar{\alpha}\sum\limits_{i=1}^{n}\beta_i} \\ B_{\mathrm{D}} = \dfrac{\sum\limits_{i=1}^{n}\alpha_i\beta_i - \bar{\beta}\sum\limits_{i=1}^{n}\alpha_i}{\sum\limits_{i=1}^{n}\alpha_i^2 - \bar{\alpha}\sum\limits_{i=1}^{n}\alpha_i} - \dfrac{\sum\limits_{i=1}^{n}\beta_i^2 - \bar{\beta}\sum\limits_{i=1}^{n}\beta_i}{\sum\limits_{i=1}^{n}\alpha_i\beta_i - \bar{\alpha}\sum\limits_{i=1}^{n}\beta_i} \end{cases} \tag{2.22}$$

$$\alpha_i = \cos(2\pi f t_i), \beta_i = \sin(2\pi f t_i) \tag{2.23}$$

计算出频率已知的三参数后，拟合的正弦曲线为

$$\begin{aligned}\hat{y}_i &= A_1\cos(2\pi f t_i) + B_1\sin(2\pi f t_i) + C \\ &= A\cos(2\pi f t_i + \varphi_0) + C\end{aligned} \tag{2.24}$$

式中

$$A = \sqrt{A_1^2 + B_1^2} \tag{2.25}$$

拟合残差为

$$\varepsilon = \sum_{i-1}^{n}[y_i - \hat{y}]^2 = \sum_{i-1}^{n}[y_i - A_1\cos(2\pi f t_i) - B_1\sin(2\pi f t_i) - C]^2 \tag{2.26}$$

可知残差仅为频率f的函数，在一定范围内，拟合残差在正弦曲线的真实频率f_0处取得极小值。通过使残差最小化，从而将四参数的正弦曲线拟合转化为一维频率搜索。

3）利用零攻角特性解算目标参数

根据残差最小原则求得进动频率后，即可求得正弦曲线参数A和C，再解算目标实际尺寸L、锥旋角θ和雷达视线的俯仰角α三个参数。由于只有两个方程，故有无穷多解。

实际上，由于在中段时没有空气动力矩和控制力矩的作用，目标的进动状态会一直保持到再入段开始。而为保证安全再入，目标的速度方向与质心运动方向或进动轴向夹角很小或为零，即零攻角特性。利用零攻角特性，由中段目标的航迹点，经抛物线拟合可得目标至再入段前的轨迹，也就是目标的速度方向，这个方向也是当前位置点的进动轴方向，再根据雷达位置和所示的关系，即可得到雷达视线在目标坐标系下的俯仰角α。这样，在目标稳定跟踪后，俯仰角α已知，代入方程，即可求得目标的真实尺寸和进动角。弹道目标中段与再入零攻角示意图见图2.8。

4）仿真结果

这里采用某弹头的RCS计算数据对本书方法进行验证，RCS数据的频带为9~10GHz。图2.9所示为进动频率f_c为2Hz，进角θ为10°，锥旋轴与雷达视线夹角α为20 °，数据率50Hz，观测时间为2s，信噪比为10dB时，根据对应RCS数据作快速傅里叶变换(FFT)得到HRRP距离像的序列。由图可知该尺寸序列有一强一弱两个散射点，散射点的位置有明显的周期性。图2.10示出以上条件下，利用RCS数据所成高分辨距离像提取的尺寸序列，以及利用四参数曲线拟

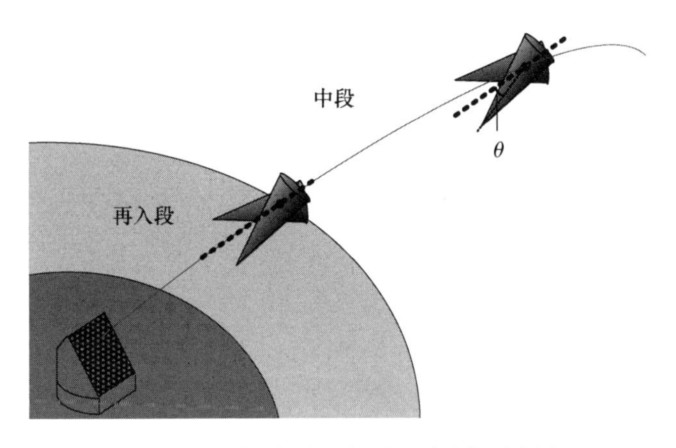

图2.8 弹道目标中段与再入零攻角示意图

合的尺寸序列。根据拟合的正弦曲线计算出的参数为$\hat{f}_c=2.11\text{Hz}$，$\hat{\theta}=11.86°$，$\hat{L}=1.894\text{m}$，与实际的参数$\hat{f}_c=2\text{Hz}$，$\theta=10°$，$L=1.875\text{m}$比较吻合。

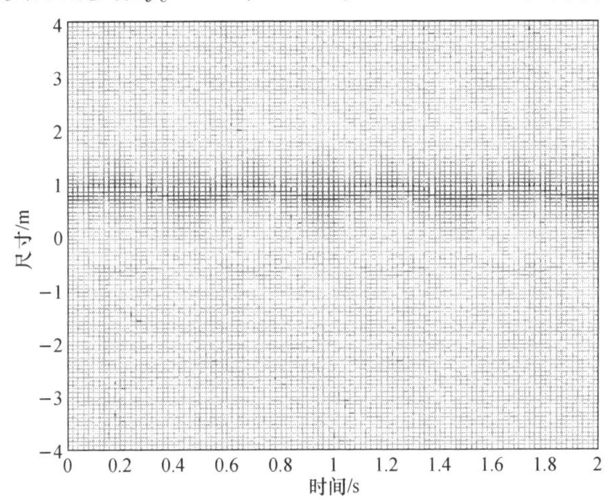

图2.9 $\alpha=20°,\theta=10°,f_c=2\text{Hz}$时某弹头计算数据的距离像序列图(见彩图)

图2.11和图2.12分别示出了在不同信噪比条件下，根据尺寸序列进行四参数正弦曲线估计，并结合零攻角特性，所得的进动角与真实进动角的均方根误差。由图可知，当信噪比大于8dB时，进动角误差小于1°，尺寸误差小于0.5m。

2.1.2.4 微多普勒特征提取

目前国外对弹道导弹的微动特征提取与识别报道较少。文献[13]分析仿

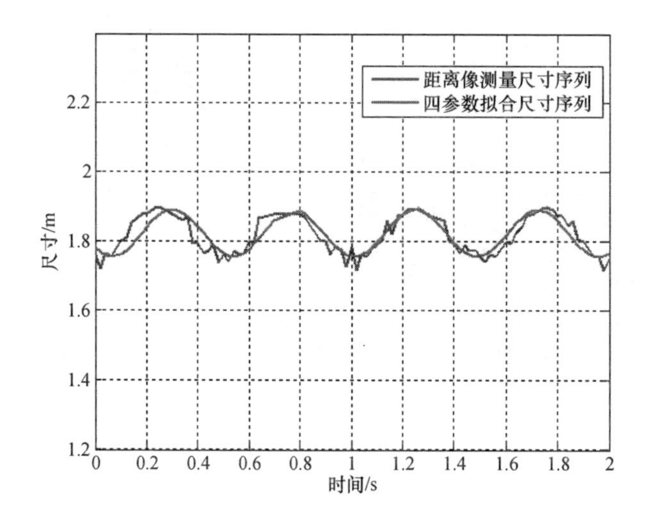

图 2.10　距离像测量尺寸序列与拟合尺寸序列(见彩图)

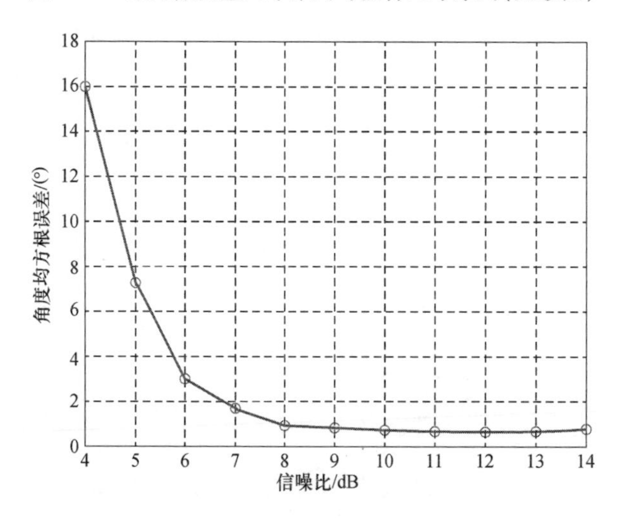

图 2.11　$\alpha=20°,\theta=10°,f_c=2\text{Hz}$ 时弹头尺寸四参数估计的进动角均方根误差

真了锥体弹头的进动模型,采用 Wigner - Ville 分布进行时频分析,并利用峰值点提取了目标的瞬时多普勒的周期特征。文献[14]分析了弹头的进动模型和诱饵的摆动模型,并进行了仿真验证。以上都是基于固定散射点模型来进行分析的,这与实际锥体目标的散射点模型不符,且这里并没有提出目标微多普勒显式的表达式。文献[15]提出了锥体底部的滑动散射点模型,并利用短时傅里叶变换(STFT)进行时频分析,提取了频谱熵、谱宽等特征进行自旋、进动和章动的识别;但滑动散射点模型表达式不直观,也没有提取散射点瞬时多普勒进行验证,对目标的尺寸和锥旋角参数也未提取。文献[16]通过提取时频平面时间切

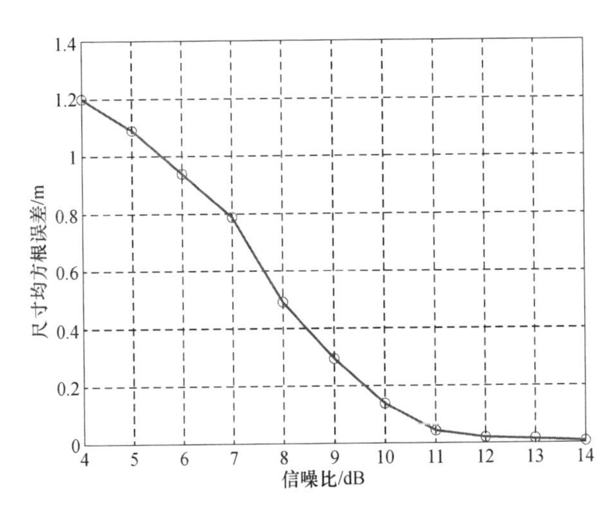

图 2.12　$\alpha=20°,\theta=10°,f_c=2\text{Hz}$ 时弹头尺寸四参数估计的尺寸均方根误差

片的过门限点后,采用曲线跟踪(CT)算法可以提取锥体目标固定散射点瞬时多普勒,由于固定散射点多普勒为正弦曲线,CT 算法中的扩展卡尔曼滤波对正弦曲线的拟合精度有限,且当散射点强度相差较大时,在多普勒曲线交汇处,强散射点会掩盖弱散射点,所以弱散射点的多普勒量测会出现缺失,使多散射点的多普勒曲线提取出现错误。

期望极大化(EM)算法[17]是由 A. P. Dempster 等人于 1977 年提出来的,是一种求极大似然函数极大化的迭代算法,在处理不完全数据中有重要应用。EM 算法实现简单,数值计算稳定,存储量小,并具有良好的全局收敛性,是当前统计学领域应用[18,19]最为广泛的算法之一。锥体弹头的时频平面在任一时间点有多个散射点,经检测后可以得到其位置,为观测到的已知数据。但点迹的归属未知,故检测出的散射点的点迹为非完全数据,而点迹的归属及权重属未知信息,符合 EM 模型,故可用 EM 算法来迭代地决定各点的归属,再求分开的散射点瞬时多普勒的参数。

先建立锥体目标的固定和滑动射点模型,形成窄多普勒回波,在此基础上,进行时频分析,并采用 EM 算法准确提取锥顶和锥底散射点瞬时多普勒,从而利用二者的半周期极性,估计出真假弹头的微动周期、锥旋角和尺寸,为反导目标识别提供有效的途径。

1) 弹道导弹锥体目标微多普勒模型

(1) 锥顶微多普勒模型。设锥顶 A 到质心 O 的距离为 l_A,则在 t 时刻 A 点投影到雷达视线的距离为

$$r(t)=l_A\cos\gamma(t)=l_A(P\sin\varphi(t)+Q) \tag{2.27}$$

则固定点 A 的多普勒为

$$\begin{aligned}f_{d,A}(t)&=\frac{2v}{\lambda}=\frac{2}{\lambda}\frac{\partial r}{\partial t}=\frac{4\pi f_c}{\lambda}l_A P\cos(2\pi f_c t+\varphi_0)\\&=\frac{4\pi f_c}{\lambda}l_A\sin\theta\sin\alpha\cos(2\pi f_c t+\varphi_0)\end{aligned} \tag{2.28}$$

式中：$f_{d,A}(t)$ 为周期 $T_c=1/f_c$ 的周期函数。锥顶到质心的距离 l_A 和锥旋角 θ 耦合，无法根据瞬时频率的测量值求出 θ 和 l_A。

（2）锥底微多普勒模型。锥体目标散射回波为雷达视线与目标几何不连续处相交处的回波矢量和。对于光滑对称的旋转锥体来说，几何不连续处除了锥顶外，就是底面与锥体曲面的相交的底面边缘圆弧线，其矢量和等效于雷达视线与锥体对称轴所在平面与底面边缘弧线的交点 M，如图 2.13 所示，即 M 点为等效散射中心。当锥体进动时，OO_2 不变，OA 转动，视轴线平面也转动，M 在底面滑动，故 M 为滑动散射点。

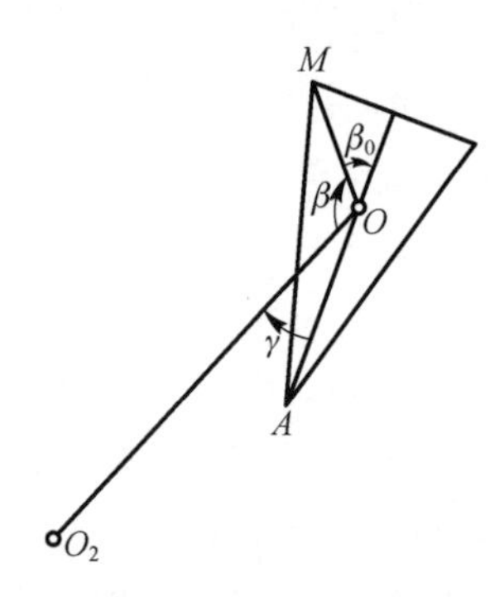

图 2.13　锥体滑动散射点与雷达视线关系图

设锥底边缘任一点（包括 M）到锥体轴线 OA 的夹角为 β_0，见图 2.13，则雷达视线 OO_2 与 OM 的夹角为

$$\beta(t)=180°-\beta_0-\gamma(t) \tag{2.29}$$

设 M 点到锥体质心 O 的距离为 l_M，则 M 投影到雷达视线的距离为

$$l_M(t)=l_M\cos\beta(t) \tag{2.30}$$

M 点的雷达回波多普勒为

$$f_{d,M}(t)=\frac{2}{\lambda}\frac{\partial l_M(t)}{\partial t}=-\frac{2}{\lambda}l_M\sin\beta(t)\beta'(t) \tag{2.31}$$

式中

$$\beta'(t) = -\gamma'(t) \tag{2.32}$$

$$\begin{aligned}\gamma'(t) &= [\operatorname{acos}(P\sin(2\pi f_c t + \varphi_0) + Q)]' \\ &= -\frac{2\pi f_c P\cos(2\pi f_c t + \varphi_0)}{\sin\gamma(t)}\end{aligned} \tag{2.33}$$

经化简后得

$$f_{d,M}(t) = -\frac{4\pi f_c}{\lambda}P\cos(2\pi f_c t + \varphi_0)\frac{l_M\sin\beta_0\cos\gamma(t) + l_M\cos\beta\sin\gamma(t)}{\sin\gamma(t)} \tag{2.34}$$

设锥体的底面半径为 r,质心到底面的高度为 h,有

$$\begin{cases} r = l_M\sin\beta_0 \\ h = l_M\cos\beta_0 \end{cases} \tag{2.35}$$

代入式(2.34)得滑动点的微多普勒:

$$\begin{aligned} f_{d,M}(t) &= -\frac{4\pi f_c}{\lambda}P\cdot\Big\{h\cos(2\pi f_c t + \varphi_0) + r\cdot\cos(2\pi f_c t + \varphi_0) \\ &\qquad \cdot\frac{P\sin(2\pi f_c t + \varphi_0) + Q}{\sqrt{1 - (P\sin(2\pi f_c t + \varphi_0) + Q)^2}}\Big\} \\ &= -\frac{4\pi f_c}{\lambda}P\cos(2\pi f_c t + \varphi_0)\cdot\left\{h + r\frac{P\sin(2\pi f_c t + \varphi_0) + Q}{\sqrt{1 - (P\sin(2\pi f_c t + \varphi_0) + Q)^2}}\right\} \end{aligned}$$

锥体目标锥底滑动散射点微多普勒表达式还可写成对正弦曲线的调制形式为

$$f_{d,M}(t) = -\frac{4\pi f_c}{\lambda}P\cos(2\pi f_c t + \varphi_0)\cdot m(t) \tag{2.36}$$

式中

$$\begin{aligned} m(t) &= \left\{h + r\frac{P\sin(2\pi f_c t + \varphi_0) + Q}{\sqrt{1 - (P\sin(2\pi f_c t + \varphi_0) + Q)^2}}\right\} \\ &= \left\{h + r\frac{\sin\theta\sin\alpha\sin(2\pi f_c t + \varphi_0) + \cos\theta\cos\alpha}{\sqrt{1 - (\sin\theta\sin\alpha\sin(2\pi f_c t + \varphi_0) + \cos\theta\cos\alpha)^2}}\right\} \end{aligned} \tag{2.37}$$

可知 $(h + r\cot(\alpha + \theta)) \leqslant m(t) \leqslant (h + r\cot(\alpha - \theta))$,由于 θ 相对于 α 较小,所以调制指数 $m(t)$ 变化不大。

滑动点 M 的微多普勒也是周期为 $T_c = 1/f_c$ 的周期函数,且滑动散射点微多普勒为锥体进动频率 f_c、底面半径 r、质心高度 h、锥旋角 θ、进动轴的视线角 α 的函数。其中,进动轴的视线角 α 可通过跟踪时的目标轨迹和弹道目标的零攻角特性求得,锥体进动频率 f_c 可通过时频图时域切片相关法准确求得,剩下的底

面半径 r、质心高度 h、锥旋角 θ 都未知。

(3) 锥体目标回波多普勒模型。设锥顶 A 的回波幅度为 a_A，锥顶滑动点 M 的回波幅度为 a_M，则锥体目标的回波模型为

$$s(t) = a_A \exp\left(\mathrm{j}2\pi\int f_{\mathrm{d},A}(t)\,\mathrm{d}t\right) + a_M \exp\left(j2\pi\int f_{\mathrm{d},A}(t)\,\mathrm{d}t\right) \tag{2.38}$$

即锥体回波由两项组成，一项为锥顶的回波，另一项为锥底回波。一般锥顶强度比锥底强度高 10～15dB。

锥体目标的基带雷达回波为

$$y(t) = s(t) + \eta(t) = a_A \exp\left(\mathrm{j}2\pi\int f_{\mathrm{d},A}(t)\,\mathrm{d}t\right) + a_M \exp\left(\mathrm{j}2\pi\int f_{\mathrm{d},M}(t)\,\mathrm{d}t\right) + \eta(t) \tag{2.39}$$

式中：$\eta(t)$ 为接收机高斯白噪声。

2）基于 STFT 时频图的时间切片相关法的进动周期提取

(1) 短时傅里叶变换。短时傅里叶变换(STFT)定义式为

$$S(\tau,f) = \int s(t) w_{T_\mathrm{w}}(t-\tau)\exp(\mathrm{j}2\pi ft)\,\mathrm{d}t \tag{2.40}$$

式中：$w_{T_\mathrm{w}}(t-\tau)$ 为中心在 t，时长为 T_w 的时域窗。STFT 为线性变换，满足叠加性。

(2) 锥体目标 STFT 时频分布。不妨取时域窗为矩形窗，对锥体目标回波作 STFT，当 T_w 很小时，得时频分布为

$$\begin{aligned} Y(\tau,f) &= \int [a_A \exp(\mathrm{j}2\pi\int f_{\mathrm{d},A}(t)\,\mathrm{d}t) + a_M \exp(\mathrm{j}2\pi\int f_{\mathrm{d},A}(t)\,\mathrm{d}t) + \\ &\quad \eta(t)] w_{T_\mathrm{w}}(t-\tau)\mathrm{e}^{\mathrm{j}2\pi ft}\mathrm{d}t \\ &= a_A \mathrm{e}^{\mathrm{j}\varphi_A(\tau)}\mathrm{sinc}(\pi T_\mathrm{w}(f - f_{\mathrm{d},A}(\tau))) \\ &\quad + a_M \mathrm{e}^{\mathrm{j}\varphi_M(\tau)}\mathrm{sinc}(\pi T_\mathrm{w}(f - f_{\mathrm{d},A}(\tau))) + \xi(\tau,f) \\ &= S(\tau,f) + \xi(\tau,f) \end{aligned} \tag{2.41}$$

式中：$\xi(\tau,f)$ 为噪声的瞬时谱；$S(\tau,f)$ 为锥体各散射点瞬时谱：

$$\begin{cases} \xi(\tau,f) = \displaystyle\int_{\tau-\frac{T_\mathrm{w}}{2}}^{\tau+\frac{T_\mathrm{w}}{2}} \eta(t)\mathrm{e}^{-\mathrm{j}2\pi ft}\mathrm{d}t \\ S(\tau,f) = a_A \mathrm{e}^{\mathrm{j}\varphi_A(\tau)}\mathrm{sinc}(\pi T_\mathrm{w}(f - f_{\mathrm{d},A}(\tau))) \\ \qquad + a_M \mathrm{e}^{\mathrm{j}\varphi_M(\tau)}\mathrm{sinc}(\pi T_\mathrm{w}(f - f_{\mathrm{d},A}(\tau))) \end{cases} \tag{2.42}$$

由式中 $S(\tau,f)$ 可知，在目标各散射点的瞬时频率处，出现与散射点强度对

应的峰值。当二者的瞬时频率靠近时,强的锥顶瞬时多普勒幅度的副瓣会掩盖弱的锥底峰值,使后续的瞬时多普勒估计出现误差,严重时出现缺失。

(3) 时间切片相关的进动周期提取。当锥体散射点信噪比较高时,$S(\tau,f)$ 在对应的瞬时频率处比基底 $\xi(\tau,f)$ 要强得多。由于 $\eta(t)$ 为高斯白噪声,故 $\xi(\tau,f)$ 较平稳,与时间切片无关。故对 $Y(\tau,f)$ 求切片间的相关系数等价于求 $S(\tau,f)$ 切片间的相关系数。$S(\tau,f)$ 不同时间切片 τ_1 和 τ_2 瞬时谱幅度的相关系数为

$$x(\Delta\tau) = \int |S(\tau_1,f)||S(\tau_2,f)|\mathrm{d}f \tag{2.43}$$

对于离散采样,$\tau_1 = n_1 T_s$,$\tau_2 = n_2 T_s = (n_1 + k) T_s$,$T_s = T/N$,$N$ 为采样点数;$f = m\dfrac{1}{T}$,m 为 FFT 的点数。上式的离散形式为

$$x_{n_1}(k) = \sum_{m=1}^{M} |S(n_1,m)S(n_1+k,m)| \tag{2.44}$$

再遍历 n_1 并取平均,得平均相关系数为

$$\bar{x}(k) = \frac{1}{N-k}\sum_{n_1=1}^{M} x_{n_1}(k) \tag{2.45}$$

由于 $f_{d,A}$ 和 $f_{d,M}$ 都是以 T_c 为周期的函数,当 $k = i(T_c/T_s)$,i 取整数时

$$S(n_1,m) = S(n_1+k,m) = S\left(n_1 + \frac{T_c}{T_s},m\right) \tag{2.46}$$

故此时 $x_{n_1}(k) = x_{n_1}(T_c/T_s)$ 取极值,平均后 $\bar{x}(k)$ 也取极值。

当 T 为若干个周期时,极值有多个,故先找 $\bar{x}(k)$ 的最大值点

$$x_{\max} = \max_k(x(k)) \tag{2.47}$$

再找与最大值幅度误差小于某个门限的 e_{thrsh} 的点集

$$\{j\} = \arg_k(|x_{\max} - x(k)| < e_{\text{thrsh}}) \tag{2.48}$$

对点集进行凝聚,凝聚过程见 2.1.2.4 3) 中的第(3)步,得到点集中心序列 $c_1,c_2,\cdots,c_q$,再找出相邻中心最小位置差

$$d = \min(c_{n+1} - c_n) \tag{2.49}$$

周期的估计为

$$\tilde{T}_c = d_c T_s \tag{2.50}$$

进动频率为

$$\hat{f}_{\mathrm{c}}=\frac{1}{\hat{T}_{\mathrm{c}}} \tag{2.51}$$

3）时频图瞬时多普勒点检测与凝聚

由噪声的瞬时幅度谱 $\xi(\tau,f)$ 可求其功率谱：

$$\begin{aligned}
P_{\eta}(\tau,f) &= E[\xi(\tau,f)\xi^{*}(\tau,f)] \\
&= E\left[\int_{\tau-\frac{T_{\mathrm{w}}}{2}}^{\tau+\frac{T_{\mathrm{w}}}{2}}\eta(t)\mathrm{e}^{-\mathrm{j}2\pi ft}\mathrm{d}t\int_{\tau-\frac{T_{\mathrm{w}}}{2}}^{\tau+\frac{T_{\mathrm{w}}}{2}}\eta^{*}(t')\mathrm{e}^{\mathrm{j}2\pi ft'}\mathrm{d}t'\right] \\
&= \int_{\tau-\frac{T_{\mathrm{w}}}{2}}^{\tau+\frac{T_{\mathrm{w}}}{2}}\int_{\tau-\frac{T_{\mathrm{w}}}{2}}^{\tau+\frac{T_{\mathrm{w}}}{2}}E[\eta(t)\eta^{*}(t')]\mathrm{e}^{-\mathrm{j}2\pi f(t-t')}\mathrm{d}t\mathrm{d}t' \\
&= \int_{\tau-\frac{T_{\mathrm{w}}}{2}}^{\tau+\frac{T_{\mathrm{w}}}{2}}\int_{\tau-\frac{T_{\mathrm{w}}}{2}}^{\tau+\frac{T_{\mathrm{w}}}{2}}\delta(t-t')\mathrm{e}^{-\mathrm{j}2\pi f(t-t')}\mathrm{d}t\mathrm{d}t' \\
&= \int_{\tau-\frac{T_{\mathrm{w}}}{2}}^{\tau+\frac{T_{\mathrm{w}}}{2}}\mathrm{d}t \\
&= T_{\mathrm{w}}
\end{aligned} \tag{2.52}$$

式(2.52)中，利用了白噪声的相关函数为狄拉克函数，以及狄拉克函数的积分性质。

雷达接收到的锥体目标瞬时谱的背景噪声功率为平稳的。在锥体目标的各散射点瞬时频率处会出现与其功率相应的峰值，故可采用常规信号处理慢门限的检测方法，对目标的各散射点瞬时多普勒点进行检测。

(1) 检测时先估计瞬时功率谱的背景功率。求噪声背景功率 $|Y(\tau,f)|^{2}$ 的离散形式为

$$\tilde{P}_{\eta}=\frac{1}{NM}\sum_{n=1}^{N}\sum_{m=1}^{M}|Y(n,m)|^{2} \tag{2.53}$$

(2) 找出过门限的初始点迹。在每个时间切片找出超出背景功率 $\tilde{P}_{\eta}$ 一定门限 σ_{thrsh} 的点作为瞬时频率的初始点迹

$$\{f_{n}\}=\{f_{n,1},f_{n,2},f_{n,i_{\max}}\}=\arg_{m}|Y(n,m)|^{2}>\sigma_{\mathrm{thrsh}}\tilde{P}_{\eta}\qquad n=1,2,\cdots,N \tag{2.54}$$

点集 $\{f_{n}\}$ 中包含过门限的锥体各散射点连续多个的微多普勒频率点，以及由噪声引起的虚警点。

(3) 点迹凝聚。为了减少后面提取散射点微多普勒的计算量，需要对每个

时间切片连续的微多普勒频率点进行凝聚。

凝聚步聚如下：

① 对同一个时间切片的频率点按从小到大的顺序进行排序（如果检测时是按频率点从小到大的顺序则不需要重新排序）

② 对排序后的点进行差分

$$d_{n,i}=f_{n,i+1}-f_{n,i} \tag{2.55}$$

③ 找出差值超过某个门限 d_{thrsh} 的点位置

$$j=\arg_{i}(d_{n,i}>d_{\mathrm{thrsh}}) \tag{2.56}$$

④ 点簇提取：两个连续位置之间的点即为一个点簇

$$c_i=\{j_{i-1}+1,j_{i-1}+2,\cdots,j_i\}-\{i_1,i_2,\cdots,i_K\}\qquad i=1,2,\cdots,q_n \tag{2.57}$$

⑤ 找出点簇对应的频率点

$$f_{n,i}=\{f_{n,i_1},f_{n,i_2},\cdots,f_{n,i_K}\}\qquad i=1,2,\cdots,q_n$$

⑥ 取出各点簇中频率点的功率

$$P_i=\{Y^2_{f_{n,i_1}},Y^2_{f_{n,i_2}},\cdots,Y^2_{f_{n,i_K}}\}\qquad i=1,2,\cdots,q_n \tag{2.58}$$

⑦ 对同一点簇的功率形成功率权

$$w_{i,k}=\frac{Y^2_{n,i_k}}{\sum_{k=1}^{K}Y^2_{n,i_k}}\qquad i=1,2,\cdots,q_n \tag{2.59}$$

⑧ 对点簇中的点进行功率加权，得到点簇的质心，即为同一个时间切片的不同频率点中心

$$\hat{f}(n,i)=\sum_{k=1}^{K}w_{i,k}f_{n,i_k}\qquad i=1,2,\cdots,q_n \tag{2.60}$$

⑨ 重复直到所有时间切片全部遍历。

4）基于 EM 算法的锥体目标瞬时多普勒提取

假定给定的训练样本是 $\{x_1,x_2,\cdots,x_n\}$，样例之间是相互独立的，我们想找到每个样例隐含的类别 z，能使其概率 $p(x,z)$ 最大。$p(x,z)$ 的对数似然函数为

$$l(\theta)=\sum_{i=1}^{n}\log p(x_i/\theta)=\sum_{i=1}^{n}\log\sum^{z}p(x_i,z/\theta) \tag{2.61}$$

E 步：对于每个样例 i，Q_i 表示该样例隐含变量 z 的某种分布，或者说缺失信息 z 的分布，则 $\sum_z Q_i(z)=1$，$Q(z)\geqslant 0$。可得

$$l(\theta)=\sum_{i=1}^{n}\sum_{z(i)}\log p(x_i,z_i/\theta)$$

$$= \sum_{i=1}^{n} \sum_{z(i)} \log Q_i(z_i) \frac{p(x_i, z_i/\theta)}{Q_i(z_i)}$$

$$\geqslant \sum_{i=1}^{n} \sum_{z(i)} Q_i(z_i) \log \frac{p(x_i, z_i/\theta)}{Q_i(z_i)} \tag{2.62}$$

由此求出 $l(\theta)$ 的下界。假设参数 θ 已经给定，$l(\theta)$ 的值决定于 $Q_i(z_i)$ 和 $p(x, z_i)$。这时可以通过调整这两个概率使下界不断上升，以逼近 $l(\theta)$ 的真实值。而要想让等式成立，则需要让随机变量变成常数，即下式成立：

$$\frac{p(x_i, z_i/\theta)}{Q_i(z_i)} = c \tag{2.63}$$

故

$$Q_i(z_i) = \frac{p(x_i, z_i/\theta)}{\sum_z p(x_i, z_i/\theta)} = \frac{p(x_i, z_i/\theta)}{p(x_i/\theta)} = p(z_i/x_i, \theta) \tag{2.64}$$

在固定参数 θ 后，$Q_i(z_i)$ 的计算公式就是条件概率。

M 步：在给定 $Q_i(z_i)$ 后，调整 θ，去极大化 $l(\theta)$ 的下界。

基于 EM 算法的多散射点正弦瞬时多普勒点提取算法描述如下。

锥体散射点多普勒为正弦曲线和类正弦曲线。经短时傅里叶变换和时频检测后，所得的正弦点和类正弦点混合在一起，需要进行分离。正弦曲线模型除进动频率 f_c 外，其他参数都可采用线性拟合的方法得到，而类正弦模型复杂，不能利用线性拟合的方法得到参数。但由于类正弦与正弦类似，故可采用正弦模型进行参数拟合。下面给出利用 EM 算法估计两个正弦曲线参数并分配瞬时多普勒点迹的过程。

由于已知频率的正弦曲线 $l\cos(2\pi f_c t + \varphi_0)$ 可表示为

$$l\cos(2\pi f_c t + \varphi_0) = l\cos(\varphi_0)\cos(2\pi f_c t) - l\sin(\varphi_0)\sin(2\pi f_c t)$$

$$= a\cos(2\pi f_c t) + b\sin(2\pi f_c t) \tag{2.65}$$

即两个参数需要估计。

先给出两条正弦曲线的初始参数 $\theta_1[a_1, b_1]$ 和 $\theta_2[a_2, b_2]$，分别对应两条正弦曲线 $a_1\cos(2\pi f_c t) + b_1\sin(2\pi f_c t)$ 和 $a_2\cos(2\pi f_c t) + b_2\sin(2\pi f_c t)$。

E 步：

对每个时间切片的点 $\hat{f}(n,i) \quad i = 1, 2, \cdots, i_n$，如果 $i_n = 1$，即只有一个点迹，则可计算该点到两条正弦曲线的距离

$$r_n(j) = a_1\cos(2\pi f_c t_n) + b_1\sin(2\pi f_c t_n) - \hat{f}(n) \qquad j = 1, 2 \tag{2.66}$$

由此可得权重为

$$w_n(j)=\frac{\mathrm{e}^{-\frac{r_n^2(j)}{\sigma^2}}}{\mathrm{e}^{-\frac{r_n^2(j)}{\sigma^2}}+\mathrm{e}^{-\frac{r_n^2(j)}{\sigma^2}}}\qquad j=1,2 \tag{2.67}$$

式中：$\sigma^2=r_n^2(1)+r_n^2(2)$。根据权重的大小，将第 n 个切片的唯一点迹分配给权值大的曲线。

如果 $i_n>1$，即不只一个点迹，则对每一个估计的频率点 $\hat{f}(n,i)$，$i=1,2,\cdots,n$，分别计算到两个正弦曲线的距离

$$r_n(j,i)=|a_j\cos(2\pi f_c t_n)+b_j\sin(2\pi f_c t_n)-\hat{f}(n,i)|\qquad i=1,2,\cdots,i_n;j=1,2 \tag{2.68}$$

找出其中距离最小值对应的行和列，将列所在的点分配给行所在的正弦曲线，同时将该点的权值置为 1。接着将行和列所在的距离值置一个大值，再找距离矩阵中最小值对应的行和列，再将列所在的点分配给行所在的正弦曲线，同时将该点的权值置为 1。

所得各点权值即条件概率 $Q_j(z_j=w_j)$。

M 步：

由 E 步将所有点迹分成两组 $\hat{f}(n)$，$j=1,2$，极大化似然函数 $l(\theta)$ 的下界等价于对所有两组点迹作正弦曲线拟合的最小二乘。

对于每条正弦曲线，点 $\hat{f}(n)$ 的误差平方和为

$$e_j^2=\sum_{n=1}^{N}[\hat{f}_j(n)-(a_j\cos(2\pi f_c t_n)+b_j\sin(2\pi f_c t_n))]^2 \tag{2.69}$$

上式写成矩阵的形式为

$$e_j^2=(\hat{\boldsymbol{f}}-\boldsymbol{C}\boldsymbol{a}_j)^{\mathrm{T}}(\hat{\boldsymbol{f}}-\boldsymbol{C}\boldsymbol{a}_j) \tag{2.70}$$

式中

$$\hat{\boldsymbol{f}}=[\hat{f}_j(1),\hat{f}_j(2),\cdots,\hat{f}_j(N)]^{\mathrm{T}}\qquad j=1,2 \tag{2.71}$$

$$\boldsymbol{C}=\begin{bmatrix}\cos(2\pi f_c t_1)\sin(2\pi f_c t_1)\\ \cos(2\pi f_c t_2)\sin(2\pi f_c t_2)\\ \vdots\\ \cos(2\pi f_c t_N)\sin(2\pi f_c t_N)\end{bmatrix} \tag{2.72}$$

$$\boldsymbol{a}_j=[a_j,b_j]^{\mathrm{T}} \tag{2.73}$$

最小化 e_j^2 等价于 e_j^2 对正弦曲线参数的偏导等于 0 的参数。即下式成立：

$$\frac{\partial e_j^2}{\partial \boldsymbol{a}_j}=0\Rightarrow \boldsymbol{a}_j=(\boldsymbol{C}^{\mathrm{T}}\boldsymbol{C})^{-1}\boldsymbol{C}^{\mathrm{T}}\hat{\boldsymbol{f}} \tag{2.74}$$

对于每个点加权的最小二乘解,可类似得到

$$\boldsymbol{a}_j = (\boldsymbol{C}^{\mathrm{T}}\boldsymbol{W}_j\boldsymbol{C})^{-1}\boldsymbol{C}^{\mathrm{T}}\boldsymbol{W}_j\hat{\boldsymbol{f}} \qquad j=1,2 \tag{2.75}$$

式中

$$\boldsymbol{W}_j = \begin{pmatrix} w_{j,1} & & 0 \\ & \ddots & \\ 0 & & w_{j,N} \end{pmatrix} \tag{2.76}$$

利用 E 步的权值结果,可分别求得两个正弦曲线的参数,反复迭代,直至前后估计误差变化很小为止。

上述迭代过程既估计了正弦曲线的参数,又将各时间切片的点迹进行了分离,从而实现了锥体目标固定点和滑动点微多普勒的分离。其中,估计误差较大的那条正弦曲线对应的点,即为滑动点的微多普勒,因为相应的点迹只是与正弦曲线类似,还不是标准的正弦曲线,故误差较大。

滑动点微多普勒的点迹

$$\hat{f}_{\mathrm{d},M}(n) = \hat{f}(n, j_{\max}) \tag{2.77}$$

式中

$$j_{\max} = \max_j(e_j^2) \tag{2.78}$$

同理,固定点微多普勒的点迹

$$\hat{f}_{\mathrm{d},A}(n) = \hat{f}(n, j_{\min}) \tag{2.79}$$

式中

$$j_{\min} = \min_j(e_j^2) \tag{2.80}$$

5）基于滑动点微多普勒半周期和的锥旋角估计

由固定的微多普勒 $f_{\mathrm{d},A}(t) = \dfrac{4\pi f_{\mathrm{c}}}{\lambda} l_A \sin\theta\sin\alpha\cos(2\pi f_{\mathrm{c}}t + \varphi_0)$ 可知,除去已知的 α 和 f_{c} 外,还有 l_A、θ 和 φ_0 三个参数未知,由已估计的正弦参数 $[a,b]$,只能由

$$\varphi_0 = -\arctan\left(\frac{b}{a}\right) \tag{2.81}$$

解出 φ_0,以及

$$\frac{4\pi f_{\mathrm{c}}}{\lambda} l_A \sin\theta\sin\alpha = \sqrt{a^2 + b^2} \tag{2.82}$$

无法解出 l_A 和 θ 两个参数。

$$f_{\mathrm{d},M}(t) = -\frac{4\pi f_{\mathrm{c}}}{\lambda}\sin\theta\sin\alpha\cos(2\pi f_{\mathrm{c}}t + \varphi_0) \cdot$$

$$\left\{h + r\frac{\sin\theta\sin\alpha\sin(2\pi f_c t + \varphi_0) + \cos\theta\cos\alpha}{\sqrt{1 - (\sin\theta\sin\alpha\sin(2\pi f_c t + \varphi_0) + \cos\theta\cos\alpha)^2}}\right\} \quad (2.83)$$

不是正弦信号,由估计其近似的正弦参数而抽取出的各时间点瞬时多普勒点迹,可以通过搜索各参数使其与点迹误差平方和最小来求得其中的 θ、h 和 r 三个未知量。

但未知参数太多,一方面搜索量大,另一方面各参数会耦合,不容易找出全局最优点,必须进行化简。变形得

$$f_{d,M}(t) = -\frac{4\pi f_c}{\lambda}h\sin\theta\sin\alpha\cos(2\pi f_c t + \varphi_0) - \\ r\sin\theta\sin\alpha\cos(2\pi f_c t + \varphi_0)\frac{\sin\theta\sin\alpha\sin(2\pi f_c t + \varphi_0) + \cos\theta\cos\alpha}{\sqrt{1 - (\sin\theta\sin\alpha\sin(2\pi f_c t + \varphi_0) + \cos\theta\cos\alpha)^2}} \quad (2.84)$$

式(2.84)由两项组成,第一项是标准的正弦曲线,第二项为正弦曲线的调制。因正弦曲线半周期的极性相反,而第二项并没有这样的特性,故考虑将滑动点微多普勒半周期相加,以消去第一项,得到只包含底面半径 r 和锥旋角 θ 两个变量的半周期和瞬时多普勒,为

$$f_{s,M}(t) = f_{d,M}(t) + f_{d,M}\left(t + \frac{T_c}{2}\right) = -\frac{4\pi f_c}{\lambda}rP \cdot \cos(2\pi f_c t + \varphi_0) \cdot \\ \left[\frac{\sin\theta\sin\alpha\sin(2\pi f_c t + \varphi_0) + \cos\theta\cos\alpha}{\sqrt{1 - (\sin\theta\sin\alpha\sin(2\pi f_c t + \varphi_0) + \cos\theta\cos\alpha)^2}} + \\ \frac{\sin\theta\sin\alpha\sin(2\pi f_c t + \varphi_0) - \cos\theta\cos\alpha}{\sqrt{1 - (\sin\theta\sin\alpha\sin(2\pi f_c t + \varphi_0) + \cos\theta\cos\alpha)^2}}\right] \quad (2.85)$$

这样,利用滑动点的微多普勒点迹的半周期和,在角度和半径两维进行搜索,就可得到与理论值 $f_{s,M}$ 的误差,使误差平方和最小的角度和半径即为估计的锥旋角和底半径:

$$(\hat{r}, \hat{\theta}) = \operatorname{argmin}\left(\sum_{n-1}^{N}(f_{s,M}(t_n) - \hat{f}_M(t_n))^2\right) \quad (2.86)$$

式中

$$\hat{f}_M(t_n) = \hat{f}_M(n) = \hat{f}_{d,M}(n) + \hat{f}_{d,M}(n + N_{hp}) \quad (2.87)$$

为滑动点微多普勒点迹的半周期和,$N_{hp} = \frac{T_c}{2T_s}$ 为半周期对应的样点数。

6）锥体目标尺寸参数估计

求得底面半径和锥旋角的估值后,并在一维进行搜索,得到使滑动点多普勒

点迹误差最小的锥体质心高度

$$\hat{h} = \operatorname{argmin}\left(\sum_{n-1}^{N}(f_{d,M}(t_n) - \hat{f}_{d,M}(t_n))^2\right) \tag{2.88}$$

将解得的 $\hat{\theta}$ 以及固定点正弦参数 $[a_{j_{\min}}, b_{j_{\min}}]$ 可得锥体目标锥顶到质心距离的估计

$$\hat{l}_A = \frac{\lambda}{4\pi f_c \sin\hat{\theta}\sin\alpha}\sqrt{a_{j_{\min}}^2 + b_{j_{\min}}^2} \tag{2.89}$$

由质心到锥顶距离 $\hat{l}_A$ 及质心锥底的距离 $\hat{h}$ 可得锥体尺寸

$$\hat{l}_c = \hat{l}_A + \hat{h} \tag{2.90}$$

由此不但可求得锥体的微动参数,如微动周期和锥旋角参数,还可求得只有在宽带时才能得到的尺寸参数。

7) 仿真结果

设锥体弹头长度 $l_c = 2\text{m}$,质心到锥顶距离为 $l_A = 1\text{m}$,质心到底面高 $h = 1\text{m}$,底面半径 $r = 0.35\text{m}$。导弹锥旋轴与雷达视线夹角 $\alpha = 20°$,锥旋角 $\theta = 10°$,进动频率 $f_c = 2\text{Hz}$,初始相位角 $\varphi_0 = 0°$。雷达对锥体的观测时间为 $T = 2\text{s}$,重频为 $F_{\text{pr}} = 800\text{Hz}$,工作波长 $\lambda = 0.03\text{m}$。

仿真采用固定散射点和移动散射点的多普勒模型,经积分求相位,再经叠加得到锥体回波信号,其中,$a_A = 1$, $a_M = 0.1778$,这样,锥顶散射点与锥底散射点功率比为 15dB。对锥体回波信号叠加相对于锥顶散射强度信噪比为 -15dB 的噪声,得到锥体雷达回波。

取时频窗长 $L_{\text{win}} = 32$ 个采样点,时频窗为汉明(hamming)窗,傅里叶变换长度 $M = 256$,对雷达回波 $y(t)$ 的离散样点 $y(k)$ 作短时傅里叶变换。

取其功率,得到雷达回波的时频功率谱 $Y^2(m,n)$,求时频谱不同时间切片间的平均相关系数。取相关系数最大值,找到与其差不超过 0.1 倍的最大相关系数值的下标,对下标进行连续点凝聚,取连续凝聚点差最小下标间隔对应的时间,即为所求的进动周期。

然后对时频图检测出的瞬时多普勒点和凝聚后的点进行 EM 算法散射点分离和正弦曲线参数估计。对正弦曲线的两组参数进行初始化。由于锥顶和锥底瞬时多普勒的符号相反,所以可只初始化一个正弦参数,另一个取其负数,然后按前述的步聚进行点到质心的距离计算、权重计算和点迹分配,以及最小二乘参数估计,如此迭代直至收敛。

图 2.14 所示为锥体弹头模拟回波的 STFT 时频功率谱。图 2.15 为对时频图进行时间切片自相关处理所得的系数,由图可知,目标时频图相关后的周期明

显,提取的周期为 0.5s,与设定值一致。图 2.16 为对弹头时频图进行检测和点迹凝聚的结果。图 2.17 为用 EM 算法提取各散射点迭代过程的迭代误差曲线,由图可知仅仅迭代了 6 次算法就收敛。且其中锥顶散射点的拟合误差较小,因其为标准正弦曲线;而锥底的拟合误差较大,主要是锥底微多普勒为非标准正弦。图 2.18 为 EM 算法提取的固定和滑动散射点的瞬时多普勒曲线。为了对比,也示出由设定的锥体微动参数得到理论多普勒曲线。由图可知,锥顶和锥底瞬时多普勒很好地分开,且与各自理论值吻合,从而避免用复杂的多目标跟踪技术从局部提取各散射点多普勒。图 2.19 为对滑动散射点多普勒进行半周期相加的处理结果。为了对比,也示出了由设定参数决定的理论滑动散射点多普勒半周期和曲线。由图可知,由于前面凝聚后点迹的缺失,致使半周期和量测值也出现了大量缺失。此外,由于噪声的影响,量测值与理论值有一定的误差。

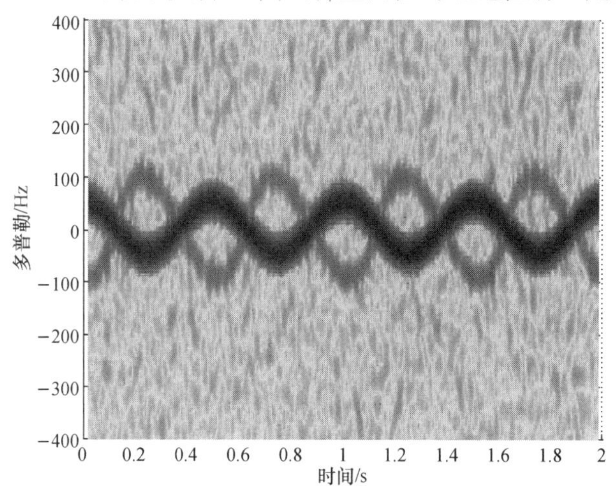

图 2.14　锥体弹头模拟回波 STFT 时频功率谱(见彩图)

对 EM 算法提取的滑动散射点多普勒进行半周期相加,得到半周期和量测值。得到滑动点多普勒半周期和量测值后,再在底面半径和锥旋角二维搜索,求得相应参数的滑动点理论半周期和与量测半周期和的误差。

底面半径搜索范围在 0.1 ~ 0.5m,步长为 0.01m;锥旋角搜索范围在 4 ~ 12m,步长为 0.1°。经仿真,得到使误差最小的底面半径和锥旋角 $\hat{\theta}$ 分别为 0.38m 和 9.5°,$\hat{\theta}$ 与设定的 10°相差 0.5°。求得锥旋角估计值后,分别求滑动理论值与提取量测值的误差,求得使误差最小的底面高度 $\hat{h}$ 为 1.02m,与设定值 1m 相差 0.02m。再由 $a_1 = 92.8236$, $b_1 = -1.5468$ 即可得锥顶距质心的距离 $\hat{l}_A = 1.029\text{m}$,与设定值 $l_A = 1\text{m}$ 接近。最后由底面高度及锥顶距质心距离得锥体弹头尺寸 $\hat{l}_c = \hat{l}_A + \hat{h} = 2.049\text{m}$,与设定值 $l_c = 2\text{m}$ 的误差为 0.049m。

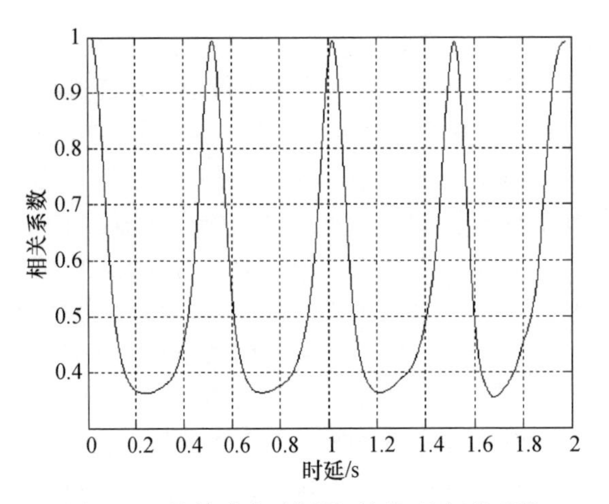

图 2.15　锥体弹头时频图时间切片相关系数

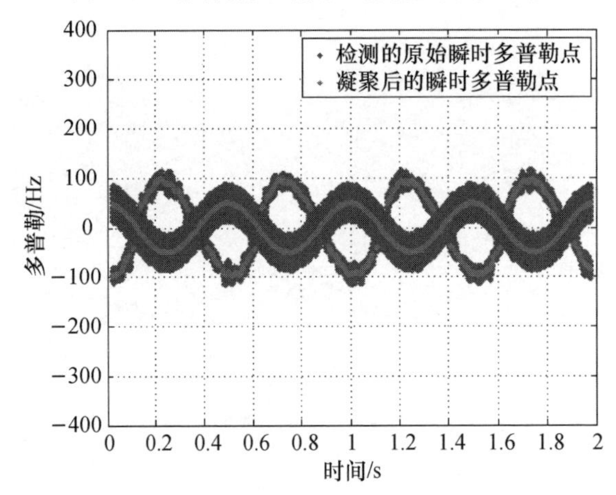

图 2.16　时频图检测出的瞬时多普勒点和凝聚后的点(见彩图)

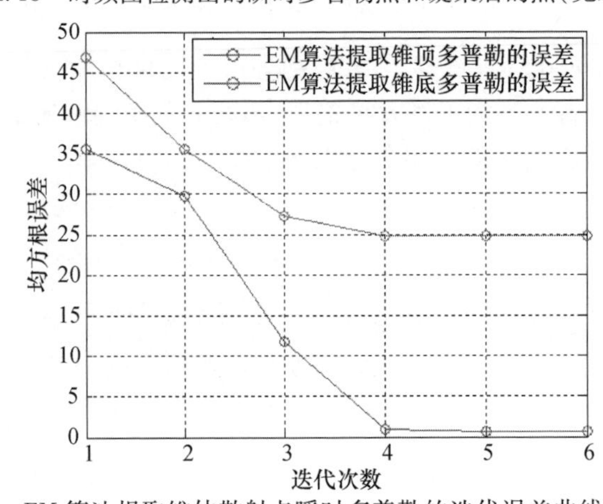

图 2.17　EM 算法提取锥体散射点瞬时多普勒的迭代误差曲线(见彩图)

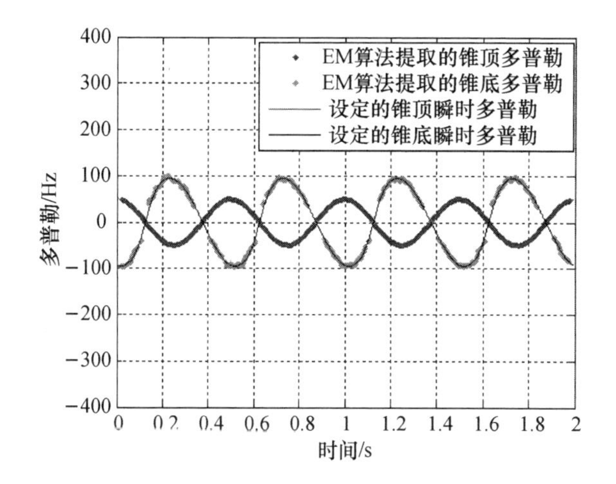

图 2.18　EM 算法提取的锥体散射点瞬时多普勒(见彩图)

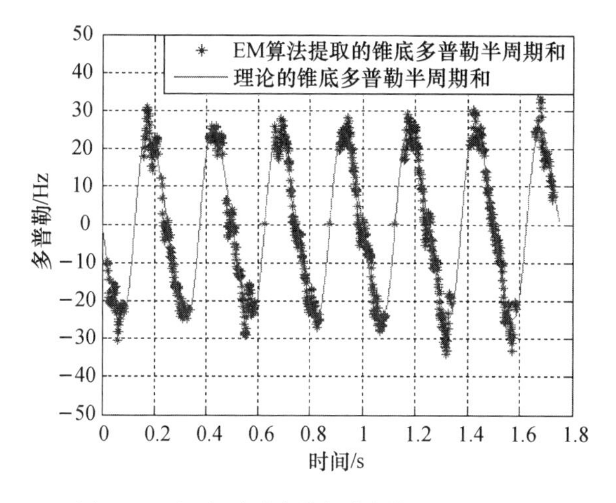

图 2.19　锥底瞬时多普勒半周期和(见彩图)

2.1.3　弹道导弹目标综合识别技术

由目标特性与雷达特征差异可知,提取目标特性对应特征的识别方式包括 RCS 方式、RCS 序列方式、宽带一维像方式、宽带一维像序列方式、微多普勒方式等。对于每种识别方式来说,可提取的特征很多,多种识别方式的特征就更多,太多的特征对于综合识别处理来说,并不一定能取得好的效果,反而可能因维数灾难问题而使识别结果错误;此外,由于各种识别方式不是同时对目标进行测量的,相应的各个特征量可能是完全冲突的,故需要对目标识别进行分层处理。对于单识别方式的多个特征,一般采用特征级融合方式,只输出该方式下各个类型的隶属度或置信度,以尽量减少后续处理的负担;而对于多种识别方式的识别置信度,则采用决策级融合,以形成有效的判决。

2.1.3.1 单识别方式特征级融合识别

1) 概述

特征级融合识别一般采用神经网络、模糊分类器和支持向量机(SVM)。

神经网络分类器要求样本多才能给出较好结果,且收敛速度慢。模糊分类器主要根据单识别方式的某个特征或参数对应的隶属度函数值来确定隶属度,多特征的隶属度采用加权确定,隶属度函数和权重由先验知识或者专家系统确定,然而如何合理地确定模糊隶属度函数和权重通常是一件困难的事情。

SVM 分类器能够在训练样本有限的条件下得到较好的分类结果,且训练得到的 SVM 分类器对未参加训练的目标数据有较好的泛化能力。缺点是标准 SVM 只针对二类问题,且只能输出 0 或者 1 的二值结果。

针对多类问题的 SVM 最早有一对一 SVM[20] 和一对多 SVM[21],分别在 $M(M-1)/2$ 个和 M 个分类器的基础上进行综合判决以输出最终结果,具有存在大量的不可分区域,且训练时间较长、分类器的缺点较多。后来 Takahashi[22] 提出的二叉树 SVM,其方法是先将所有类别分成两个子类,再将子类进一步划分成两个次级子类,如此循环下去,直到所有的节点都只包含一个单独的类别为止。二叉树 SVM 不存在不可分区域,训练速度快,但根节点若选择不当会使分类误差积累。此外,上述原型 SVM 只能输出各类的类别信息,而不能输出某类的置信度或者隶属度。对于弹道目标识别来说,除了类别信息外,还需要其置信度,作为后续决策级识别的输入。

针对弹道目标识别的特点,文献[23]提出一种基于置信度计算的二叉树 SVM 分类器,在选择根节点时,采用方差和最小准则,在计算置信度时,采用归一化到分类面距离的置信度计算方法,从而使得 SVM 分类器能够解决多类问题,且能输出隶属度结果。将上述二叉树 SVM 分类器应用于弹道目标的 RCS 特征识别中,仿真结果表明了该方法的有效性。

2) 方差和最小准则二叉树 SVM

节点的选择准则有多种,一种直观的理解是,节点的选择,使所分两类的方差和最小。假设共有 M 类目标待分类,将第 i 类作为正类,剩余目标作为负类,则以该类作为节点的方差和为

$$D(i) = \sum_{j=1}^{N_i} (x_{ij} - \bar{x}_i)^2 + \sum_{k=1,k\neq i}^{M} \sum_{j=1}^{N_k} (x_{kj} - \bar{x}_{\bar{i}})^2 \qquad i = 1,2,\cdots,M \tag{2.91}$$

式中：$\bar{x}_i$ 为第 i 类的均值；$\bar{x}_{\bar{i}}$ 为第 i 类余类的均值。

选择使式(2.91)中 $D(i)$ 最小的节点作为根节点 l_1：

$$l_1 = \min_i [D(i)] \tag{2.92}$$

对剩余目标，重复上述方法，直至最后剩下二类目标为止。

由于弹道目标群包含了真弹头和假目标(轻、重诱饵)，而目标识别的任务是识别出真弹头，因此，可以通过逐层分离出假目标这种偏二叉树 SVM 分类器来实现。图 2.20 所示为根据 RCS 的均值和标准差进行二叉树 SVM 训练时形成的决策树图。其中，由于轻诱饵尺寸和弹头类似，RCS 相近，而重诱饵与弹头相差甚多，故采用方差和最小原则时，重诱饵为第一级根节点。

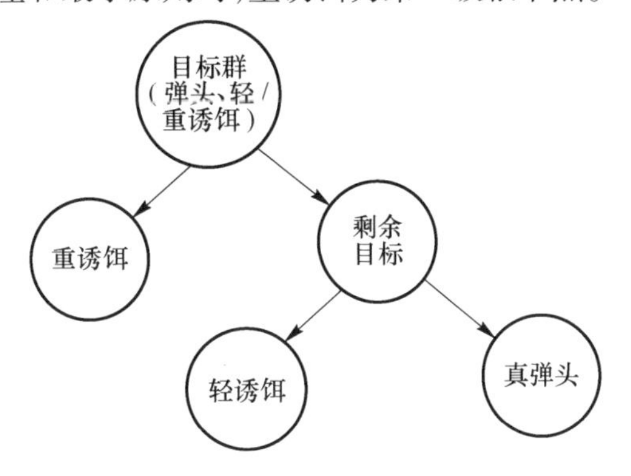

图 2.20　弹道目标群偏二叉树 SVM 分类决策树图

对于二类目标的 SVM，假设样本 $x_i, i = 1, 2, \cdots, N_s$ 为支持矢量，x 为待分类样本，采用高斯函数 $k(x, x_i) = \mathrm{e}^{-\frac{\| x - x_i \|^2}{2\sigma^2}}$ 作为核函数，则得到最优分类函数为

$$f(x) = \mathrm{sgn}\left\{ \sum_{i=1}^{N_s} \alpha_i k(x, x_i) + b \right\} \tag{2.93}$$

式中：α_i 为与每个支持矢量对应的 Lagrange 乘子，b 为分类阈值，$f(x) = 0$ 为分类超平面。

3）归一化到分类面距离的置信度计算

目标特征信号空间称为原始特征空间，经过某种变换后得到映射后的空间则称为变换特征空间，假设这种变换为 $x \to \varphi(x)$。由于变换前后的原始特征空间和变换特征空间中的元素存在一一对应关系，所以原始特征空间中某一类目标特征矢量经变换后，在变换特征空间中也同样聚类为一类，并且在半径为 R 的特征圆内。

从物理观点看，如果一个类的目标在某一空间的位置要用一个类心来表示，那么用它的质心来代表是比较合理的。本书选用变换特征空间中正类目标的质

心作为正类类心,负类目标的质心作为负类类心(+号表示正类,-表示负类),即

$$\begin{cases} \varphi_{+} = \dfrac{1}{N_{+}} \sum\limits_{i=1}^{N_{+}} \varphi(x_i) \\ \varphi_{-} = \dfrac{1}{N_{-}} \sum\limits_{i=1}^{N_{-}} \varphi(x_i) \end{cases} \tag{2.94}$$

类中每一个点 x_j 的映射点 $\varphi(x_j)$ 到映射类中心 φ_{+} 的距离为

$$\begin{aligned} d_{j+} &= \| \varphi(x_j) - \varphi_{+} \|^2 = \left[\varphi(x_j) - \frac{1}{N_{+}} \sum_{i=1}^{N_{+}} \varphi(i) \right]^2 \\ &= \varphi(x_j)\varphi(x_j) - \frac{2}{N_{+}} \sum_{i=1}^{N_{+}} \varphi(i)\varphi(x_j) + \frac{2}{N_{+}^{+}} \sum_{k=1}^{N_{+}} \sum_{i=1}^{N_{+}} \varphi(x_i)\varphi(x_k) \end{aligned} \tag{2.95}$$

使用核函数 $k(x,x_i) = \mathrm{e}^{-\frac{\| x - x_i \|^2}{2\sigma^2}}$ 实现这种非线性变换,则式(2.95)变为

$$d_{j+} = 1 - \frac{2}{N_{+}} \sum_{k=1}^{N_{+}} k(x_i, x_j) + \frac{1}{N_{+}^2} \sum_{k=1}^{N_{+}} \sum_{i=1}^{N_{+}} k(x_i, x_k) \tag{2.96}$$

取平均距离,就得到类半径为

$$r_{+} = \frac{1}{N_{+}} \sum_{j+=1}^{N_{+}} d_{j+} \tag{2.97}$$

有了类半径,再按下式求属于正类的隶属度函数为

$$\mu_{+} = \begin{cases} 1 - \dfrac{1}{2} \cdot \mathrm{e}^{-\frac{f(x)}{r_{+}}} & f(x) \geqslant 0 \\ \dfrac{1}{2} \cdot \mathrm{e}^{\frac{f(x)}{r_{+}}} & f(x) < 0 \end{cases} \tag{2.98}$$

同理,属于负类的隶属度函数为

$$\mu_{-} = \begin{cases} \dfrac{1}{2} \cdot \mathrm{e}^{-\frac{f(x)}{r_{-}}} & f(x) \geqslant 0 \\ 1 - \dfrac{1}{2} \cdot \mathrm{e}^{\frac{f(x)}{r_{-}}} & f(x) < 0 \end{cases} \tag{2.99}$$

位于分类面或者分类线 $f(x)=0$ 的点对应的隶属度为0.5;当 $f(x)>0$ 时,属于正类的隶属度大于0.5,属于负类的隶属度小于0.5;当 $f(x)<0$ 时,属于正类的隶属度小于0.5,属于负类的隶属度大于0.5,见图2.21所示。这样设计隶属度函数,比较合乎人们的经验习惯。

4) 仿真结果

仿真实验采用暗室静态测量的弹头、重诱饵、轻诱饵模型的全方位角 RCS

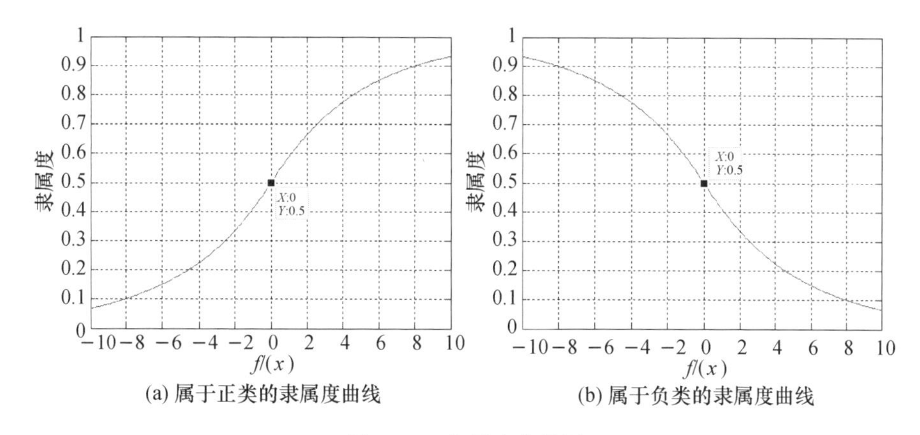

(a) 属于正类的隶属度曲线　(b) 属于负类的隶属度曲线

图 2.21　隶属度曲线图

数据,结合仿真弹道与微动参数,提取出目标在各时刻的 RCS 值。每类目标总共 1886 个时刻的 RCS 值,每 40 个 RCS 值作为一个序列求均值和标准差,共得到 1847 个样本,原始特征空间见图 2.22(a)所示。

每类目标均匀间隔取 47 个训练样本,见图 2.22 (b),对其进行本书设计的二叉树 SVM 训练。对于弹头、重诱饵、轻诱饵三类目标(分别简称为 A,B,C 类),第一级二叉树 SVM 共有三种分类方法,首先计算三种分类方法的标准差,从图 2.22 中的结果可以看出,弹头(A)类和轻诱饵(C)类的聚集度较高,第一级应先将重诱饵(B)类分离出来,然后再对 A、C 类进行第二级分类。

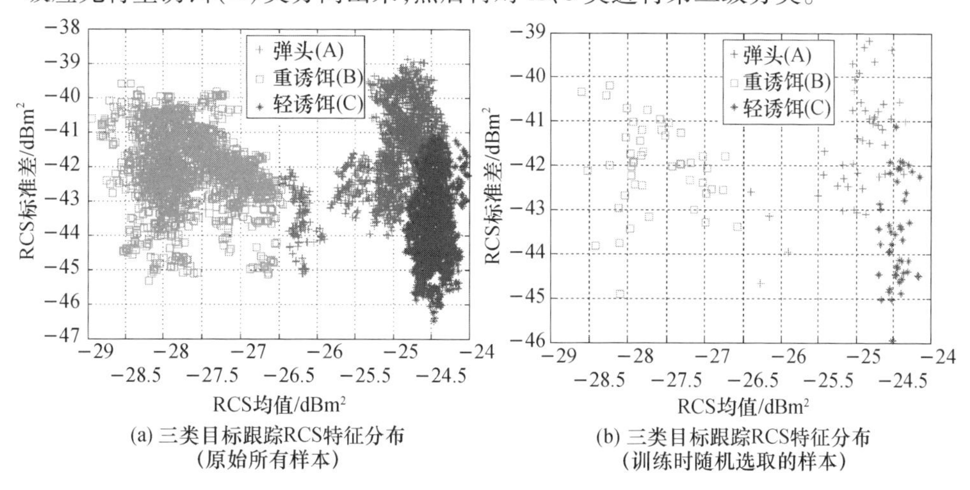

(a) 三类目标跟踪RCS特征分布(原始所有样本)　(b) 三类目标跟踪RCS特征分布(训练时随机选取的样本)

图 2.22　原始特征空间(见彩图)

表 2.4 所列为分别以 A、B 和 C 作为根节点时各类中心的方差和,由表可看出,以 B 为根节点对应方差和最小。故第一级根节点以 B 为根节点的误差最小。

表 2.4　第一级根节点三种分法的归一化方差和

第一级根节点	A	B	C
归一化方差和	3. 7419	2. 8870	3. 0222

为了刻画分类界面,将原始特征空间划分为网格数据进行测试。第一级分类结果得到属于 B 类或非 B 类的隶属度,第二级分类将非 B 类的隶属度分为属于 A 类或 C 类的隶属度。经过计算,得到分别属于 A,B,C 三类的隶属度曲面如图 2. 23 中的(a)(b)(c)。红色区域的样本点属于相应类的隶属度大于 0. 5,蓝色区域的样本点属于相应类的隶属度小于 0. 5,而当样点位于分类线处时,隶属度为 0. 5。图 2. 23 中的(d)是将三个隶属度取最大的结果,三类目标很清晰地被区分开,隶属度曲面很好地刻画了各个类型的隶属度情况。

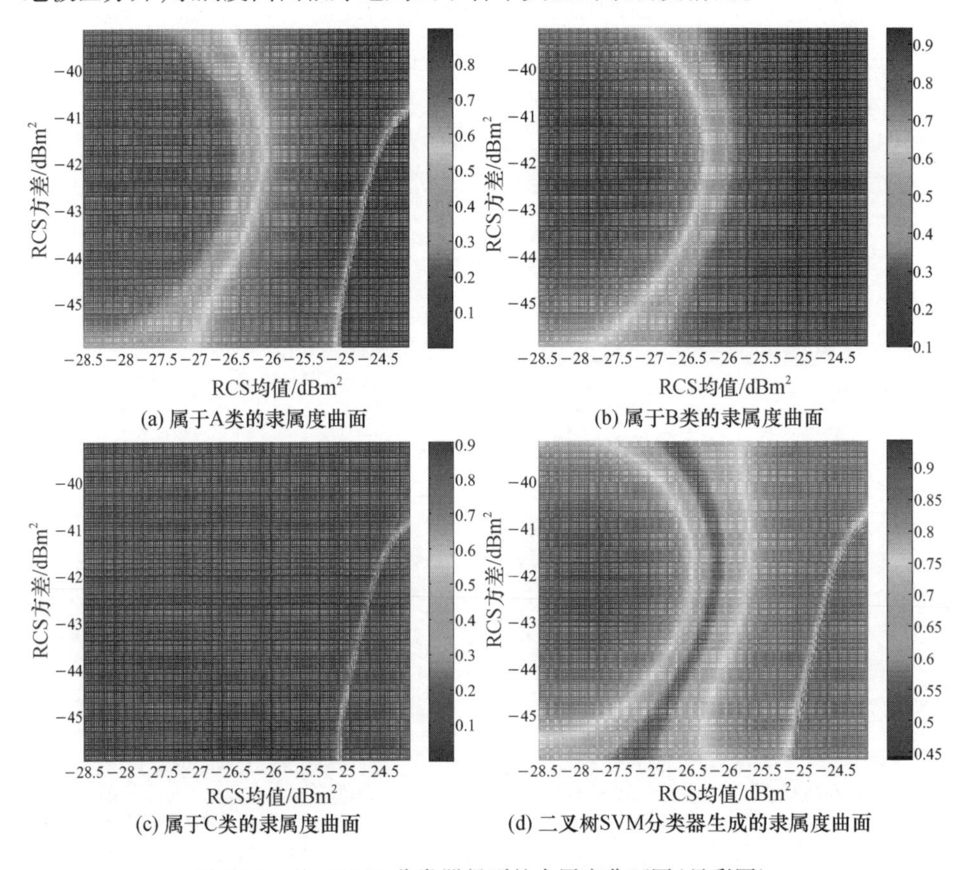

图 2. 23　基于 SVM 分类器得到的隶属度曲面图(见彩图)

对全部样本进行测试,采用模糊分类器、一对多 SVM 分类器进行对比,分类结果见表 2. 5 各种分类器的识别结果。本书方法的平均识别正确率、弹头识别正确率高于模糊分类器和一对多 SVM 分类器,而诱饵虚警率低于其他两种方法。从仿真结果来看,所提出的方法有效可行、优势明显。

表 2.5　各种分类器的识别结果

	平均识别正确率/%	弹头识别正确率/%	诱饵虚警率/%
模糊分类器	91.63	91.82	8.47
一对多 SVM	94.75	93.02	4.39
本书所提方法	96.34	93.77	2.38

2.1.3.2　多识别方式决策级融合识别

1）概述

对于多功能相控阵雷达的识别系统来说,由于各识别方式特征的有效性、特征提取算法、工作环境和系统噪声等因素的影响,识别结果往往会出现偏差甚至异常。因此,需要在单方式识别的基础上,进一步进行多识别方式的决策级融合识别,以消除偶然因素的影响,提高识别稳健性。

D－S 证据理论是由 Dempster 和 Shafer 在概率论基础上发展起来的,具有强大的证据合成和推理能力,在多传感器信息融合、模式识别、不确定信息决策、目标识别等诸多领域获得广泛应用。利用证据理论能有效合成具有相似的目标支持度的多特征证据,为多特征融合提供了一种有效的方法。

当某些特征出现异常或单特征结果具有冲突时,传统的证据理论会得出有悖于常理的结果,致使识别结果完全不可信。为了解决 D－S 证据合成规则对高冲突证据合成的不足,国内外学者主要从两个方面对证据理论进行修正。一类是对证据合成规则进行改进,如 Yager[24] 方法、Inagaki[25] 方法和孙全[26] 的组合规则等,本质上都是将冲突系数在各个子集上进行重新分配。另一类则是基于模型修正的方法,即先对证据本身进行修正后再合成。文献[27]提出一种加权平均组合法,文献[28]提出根据各证据间的距离来计算相似度的证据权重分配法。李军[29] 等采用先验权和后验权的复合加权法,效果明显,但只是简单地对原证据进行复合加权,在证据数较少时,收敛较快,但随着证据的增加,收敛速度有限。

事实上,利用过计算偏熵[30] 相似度得到后验权,并将不确定性信息在各个子集上重新分配[31],并利用后验权,对各特征有效性的先验权进行修正,得到复合权,并根据此复合权对原来证据和不确定度重新分配后的证据进行加权组合,最后进行 D－S 证据合成,从而提高了多特征融合结果的可靠性和合理性。

2）证据理论

证据理论是建立在识别框架 Θ 上,Θ 是一个完备的集合。从 Θ 到[0,1]的映射 m 被称为基本概率分配函数,若 A 为 Θ 中的一个元素,则 m 满足:

$$\begin{cases} m(\varnothing) = 0 \\ 0 \leqslant m(A) \leqslant 1 \\ \sum_{A \in \Theta} m(A) = 1 \end{cases} \tag{2.100}$$

在多特征融合系统中,不同的特征测量方式或识别方式所提取的特征不同,每个特征对各个指定类型目标的识别结果就是一条证据。为了得到更有效的决策结果,可以对多特征的识别结果进行合成。设多特征的证据对应的概率分配函数和焦元为 $A_i(i=1,\cdots,P)$ 和 $m_1,m_2,\cdots,m_P$,则 D-S 合成规则为

$$m(A) = \begin{cases} \sum_{\cap A_i = A} \prod_{1 \leqslant i \leqslant P} m_i(A_i) & A \neq \varnothing \\ 0 & A = \varnothing \end{cases} \tag{2.101}$$

式中:$K = \sum_{\cap A_i = \varnothing} \prod_{1 \leqslant i \leqslant P} m_i(A_i)$ 为冲突系数。K 越接近于 1,表示证据间的冲突越大,即各特征识别结果之间分歧越大;反之,越接近于 0,各特征识别结果之间分歧越小,一致性越高。

在证据冲突较小时,D-S 证据合成能够将证据的置信度不断地向确定性高的命题集中,但是,在证据理论冲突较大或者完全对立时,由于 D-S 将冲突信息全部丢弃,失去了融合能力,合成结果往往有悖于常理。

3) 基于综合权的修正证据理论决策级融合方法

由于不同特征提取了目标不同的物理量,对目标的识别结果作用不同,在识别时有不同的可信度。根据实验、仿真,可以确定各特征相应的先验权值 w_1^{pre},w_2^{pre},…。这一先验权值体现了各特征的相对可靠性,相对可靠性高的特征在综合识别时作用大。此外,每次多特征识别时,由于每个特征的提取方法、工作环境、系统构成等偶然因素的影响,各特征识别结果存在许多不确定性,为避免某个特征失效导致整个识别系统的失效,需要计算证据间的相似度得到各特征的实时可靠度,即后验权。根据后验权对先验权进行修正得到复合权,然后对原来证据和不确定度重分配后的证据进行加权组合,最后按 murphy 方法进行 $M-1$ 次(M 为证据个数)D-S 证据理论合成,得到目标置信度。

引入偏熵来定义证据间的相似系数。设测量手段 X 对应的目标隶属度为 m_i,$i=1,2,\cdots,P$,P 为命题或目标总数;测量手段 Y 对应的目标隶属度为 n_i,则两测量手段 X、Y 对目标集的相似性可定义为

$$r(X,Y) = \frac{H_Y(X) + H_X(Y)}{H(X) + H(Y)} \tag{2.102}$$

式中:$H(X) = \sum_{i=1}^{P} m_i \mathrm{e}^{-a \cdot m_i}$ 为自偏熵;$H_Y(X) = \sum_{i=1}^{P} m_i \mathrm{e}^{-a \cdot n_i}$ 为互偏熵,a 为常数。

用相似性矩阵 $\boldsymbol{S}$ 来表示多组证据间的相似程度：

$$\boldsymbol{S}=\begin{pmatrix} r_{11} & \cdots & r_{1q} \\ \vdots & & \vdots \\ r_{q1} & \cdots & r_{qq} \end{pmatrix} \tag{2.103}$$

式中：q 为测量手段或证据总数。

将相似矩阵的每一行非对角元素相加，得到平均一致性系数，或者说其他证据对当前证据的支持度：

$$s_i=\frac{\sum_{j=1}^{P} S_{ij}-1}{P-1} \tag{2.104}$$

归一化得

$$w_i^{\text{pst}}=\frac{s_i}{\sum_{j=1}^{Q} s_j} \tag{2.105}$$

满足 $\sum_{j=1}^{Q} w_i^{\text{pst}}=1$，故可称为后验权，反映一个证据得到其他证据的认可程度。

先验权表示证据的可靠性，而在实际情况中，各特征的证据又受到工作环境、提取方法等因素影响，会有一些变化，故证据的可靠性先验权应根据后验权进行调整，故综合后验权和先验权按下式得到综合权：

$$\alpha_i=w_i^{\text{pst}}\cdot w_i^{\text{pre}} \tag{2.106}$$

令

$$w_i=\frac{\alpha_i}{\sum_{i=1}^{Q}\alpha_i} \tag{2.107}$$

则 $\sum_{i=1}^{Q} w_i=1$，w_i 为证据 m_i 的归一化复合权，它代表了证据经实际情况修正后的可靠性。

（1）证据理论的修正。这里对证据理论进行第一次修正，具体是：用 s_i 作为 m_i 中原有焦元的修正系数，将不确定性概率 $1-s_i$ 按照如下比例分配给各个焦元：

$$m'_i(Z_n)=s_i\cdot m_i(Z_n)+(1-s_i)\frac{1}{M}\sum_{i=1}^{M} m_i(Z_n) \tag{2.108}$$

对于修改后的证据 m'_i，仍满足

$$\sum_{n=1}^{N} m'_i(Z_n) = s_i \cdot \sum_{n=1}^{N} m(Z_n) + (1-s_i)\frac{1}{M}\sum_{i=1}^{M}\sum_{n=1}^{N} m_i(Z_n)$$
$$= s_i + (1-s_i) = 1 \tag{2.109}$$

实际上,将冲突平均分配后的证据只是根据实时的信息,还没有考虑先验信息,这里用修正后的先验权对证据理论再进行一次修正:

$$m''_i(Z_n) = w_i m_i(Z_n) + (1-w_i) m'_i(Z_n) \tag{2.110}$$

(2)加权证据理论融合。DS 融合前的加权合成证据为

$$m_i^w(Z_n) = \sum_{i=1}^{M} w_i \cdot m''_i(Z_n) \tag{2.111}$$

采用 murphy 方法再对加权合成证据进行 D-S 融合 $M-1$ 次:

$$m_c^1(Z_n) = m^w(Z_n) \qquad n = 1, \cdots, N$$

$$m_c^{i+1}(Z_n) = \begin{cases} \dfrac{m_c^i(Z_n) m^w(Z_n)}{1-K} & Z_n \neq \varnothing \\ 0, \quad Z_n = \varnothing \end{cases}, i = 1, \cdots, M-1 \tag{2.112}$$

式中:K 为加权证据 $m^w(\cdot)$ 与各次融合证据 $m_c^i(\cdot)$ 间的冲突系数,用下式计算:

$$K = \sum_{X_n \cap Y_k = \varnothing} m_c^i(X_n) m^w(Y_k) \tag{2.113}$$

4) 仿真结果

采用表 2.6 中的算例,对本书方法进行验算,并与 D-S、Yager、孙全、Murphy、李军方法的融合结果进行对比。算例的数据如表 2.6 所列。$m(A)$、$m(B)$ 和 $m(C)$ 表示各个特征对识别目标的支持程度。

表 2.6 个特征的基本概率分配函数

特征	目标 A	目标 B	目标 C
特征 1	$m_1(A)=0$	$m_1(A)=0.9$	$m_1(C)=0.1$
特征 2	$m_2(A)=0.5$	$m_2(A)=0.2$	$m_2(C)=0.3$
特征 3	$m_3(A)=0.55$	$m_3(A)=0.1$	$m_3(C)=0.35$
特征 4	$m_4(A)=0.55$	$m_4(A)=0.1$	$m_4(C)=0.35$
特征 5	$m_5(A)=0.55$	$m_5(A)=0.1$	$m_5(C)=0.35$

若通过仿真分析得到各特征的有效性先验权分别为 0.15,0.15,0.2,0.35,0.15。运用前述方法进行融合的结果如图 2.24 所示。

表 2.7 所列为本书方法融合 2~5 个特征所得的综合置信度。由表可知,3 个特征融合 A 类目标置信度为 0.55,不足以形成判决,而 4 个特征就超过 0.9

了,可以形成判决。

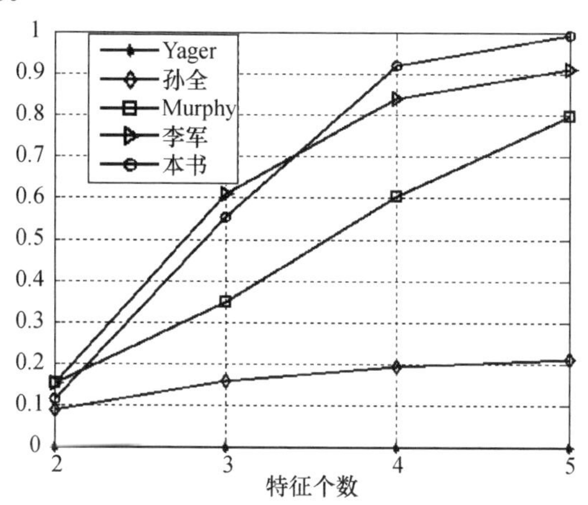

图 2.24　多特征融合方法对目标 A 的识别结果(见彩图)

表 2.7　本书方法融合结果

组合	融合结果
m_1,m_2	$m_1(A)=0.1163,m_1(B)=0.7740,m_1(C)=0.1096$
m_1,m_2,m_3	$m_1(A)=0.5528,m_1(B)=0.2563,m_1(C)=0.1908$
m_1,m_2,m_3,m_4	$m_1(A)=0.9195,m_1(B)=0.0045,m_1(C)=0.0759$
m_1,m_2,m_3,m_4,m_5	$m_1(A)=0.9916,m_1(B)=0.0000,m_1(C)=0.0084$

将特征数从 2 ~5 个的融合结果绘制成图,并与 Yager、孙全、murphy 和李军的方法作了对比。由于是模型修正的方法,且综合考虑了先验信息,故本书方法和李军方法收敛速度快,在特征数为 3 个的时候就可以给出正确的结果。

2.2　对空分类识别技术

2.2.1　作战场景及目标特性分析

现代战争中,特别对对空战场而言,敌我识别及对目标威胁度的判定问题日益重要。现代化战争具有突发性、快速性、大纵深、全方位、空地海一体化、数字化、持续时间短的特点,战场态势瞬息万变,指挥员不仅需要获悉战场周围各类目标的运动情况,还要能分辨出这些目标是友邻目标还是敌对目标,指挥员只有在弄清楚目标的敌我属性以及目标类型、目标位置和运动诸参数后,并迅速判断出敌对目标对我方的威胁程度,才能下达攻击命令,武器系统也只有在得到各种目标参数后才能准确地击中目标。据报道在第一次海湾战争中,敌我识别器所导致的错误达到了 39% 。现代战争由于武器系统的作用范围扩大、准确性提高、威力增强以及更加隐蔽,使战场时空关系复杂化,指挥员决策更加困难。所以能准确、实时地识别目标,不仅是对战场态势与威胁估计的基础,也是战场决策的重要依据。快速、准确及可靠地识别战场目标显得十分重要,这要求战略预警雷达系统应具备对空目标的自动目标识别(ATR)能力。

雷达自动目标识别是对雷达探测功能的重要延伸。目标自动识别分两种:一种是基于宽带信号的目标识别,另一种是基于窄带信号的目标识别。宽带信号利用它的宽带优势,可以对它的距离像进行特征提取,而窄带信号由于带宽较窄,一个脉冲内含有的信息量太少,因此提取好的特征成了研究的重点。

对飞机目标,其运动部件例如螺旋桨、发动机桨扇等的运动会对其回波信号进行多普勒调制,不同类别目标,在不同姿态下,其多普勒谱特性不同,根据目标回波多普勒谱特性的不同可以确定目标属性。国内外的文献表明在窄带雷达体制下,飞机的 JEM(喷气发动机调制)特性是一个比较稳定的特性[35-40]。

实际上,除了从调制回波中提取可供分类的特征外,飞机的运动参数,如速度、加速度和飞行高度,也都可以作为分类特征。就飞行速度而言,一般喷气式飞机的飞行速度最大,其次是螺旋桨飞机,直升机的飞行速度最低;就飞行高度而言,一般喷气式飞机的飞行高度最高,其次是螺旋桨飞机,直升机的飞行高度最低。下面的表 2.8、表 2.9 和表 2.10 分别列出了部分喷气式飞机、螺旋桨飞机和直升机的运动参数。直接用运动参数作为特征分类,在原理和实现上都是比较简单的,并不需要详细讨论。不过,也可以考虑用决策树或类似的融合方法将这些运动参数特征与其他特征融合用以识别。

表 2.8　部分喷气式飞机运动参数

型号	巡航速度	最大平飞速度	最小速度	实用升限
B-52 战略轰炸机	1046 km/h	316.35m/s		13250m
F-14	741~1019 km/h	*Ma* 数 2.34 (高度 12190m, 无外挂)*Ma* 数 1.2 (海平面)		18290m
F-15		*Ma* 数 2.5		18300m
F-16		*Ma* 数 2.0		15240m
F-18		>*Ma* 数 1.8		
F/A22	大于 *Ma* 数 1.6	高空 2335km/h 海平面 1482km/h		15240m
"鹞"/"海鹞"	(高空,机内燃油, 飞 1h 以上)>*Ma* 数 0.8 (低空)650~883km/h	(高空)*Ma* 数 1.25 (低空)1185 km/h		

（续）

型号	巡航速度	最大平飞速度	最小速度	实用升限
印度 LCA 轻型战斗机		（高空）*Ma* 数 1.6		15240m
米格－29		（高空）*Ma* 数 2.3 （海平面）1500 km/h （带 2 枚红外导弹，50% 机内燃油，最大加力推力）*Ma* 数 2.0 （M 型，高空）*Ma* 数 2.2		18000m
“幼狮”		（高度 11000m 以上）*Ma* 数 2.3 （海平面）*Ma* 数 1.1		17680m
苏－27		（高空）*Ma* 数 2.36 （海平面）*Ma* 数 1.14		18500m
苏－35		2440km/h		
米－25		（带导弹）*Ma* 数 2.83 海平面最大表速 1020km/h 高度 13000m 3000 km/h 海平面 *Ma* 数 0.98	最小机动表速 500km/h	23000m
米－31	最大（高空）*Ma* 数 2.35 （经济）*Ma* 数 0.85	（高度 17500m）3000km/h （海平面）1500km/h		20600m
“幻影”2000	最大速度 >1110km/h	*Ma* 数 2.2 （海平面）*Ma* 数 1.2	稳定飞行 185km/h	16460m
“幻影”4000		（高空）约 *Ma* 数 2.3 （持续）约 *Ma* 数 2.2		20000
瑞典 J－35D		（开加力，高度 11000m）*Ma* 数 2.0		18300m
瑞典 AJ－37		（高度 11000m） >*Ma* 数 2 （高度 100m）*Ma* 数 1.2		18500
瑞典 JAS－39		*Ma* 数 1.2（海平面） *Ma* 数 2.0（高空）		
EF2000		*Ma* 数 2.0		
“阵风”		*Ma* 数 2.0（高空）*Ma* 数 1.8（低空）		
“南非猎豹”	956km/h（11000m 上空）	*Ma* 数 2.2 （2337km/h，12000m 上空）		17000m

表 2.9　部分螺旋桨飞机运动参数

型号	巡航速度	最大平飞速度	最小速度	实用升限
图 -95	760km/h	910km/h		15000m
运 -7	最大 504km/h			
运 -8	550km/h	662km/h		10400m
运 -12		220km/h		3950m
“水轰” -5		556km/h		10250m
安 70	750 ~ 800km/h 低空 550km/h	*Ma* 数 0.73		12000m
SA2 -37A (US)	256km/h	326km/h	132km/h 打开减速板 124km/h 收起减速板	5490m(IO540) 7315m(TIO540)
EMB -314 (巴西)	530km/h	557km/h	157km/h 收起起落架 145km/h 打开起落架	10670m
CJ -6 (China)	170km/h(1000m)	286km/h 海平面		5080m
Z -143	235km/h(u) 232km/h(n)	266km/h(u) 262km/h(n)	108km/h(u),117km/h(n) 襟翼收起 91km/h(u),98km/h(n) 襟翼放下	
Epsilon (France)	358km/h	378km/h(海平面)	115km/h 起落架放下 关闭动力	7010m
Iak (roma)	190km/h(1000m)	285km/h(海平面) 270km/h(1000m)	90km/h 襟翼放下,发动机关闭	4000m
Su -31		330km/h	113km/h	4000m
Su -49	330km/h 最大 280km/h 经济	370km/h	100km/h 襟翼收起 90km/h 襟翼放下	7000m
Dash8 -100	546km/h 95% 载重			4905m
Dash8 -300	532km/h 95% 载重			7620m
“新舟”60	504km/h			
Saras(Ra)	500km/h	600km/h 9000m	163km/h 收起 132km/h 放下	11500m
ATR42(Fa)	556km/h			3750m
ATR72 (Fa)	511km/h			3048m

（续）

型号	巡航速度	最大平飞速度	最小速度	实用升限
FLA(Fa)	*Ma* 数 0.72 *Ma* 数 0.68			
G222	437km/h	487km/h 4757m	171km/h 放下襟翼	7835m
IL76	750 ~ 800km/h	600km/h LL 850km/h TTD		15500m
An - 32	460km/h	460km/h		8000m

表 2.10　部分直升机运动参数

型号	巡航速度	最大速度	悬停升限
AH - 1		333km/h	3.8km
RAH - 66	305km/h	324km/h	无地效升限 2900m
BO 105	最大(海平面) 242km/h 经济(海平面) 204km/h	242km/h	(有地效)1525m (无地效)457m
"虎"	250 ~ 280km/h		(无地效) >2000m
A129		315km/h(2000 米上空) 海平面: A: 250km/h B: 277km/h	(有地效)A:3140m,B: 4540m (无地效)A:1890m,B:4050m
OH - 1		290km/h	
UH - 60		333km/h	
HH - 53C		353km/h	最大 6120m
MH - 53E	(海平面) 278km/h	(海平面) 315km/h	最大 9300m; 实用升限(最大连续功率) 5640m; 悬停高度(最大功率) 有地效 3515m 无地效 2895m
MH - 53J		264km/h	最大 4849m
米 - 38	250km/h	275km/h	实用升限 6500m 悬停高度(无地效)2500m
米 - 17	240km/h	250km/h (海平面) 220m/h (500m 高度)	A:(最大起飞质量)1760m F:(正常起飞质量)3900m D:(最大起飞质量)3300m 实用升限:正常起飞质量 5600m; 最大起飞质量 4400m

（续）

型号	巡航速度	最大速度	悬停升限
贝尔 412	226km/h 海面 230km/h 1525m	259km/h	1920m
贝尔 430	243km/h A 237km/h B	277km/h	5590m
Z-5	160~180km/h	210km/h	2000m
Z-8	266km/h A 260km/h B 248km/h C	315km/h A 296km/h B 275km/h C	5500m
Z-9	293km/h Z-9 285km/h Z-9A	324km/h	2600m 有地效,2600m 无 Z-9 1020m 无地效,1600m 有 Z-9A
Z-11	238km/h		

从上面的数据可以看出,直升机,涡桨类飞机和喷气式飞机在最大速度、最高升限、最低速度等方面有很大的差异,例如,喷气式飞机的速度可以达到700km/h 以上,直升机的最大速度多在 350km/h 以上,而涡桨类飞机则介于两者之间。如果综合利用这些信息,则可以大大提高对目标分类甚至识别的概率。

2.2.2 空中目标特征提取技术

对空中目标进行分类,首先要解决的是特征提取的问题,找一个稳定可靠的特征对目标的分类起着比较关键的作用。JEM 特性就是一个稳定可靠的特性,本章从物理和数学两个方面对飞机的 JEM 进行了理论推导,并提出 JEM 特征提取方法。

1）JEM 特性产生机理和数学推导

通常飞机的尺寸与雷达波长相比,飞机目标散射都在光学区。由于光学区各散射中心的相互作用比较小,其散射视为线性局部过程,即飞机总的散射回波是各个独立散射中心散射回波的线性叠加。若飞机目标被分解为 p 个散射中心,则合成散射回波复矢量为

$$s(t) = \sum_{k=1}^{p} \sigma_k \cdot \exp(\mathrm{j}\phi_k(t)) \tag{2.114}$$

式中:σ_k 和 $\phi_k(t)$ 表示第 k 个散射中心的幅度和相位。通常

$$\phi_k(t) = 2\pi f_c t - 4\pi r_k(t)/\lambda \tag{2.115}$$

式中:f_c、λ 表示雷达工作频率和波长;$r_k(t)$ 表示第 k 个散射中心离雷达的距离。飞机上任一散射中心的相对运动都能造成回波的幅、相波动。

飞机旋转部件的每个桨叶散射仍然在光学区,每个桨叶可视为一个等效散

射中心。假设雷达远场有一飞机目标,其旋转部件包含 N 个桨叶。图 2.25 表示某一桨叶和雷达的几何关系,图中分别以雷达和桨叶旋转中心 Q 为坐标中心建立坐标系。假设飞机飞行方向和雷达的径向夹角为 φ,飞行速度为 v,Q 点的方位角和仰角分别为 α、β,高度为 h,桨叶旋转角速度为 ω_{r}。假设每个桨叶是同类线性刚性天线,且无桨叶遮挡;P 是图示桨叶上的某一散射点,l 是 P 和 Q 的距离,L_1 为桨叶起点和桨叶中心的距离(图中桨叶起点和桨叶中心是重合的,即 $L_1=0$,比如直升机的桨叶;但实际中也有 $L_1\neq 0$ 的情况,比如螺旋桨飞机和涡扇喷气飞机的桨叶。),L_2 是桨叶终点和桨叶中心的距离,θ_0 是桨叶的旋转初相角,$\theta_t=\theta_0+\omega_{\mathrm{r}}t$ 为 t 时刻的旋转角,R_0 是 Q 点到雷达的初始距离,$R_t=R_0+vt\cos\varphi$ 为 t 时刻 Q 点到雷达的距离。因此,在初始时刻 Q 点在雷达坐标系内的坐标为 Q_0:$(R_0\cos\beta\cos\alpha, R_0\cos\beta\sin\alpha, R_0\sin\beta)$,$P$ 点在桨叶坐标系内的坐标为 P_0:$(l\cos\theta_0, l\sin\theta_0, 0)$;在 t 时刻 Q 点在雷达坐标系内的坐标为 Q_t:$(R_t\cos\beta\cos\alpha, R_t\cos\beta\sin\alpha, R_t\sin\beta)$,$P$ 点在桨叶坐标系内的坐标为 P_t:$(l\cos\theta_t, l\sin\theta_t, 0)$。因此,根据图示的几何关系,$t$ 时刻 P 点到雷达的距离为

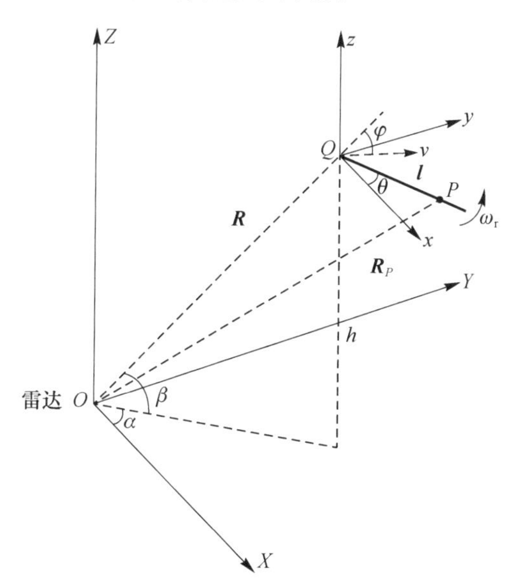

图 2.25 桨叶和雷达的几何关系图

$$
\begin{aligned}
R_{P_t} &= \|\boldsymbol{R}_{P_t}\| = \|\boldsymbol{R}_t+\boldsymbol{l}\| \\
&= [(R_t\cos\beta\cos\alpha+l\cos\theta_t)^2+(R_t\cos\beta\sin\alpha+l\sin\theta_t)^2+R_t^2\sin^2\beta]^{\frac{1}{2}} \\
&= [R_t^2+l^2+2R_tl\cos\beta(\cos\alpha\cos\theta_t+\sin\alpha\sin\theta_t)]^{\frac{1}{2}} \\
&\approx [R_t^2+l^2\cos^2\beta\cos^2(\theta_t-\alpha)+2R_tl\cos\beta\cos(\theta_t-\alpha)]^{\frac{1}{2}}
\end{aligned}
$$

$$=R_t+l\cos\beta\cos(\theta_t-\alpha)$$

$$=R_0+vt\cos\varphi+l\cos\beta\cos(\theta_0+\omega_r t-\alpha) \tag{2.116}$$

$$\varphi=2\pi ft \tag{2.117}$$

$$t=R/V \tag{2.118}$$

得出 t 时刻 P 点的相位延时为

$$\varphi_P=2\pi f\frac{R}{c}=2\pi f\frac{R_0+vt\cos\varphi+l\cos\beta\cos(\theta_0+w_r t-\alpha)}{c}$$

$$=4\pi\frac{R_0+vt\cos\varphi+l\cos\beta\cos(\theta_0+w_r t-\alpha)}{\lambda} \tag{2.119}$$

则 t 时刻 P 点的散射回波可以表示为

$$s_P(t)=\exp\left\{\mathrm{j}2\pi f_c t-\mathrm{j}\frac{4\pi}{\lambda}[R_0+vt\cos\varphi+l\cos\beta\cos(\theta_0+\omega_r t-\alpha)]\right\}$$

$$=\exp\{\mathrm{j}2\pi f_c t\}\cdot\exp\left\{-\mathrm{j}\frac{4\pi}{\lambda}[R_0+l\cos\beta\cos(\theta_0+\omega_r t-\alpha)]\right\}\cdot$$

$$\exp\left(-\mathrm{j}\frac{4\pi}{\lambda}vt\cos\varphi\right)$$

$$=\exp\left\{-\mathrm{j}\frac{4\pi}{\lambda}[R_0+l\cos\beta\cos(\theta_0+\omega_r t-\alpha)]\right\}\cdot\exp[\mathrm{j}2\pi(f_c-f_d)t] \tag{2.120}$$

式中:$f_d=2v\cos\varphi/\lambda$。整个桨叶的散射回波可以看作是桨叶上各点回波的积分,即

$$s_b(t)=\int_{L_1}^{L_2}s_P(t)\mathrm{d}l$$

$$=\exp\left[\mathrm{j}2\pi(f_c-f_d)t-\mathrm{j}\frac{4\pi}{\lambda}R_0\right]\cdot\int_{L_1}^{L_2}\exp\left[-\mathrm{j}\frac{4\pi}{\lambda}l\cos\beta\cos(\theta_0+\omega_r t-\alpha)\right]\mathrm{d}l$$

$$=\exp\left[\mathrm{j}2\pi(f_c-f_d)t-\mathrm{j}\frac{4\pi}{\lambda}R_0\right]\cdot$$

$$\frac{\exp\left[-\mathrm{j}\frac{4\pi}{\lambda}L_2\cos\beta\cos(\theta_0+\omega_r t-\alpha)\right]-\exp\left[-\mathrm{j}\frac{4\pi}{\lambda}L_1\cos\beta\cos(\theta_0+\omega_r t-\alpha)\right]}{-\mathrm{j}\frac{4\pi}{\lambda}\cos\beta\cos(\theta_0+\omega_r t-\alpha)}$$

$$=\exp\left[\mathrm{j}2\pi(f_c-f_d)t-\mathrm{j}\frac{4\pi}{\lambda}R_0\right]\cdot$$

$$\left\{\frac{\left[\cos\left(\frac{4\pi}{\lambda}L_2\cos\beta\cos(\theta_0+\omega_r t-\alpha)\right)-\cos\left(\frac{4\pi}{\lambda}L_1\cos\beta\cos(\theta_0+\omega_r t-\alpha)\right)\right]}{-\mathrm{j}\frac{4\pi}{\lambda}\cos\beta\cos(\theta_0+\omega_r t-\alpha)}\right.$$

$$\left.+\frac{-\mathrm{j}\left[\sin\left(\frac{4\pi}{\lambda}L_2\cos\beta\cos(\theta_0+\omega_r t-\alpha)\right)-\sin\left(\frac{4\pi}{\lambda}L_1\cos\beta\cos(\theta_0+\omega_r t-\alpha)\right)\right]}{-\mathrm{j}\frac{4\pi}{\lambda}\cos\beta\cos(\theta_0+\omega_r t-\alpha)}\right\}$$

$$=\exp\left[\mathrm{j}2\pi(f_c-f_d)t-\mathrm{j}\frac{4\pi}{\lambda}R_0\right]\cdot$$

$$\frac{-2\mathrm{j}\sin\left[\frac{1}{2}\times\frac{4\pi}{\lambda}(L_2-L_1)\cos\beta\cos(\theta_0+\omega_r t-\alpha)\right]}{-\mathrm{j}\frac{4\pi}{\lambda}\cos\beta\cos(\theta_0+\omega_r t-\alpha)}$$

$$\cdot\exp\left[-\frac{1}{2}\times\frac{4\pi}{\lambda}(L_2+L_1)\cos\beta\cos(\theta_0+\omega_r t-\alpha)\right]$$

$$=(L_2-L_1)\cdot\mathrm{sinc}\left[\frac{2\pi}{\lambda}(L_2-L_1)\cos\beta\cos(\theta_0+\omega_r t-\alpha)\right]$$

$$\cdot\exp\left\{\mathrm{j}2\pi(f_c-f_d)t-\mathrm{j}\frac{4\pi}{\lambda}\left[R_0+\frac{(L_2+L_1)}{2}\cos\beta\cos(\theta_0+\omega_r t-\alpha)\right]\right\}\tag{2.121}$$

所有桨叶的合成散射回波为

$$\begin{aligned}s_N(t)&=\sum_{k=0}^{N-1}s_{bk}(t)\\&=\sum_{k=0}^{N-1}(L_2-L_1)\cdot\mathrm{sinc}\left[\frac{2\pi}{\lambda}(L_2-L_1)\cos\beta\cos(\theta_k+\omega_r t-\alpha)\right]\\&\quad\exp\left\{\mathrm{j}2\pi(f_c-f_d)t-\mathrm{j}\frac{4\pi}{\lambda}\left[R_0+\frac{(L_2+L_1)}{2}\cos\beta\cos(\theta_k+\omega_r t-\alpha)\right]\right\}\end{aligned}\tag{2.122}$$

式中：$\theta_k=\theta_0+2\pi k/N,k=0,1,2,\cdots,N-1$。若从回波中估计 f_d，用 $\exp(\mathrm{j}2\pi f_d t)$ 补偿多普勒频率 f_d 的影响。同时，类似地，还可以用 $\exp(-\mathrm{j}2\pi f_c t)$ 补偿载频 f_c 的影响。基频可以表示为

$$s_N(t)=\sum_{k=0}^{N-1}(L_2-L_1)\cdot\mathrm{sinc}\left[\frac{2\pi}{\lambda}(L_2-L_1)\cos\beta\cos\left(\theta_0+\frac{2\pi k}{N}+\omega_r t-\alpha\right)\right]$$

$$\cdot\exp\left\{-\mathrm{j}\frac{4\pi}{\lambda}\left[R_0+\frac{(L_2+L_1)}{2}\cos\beta\cos\left(\theta_0+\frac{2\pi k}{N}+\omega_r t-\alpha\right)\right]\right\}$$

$$= \sum_{k=0}^{N-1} (L_2 - L_1) \cdot \text{sinc}\left[\frac{2\pi}{\lambda}(L_2 - L_1)\cos\beta\sin\left(\frac{\pi}{2} + \theta_0 + \frac{2\pi k}{N} + \omega_r t - \alpha\right)\right]$$

$$\cdot \exp\left\{-\mathrm{j}\frac{4\pi}{\lambda}\left[R_0 + \frac{(L_2 + L_1)}{2}\cos\beta\sin\left(\frac{\pi}{2} + \theta_0 + \frac{2\pi k}{N} + \omega_r t - \alpha\right)\right]\right\}$$

(2.123)

旋转部件调制回波基频的幅、相分量都受到 ω_r 的周期调制。进行傅里叶变换,可得到旋转部件调制回波的多普勒域表示[1]

$$S_N(f) = \sum_{m=-N_1}^{N_1} c_m \delta(f + m f_T) \quad (2.124)$$

即调制谱由一系列线谱组成。线谱周期 $f_T = PNf_r$,由桨叶数 N 和桨速 f_r 决定($\omega_r = 2\pi f_r$),对偶数桨 $P = 1$,对奇数桨 $P = 2$,其意义是双桨或单桨同时垂直通过雷达视线;谱线幅度 c_m 由参数 $\lambda, L_2, L_1, \beta, N, \theta_0$ 和贝塞尔(Bessel)函数决定;当 $L_1 = 0$ 时,单边谱线个数

$$N_1 = \frac{8\pi L_2 \cos\beta}{N\lambda} \quad (2.125)$$

单边谱宽

$$B_1 = \frac{8\pi P f_r L_2 \cos\beta}{\lambda} = \frac{4\omega_r L_2 \cos\beta}{\lambda} = \frac{4 v_{\text{rmax}} \cos\beta}{\lambda} \quad (2.126)$$

调制谱宽 $B = 2B_1$。

实际上,为了产生推力,桨叶一般都有扭转和桨叶角(用 ϑ 表示),而且不同的飞行状态有不同的桨叶角。若忽略桨叶的扭转,受桨叶角调制的桨叶回波复包络为

$$s_P(t) = \sum_{k=0}^{N-1}\left[g_1 + g_2 \sin\left(\theta_0 + \frac{2\pi k}{N} + \omega_r t - \alpha\right)\right] s_{bk}(t) \quad (2.127)$$

式中:$g_1 = \sin(|\beta| + \vartheta) + \sin(|\beta| - \vartheta)$;$g_2 = (\beta) \cdot [\sin(|\beta| + \vartheta) - \sin(|\beta| - \vartheta)]$,表明桨叶回波复包络幅度被桨叶角周期性地调制,调制程度还和 β 有关。对应的傅里叶变换可由下式表示

$$S_P(f) = \sum_{P=-N_2}^{N_2} c_P \delta(f + p f_T) \quad (2.128)$$

式中:系数 c_P 和线谱个数 N_2 受桨叶角调制。

实际飞机旋转部件的个数、安装位置、桨叶的形状、飞行姿态、旋转部件的雷达可见度等因素对前面分析的理想调制回波都有不同程度的影响。

对有 M 个螺旋桨的螺旋桨飞机,螺旋桨的旋转平面与飞机的飞行平面垂

直，通常每个螺旋桨具有相同的转速和固定的相位差 $\phi_i(i=0,1,\cdots,M-1)$，而且，在某些角度螺旋桨桨叶调制回波会受到机身回波的遮挡，设螺旋桨飞机的雷达可见度为 $v_{\text{PP}}(\alpha)$，则 M 个螺旋桨的调制回波为

$$\begin{aligned} s_{\text{PP}}(t) &= v_{\text{PP}}(\alpha)\sum_{i=0}^{M-1}s_{Ni}(t) = v_{\text{PP}}(\alpha)\sum_{i=0}^{M-1}\sum_{k=0}^{N-1}s_{\text{b}ik}(t) \\ &= v_{\text{PP}}(\alpha)\sum_{i=0}^{M-1}\exp(\text{j}\phi_i)\cdot\sum_{k=0}^{N-1}s_{\text{b}k}(t) \end{aligned} \tag{2.129}$$

对直升机，通常有两个转速不同的旋转部件，主旋 RCS 大，转速低；尾旋 RCS 小，转速高。能否忽略尾旋桨的影响要看雷达工作频率，如果尾旋桨尺寸在雷达的光学区，则尾旋桨的散射不能忽略。所有桨叶的调制回波为

$$s_{\text{HP}}(t) = \sum_{k=0}^{I-1}s_{I\text{b}}(t) + \sum_{k=0}^{J-1}s_{J\text{b}}(t) \tag{2.130}$$

式中：I 和 J 表示主旋桨、尾旋桨的桨数，$s_{I\text{b}}(t)$ 和 $s_{J\text{b}}(t)$ 表示主旋桨、尾旋桨单桨散射调制回波。对有两个都是主旋桨的直升机（如 V-22、CH-47），其分析方法也是一样的。

对涡扇喷气飞机，仍然有多个风扇，风扇的旋转平面与飞机的飞行平面垂直，更特别的是风扇在涵洞内，其调制回波受到的遮挡更严重。类似于螺旋桨飞机，涡扇喷气飞机所有风扇的调制回波为

$$s_{\text{TP}}(t) = v_{\text{TP}}(\alpha)\sum_{i=0}^{M-1}s_{Ni}(t) = v_{\text{TP}}(\alpha)\sum_{i=0}^{M-1}\sum_{k=0}^{N-1}s_{\text{b}ik}(t) = v_{\text{TP}}(\alpha)\sum_{i=0}^{M-1}\exp(\text{j}\phi_i)\cdot\sum_{k=0}^{N-1}s_{\text{b}k}(t) \tag{2.131}$$

此外，涡扇喷气飞机风扇的桨叶数较多（30～40 个），转速很高，风扇相对机身其 RCS 较小。

各类飞机调制回波的幅度、相位要受到飞机结构和飞行姿态的影响。各类飞机调制谱幅度、个数、宽度同样受到飞机结构和飞行姿态的影响。

2）基于奇异值分解的特征提取

旋转部件回波在多普勒域的调制谱可以表示成 $2N_1+1$ 条谐波的和，因此采用谐波和的数学模型来提取分类特征。为了方便推导，假设雷达回波信号为

$$y(n) = s(n) + w(n) \tag{2.132}$$

式中：$w(n)$ 为白噪声。假设机身回波已补偿，$s(n)$ 为旋转部件回波

$$s(n) = \sum_{i=1}^{d}\alpha_i\exp(\text{j}(w_i n + \phi_i)) \tag{2.133}$$

则

$$S(n)=\begin{bmatrix}1 & \cdots & 1 & \cdots & 1\\ \exp(\mathrm{j}w_1) & \cdots & \exp(\mathrm{j}w_i) & \cdots & \exp(\mathrm{j}w_d)\\ \exp(\mathrm{j}2w_1) & \cdots & \exp(\mathrm{j}2w_i) & \cdots & \exp(\mathrm{j}2w_d)\\ \vdots & & \vdots & & \vdots\\ \exp(\mathrm{j}(m-1)w_1) & \cdots & \exp(\mathrm{j}(m-1)w_i) & \cdots & \exp(\mathrm{j}(m-1)w_\mathrm{d})\end{bmatrix}\begin{bmatrix}\alpha_1\exp(nw_1+\phi_1)\\ \alpha_2\exp(nw_2+\phi_2)\\ \vdots\\ \alpha_\mathrm{d}\exp(nw_\mathrm{d}+\phi_\mathrm{d})\end{bmatrix}=AS_1(n) \tag{2.134}$$

信号的协方差矩阵为

$$\begin{aligned}\boldsymbol{R}&=E[\boldsymbol{yy}^\mathrm{H}]=E[(\boldsymbol{As}_1+\boldsymbol{w})(\boldsymbol{As}_1+\boldsymbol{w})^\mathrm{H}]\\&=\boldsymbol{A}E[\boldsymbol{s}_1\boldsymbol{s}_1^\mathrm{H}]\boldsymbol{A}^\mathrm{H}+\sigma\boldsymbol{I}=\boldsymbol{AQA}^\mathrm{H}+\sigma\boldsymbol{I}\end{aligned} \tag{2.135}$$

对 $\boldsymbol{R}$ 进行特征值分解,理想情况下应有 $2N_1+1$ 个较大的特征值(即和谐波数相同),剩余的特征值很小且大小相等。

表 2.11、表 2.12、表 2.13 列出了 3 类飞机在相同俯仰角(11.5°)下的谐波数目的理论值。对于 3 类飞机,直升机回波中包含的谐波数目在 1000 个以上,甚至有高达 3366 个的,而螺旋桨飞机和喷气式飞机由于谱线间隔较大,所以包含较少的谐波数。螺旋桨谐波数大约 10 个,喷气式飞机 2 ~4 个,它们之间也是可分辨的。

表 2.11 直升机谐波数特征

飞机编号	1	2	3	4	5	6	7	8	9	10
谐波数/个	1841	1583	1959	1795	1265	1227	1557	1640	3366	2595

表 2.12 螺旋桨飞机谐波数特征

飞机编号	1	2	3	4	5	6	7	8	9
谐波数/个	23	27	15	13	13	9	9	9	9

表 2.13 喷气式飞机谐波数特征

飞机编号	1	2	3	4	5	6
谐波数/个	3	2	4	2	2	2

对三类飞机的回波数据用 SVD 的方法进行了特征提取,提取的结果如图 2.26 至图 2.28 所示。

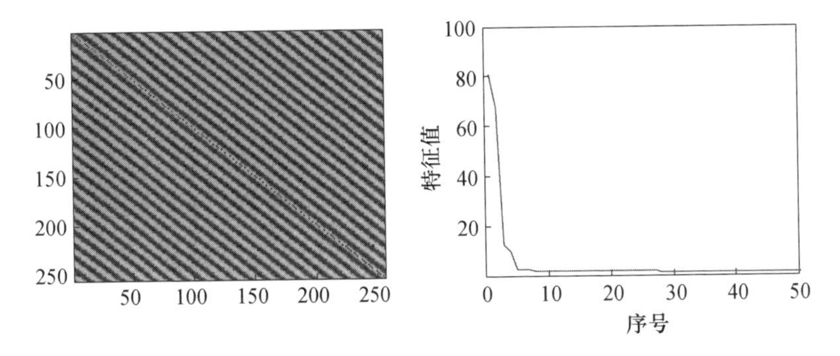

图 2.26 喷气式飞机回波的协方差阵灰度和特征谱（见彩图）

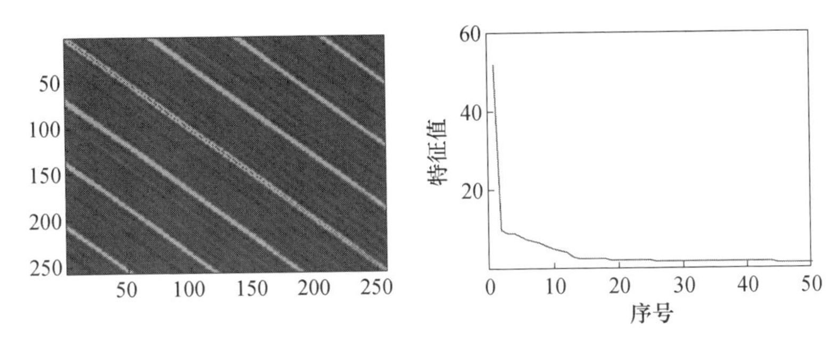

图 2.27 螺旋桨飞机回波的协方差阵灰度和特征谱（见彩图）

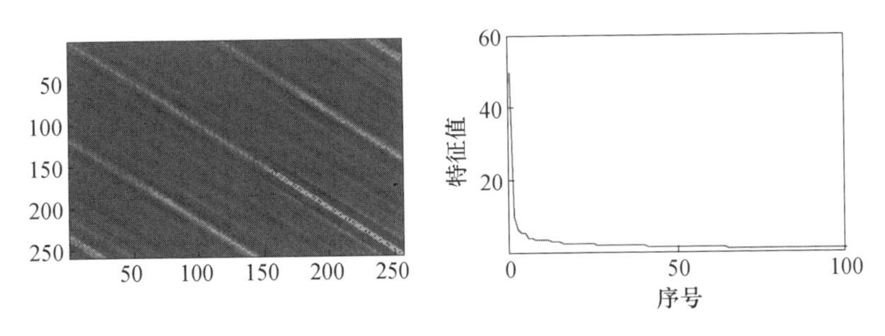

图 2.28 直升机回波的协方差阵灰度和特征谱（见彩图）

给出的仿真的三类飞机回波的协方差矩阵灰度图和特征谱图中，直升机的特征谱变化较平稳，没有明显的拐点；螺旋桨飞机的特征谱在第 13 个特征值附近有较大幅度的减小；而喷气式飞机的特征谱很陡峭，第 5 个特征值后的特征值相对于前面变得很小。这与理论上的谐波次数相符。

3）基于小波分析和高阶谱估计的特征提取。小波是自 20 世纪 80 年代后期发展起来的一门新的学科，它弥补了傅里叶变换不能同时描述信号时域和频域信息及短时傅里叶变换在整个时频平面分辨力相同的缺点，在很多领域都受

到重视,有了广泛的应用。对于具有有限能量的信号或平方可积的信号$f(t)$,其连续小波变换定义为

$$W_f(a,b) = \langle f(t), \Psi_{a,b}(t) \rangle = \int_{-\infty}^{+\infty} f(t)\Psi_{a,b}(t)\mathrm{d}t \tag{2.136}$$

式中

$$\Psi_{a,b}(t) = |a|^{-1/2}\Psi\left(\frac{t-b}{a}\right) \tag{2.137}$$

式中:$a,b \in R$,a是尺度参数,b是位置参数;$\Psi_{a,b}(t)$是小波函数,是函数$\Psi(t)$经过不同的尺度伸缩和平移得到的一系列基函数,$\Psi(t)$称为母小波,它满足可允许性条件,即

$$C_{\Psi} = \int_{-\infty}^{+\infty} \frac{|\hat{\Psi}(w)|^2}{|w|}\mathrm{d}w < \infty \tag{2.138}$$

式中:$\hat{\Psi}(w)$是$\Psi(w)$的傅里叶变换。

在分析离散信号时,需要小波变换进行离散化,$a = a_0^j$, $b = na_0^j$,其中j,n都是整数,最常用的是当$a_0 = 2$的情况,称为二进小波。1987年Mallat提出了多分辨分析的概念,并给出了正交小波变换的快速算法。

定义空间$L^2(R)$中的一列闭子空间$\{V_j\}_{j\in Z}$为$L^2(R)$的一个多分辨分析(MRA),这时应满足下列条件:

(1) 单调性:$\cdots \subset V_{j-1} \subset V_j \subset V_{j+1} \subset \cdots, \forall j \in Z$;

(2) 逼近性:$\bigcap_{j\in Z} V_j = \{0\}$, $\overline{\bigcup_{j\in Z} V_j} = L^2(R)$;

(3) 伸缩性:$f(x) \in V_j \Leftrightarrow f(2x) \in V_{j+1}, \forall j \in Z$;

(4) 平移不变性:$f(x) \in V_0 \Rightarrow f(x-k) \in V_0, \forall k \in Z$。

设以V_j表示多分辨分解中的低频部分A_j,W_j表示分解中的高频部分D_j,则W_j是V_j在V_{j+1}中的正交补,即

$$V_j \oplus W_j = V_{j+1} \qquad j \in Z$$

显然$V_j \oplus W_j \oplus W_{j+1} \oplus \cdots \oplus W_{j+m} = V_{j+m}$,则多分辨分析的子空间$V_0$可以用有限个子空间来逼近,即有

$$V_0 = V_1 \oplus W_1 = V_2 \oplus W_2 \oplus W_1 = \cdots = V_N \oplus W_N \oplus W_{N-1} \oplus \cdots \oplus W_2 \oplus W_1$$

小波多分辨分析的分解结构如图2.29所示。

利用多分辨分析的特性,在时频两域有表征信号局部特征的能力,是一种窗口大小不变但其形状可以改变的时频局部化分析窗。它在低频部分具有较高的频率分辨力,在高频部分具有较高的时间分辨力,很适合于探测正常信号中夹带的瞬变反常信号并分析其成分,被誉为分析信号的显微镜。它不仅可对信号和

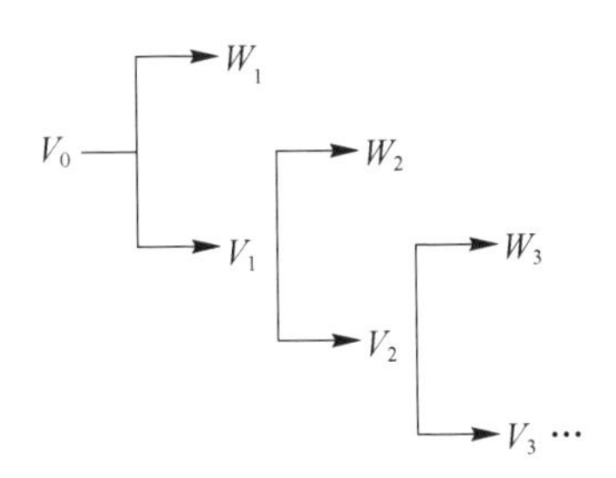

图 2.29　小波多分辨分析的分解图

图像在不同尺度上进行分析，而且对噪声有抑制作用。在这里，飞机回波主要由慢变的机身调制分量、旋转部件周期性调制分量及噪声构成。抑制慢变的机身回波和噪声，有利于提取旋转部件的周期性调制分量。离散小波变换的表达式为

$$W_{\mathrm{f}}(m,k) = 2^{m}\sum_{-\infty}^{+\infty}f(k)\ \overline{\Psi\left(\frac{k}{2^{-m}}(1 - b_0 2^{-m})\right)} \tag{2.139}$$

在这里运用小波变换分析幅度分量，其基本思路是：将回波复包络序列 $s(n)$ 作幅相分解得到幅度分量 $a(n,)$，把它作为被处理信号 $f(k)$ 作小波变换，得到近似信号系数分量 C_{a} 和细节信号系数分量 C_{d}，抛弃由机身调制产生的 C_{a} 分量，保留由旋转部件调制产生的 C_{d} 分量，这样相当于滤除了机身回波和噪声，有利于下面的特征提取。小波变换中母小波 $\psi(t)$ 的选取有多种，基于对回波幅度分量的分析，这里母小波 $\psi(t)$ 选用单尺度分解的小波，如 haar 小波或 dbl 小波，即可完成将 JEM 特征与机身调制分量分离的任务。

高阶矩和高阶累积量的定义为

$$m_{kx}(\tau_1,\tau_2,\cdots,\tau_{k-1}) = \mathrm{mon}\{x(n),x(n+\tau_1),\cdots,x(n+\tau_{k-1})\} \tag{2.140}$$

$$c_{kx}(\tau_1,\tau_2,\cdots,\tau_{k-1}) = \mathrm{cum}\{x(n),x(n+\tau_1),\cdots,x(n+\tau_{k-1})\} \tag{2.141}$$

定义随机变量的第一特征函数 $\boldsymbol{\Phi}(w)$ 在原点的 k 阶导数等于随机变量 x 的 k 阶矩 m_k，即

$$m_k = \boldsymbol{\Phi}^k(w)\big|_{w=0} = E[x^k] = \int_{-\infty}^{+\infty}x^k f(x)\,\mathrm{d}x \tag{2.142}$$

定义随机变量 x 的第二特征函数 $\boldsymbol{\Psi}(w)$ 在原点的 k 阶导数等于随机变量 x 的 k 阶累积量 c_k，即

$$c_k = \boldsymbol{\Psi}^k(w)\big|_{w=0} \tag{2.143}$$

推广上述的随机变量的高阶矩和高阶累积量定义，可得随机矢量的高阶矩和高阶累积量定义[47-52]。

高阶矩、高阶累积量及其相应的谱是主要的四种高阶统计量，但通常采用高

阶累积量而不用高阶矩作为分析非高斯随机过程的主要分析工具。高阶量方法主要指高阶累积量和高阶累积量谱方法。由于四阶谱运算量极大,因此一般不对它进行研究,其对角切片 $2\frac{1}{2}$维谱还具有一定的研究价值。常见的高阶谱为

三阶谱(双谱)

$$B_x(w_1,w_2) = \sum_{\tau_1=-\infty}^{+\infty}\sum_{\tau_2=-\infty}^{+\infty} c_{3x}(\tau_1,\tau_2)\mathrm{e}^{-\mathrm{j}(w_1\tau_1+w_2\tau_2)} \tag{2.144}$$

四阶谱(三谱)

$$T_x(w_1,w_2,w_3) = \sum_{\tau_1=-\infty}^{+\infty}\sum_{\tau_2=-\infty}^{+\infty}\sum_{\tau_3=-\infty}^{+\infty} c_{4x}(\tau_1,\tau_2,\tau_3)\mathrm{e}^{-\mathrm{j}(w_1\tau_1+w_2\tau_2+w_3\tau_3)} \tag{2.145}$$

在这里运用的是高阶谱中的双谱,阶数最低,处理方法最简单,含有功率谱中所没有的相位信息,又能有效地抑制高斯噪声,是高阶谱研究中的“热点”。

在小波实现 JEM 特性与机身调制分量分离的基础上,采用双谱对回波进行功率谱估计。采用 AR 频域双谱技术来分析雷达回波的 JEM 特征基于以下理由,一是螺旋桨调制产生的回波是一典型的非高斯信号,采用双谱分析法比采用功率谱分析法更能揭示回波中所含的高阶统计信息,特别是频率之间的二次耦合,并能抑制对称分布的噪声;二是 AR 峰谱模型能较好地描述回波的线谱,并有许多有效的 AR 算法能快速获取 AR 系数,使有限的雷达回波数得到最佳的谱分辨和保真度。由于从双谱图上观察 JEM 特性不够直观,则选取它的切片来看回波的 JEM 特性[38]。

利用三类飞机的仿真数据,对回波数据进行分步处理,处理过程与结果如下:

首先进行小波变换,小波变换的图如图 2.30 ~ 图 2.32 所示(横坐标对应序列号,纵坐标对应归一化的幅度值)。

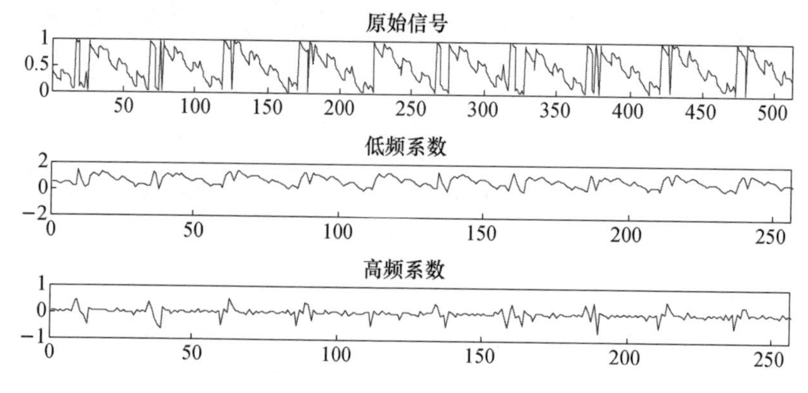

图 2.30　喷气式飞机回波小波变换图

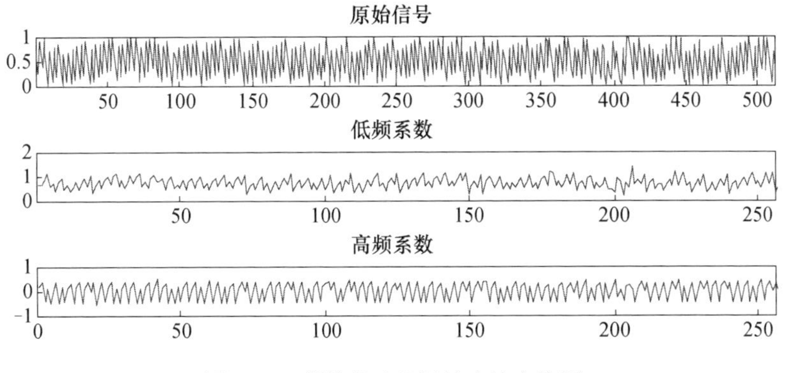

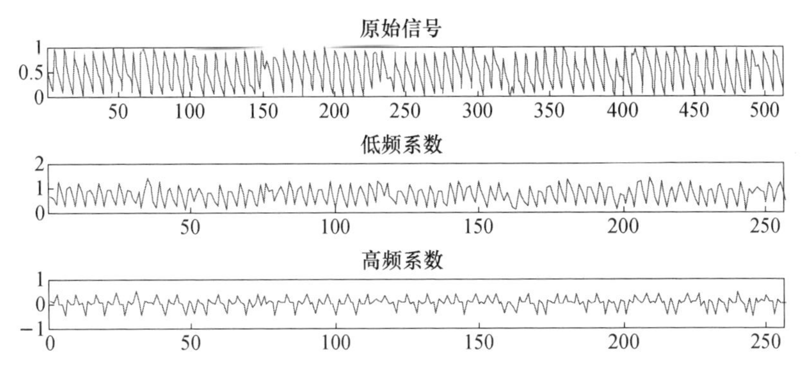

图 2.31　螺旋桨飞机回波小波变换图

图 2.32　直升机回波小波变换图

再进行双谱估计，提取双谱切片，双谱估计结果如图 2.33～图 2.35 所示（横坐标表示进行谱估计的点数，纵坐标表示谱估计后的幅度值）。

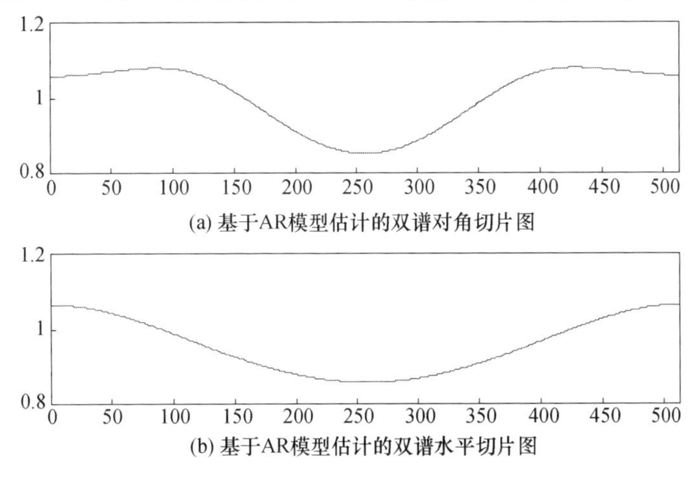

图 2.33　喷气式飞机回波谱估计图

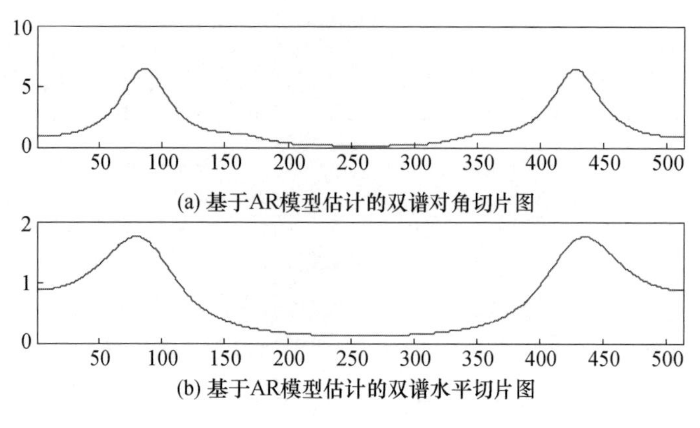

(a) 基于AR模型估计的双谱对角切片图

(b) 基于AR模型估计的双谱水平切片图

图 2.34　螺旋桨飞机回波谱估计图

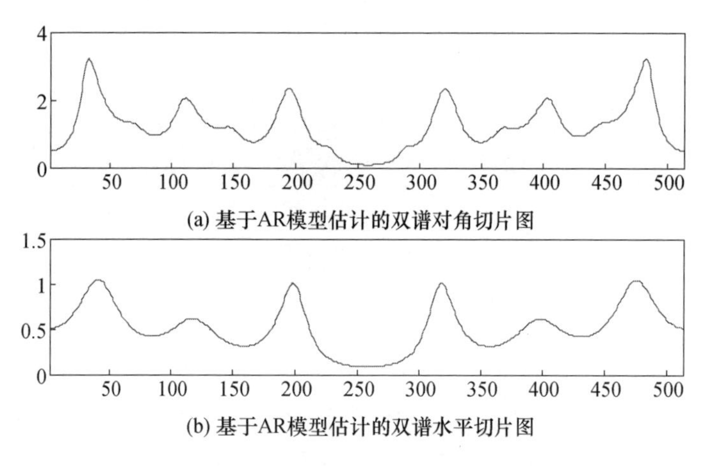

(a) 基于AR模型估计的双谱对角切片图

(b) 基于AR模型估计的双谱水平切片图

图 2.35　直升机回波谱估计图

通过小波的尺度分析将回波分成两个部分,其中低频部分主要是慢变的机身回波,高频部分含有飞机的 JEM 特性。为了直观地看出调制周期,小波分析后高频部分双谱估计的效果图选取双谱的对角切片图和水平切片图来分析,从 3 幅图可以看出直升机两个谱峰之间大概 100 多个点,螺旋桨两个谱峰之间 300 多个点,而喷气式飞机在 512 个点内还没有两个谱峰。这与理论的直升机调制周期最长,螺旋桨飞机次之,喷气式飞机最短一致。说明提取的 JEM 特性是有利于飞机分类的。

2.2.3　空中目标综合识别技术

对战略预警雷达来说,搜索目标和识别目标在雷达系统设计和工作方式是存在矛盾的。搜索的基本要求是探测空域大、距离远、数据率高,设计时一般通过增加脉宽来提高发射功率;而目标识别系统为了得到目标的精细特征,总希望雷达天线一直跟踪目标,而且要求发射脉冲有较大的带宽。另外,战略预警雷达要识别的最重要的空中目标是非合作的,先验知识和样本数据都比较少。因此在现役战略预警雷达基础上彻底解决空中目标自动识别问题是艰巨的。较好的解决方法是通过多特征综合识别,以调制特征为主,结合空中目标的其他特征信息,综合判断目标属性。图 2.36 所示为空中目标综合识别系统组成框图。

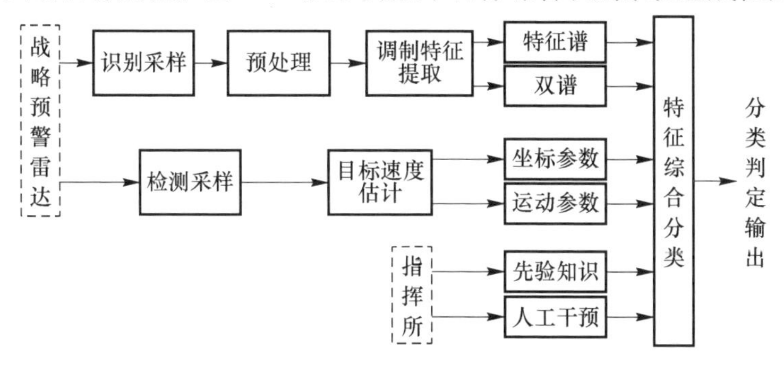

图 2.36　空中目标综合识别系统组成框图

框图中的特征综合分类采用 D－S 证据理论。D－S 证据理论是一种不确定推理方法,可以清楚地表达和有效地处理不确定信息。自诞生以来,D－S 证据理论以其强大的不确定信息的表达以及处理能力而广泛应用于不确定推理、多传感器信息融合、模式识别、不确定信息决策、目标识别等广大领域。这里采用 D－S 证据理论进行多特征识别结果的融合。

对于多个特征的判决结果,按如下合成规则进行决策级融合:

$$m(A) = \begin{cases} \dfrac{\sum\limits_{\cap A_i = A} \prod\limits_{1 \leqslant i \leqslant P} m_i(A_i)}{1 - K} & A \neq \varnothing \\ 0 & A = \varnothing \end{cases} \tag{2.146}$$

式中:$K = \sum\limits_{\cap A_i = \varnothing} \prod\limits_{1 \leqslant i \leqslant P} m_i(A_i)$ 为冲突系数。K 越接近于 1,证据间的冲突越大,各特征之间分歧越大;反之,越接近于 0,各特征之间分歧越小,一致性越高。

在各特征类型隶属度间的冲突较小时,D－S 证据理论组合规则能够不断地向确定性高的类型集中,但是当证据冲突较大或者完全对立时,由于 D－S 证据理论将冲突全部丢失,失去了其融合能力。例如,有两个特征(调制特征、运动特征)对识别框架 $\Theta = \{$喷气式飞机,螺旋桨飞机,直升机$\} = \{Z_1, Z_2, Z_3\}$ 的隶属度分别如下:

$$\begin{cases} m_1(Z_1) = 0.99; m_1(Z_2) = 0.01; m_1(Z_3) = 0 \\ m_2(Z_1) = 0.01; m_2(Z_2) = 0; m_2(Z_3) = 0.99 \end{cases} \tag{2.147}$$

可以看出两个证据冲突系数为 $K = 0.9999$,是高冲突的,分别支持喷气式飞机和直升机。但是当用 D－S 证据理论融合后的隶属度为 $m(Z_1)=0$；$m(Z_2)=1$；$m(Z_3)=0$，即本来拥有高隶属度的喷气式飞机和直升机融合后隶属度变为 0，隶属度很低的螺旋桨融合后反而隶属度变为 1。

因此，对经典的证据理论应进行修正，以利于冲突信息的融合。对于某一证据与其他证据高度冲突，则该冲突证据与其他证据的平均相似度较小。具体的修正方法：先计算证据间的相似度，对原始证据的冲突性进行判定；再以证据的平均相似度 s_i 作为 m_i 中原有隶属度的修正系数，将不确定性概率 $1-s_i$ 按照下式分配给原来的隶属度：

$$m'_i(Z_n) = s_i \cdot m_i(Z_n) + (1-s_i)\frac{1}{M}\sum_{i=1}^{M} m_i(Z_n) \tag{2.148}$$

对于修改后的证据 m'_i，仍满足

$$\sum_{n=1}^{N} m'_i(Z_n) = s_i \cdot \sum_{n=1}^{N} m_i(Z_n) + (1-s_i)\frac{1}{M}\sum_{i=1}^{M}\sum_{n=1}^{N} m_i(Z_n) = s_i + (1-s_i) = 1 \tag{2.149}$$

上例经过以上冲突修正后，所得的修正后各特征隶属度及融合隶属度如表 2.14所列。

表 2.14 修正后的 D－S 证据理论融合结果

序号	特征	喷气式飞机	螺旋桨飞机	直升机
1	调制特征（冲突修正）	0.5042	0.0050	0.4908
2	运动特征（冲突修正）	0.4958	0.0050	0.4992
3	修正后 D－S 融合	0.5050	0.0001	0.4949

此外，经典的证据理论没有考虑各特征的先验信息，也没有考虑实际各特征的可靠性信息，而这些都影响经典证据理论用于反导系统目标识别的有效性与可靠性。为此，需在经典的证据理论中考虑先验权和后验权[39－46]。

由于不同特征在实际工作中的可靠性差异，因此，在证据合成中它们有着不同的可信度。对于战略预警雷达空中目标分类识别系统，特征谱特征、双谱特征、高度特征、速度特征和加速度特征这 6 个特征，根据实验、仿真或根据专家的经验，可以确定 6 个特征的先验权值，分别为 $w_1^{\text{pre}}, w_2^{\text{pre}}, w_3^{\text{pre}}, w_4^{\text{pre}}, w_5^{\text{pre}}, w_6^{\text{pre}}$。这一先验权值体现了各特征的相对可靠性，相对可靠性高的特征在综合识别时作用更大。

另外，实际工作环境中各特征对目标类型的判定仍然存在诸多不确定因素，为避免某个特征提取失效或异常工作导致整个目标识别系统失败，需要计算各特征隶属度之间的相似度，以得到各提取特征的实时可靠度，即后验权。原因是若某个特征证据与其他特征证据的相似度大，则说明该特征证据与其他特征证据较一致；相反，若某个特征平均相似度较小，则表示该特征在特征集合中比较奇异，权重应小。

根据特征隶属度间的平均相似度计算后验权公式为

$$w_i^{\text{pst}} = \frac{s_i}{\sum_{i=1}^{N} s_i} \tag{2.150}$$

同时考虑先验权和后验权，计算特征 i 的复合权重为

$$\alpha_i = \sqrt{w_i^{\text{pst}} \cdot w_i^{\text{pre}}} \tag{2.151}$$

令

$$\beta_i = \frac{\alpha_i}{\sum_i \alpha_i} \tag{2.152}$$

则 $\sum_i \beta_i = 1$，β_i为证据 m_i的归一化复合权重，它代表特征 i 的可信度。

前面已经得到了综合权，权值最大的特征隶属度，它的可信度最高。设第 k 个特征的综合权值最高，则第 i 个特征相对于第 k 个特征的权值为

$$w_i = \frac{\beta_i}{\beta_k} \qquad 1 \leqslant i \leqslant M \tag{2.153}$$

接着对第 i 个特征的隶属度 m'_i进行重新分配，获得的加权隶属度为

$$m''_i(Z_n) = w_i m'_i(Z_n) + \frac{(1 - w_i)}{N} \tag{2.154}$$

式中：$m''(\cdot)$为转换后的隶属度函数。最后再根据经典的证据理论进行证据合成，得到合成结果。

表 2.15 所示为采用特征谱特征和速度特征得到的三类目标隶属度。两个特征的先验权值分别为 0.3 和 0.7。对于传统的 D－S 证据理论决策级融合，由于没有考虑先验的权值，融合后的结果竟然是螺旋桨飞机，结果不合常理。若仅按后验权进行冲突修正后的结果，则 D－S 融合后的结果喷气式飞机和直升机的置信度几乎各为一半，不利于判决。但是若考虑先验权，则判为直升机的置信度是 0.69。这个结果比较合理，也较符合人们的生活习惯。

表 2.15　加权修正后的 D－S 证据理论合成结果

序号	特征	各特征权	喷气式	螺旋桨	直升机
1	特征谱特征	0.3	0.99	0.01	0
2	速度特征	0.7	0.01	0	0.99
3	传统 D－S 融合		0	1	0
4	特征谱（冲突修正）		0.5042	0.0050	0.4908
5	速度（冲突修正）		0.4958	0.0050	0.4992
6	后验权修正 D－S 融合		0.5050	0.0001	0.4949
7	综合权修正 D－S 融合		0.3109	0.0001	0.689

参考文献

[1] Chen V C,Li F Y,Ho S S. Micro - Doppler Effect in Radar - Phenomenon,Model and Simulation Study[J]. IEEE Trans on Aerospace and Electronic Systems,2006,42(1):2 - 21.

[2] Liu Lihua, Wang Zhuang, Hu Weidong. Procession Period Extraction of Ballistic Missile Based on Radar Measurement[C]. CIE International Conference on Radar,Oct 2006,China.

[3] Ross M, Shafer H, et al. Average magnitude difference function pitch extractor[J]. IEEE Trans. On ASSP, 1974, 22(5):355 - 362.

[4] 周万幸. 弹道导弹雷达目标识别技术 [M]. 北京:电子工业出版社,2011

[5] 冯德军,丹梅,马梁. 一种鲁棒的弹道目标 RCS 周期估计方法[J]. 航天电子对抗,2008,24(2):5 - 8.

[6] 康猛,王春花,郝明,等. 弹道目标进动周期特征提取研究[J]. 现代雷达,2010,32(11):29 - 32.

[7] 张仕元. 基于三角函数拟合的 RCS 序列进动周期估计[J]. 电子与信息学报,2014,36:6.

[8] 资文茂,毕义明,康璞. 弹道中段 RCS 控制研究[J]. 舰船电子工程,2012,32(7):82 - 84.

[9] 毕莉,赵锋,高勋章,等. 基于一维像序列的进动目标尺寸估计研究[J]. 电子与信息学报,2010,32(8):1825 - 1830.

[10] Jeng Y C,Crosby P B. Sinewave Parameter Estimation Algorithm with application to waveform digitizer effective bits measurement[J] . IEEE Transactions on Instrumentation and Measurement,1988,37(4):529 - 532 .

[11] 梁志国,朱济杰,孟晓风. 四参数正弦曲线拟合的一种收敛算法[J]. 仪器仪表学报,2006,27(8):1513 - 1519.

[12] 张仕元,王春花. 基于一维距离像序列的进动目标参数估计[J]. 雷达科学与技术,2013,11(12):641 - 644.

[13] 陈行勇,刘永祥,黎湘,等. 微多普勒分析和参数估计[J] . 红外与毫米波学报,2006,25(5):360 - 363.

[14] 高红卫,谢良贵,文树梁,等. 基于微多普勒特征的真假目标雷达识别研究[J] . 电波科学学报,2008,23(4):775 - 780.

[15] 韩勋,杜半,刘宏伟,等. 基于时频分布的空间锥体目标微动形式分类[J]. 系统工程与电子技术,2013,35(4):684 - 691.

[16] 李飞,纠博,邵长宇,等. 目标微动参数估计的曲线跟踪算法[J] . 电波科学学报,2013,28(2):278 - 285.

[17] Dempster A P,Laird N M, Rubin P B. Maximum likelihood from incomplete data via the EM algorithm[J]. Journal of the Royal Statistical Society, Series B, 1997, 39(1):1 - 38.

[18] 王礼想. 基于 EM 算法的线性拟合问题研究[J]. 廊坊师范学院学报(自然科学版),2013,13(4):21 - 23.

[19] 张仕元,秦晓东,朱海天. 基于EM算法的弹道导弹特征提取方法 201518009608.6[P],2015.

[20] Vapnik V. Statistical learning theory[M]. New York:Springer Verlag,1998.

[21] Ulrich K. Pairwise classification and support vector machines[C],Advances in Kernel Methods Support Vector Learning. Cambridge,MA:MIT Press. 1998:255 - 268.

[22] Takahashi F,Abe S. Decision - Tree - Based Multi class Support Vector Machines[C]. In Proc. of the 9th International Joint Conference on Networks. Singapore. 2002 (3):1418 - 1422.

[23] 王春花,张仕元. 基于二叉树SVM的弹道目标RCS识别[J]. 现代雷达,2015,37(2).

[24] Yager R R. On the Dempster - Shafer framework and new combination rules[J]. Information Science,1989,41(2):93.

[25] Inagaki T. Interdependence between safety - control policy and multiple sensor schemes via Dempster - Shafer theory [J]. IEEE Transaction on Reliability,1991,40(2):182 - 188.

[26] 孙全,秀清,伟康. 一种新的基于证据理论的合成公式[J]. 电子学报,2000,28(8):117 - 119.

[27] Murphy C K. Combining belief functions when evidence conflicts [J]. Decision Support Systems,2000,29(1):1 - 9.

[28] Jousselme A L,Grenier D,Bosse E. A new distance between two bodies of evidence[J]. Information Fusion,2001(2):91 - 101.

[29] 李军,锁斌,李顺. 基于证据理论的多传感器加权融合改进方法[J]. 计算机测量与控制,2011,19(1):2592 - 2595.

[30] 许培达,韩德强,邓勇. 一种基本概率赋值转换为概率的最优化方法[J]. 电子学报,2011,39(3):121 - 125.

[31] 熊彦铭,杨战平. 基于冲突性判定的证据组合新方法[J]. 弹箭与制导学报,2011,31(4):184 - 187.

[32] Martin J, Mulgrew B. Analysis of the Theoretical Return Signal from Aircraft Blades [C]. Proceedings of IEEE International Conference on Radar, Washington D. C. (USA), IEEE Electronics Division, 1990:569 - 572.

[33] Martin J, Mulgrew B. Analysis of the effects of blade pitch on the radar return signal from rotating aircraft blades[C]. London (UK): 1992 IEE International Radar Conference, IEE Conference Publication 365, 1992:445 - 449.

[34] 丁建江, 张贤达. 低分辨雷达螺旋桨飞机回波调制特性的研究[J]. 电子与信息学报,2003, 25(4): 460 - 466.

[35] 周盛. 航空螺旋桨与桨扇[M]. 北京: 国防工业出版社, 1994.

[36] Bell M R, Grubbs R A. JEM Modeling and Measurement for Radar Target Identification. IEEE Trans. on A. E. S, 1993,29(1): 73 - 87.

[37] 张云阁,等. 世界飞机手册[M]. 北京: 航空工业出版社, 2001.

[38] Teti J G Jr, Gorman R P. A Multifeature Decision Space Approach to Radar Target Identifica-

tion[J]. IEEE Trans. on A. E. S. , 1996,32 (1): 480 –487.
[39] 杜树新, 吴铁军. 模式识别中的支持矢量机方法[J]. 浙江大学学报, 2003, 37(5).
[40] 丁建江, 张贤达. 低分辨雷达目标识别的最新进展[J]. 现代雷达, 2002: 3.
[41] 丁建江, 张贤达. 常规雷达 JEM 特征分析和目标分类的研究[J]. 电子与信息学报, 2003, 25(7).
[42] 丁建江, 张贤达. 基于调制特征的飞机目标自动分类[J]. 清华大学学报(自然科学版), 2003, 43(7).
[43] 冯孝斌, 黄培康. 飞机发动机旋转叶片的散射谱特征[J], 电子与信息学报, 2005, 27(6).
[44] Steve R G. Support vector machines for classification and regression[R]. University of Southampton, 1998.
[45] 黄 勇, 郑春颖, 宋忠虎. 多类支持矢量机算法综述[J]. 计算技术与自动化, 2005, 24(4).
[46] 张浩然, 汪晓东. 支持矢量机的学习方法综述[J]. 浙江师范大学学报(自然科学版), 2005, 28(3).
[47] 王贵平, 鲍长春, 张 鹏. 基于奇异值分解的低速率波形内插语音编码算法[J]. 电子学报, 2006, 34(1):138 – 139.
[48] 刘红星, 姜澄宇, 左洪福. 基于矩阵奇异值分解的信号非周期性程度指标[J]. 南京航空航天大学学报, 2000, 6(32):115 – 116.
[49] Duda R O,等. 模式分类[M]. 李宏东,姚天翔,等译. 北京: 机械工业出版社, 2003: 16 – 65, 134 – 143.
[50] Mitchell T M. 机器学习[M]. 曾华军,张银奎,等译. 北京: 机械工业出版社, 2003: 38 – 56.
[51] 张云涛, 龚玲. 数据挖掘原理与技术[M]. 北京: 电子工业出版社, 2004: 37 – 47.
[52] 邵峰晶, 于忠清. 数据挖掘原理与算法[M]. 北京: 中国水利水电出版社, 2003: 136 – 139.

第3章 战略预警雷达反干扰技术

随着电子战技术与装备的发展,现代战争中雷达面临的电磁干扰环境日趋复杂,要求现代雷达系统具有很强的干扰对抗能力。

根据干扰产生机理,可以将干扰分为有源干扰和无源干扰。对于有源干扰,现代雷达普遍采用副瓣相消、副瓣匿影、频率捷变、重频抖动、频率掩护等反干扰措施,在一定阶段取得较好的反干扰效果。随着干扰智能化水平提高,上述基于被动抑制的反干扰手段性能受限,而基于射频隐身的主动反干扰技术越来越受到重视。对于无源干扰(杂波)抑制,现代雷达普遍采用 MTI、MTD 和 PD 等处理方式,技术相对成熟。而对于机载运动雷达,由于平台运动导致杂波特性较静止平台复杂得多、常规处理性能受限,故 STAP/KA - STAP 技术受到了广泛的关注和应用。

本章内容组织如下:3.1 节介绍射频隐身技术,主要介绍基于复杂波形设计的射频隐身准则和波形设计方法;3.2 节介绍非均匀、非平稳样本对常规 STAP 的性能影响,两种非均匀检测器,以及针对非均匀杂波抑制的 KA - STAP 技术,包括 KA - STAP 的起源、发展和技术现状。

3.1 射频隐身技术

3.1.1 射频隐身波形设计准则

由于良好的抗干扰性和隐蔽性,低截获概率(LPI)技术是当今广泛研究的反抗措施之一。LPI 雷达利用复杂波形作为发射信号,在保证雷达有强的探测能力的同时使得侦察截获接收机难以发现,无法进行检测、识别、定位与跟踪。雷达的截获性能可以通过截获因子来描述。

根据雷达方程,雷达作用距离为

$$R_{\mathrm{r}}^{4}=\frac{P_{\mathrm{t}}G_{\mathrm{rt}}G_{\mathrm{rr}}\lambda^{2}\sigma}{(4\pi)^{3}\cdot kT_{\mathrm{S}}B_{\mathrm{r}}F_{\mathrm{nr}}L_{\mathrm{r}}D_{\mathrm{r}}(n)}\cdot\frac{KN_{\mathrm{FFT}}}{1}\tag{3.1}$$

侦查截获系统作用距离方程为

$$R_{\mathrm{j}}^2=\frac{P_{\mathrm{r}}G_{\mathrm{r1}}G_{\mathrm{rj}}\lambda^2\sigma}{(4\pi)^2\cdot kT_{\mathrm{S}}B_{\mathrm{j}}F_{\mathrm{nj}}L_{\mathrm{j}}D_{\mathrm{j}}(n)} \tag{3.2}$$

根据 Schleher 提出的截获概率因子定义：

$$\alpha=\frac{R_{\mathrm{j}}}{R_{\mathrm{r}}}=\left[\frac{P_{\mathrm{t}}G_{\mathrm{r1}}^2G_{\mathrm{rj}}^2\lambda^2(kT_{\mathrm{S}}B_{\mathrm{r}}F_{\mathrm{nr}})D_{\mathrm{r}}L_{\mathrm{r}}}{(4\pi)G_{\mathrm{rt}}G_{\mathrm{rr}}\sigma(kT_{\mathrm{S}}B_{\mathrm{j}}F_{\mathrm{nj}})^2D_{\mathrm{j}}^2L_{\mathrm{j}}^2KN_{\mathrm{FFT}}}\right]^{\frac{1}{4}} \tag{3.3}$$

式中：P_{t} 为雷达峰值功率；G_{rt} 为雷达天线发射增益；G_{rr} 为雷达天线接收增益；λ 为雷达工作波长；σ 为目标截面积；K 为脉压增益；N_{FFT} 为脉冲积累点数；k 为玻耳兹曼常数；T_{S} 为热力学温度；B_{r} 为噪声通频带（近似为接收机带宽）；F_{nr} 为雷达噪声系数；D_{r} 为雷达检测因子；L_{r} 为雷达系统损耗；G_{r1} 为雷达发射天线在截获接收机方向的增益；G_{rj} 为截获接收机在雷达方向的天线增益；$kT_{\mathrm{S}}B_{\mathrm{j}}F_{\mathrm{nj}}$ 为截获接收机灵敏度；D_{j} 为截获接收机检测因子；L_{j} 为截获接收机系统损耗。

结合上述公式以及截获条件，可以看出，为减低雷达的截获概率，其发射波形通常应该具有以下几个特征：

（1）小峰值功率、大占空比；

（2）大时宽带宽积；

（3）大的且均匀的瞬时带宽；

（4）不规则脉冲重复频率；

（5）脉间（或脉组间）频率、码型捷变。

常见的低截获波形包括：线性调频、非线性调频、相位编码、频率编码和复合编码等。关于这部分内容本章不再赘述，本章主要论述多子码复合调制波形和频率分集波形的设计与处理。

3.1.2 离散相位编码波形

离散相位编码信号的时域表达式为

$$s(t)=\sum_{n=0}^{N-1}x_n(t-n\tau_{\mathrm{c}}) \tag{3.4}$$

$$x_n(t)=\begin{cases}\exp(\mathrm{j}\phi_n) & 0\leqslant t\leqslant\tau_{\mathrm{c}}\\ 0 & \text{其他}\end{cases} \tag{3.5}$$

式中：N 为码元数；τ_{c} 为每个码元的时宽。

根据相位编码的编码类型[1-5]，可以将其分为二相码，如 Barker 码和复合 Barker 码、M 序列码、随机码以及多相码（如 Frank 码和离散线性调频）。

典型的离散相位编码信号波形如图 3.1 所示（子码长度 0.05μs，码元数 127，带宽 20MHz）图 3.2、图 3.3 为脉压结果和模糊函数图。

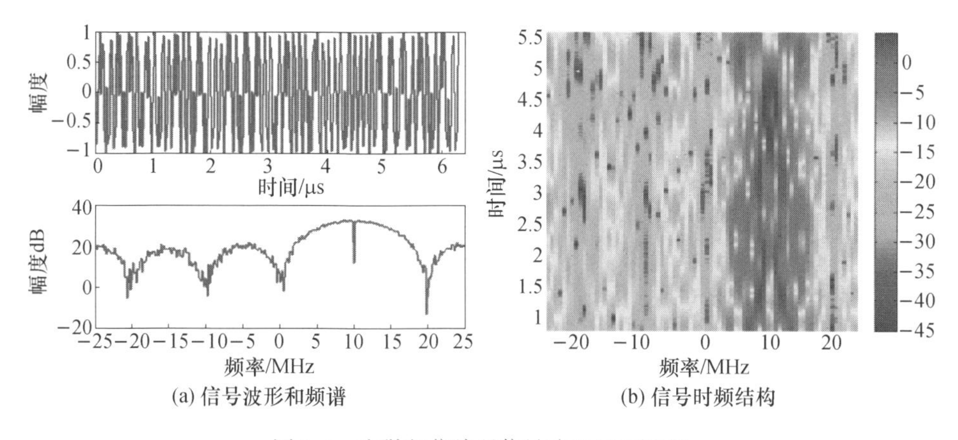

(a) 信号波形和频谱　(b) 信号时频结构

图 3.1 离散相位编码信号波形(见彩图)

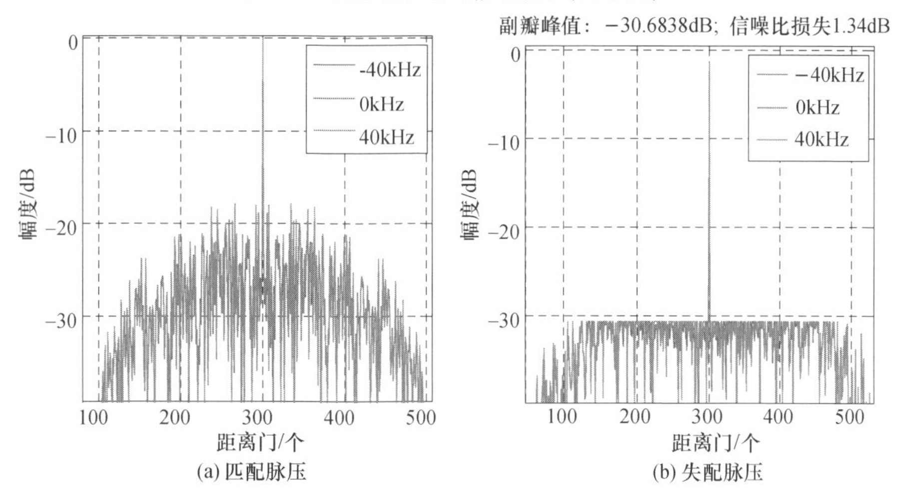

(a) 匹配脉压　(b) 失配脉压

图 3.2 离散相位编码脉压结果(见彩图)

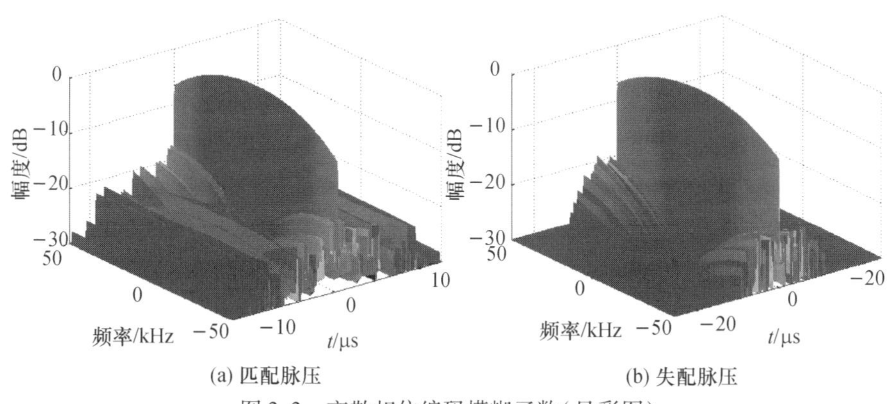

(a) 匹配脉压　(b) 失配脉压

图 3.3 离散相位编码模糊函数(见彩图)

相位编码波形的特点如下：

（1）距离－多普勒不耦合，多普勒容限较差，适用于短脉冲信号；一般情况下，满足多普勒频率 $f_d < 0.25 \times 1/T$ 时，多普勒失配的损失基本小于 1dB。

（2）匹配脉压副瓣较高，可以采用失配脉压或者匹配脉压副瓣抑制处理（－30dB 以下，损失约 1.34dB）。

3.1.3 离散频率编码波形

离散频率编码信号的时域表达式为

$$s(t) = \sum_{n=0}^{N-1} x_n(t - n\tau_0) \tag{3.6}$$

$$x_n(t) = \begin{cases} \exp(jc[n]\Delta Ft) & 0 \leqslant t \leqslant \tau_c \\ 0 & 其他 \end{cases} \tag{3.7}$$

式中：$c[n]$表示频率步进次序；ΔF 为子带宽；τ 为脉冲宽度。

典型的离散频率编码信号波形如图 3.4 所示，波形参数为：子码数 6，子码长度 0.5μs，信号带宽 20MHz。离散频率编码脉压结果见图 3.5，模糊函数见图 3.6。

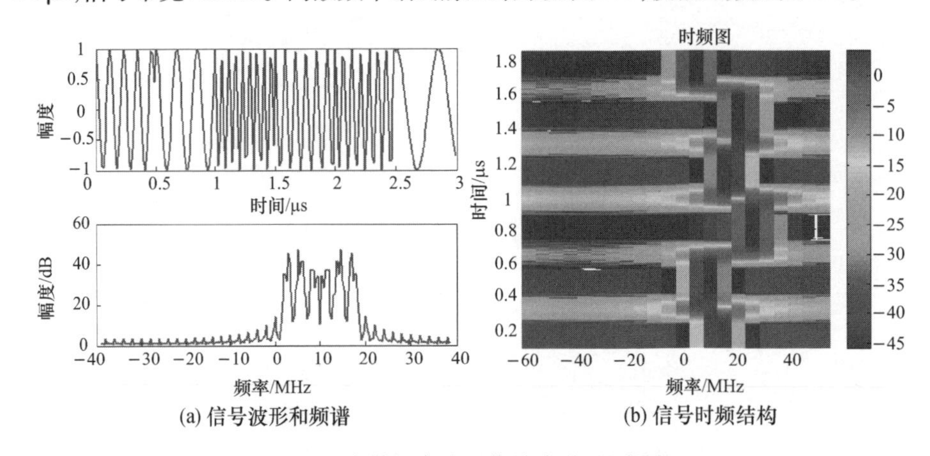

(a) 信号波形和频谱　(b) 信号时频结构

图 3.4　离散频率编码信号波形（见彩图）

离散频率编码信号的特点如下：

（1）距离－多普勒不耦合，距离精度高；

（2）多普勒容限较差，适用于短脉冲信号；

（3）匹配脉压副瓣较高，需采用失配脉压或者脉压副瓣抑制处理（－25dB 以下，损失约 1.34dB）。

3.1.4 频率分集技术

频率分集波形设计[8-10]思路：发射信号同时有多个频率分量，多个频点跨

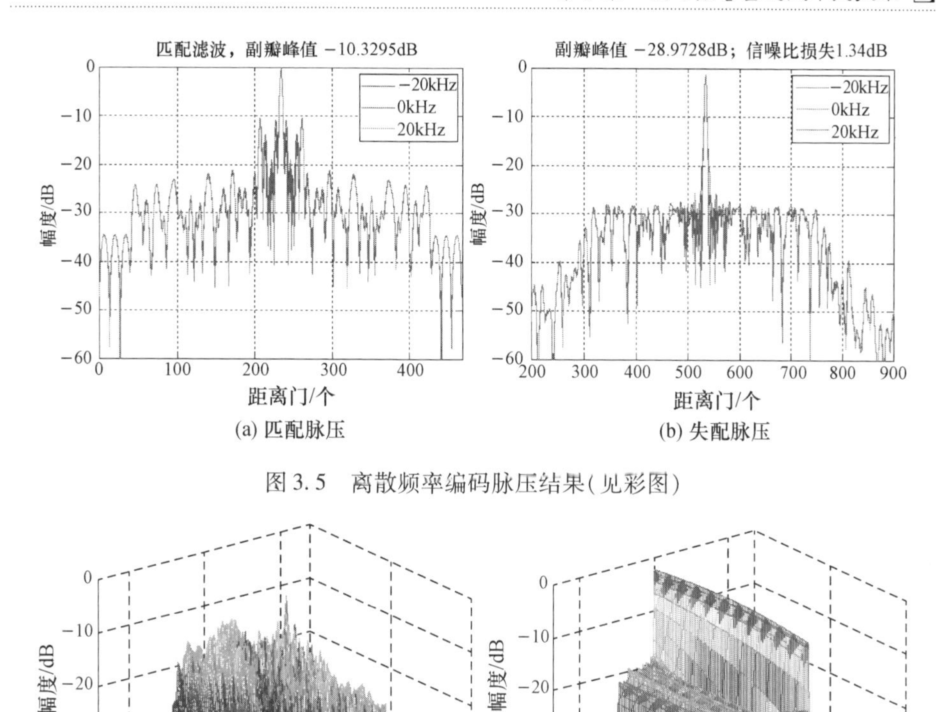

(a) 匹配脉压　(b) 失配脉压

图 3.5　离散频率编码脉压结果(见彩图)

(a) 匹配脉压　(b) 失配脉压

图 3.6　离散频率编码模糊函数(见彩图)

越干扰机侦收的信道化带宽,从而提高干扰机同时干扰多个频点的难度,在个别频点被干扰的情况下,保存部分可用频点。

为了保证雷达发射信号恒模,以恒模函数$f(t)=\exp\{j\omega_c t+\beta\cdot\sin(\omega_m t)\}$产生多频信号。该函数可展开为

$$f(t)=\sum_{n=-\infty}^{n=\infty}c_n e^{j(\omega_c+n\omega_m)t} \tag{3.8}$$

式中

$$c_n=\frac{A}{T_m}\int_{-T_m/2}^{T_m/2}(e^{j\beta\sin\omega_m t})e^{-jn\omega_m t}dt=A\cdot J_n(\beta) \tag{3.9}$$

式中:$J_n(\beta)$为第一类一阶贝塞尔函数。通过调制参数β,可以得到由不同的多频谱结构组成的同时多频信号,实现频率分集。

对于频率分集信号,可以针对脉冲内多个频点信道化接收,分离出各个频点对应的回波信号;同一信道内,多个脉冲进行相参积累/MTI 对消处理;根据不同

信道接收的信号，进行干扰分析和判定，剔除被干扰的频点；不同信道内，回波进行非相参积累。具体的信号处理框图如图 3.7 所示。

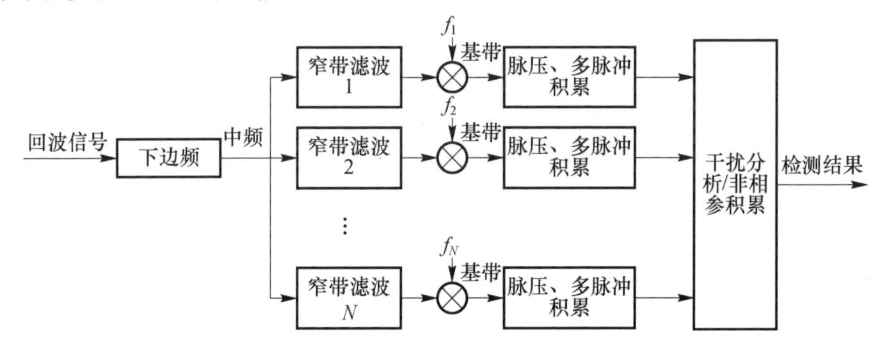

图 3.7 频率分集信号处理框图

这里给出了一个频率分集（同时多频）波形的设计实例。具体的信号形式和参数：信号时宽为 10μs，带宽为 600MHz，其中包括了 4 个频点，相互间隔 150MHz，每个频点对应的信号形式为 PSK，带宽为 50MHz。频率分集波形如图 3.8 所示。

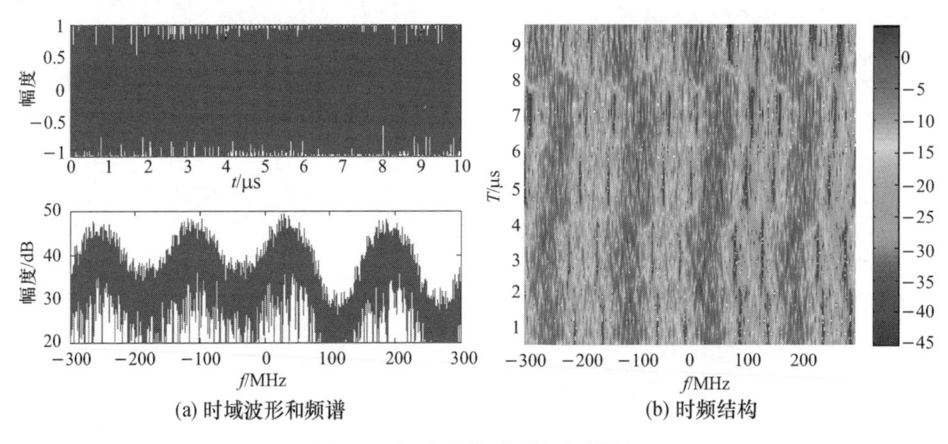

图 3.8 频率分集波形（见彩图）

可以知道，由于信号带宽展宽，信号能量平均到各个频带上，使得截获接收机准确测频产生困难，对于信道化截获接收机，每个信道内接收到信号的 SNR 会大大减低；另外，由于信号同时多频，一个雷达信号会同时跨越截获接收机多个信道，从而增加其被干扰机分选、识别和转发的难度，实现低截获。

3.1.5 脉冲分集技术

不同于常规雷达在一个处理周期内发射波形相同的工作方式，脉冲分集是指在一个处理周期内多个发射波形捷变，不同波形脉压波形一致，从而实现接收的回波信号进行相参积累[11]。对于转发式干扰,由于每个脉冲发射波形不同,转发干扰将滞后于真实目标,从而实现抗转发。图 3.9 给出了一组脉冲分集波形。波形形式为离散相位和频率复合编码。图 3.10 为波形时频结构,图 3.11 为波形脉压性能,图 3.12 为模糊函数。

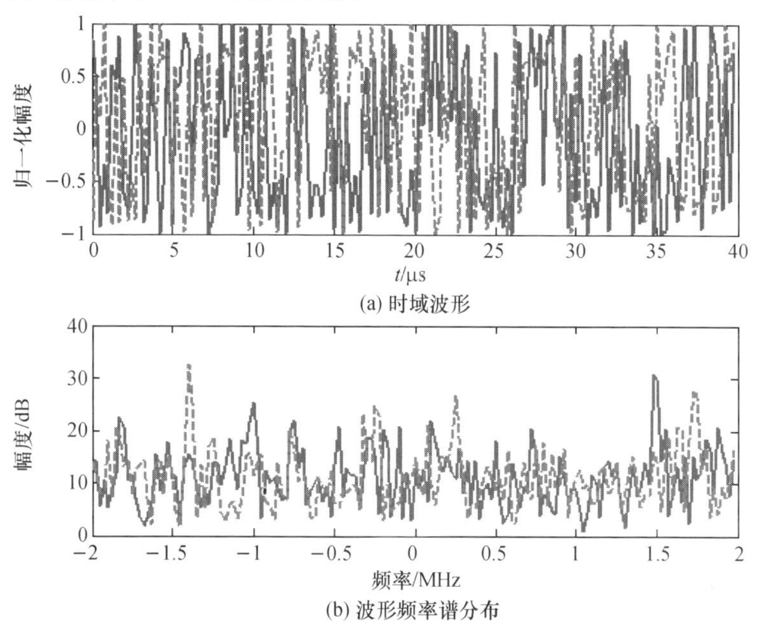

图 3.9　时域波形和频域结构(见彩图)

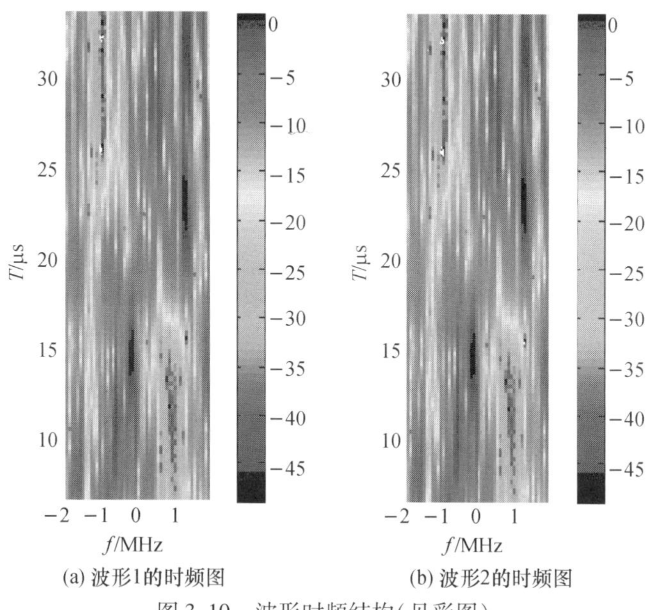

图 3.10　波形时频结构(见彩图)

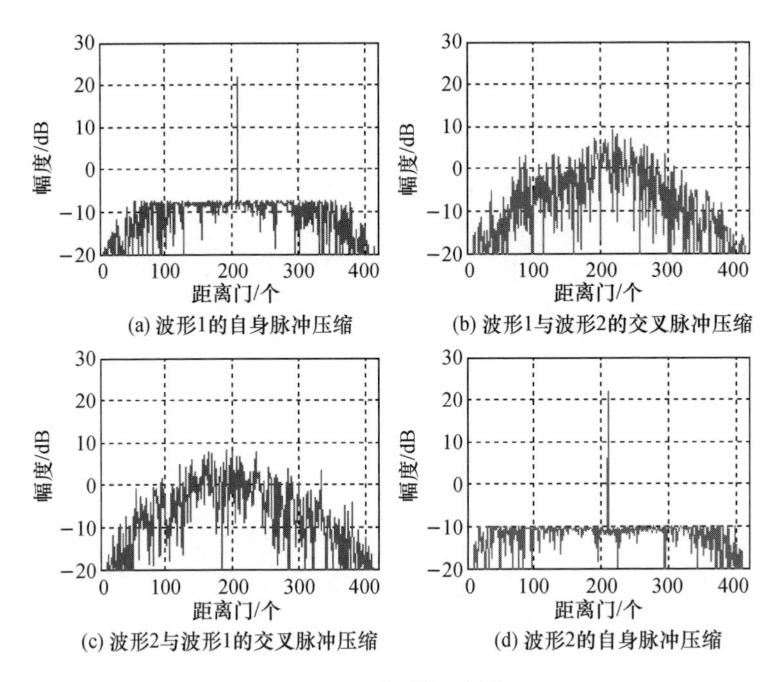

图 3.11　波形脉压性能

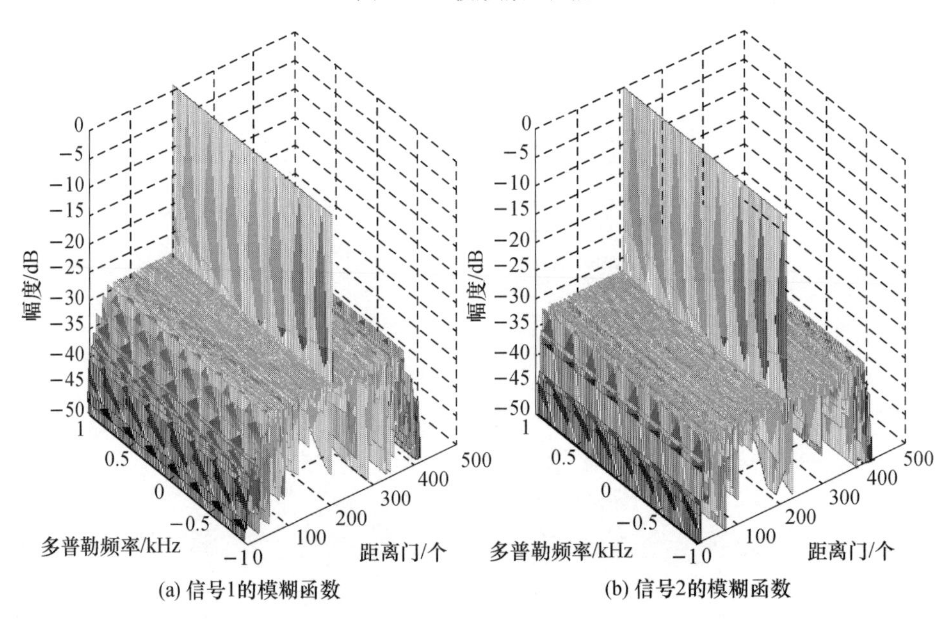

图 3.12　模糊函数(见彩图)

3.2　KA - STAP 技术

3.2.1　基本原理

空中运动平台雷达在探测目标时面临的杂波环境远比地面和舰载警戒雷达复杂得多。空中运动平台雷达除了主波束返回的主瓣杂波外，尚有分布在全空域的副瓣杂波、机身最近距离下的高度线杂波等。从距离维统计，杂波分布在雷达探测全程，从频率维统计，载机本身运动将使杂波频谱极大展宽。运动平台上雷达的地杂回波的多普勒扩展，大大降低了最小可检测速度的能力。此外，空中运动平台雷达发射功率大，杂波强度要比目标回波强得多，主瓣杂波和高度线杂波强度经常比目标高 50 ~ 80dB。

空中运动平台雷达不仅需要消除各种强杂波影响，精确测量目标距离，还要精确测量目标速度。由于需要同时满足距离、速度二维清晰度，这就要求空中运动平台雷达必须具备在副瓣杂波区检测目标的能力。综合以上因素，杂波环境对空中运动平台雷达性能的影响不可避免需要研究杂波抑制技术。运动平台雷达杂波多普勒谱见图 3.13。

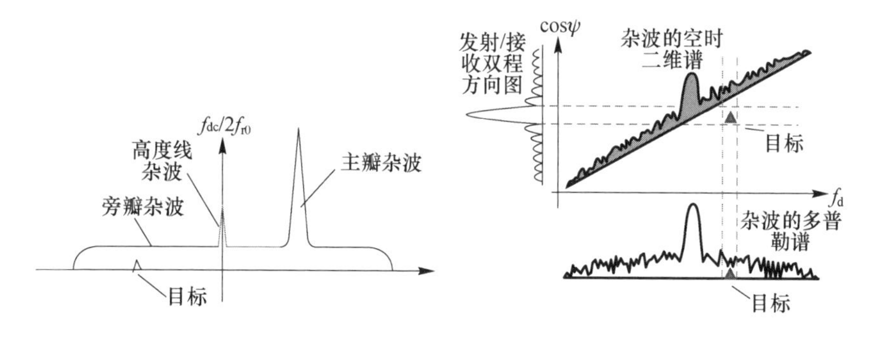

图 3.13　运动平台雷达杂波多普勒谱

信号的多普勒信息，可以通过对一个天线在同一位置上接收的一段时间信号做傅里叶变换提取（更一般做谱估计）。PD 雷达则是对按一定时间重复的一串脉冲进行 FFT（或 FIR 滤波）区分目标和杂波并提取目标的多普勒。脉冲多普勒处理是空中运动平台雷达在检测空中目标，特别是中、低空目标时使用的信号处理式。

PD 雷达工作方式是主要靠多普勒差异区分目标和杂波，空中运动平台雷达地物杂波相对雷达是运动的，仅靠多普勒区分杂波和目标的方法不再奏效。联合信号的多普勒（f_d）信息和电波到达方向（DOA）信息来区分目标和地物杂波。

空中运动平台雷达信号处理的主要问题：

（1）地物杂波抑制；

（2）动目标信号积累。

假设雷达平台的运动速度为 v，目标的运动速度为 v_t；雷达天线阵轴平台运动方向的夹角为 α，天线方位角为 θ，天线俯仰角为 φ，ψ 为锥角，f_{dM} 为 $2v/\lambda$。目标、杂波与平台的运动几何关系如图 3.14 所示。

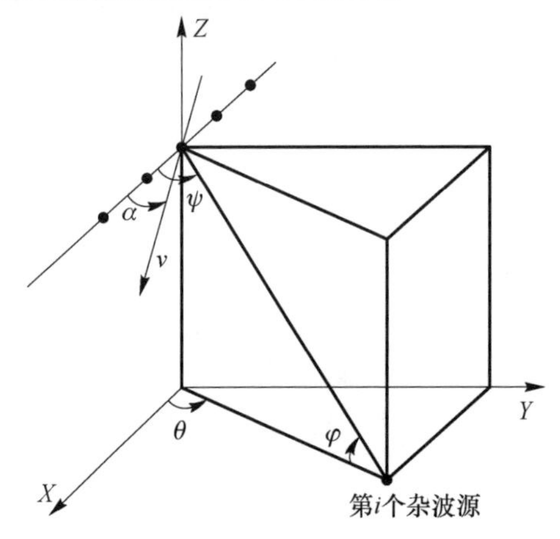

图 3.14　雷达平台几何结构示意图

不同角度入射的杂波多普勒频率为

$$f_d = \frac{2v}{\lambda}\cos(\theta+\alpha)\cos\varphi = f_{dM}(\cos\psi\cos\alpha - \sqrt{\cos^2\varphi - \cos^2\psi}\sin\alpha) \tag{3.10}$$

当 $\alpha = 0°$ 时，正侧视阵；当 $\alpha < 90°$ 时，斜侧视阵；当 $\alpha = 90°$ 时，前视阵。地杂波的空时二维谱分布见图 3.15。

利用杂波空时耦合特性设计或自适应地调节二维滤波器响应以滤除地杂波，并保证对运动目标有足够的增益。

设雷达天线由 N 个阵元组成，一个相干处理区间（CPI）内的脉冲数为 K，第 n 个阵元第 k 次快拍的接收数据为 x_{nk}，则第 n 个阵元的阵列数据矢量 $\boldsymbol{X}(n)$ 为

$$\boldsymbol{X}(n) = [x_{n1}, x_{n2}, \cdots, x_{nk}]^T \tag{3.11}$$

将 $\boldsymbol{X}(n)$，$n = 1, 2, \cdots, N$ 排成 $NK \times 1$ 的列矢量 $\boldsymbol{X}$，即

$$\boldsymbol{X} = [\boldsymbol{X}^T(1), \boldsymbol{X}^T(2), \cdots, \boldsymbol{X}^T(N)]^T \tag{3.12}$$

最优 STAP 处理器可通过对 X 进行线性加权实现，设自适应处理器的权矢量为 $\boldsymbol{W}(NK \times 1)$，则处理器输出为

$$y = \boldsymbol{W}^H \boldsymbol{X} \tag{3.13}$$

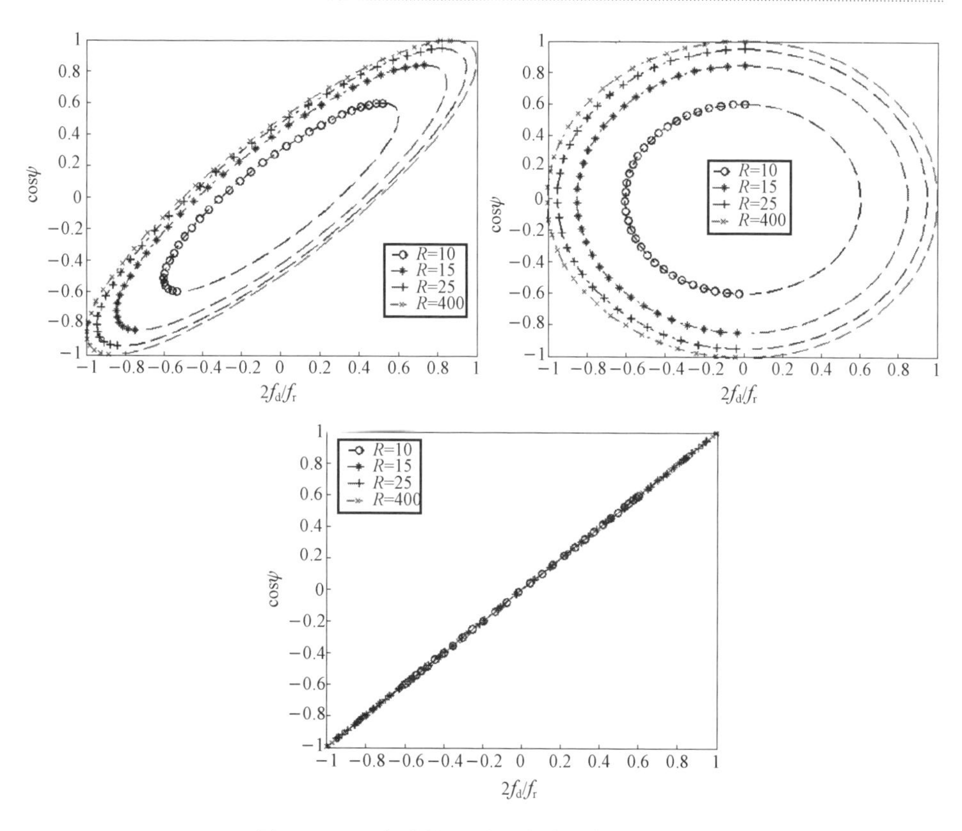

图 3.15 地杂波的空时二维谱分布(见彩图)

3.2.1.1 全空时处理

STAP 最优权系数要求对一定波束指向输出信杂噪比最大,权值求取根据线性约束的最小输出能量准则(LCMV)得到,即

$$\begin{cases}\min \boldsymbol{W}^{\mathrm{H}}\boldsymbol{R}_X\boldsymbol{W} \\ \text{s. t. } \boldsymbol{W}^{\mathrm{H}}\boldsymbol{S}=1\end{cases} \tag{3.14}$$

最优化问题就是使输出中剩余杂波加噪声的功率最小,由于最优权矢量并不改变目标信号的功率大小,因此它等价于使输出信杂噪比 SCNR 最大,其解为

$$\boldsymbol{W}_{\mathrm{opt}}=\boldsymbol{R}_X^{-1}\boldsymbol{S}/(\boldsymbol{S}^{\mathrm{H}}R_X^{-1}\boldsymbol{S}) \tag{3.15}$$

式中:$\boldsymbol{S}=S_{\mathrm{s}}(\omega_{\phi0})\otimes\boldsymbol{S}_{\mathrm{T}}(\omega_{d0})$ 为空时导向矢量,$\boldsymbol{S}_{\mathrm{s}}(\omega_{\phi0})=[1 \quad \exp(\mathrm{j}\pi\omega_{\varphi0}) \quad \exp(\mathrm{j}2\pi\omega_{\varphi0})\cdots\exp(\mathrm{j}\pi(N-1)\omega_{\varphi0})]^{\mathrm{T}}$为空域导向矢量,$N$ 为通道数,$\boldsymbol{S}_{\mathrm{T}}(\omega_{\mathrm{d}0})=[1 \quad \exp(\mathrm{j}\pi\omega_{\mathrm{d}0}) \quad \exp(\mathrm{j}2\pi\omega_{\mathrm{d}0})\cdots\exp(\mathrm{j}\pi(K-1)\omega_{\mathrm{d}0})]^{\mathrm{T}}$为时域导向矢量,⊗表示 Kronecker 直积。$\boldsymbol{R}_{\mathrm{x}}$ 表征空时杂波加噪声协方差矩阵,为 NK 维复数协方差矩阵:

$$R_x = E[XX^H] = R_C + R_N + \sigma^2 I \tag{3.16}$$

式中:$\boldsymbol{R}_C$ 和 $\boldsymbol{R}_N$ 分别为杂波、噪声协方差矩阵;σ^2 为噪声功率;$\boldsymbol{I}$ 为单位阵。

3.2.1.2 降维处理

工程实践中,由于阵元数 N 和脉冲数 K 之积常达数千。数千维矩阵求逆计算难以实现,需要降维处理。

mDT - STAP 处理是一种有效的降维处理方法,其基本思想是对每个空域通道回波用多普勒滤波器预滤波,将全空时分布的杂波局域化为滤波器分辨力带宽的定向杂波,以其中若干个多普勒通道的输出构造杂波协方差矩阵,进行自适应处理求权,从而实现杂波抑制。

这种多普勒滤波,会使杂波局域化,从而减低杂波自由度,有利于杂波的抑制。如果仅仅是各阵元待检测的多普勒通道参与处理,相当于对局域化后的杂波做自适应波束形成的空域处理,这种方法为 1DT。如果参与样本估计的通道包括待检测的多普勒通道外,还包括相邻 2 个通道的输出一起做空时联合域的自适应滤波,这种方法为 3DT。

类似的,mDT - STAP 处理本质上是在不同多普勒分辨通道上的空间滤波,若协方差矩阵样本中包含干扰样本,也能实现干扰抑制。

以 3DT - STAP 处理为例,算法原理如下。设待检测距离门为

$$\boldsymbol{X}_k = [\boldsymbol{X}_1^{[k]} \quad \boldsymbol{X}_2^{[k]} \quad \cdots \quad \boldsymbol{X}_N^{[k]}]^T \tag{3.17}$$

取主波束域及后多普勒域的局域多普勒通道参与杂波协方差矩阵的估计。即选取局域多普勒通道 $\boldsymbol{X}_k(i) = [\boldsymbol{X}_k(i-1) \quad \boldsymbol{X}_k(i) \quad \boldsymbol{X}_k(i+1)]^T$,$i$ 为多普勒通道序列号。

$\boldsymbol{R}_x$ 一般由与待检测距离门相邻的若干距离门数据 $\boldsymbol{X}(l)$ 估计得到,为

$$\hat{\boldsymbol{R}}_x = \frac{1}{L}\sum_{l=1}^{L}\boldsymbol{X}(l)\boldsymbol{X}^H(l) \tag{3.18}$$

式中:L 为距离门数。

权值求取根据线性约束的最小输出能量准则(LCMV)得到,即

$$\begin{cases} \min \boldsymbol{W}_k^H \boldsymbol{R}_k \boldsymbol{W}_k \\ \text{s. t. } \boldsymbol{W}_k^H \boldsymbol{S}_k = 1 \end{cases} \tag{3.19}$$

方程中探测方向 S 最优权值约束为 1,不改变目标功率大小,因此它等价于使输出信杂噪比 SCNR 最大。最优化问题就是使输出中剩余杂波加噪声的功率最小,其解为

$$\boldsymbol{W}_{\mathrm{opt}} = \boldsymbol{R}_k^{-1}\boldsymbol{S}_k / (\boldsymbol{S}_k^{\mathrm{H}}\boldsymbol{R}_k^{-1}\boldsymbol{S}_k) \tag{3.20}$$

式中:$\boldsymbol{S}_k$ 为第 k 个多普勒的空时二维归一化导向矢量:

$$\boldsymbol{S}_k = \frac{\boldsymbol{S}'_k}{\sqrt{\boldsymbol{S}'^{\mathrm{H}}_k\boldsymbol{S}'_k}} \tag{3.21}$$

导向矢量 $\boldsymbol{S}'_k$ 为

$$\boldsymbol{S}'_k = [\boldsymbol{S}_S^{\mathrm{T}}(\omega_{\phi0}), g\boldsymbol{S}_S^{\mathrm{T}}(\omega_{\phi0}), g^*\boldsymbol{S}_S^{\mathrm{T}}(\omega_{\phi0})]^{\mathrm{T}} \tag{3.22}$$

式中:g 为二维导向矢量在邻近通道的归一化增益。

对每个待检测距离门做自适应滤波为

$$y_k(l) = \boldsymbol{W}_k^{\mathrm{H}}\boldsymbol{X}_k(l) \tag{3.23}$$

数学上 $\boldsymbol{R}_x$ 正定,方程即存在最优解。实际工程应用中,在运算位宽有限、空域导向矢量存在误差、各通道存在带内起伏条件下,需要寻求既满足样本数量要求,又能够表征杂波和干扰特性,并实现目标规避的样本挑选方法,从而达到目标处理损失最小、杂波和干扰抑制性能最优。

3.2.2 非均匀检测器

3.2.2.1 非均匀、非平稳样本对 STAP 性能的影响

由于存在地杂波的干扰,机载下视雷达对慢速运动目标的检测能力较差,而空时自适应处理(STAP)能够有效地抑制杂波,提升目标检测性能。最优STAP 处理需要准确地知道待检测单元杂波的空时协方差矩阵。在实际情况中,杂波协方差矩阵是未知的,通常需要估计获得。

利用二次数据进行协方差矩阵估计时,所有二次数据必须满足独立同分布(IID)的条件,而且数据的数量至少为协方差矩阵维数的两倍,这样才可能避免严重的估计性能损失。在浮空平台雷达实际应用场景中,这两个条件并不总是满足的。由于雷达回波不仅会被地物、气象、海面杂波所污染,而且还会受到人为的非均匀干扰污染。因此,经常不满足独立同分布假设。

杂波环境往往是非均匀的,一方面是由于地形本身的特点,另一方面是由阵列的几何结构造成。此时,不同距离门的杂波样本不再满足独立同分布条件,且难以获得两倍以上自由度的均匀样本数,利用最大似然方法估计获得的杂波协方差矩阵与待检测单元的失配,使 STAP 性能下降。

二次数据样本的数量对于采用 STAP 处理的浮空平台雷达系统也是一个比较严峻的问题。较高的脉冲重复频率(PRF)会导致地物杂波距离向存在多次模糊。距离向回波强度衰减和地理地貌分布的变化,导致强弱杂波混叠,造成杂波非均匀。

由于系统需要较大的阵列来获得更高的增益，或者需要更长的相干处理时间（CPI）来得到更高的多普勒分辨力，因此，满足条件的二次数据样本数量通常也是不满足的。所以在实际应用中，通常会遇到非均匀环境（非独立同分布数据）或者有限的可利用二次数据样本情况。实际上，这两种情形是相互关联的，因为非均匀的环境已经隐含着可利用的二次数据数量比较小。

在杂波样本满足 IID 条件时：

$$E(\hat{R}_L) = \frac{1}{L}\sum_{l=1}^{L} E(X_l X_l^{\mathrm{H}}) = \frac{1}{L}\sum_{l=1}^{L} R = R \tag{3.24}$$

采用 W_{opt} 得到的输出 SCNR 相对于确知协方差矩阵下的最佳 SCNR 的损失为

$$\rho = \frac{\mathrm{SCNR}_0 \mid \hat{W}_{\mathrm{opt}}}{\mathrm{SCNR}_0 \mid W_{\mathrm{opt}}} = \frac{\boldsymbol{S}^{\mathrm{H}}\hat{\boldsymbol{R}}^{-1}\boldsymbol{S}}{\boldsymbol{S}^{\mathrm{H}}\hat{\boldsymbol{R}}^{-1}\boldsymbol{R}\hat{\boldsymbol{R}}^{-1}\boldsymbol{S}}\frac{1}{\boldsymbol{S}^{\mathrm{H}}\boldsymbol{R}^{-1}\boldsymbol{S}} \tag{3.25}$$

根据 RMB（Reed，Mallett 和 Brennan）准则，训练样本满足 IID 条件时，性能损失 ρ 的概率密度函数与正式的杂波协方差矩阵无关，为服从 β 分布的处理器维数与用来估计协方差矩阵的距离门个数 L 的函数。其概率密度函数为

$$f(\rho) = \frac{L!}{(L-M+1)!\ (M-2)!}\rho^{L-M+1}(1-\rho)^{M-2} \tag{3.26}$$

当性能损失 $\leqslant$3dB（$E(\rho)\geqslant 0.5$）时，则 $L\geqslant 2M-3\approx 2M$。由此可见，当处理器维数较大时，满足 IID 条件杂波样本数量难以满足要求。因此，全空时的 STAP 处理难以实现，降维降秩的 STAP 处理具有现实意义。

造成参与协方差估计的样本非均匀的因素较多。杂波在空间分布不同如距离、地面反射特性、雷达方向图调制、地理地貌会产生明显的功率变化；桥梁、电线杆、城市、铁塔、角反射器等人造物体会产生强离散点状杂波；非探测方向强目标、离散间断分立干扰也会产生强离散点状杂波。同时雷达工作方式也会导致杂波功率非均匀、分布非平稳的现象。如中高重频会导致探测范围内距离的多次模糊；机载平台波束照射方向与载机运动方向夹角导致杂波展宽；俯仰波束副瓣打地产生的高度线杂波等，均为非均匀杂波。

针对非均匀杂波造成的 STAP 性能下降问题，目前主要有 3 类解决方法：第 1 类是采用降维或降秩变换降低自适应处理器的系统自由度，缓解对训练样本数的要求，提高了自适应算法的收敛速度；第 2 类是寻求统计的方法选取与待检测单元统计相似的训练单元，典型方法如广义内积 GIP、自适应功率剩余 APR 等；第 3 类是在算法设计过程中利用先验信息，如结合先验知识和贝叶斯模型的方法，但该类方法的性能依赖于先验知识及其精确程度。当先验知识及其精确程度不足时该类方法性能下降。

雷达通常工作在极其复杂的电磁环境中,其主要任务是检测强杂波和干扰背景下的低速、弱小目标。STAP 具有同时在空域和时域抑制杂波的能力。STAP 方法通过训练样本估计杂波或者干扰的协方差矩阵,继而进行自适应权值求解,最终达到抑制杂波和干扰的目的。在协方差矩阵的估计过程中,要假设所有参加训练的数据样本满足独立同分布的条件才能获得理想的性能,一旦训练样本中包含干扰目标、离散强杂波等信息,就会使杂波协方差矩阵的估计出现偏差。如果干扰目标的方向非常接近真实目标方向,会造成信号相消,导致自适应方向图主瓣畸变,影响目标的检测性能。这时候就必须通过非均匀检测方法剔除包含干扰目标的训练样本,提高协方差矩阵估计的精度。改善 STAP 非均匀环境下的性能最为常用非均匀检测器有两类:一类是广义内积非均匀检测器(GIP　NHD),一类是自适应功率剩余非均匀检测器(APR - NHD)。

3.2.2.2　广义内积非均匀检测器

用于 STAP 的非均匀检测技术已经得到广泛研究。广义内积是一种典型的非均匀检测器,可用于某些特定场景的离群点检测。

广义内积定义为

$$\eta_{\mathrm{GIP}}(\boldsymbol{X}_l,\hat{\boldsymbol{R}}_{L+O}) = \boldsymbol{X}_l^{\mathrm{H}}\hat{\boldsymbol{R}}_{L+O}^{-1}\boldsymbol{X}_l \tag{3.27}$$

式中:$\hat{\boldsymbol{R}}_{L+O}^{-1}$为使用 $L+O$ 个备选参考样本估计出来的协方差矩阵,表示对矢量 $\boldsymbol{X}_l$ 中的杂波做白化抑制后二维平面上的所有剩余能量。GIP - NHD 用于检测与 $\hat{\boldsymbol{R}}_{L+O}^{-1}$结构具有较大差异的 $\boldsymbol{X}_l$ 的协方差矩阵,剔除非均匀样本;与$\hat{\boldsymbol{R}}_{L+O}^{-1}$矩阵结构相似的样本保留下来,用于均匀杂波特性统计。均匀样本 GIP 检验统计量的期望值为

$$E[\eta_{\mathrm{GIP}}(\boldsymbol{X}_l,\hat{\boldsymbol{R}}_{L+O})] = \mathrm{trace}(\hat{\boldsymbol{R}}_{L+O}^{-1}\boldsymbol{R}_L) = M \tag{3.28}$$

即用均匀分布样本条件下 GIP 检验统计量的期望值为处理器维数 M。

非均匀样本 GIP 检验统计量的期望值为

$$E[\eta_{\mathrm{GIP}}(\boldsymbol{X}_l,\hat{\boldsymbol{R}}_{L+O})] = \mathrm{trace}(\hat{\boldsymbol{R}}_{L+O}^{-1}\Delta\boldsymbol{R}) + M \tag{3.29}$$

式中:$\Delta\boldsymbol{R} = \boldsymbol{R}_L - \hat{\boldsymbol{R}}_{L+O}$。

由上面两式可见,可以根据 GIP 检验统计量偏离均匀情况下期望值的程度检测非均匀性。

实际系统中,造成杂波非均匀性的因素复杂多样。在强离群点存在时 GIP - NHD 检测性能将急剧恶化,当多于一个离群点存在时,容易受到屏蔽效应的影响,而且,当样本数量较小时,GIP 的性能也将急剧恶化。同时,对于高度线

非均匀杂波和机扫阵列非平稳杂波，其本身就是需要抑制的对象。非均匀杂波样本剔除后，STAP 处理对剔除杂波样本对应的距离段几乎没有抑制能力。

3.2.2.3 自适应功率剩余非均匀检测器

自适应功率剩余（APR）方法是一种非均匀检测器。实际系统中，探测目标方向存在干扰目标或强离散杂波时，会导致协方差估计样本污染。APR－NHD 检测统计量具有相干积累的形式，因此其对干扰目标的检测性能优于 GIP 法。

干扰目标的方向（空时二维导向矢量）为 $\boldsymbol{S}_{\mathrm{j}}$，干扰目标的功率为 σ_{j}^2，则训练样本 X_1表示如下：

$$\boldsymbol{X}_1 = \sigma_{\mathrm{j}} \boldsymbol{S}_{\mathrm{j}} + \boldsymbol{n}_1 \tag{3.30}$$

式中：$\boldsymbol{n}_1$为样本中的均匀杂波和噪声。当备选的训练样本中含有干扰目标时，定义此时的样本协方差矩阵为

$$\hat{\boldsymbol{R}}_{L+O} = R_{\mathrm{h}} + \sigma_{\mathrm{j}}^2 \boldsymbol{S}_{\mathrm{j}} \boldsymbol{S}_{\mathrm{j}}^{\mathrm{H}} \tag{3.31}$$

式中

$$\sigma_{\mathrm{j}}^2 = \frac{1}{L+O} \sigma_{\mathrm{j}0}^2 \tag{3.32}$$

自适应功率 APR 的统计量定义为

$$\eta_{\mathrm{APR}}(\boldsymbol{X}_1, \hat{\boldsymbol{R}}_{L+O}) = |\boldsymbol{S}^{\mathrm{H}} \hat{\boldsymbol{R}}_{L+O}^{-1} \boldsymbol{X}_1|^2 \tag{3.33}$$

令

$$\eta_{\mathrm{APR}}(\boldsymbol{X}_1, \hat{\boldsymbol{R}}_{L+O}) = |\boldsymbol{S}^{\mathrm{H}} \hat{\boldsymbol{R}}_{L+O}^{-1} \boldsymbol{X}_1|^2 \tag{3.34}$$

式(3.34)可以改写为

$$\begin{aligned} \eta_{\mathrm{APR}}(X_1, \hat{\boldsymbol{R}}_{L+O}) &= |\boldsymbol{S}^{\mathrm{H}} \hat{R}_{L+O}^{-1} \boldsymbol{X}_1|^2 = \frac{1}{\mu^2} |\boldsymbol{W}^{\mathrm{H}} \boldsymbol{X}_1|^2 \\ &= \frac{1}{\mu^2} |\sigma_{\mathrm{j}} \boldsymbol{W}^{\mathrm{H}} \boldsymbol{S}_{\mathrm{j}} + \boldsymbol{W}^{\mathrm{H}} n_1|^2 \end{aligned} \tag{3.35}$$

由于 W 是

$$\begin{cases} \min \boldsymbol{W}^{\mathrm{H}} \hat{\boldsymbol{R}}_{L+O} \boldsymbol{W} \\ \text{s.t. } \boldsymbol{W}^{\mathrm{H}} \boldsymbol{S} = 1 \end{cases} \tag{3.36}$$

的最优解。根据自适应波束形成的原理，当 $\boldsymbol{S}_{\mathrm{j}} \neq \boldsymbol{S}$ 时，W 会将 S_{j} 对应的信号加以抑制，使得 $\boldsymbol{W}^{\mathrm{H}} \boldsymbol{S}_{\mathrm{j}} \approx 1$，此时的干扰目标将被抑制，APR－NHD 的输出为残留的杂波。而且如果 σ_{j} 值越大，则导致自适应方向图的零陷越深，这样不仅强干扰

目标本身很难被检出，还会影响到 S 邻近方向的其他弱功率干扰目标的剔除，最终影响 STAP 的检测性能。

APR－NHD 的输出不仅与干扰目标的功率有关，还与干扰目标的导向矢量 $\boldsymbol{S}_{\mathrm{j}}$ 和待检测方向的导向矢量 $\boldsymbol{S}$ 之间的相对位置（即角度的偏移量和多普勒频率的偏移量）有关。下面将给出这几个参数与 APR－NHD 输出的对应关系。为了便于评价 NHD 对干扰目标的检测性能，定义 NHD 输出的干杂噪比指标如下：

$$\mathrm{ICNR}=\frac{\mathrm{Power}_{j\_\mathrm{cell}}}{\mathrm{mean}([\mathrm{Power}_{\mathrm{ref\_cell}}])} \tag{3.37}$$

它表示的是 NHD 输出的干扰目标功率与其邻近参考单元平均功率的比值，这个指标在一定程度上表征了非均匀检测器对干扰目标的检测性能。

由于 APR 方法的检测统计量具有相干积累的形式，因此其对干扰目标的检测性能应该优于 GIP 法。但是传统的 APR－NHD 在样本中存在指向误差（与期望导向矢量失配）的强干扰目标信号时，会导致 APR－NHD 的自适应方向图主瓣严重畸变，影响 APR－NHD 的干扰目标检测性能。

3.2.3 KA－STAP

3.2.3.1 KA－STAP 起源与发展现状

现代高科技战争发展的需求逐步倾向于提升雷达在遮蔽战场环境，如城市、丛林、山地、滨海等战场环境中对探测目标的探知能力。复杂的作战地理环境使得机载雷达面临的强杂波电磁环境呈现严重的非均匀特性、杂波抑制困难，严重影响雷达对待检测目标的探测性能。

STAP 是空时两维最优滤波在数据域的具体实现，其核心体现在自适应处理（Adaptive）上。传统的 STAP 方法在对协方差矩阵进行估计时，通常假定选取的训练样本满足 IID（独立同分布）特性这一理想条件，即雷达所处的电磁环境是均匀的，时间上是平稳的。RMB 准则表明，在高斯白噪声背景下，目标导向矢量准确已知，样本满足 IID 条件，则自适应处理的输出 SINR 与最优的输出 SINR 的比率 r 服从 Beta 分布，若要保证平均性能损失在 3dB 以内，则选取的训练样本个数至少应大于 2 倍系统自由度。

在实际的雷达工作环境中，上述理想条件是很难满足的。典型雷达参数下，为满足上述性能所选取的样本在距离上将覆盖数百千米。由于环境中植被特性的变化，训练样本中干扰目标的存在，孤立强点固定杂波，杂波反射率在空域上非均匀分布，使得样本的 IID 特性难以满足。

KA－STAP 可看作是常规 STAP 的改进，旨在利用数字高程信息、地表覆盖信息、SAR 图像信息和过往历史数据等已知的先验信息，辅助常规 STAP 处理，以改善非均匀杂波、干扰场景下常规 STAP 的干扰抑制效果，提高目标检测性能。

如何利用先验信息改善雷达的探测性能，美国空军实验室传感器部门已经做了探索性研究，他们最初的重点放在雷达信号处理的恒虚警(CFAR)部分。研究结果表明，如果检测单元接近两个不同杂波区域的边界，盲目采用 CFAR 算法的处理结果，要比只选择与检测单元同杂波类型的数据再做单元平均的结果差，后者可得到更好的检测概率和更低的虚警率。

在美国空军(USAF)有关知识辅助空时自适应处理(KBSTAP)工作推动下，该项研究已从检测阶段扩展到雷达处理链路的其他部分。KBSTAP 演示论证了利用外部数据源信息对监视雷达的滤波、检测和跟踪阶段所带来的益处。已证明利用来自美国地理测量部门(USGS)的地图数据，可以提高空时自适应处理(STAP)的性能，实现途径是基于计算准则选择距离门数据而不是盲目地选择检测距离门周围的距离门数据。该项工作以及其他众多研究者(如 Michael C. Wicks、William Baldygo、Gerard Genello 等)的研究成果，已经为 DARPA 的一项新的研究计划 KASSPER 奠定了研究基础。知识辅助传感器信号处理专家推理(KASSPER)计划的目标就是对如何利用外部数据源信息，动态改变雷达信号处理链路以提高雷达性能进行探索研究。KA－STAP 便是 DARPA 的 KASSPER 计划的一个重要课题。

国外对 KA－STAP 的研究主要集中在算法和架构两个方面。KA 处理的研究最早由纽约州罗姆市的空军研究实验室开创，目的在于将外部先验知识与信号处理过程相结合以改善雷达 GMTI 性能。目前公认的最早证实 KB－STAP 方法优越性的研究是由美国佐治亚大学的 Melvin 等人提出的。KB 与 KA 本质上是相通的。

佐治亚科技研究院的 MELVIN[14] 等人研究了利用先验知识辅助进行协方差矩阵估计的方法，已解决非均匀杂波环境下常规 STAP 性能损失严重的问题。美国信息系统实验室和空军研究实验室的相关雷达专家[14,15,18,19]利用实验数据验证了相关 KA－STAP 算法的处理性能，从虚警率和目标 SNR 损失的角度对 KA－STAP 算法性能给出了评价。

在 KA－STAP 架构研究方面，自 2001 年起，美国国防部高级研究计划局和美国空军研究实验室建立了合作关系，继续 KASSPER 计划，目的是研发能够兼容正在开发的 KA/KB 算法类型的全新的实时 KA 嵌入式计算结构。MIT 林肯实验室、南加利福尼亚大学等相关研究机构基于 KASSPER 研究计划，对 KA－STAP 的实时信号处理架构进行了研究，主要讨论了架构设计、知识处理以及资源调度问题。

从目前已知的相关文献的研究结果来看，无论是仿真数据分析还是实测数据验证，都表明采用先验知识信息辅助的 KA－STAP 的可行性和必要性。

3.2.3.2　环境信息与知识库

1）可用环境信息

导致杂波环境非均匀/非平稳性的因素及其包含的具体内容主要包括以下几个方面：

（1）地貌变化（例如山区）：距离起伏导致杂波回波强度非均匀；

（2）地表反射特性变化（例如陆海交界处）：地表后向散射系数变化导致杂波回波强度非均匀；

（3）杂波内部运动（如风吹动的植被等）：内部运动的多普勒调制导致杂波谱非均匀；

（4）离散强杂波散射点（如人造建筑、塔楼、高山等）：杂波统计特性变化（非高斯）导致杂波谱非均匀；

（5）等价于杂波内部运动的公路网等：内部运动的多普勒调制导致杂波谱非均匀；

（6）随距离变化的杂波区（如非线性/倾斜阵列、双/多基地工作模式）：造成杂波谱非均匀性以及谱扩展现象。

上述影响因素通常不会单独出现，它们可能引起频谱和/或统计性质的严重非平稳性，导致基于训练样本统计的协方差矩阵估计产生大的偏差，最终影响 STAP 的杂波抑制性能。

传统的 STAP 方法基本上没有用到可以事先已知的先验信息。一般来讲，基于先验信息的统计预测要比没有先验信息的预测准确得多。统计理论中的 Bayes 先验和后验估计就是一个例子。因此可以考虑在杂波协方差矩阵的估计当中结合已知的先验信息。为了在雷达的实时处理系统中有效利用可以获取的先验信息，需要建立包含环境和/或感兴趣目标信息的环境动态数据库（EDDB）。

先验信息包括内部信息（机内传感器的观测记录）和外部信息（机外信息源）两部分。典型的外部环境包括但不限于数字高程电子地图（DTED）、数字高程模型（DEM）、地表特征信息（NLCD）、潜在的强离散杂波回波（如建筑物、高塔、电力线、陆海交接等）的位置、惯导信息（INS）、SAR 图像信息；内部信息包括雷达当前帧的接收回波数据、过往 CPI 的接收数据等。

表 3.1 列出了一些可用于知识辅助决策的数据信息源，数据来源是基于美国 MCARM 计划在特拉华－马里兰－弗吉尼亚半岛测量的地表覆盖数据以及道路交通网数据[13]。具体情况如表 3.1 所列。

表 3.1　数据库资源与其在 KA－STAP 架构中的应用

数据库类型与资源	分辨力	大小	KA－STAP 框架应用	备注
高程信息 数字高程模型(DEM) 1° DEM 30min DEM 7.5min DEM 数字高程电子地图(DTED) 等级 1～5 惯导信息(INS) GPS 信息	90m 60m 30m,10m 100～1m	100km 50km 12.5km 国家 省	• 杂波块的高程(海拔)信息 • 擦地角计算 • 杂波块面貌 • 视线,瞄准线 • 微跟踪,宏跟踪 • 杂波块与载机位置的大地坐标位	
地表特征 国土地表特征信息(NLCD) 土地使用、覆盖信息(LULC) 全球地表覆盖信息 DFAD	30m 90m 1km Null	省	• 杂波块的后向散射率 • 杂波块内部运动(ICM)建模 • ICM 存在性判别	
交通网 TIGER/Line 2000 数字道路地图(DLG)	航线、 航向指示	国家	• 道路类型 • 道路走向 • 隧道、地道 • 铁路	
地标和水文地理学 国土地表特征信息(NLCD) TIGER/Line 2000 数字道路地图(DLG)	30m 航线、 航向指示	国家 省	• 监管设备(如机场、水塔) • 地形要素(如堤坝、山脊线) • 海岸线、河流、运河、沟渠等	
雷达历史回波数据 当前帧接收数据 过往 CPI 数据		相邻帧	待检测单元杂波协方差矩阵估计	
SAR 图像	＜10m	国家 省	强离散散射点定位	

注:水文地理学是对地球表面上的水的物理状态、边界、流动及相关特征进行的科学描绘、分析的一种科学。TIGER——拓扑集成的地理编码和参考标准

国土资源特征数据(又称国土地表覆盖数据,NLCD)主要用来对雷达探测

区域的地表环境进行分类,以便于对不同反射系数的地表散射体块进行杂波回波建模。

文献[13]中提到的对 MCARM 雷达探测区域的地表类型共分为 9 大类,21 小类(不同文献的分类方式略有不同),具体分类情况如表 3.2 所列。

表 3.2 地表覆盖分类表

序号	9 大类	21 小类
1	湿地 沼泽	树木茂密的湿地
2		沼泽
3	森林	落叶林
4		常青林
5		混生林
6	灌木地 灌丛带	灌木地 灌丛带
7	人造林	人造林
8	荒地	岩石区、沙漠、黏土层
9		采石场、矿场、沙坑
10		迁徙地
11	海域	开放海域
12		常年冰雪区域
13	商业区	低密度居民区
14		高密度居民区
15		商业、工业、运输业集中地
16	高原	草原、绿地
17	植被覆盖平原/耕地	牧场、干草地
18		耕地
19		谷物种植地
20		休耕地
21		城市、休闲草地

数字道路地图(DLG)主要用于对非均匀杂波区域的剔除,SAR 成像主要用于强离散点的定位和特征提取,以便将其从训练样本中剔除,或者对其所在检测单元进行预白化滤波。

3.2.3.3 KA－STAP 基本原理

知识辅助传感器信号处理与专家推理(KASSPER)是一项由美国 DAPRA 支持的研究计划,其目的是通过外部源知识结合到信号处理链路中,以提高地面运动目标指示(GMTI)雷达系统的性能。KASSPER 实时信号处理测试平台及相关的信号处理架构是一个包含资源调度与信号处理框架的原型雷达系统,已经由 MIT 林肯实验室(MIT LL)开发完成。

一个借助于先验辅助信息进行 STAP 处理的典型雷达场景如图 3.16 所示。其特点是 GMTI 杂波是非均匀的(树林、开阔地、城区、滨海等)。通过利用关于此环境的先验知识(例如道路位置、地形等高线、典型地面覆盖等),处理算法可排除关于此环境的无效信息,以尽可能地提高其处理性能。

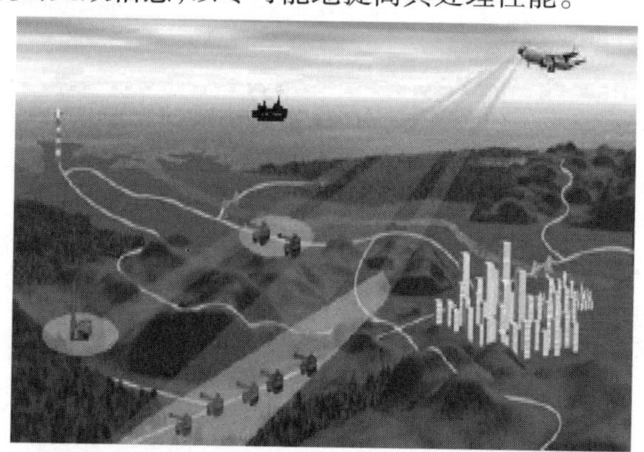

图 3.16　KA - STAP 典型工作场景(见彩图)

1) KA - STAP 架构与信号处理链路

与常规的雷达处理架构不同,KA - STAP 处理部分需要提供可用于参考的先验信息。

雷达的处理架构需要包括知识数据库、知识缓冲器以及预测调度程序。知识数据库存储信号处理链路与调度程序执行“智能”处理所需要的“知识”。在任务前的数据加载阶段,知识数据库将知识数据以处理链路可用的格式存储。在系统工作阶段,知识缓冲器缓存与雷达视场相关的部分知识数据。知识预处理有步骤地执行地理坐标 - 雷达坐标变换等实时处理运算。

有关知识辅助信号处理算法性能的一个重要因素是知识的应用必须本地化执行。这就趋向于使信号处理以细粒度完成,而非只为获得好的计算效率。尽管处理仍按流水线方式进行,但每个链路处理节点将由预测调度器进行资源和算法的实时调度,而且在与环境因素相关的链路节点,将由知识处理器通过知识数据库的支持为处理节点提供与算法相关的知识数据。最后将链路输出结果反馈到知识数据库,经过相关处理后形成新的知识数据或对已有知识数据进行修正。

2) 典型 KA - STAP 算法

STAP 是空时两维最优滤波在数据域的具体实现,其核心体现在自适应处理上。STAP 的自适应处理体现在最优权的估计上，由最优权的表达式 $\boldsymbol{W}=\mu\boldsymbol{R}_{\mathrm{C}}^{-1}\boldsymbol{a}(\varphi)$ 可知，最优权 W 只与杂波协方差矩阵逆 $\boldsymbol{R}_{\mathrm{c}}^{-1}$、待检测目标的导向矢量 $\boldsymbol{a}(\varphi)$ 两个变量有关。由于杂波协方差矩阵 $\boldsymbol{R}_{\mathrm{c}}$ 和目标导向矢量 $\boldsymbol{a}(\varphi)$ 事先未知，因此如何利用已有的先验信息改进两个参数的估计精度，是 KA - STAP 能否改善非均匀环境下 STAP 检测性能的关键。

Melvin 等人在文献[18]中指出，目标导向矢量的估计误差对 STAP 的性能影响相对较小，因此 KA - STAP 的研究重点在于如何利用已知先验信息改善杂波协方差矩阵的估计精度。

这里简要给出一种使用数字地表分类和地形高程数据来辅助选择有代表性训练数据的方法，以此来说明 KA - STAP 的基本实现过程和性能改善情况。假定协方差矩阵的估计将通过选择训练数据（其地形特征匹配于检测单元）来改善。在 STAP 中合理利用先验知识将使自适应滤波器可以更有效地利用有限的自由度，改善杂波抑制性能。该方法还可以和其他数据独立或数据依赖的训练数据选择算法相结合，以去除任意未知的非均匀性。

（1）地形坐标系建模（图 3.17）。用地形数据配准雷达是一项复杂的任务。数据源通过各种大地基准点椭圆参考系，以及地图投影等信息建立地表标定。

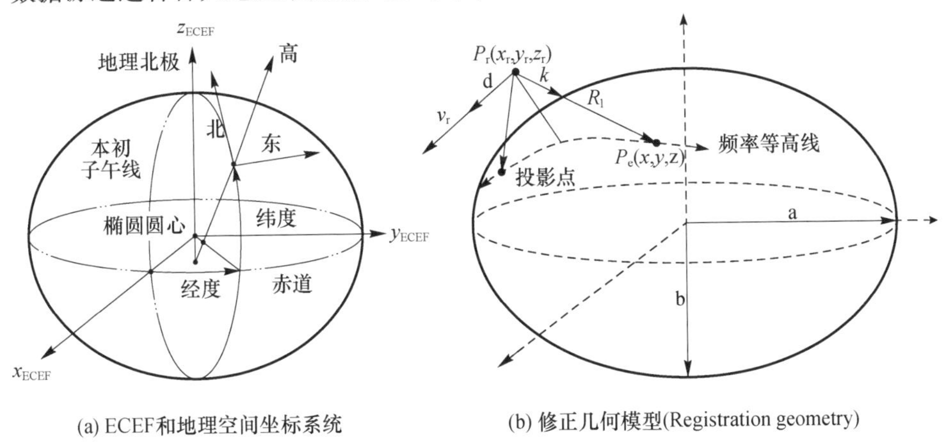

图 3.17　地形坐标系建模

这里选择一个以地球为中心、地心固定（ECEF）的直角坐标系，来实现雷达与地面的配准。图 3.17 给出了与标准地理坐标系不同的 ECEF 坐标系。ECEF 系的 x 轴位于赤道平面且和本初子午线相交。z 轴穿过地球的旋转轴，y 轴位于赤道平面形成一个右手地球坐标系。该系统的原点对应于地球的中心。选择该坐标系是因为它是一个非投影坐标系，因此不像平面地图投影那样容易变形。同时它也是一个球面三维坐标系，它的值由长度而非度数变量，这样更便于计算两点间的距离。

地球最精确的模型是一个定义为地球表面对重力等势面的大地水准面。但大地水准面模型通常比较复杂,实现的计算难度比较大,而且随着技术的发展在不断变化。因此一般使用一个球面地球模型,它简化了需要执行的计算,而且它也在短程斜距上提供了一个很好的近似。尽管在远程斜距上,与球形近似值有关的误差会变得很严重。一个更好的近似是将地球建模为一个椭球体,该椭球体的曲率在接近两极时变得平坦。

(2) 配准方程。利用三个非线性方程的系统来计算给定斜距处地球上一点的位置。假设地球是光滑的(没有海拔高度),而且雷达数据的多普勒信息是不模糊的。

第一个方程式与斜距有关,等式的方程形式由下式给出为

$$F_1(x,y,z)=(x-x_r)^2+(y-y_r)^2+(z-z_r)^2-R_1^2=0 \tag{3.38}$$

第二个方程式将地球表面建模为椭球模型,并由下式定义为

$$F_2(x,y,z)=\frac{x^2}{a^2}+\frac{x^2}{a^2}+\frac{x^2}{a^2}-1=0 \tag{3.39}$$

式中:a 和 b 分别是地球的半长轴和半短轴半径。这些参数从 WGS84 世界大地基准点数据获得。最后一个等式代表地球上的频率等高线。下面两个方程之一就可用于同式(3.40)和式(3.41)联立来得到完整的方程组。

对一个给定的频率 f_d,第三个配准方程为

$$f_d=\frac{2(\boldsymbol{k}\cdot\boldsymbol{v}_r)}{\lambda} \tag{3.40}$$

式中:$\boldsymbol{k}$ 是从雷达指向地球的单位矢量;$\boldsymbol{v}_r$ 是雷达速度矢量;λ 是雷达波长。经过一些处理之后,第三个方程也可以表示为

$$F_3(x,y,z)=(x-x_r)\boldsymbol{v}_{rx}+(y-y_r)\boldsymbol{v}_{ry}+(z-z_r)\boldsymbol{v}_{rz}-\left(\frac{f_d\lambda R_1}{2}\right)=0 \tag{3.41}$$

式中:$\boldsymbol{v}_{rx}$,$\boldsymbol{v}_{ry}$,$\boldsymbol{v}_{rz}$是雷达速度矢量的三个分量。

对于给定的空域频率 v,假设一个一维线性阵列,则第三个配准方程为

$$v=\frac{(\boldsymbol{k}\cdot\boldsymbol{d})}{\lambda} \tag{3.42}$$

式中:$\boldsymbol{d}$ 是沿阵列水平轴的阵元间隔矢量。经过一系列处理后,第三个方程也可表示为

$$F_3(x,y,z)=(x-x_r)d_x+(y-y_r)d_y+(z-z_r)d_z-(v\lambda R_1)=0 \tag{3.43}$$

式中:d_x,d_y,d_z是 d 的分量。

为了得到 x,y 和 z 的解,可应用迭代的 Newton_Raphson 方法直到该方法收

敛到一组特定解。

(3) 用于训练数据选取的杂波模型。Ward 的一般杂波模型被用来确定是否有可用的训练数据来估计待检测距离单元的协方差矩阵。Ward 通过建模从每个距离样本返回的杂波来近似杂波的连续场,杂波是很多均匀分布在雷达方位角上的独立点散射体回波的叠加,具体计算过程参见文献[19,24]。

利用滑窗方法选择训练数据的一个优点是,数据(包括检测单元)在距离向是相互靠近的。因此,不容易受有害因素的影响。这些影响数据的有害因素包括因距离产生的功率变化、杂波反射率、垂直增益和因阵列未校准产生的相位差。由于 post－Doppler 训练数据选择算法可以在一个更大的范围内选择数据,因此可以针对性地修正这些有害因素。这些应用到每个 CPI 上的修正处理是在多普勒滤波前的预处理阶段完成的。另外,需要重点注意的是,MCARM 数据照射的地形相对平坦,因此要介绍的修改方法可以不考虑海拔的变化。

每个空时快拍都要进行修正,一个雷达的空时快拍是一个 $MN\times 1$ 矢量,每个 CPI 有 N 个阵元和 M 个脉冲,该矢量定义为

$$\boldsymbol{x}_l=\mathrm{vec}([\boldsymbol{x}_{0,l},\boldsymbol{x}_{1,l},\cdots,\boldsymbol{x}_{M-1,l}]^{\mathrm{T}}) \tag{3.44}$$

式中:$x_{m,l}$是第 m 个脉冲和第 l 个距离样本上阵列单元输出的 $N\times 1$ 矢量,是一个空域快拍。

(4) 训练数据选择算法(图 3.18)。训练数据选择算法依赖于感兴趣的区域环境和类型,或用于代表该区域的数字地形资料的类型。这里介绍一种算法,利用数字地形分类数据加数字高程数据。

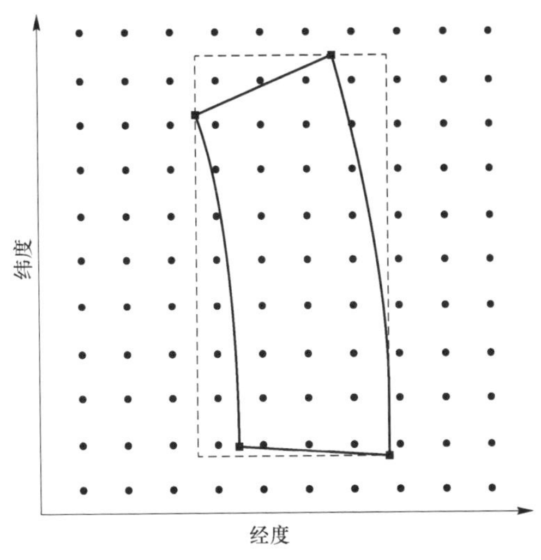

图 3.18　训练数据选择算法的距离－多普勒单元面积近似

(点表示地形单元的中心,实线框表示距离－多普勒单元的边界,虚线表示的矩形为其近似)

① 用地形分类数据的算法:定义每个距离多普勒单元区域的四个边界点位置,对于一个给定的感兴趣的多普勒,使用式(3.40)、式(3.41)和式(3.43)进行计算。因为这些边界点(像地形单元)没有在经纬度上排列,可以计算一个限制它们的矩形框来近似距离多普勒单元的区域。但更精确的结果可以通过深入细分距离多普勒单元来获得,并应用同样的过程于子区域。

对特定的距离多普勒单元计算出矩形边界后,就可以查询数据库来确定其界限内地形单元的地形分类。结果存为一个 21 元矢量,每个元素对应一个地形分类类型。进而,通过除以包含在边界矩形中的地形单元总数使矢量归一化。

$$\boldsymbol{t}_l = [t_{l,1}, t_{l,2}, \cdots, t_{l,21}]^{\mathrm{T}} \tag{3.45}$$

确定了感兴趣多普勒上所有的距离多普勒单元中的地形矢量后,对潜在可用的训练数据单元的地形矢量与待检测单元的地形矢量进行比较,这种比较可通过计算元素之间的平方误差来进行。这样就给出了第 l' 个距离 - 多普勒单元与待检测单元接近程度的一种度量(或级别),定义为

$$\mathrm{grade}_{l'} = \sum_{i=1}^{21} (t_{l,i} - t_{l',i})^2 \tag{3.46}$$

式中:$t_{l,i}$ 是待检测单元地形矢量的第 i 个元素;$t_{l',i}$ 是潜在可用训练数据地形矢量的第 i 个元素。低等级的单元被认为能更好地匹配检测单元。按级别进行排序,低级别单元被选作训练数据。

尽管这里选用最小距离平方误差估计器进行分级,但也可以采用其他的方式。另外这里对每种地形分类类型分配相同的权重。在实际应用中,某种地形分类产生比其他类型更强的杂波。因此权矢量应从地形的 RCS 测量中得到,并在分级前应用到地形矢量上。这将产生一个可调整的地形矢量

$$\tilde{\boldsymbol{t}}_l = \boldsymbol{t}_l \circ \boldsymbol{w}_t \tag{3.47}$$

式中

$$\boldsymbol{w}_t = [w_1, w_2, \cdots, w_{21}]^{\mathrm{T}} \tag{3.48}$$

② 利用高程数据的算法:假设地球表面是光滑的,对每个距离 - 多普勒单元构造一个分辨力匹配数字高程数据的栅格。将这些单元栅格配准到地球模型,为了确定每个单元内每个栅点处的高程数据,利用对应每个单元的地形高程栅格进行最近邻点插值处理。由于包含了海拔数据,可以重新计算出每个单元中栅点的斜距,再按照栅点的平均斜距将其分配到适合的距离门。接着用 Delaunay 三角测量构造每个单元的三角形网格,从而得到一个实际地形的近似三维表面模型(图 3.19)。

为了基于地表模型实现距离 - 多普勒单元间的比较,需要确定包含在单元中的每个杂波块的后向散射角。对每个单元构造一个三元地形矢量,包括平均

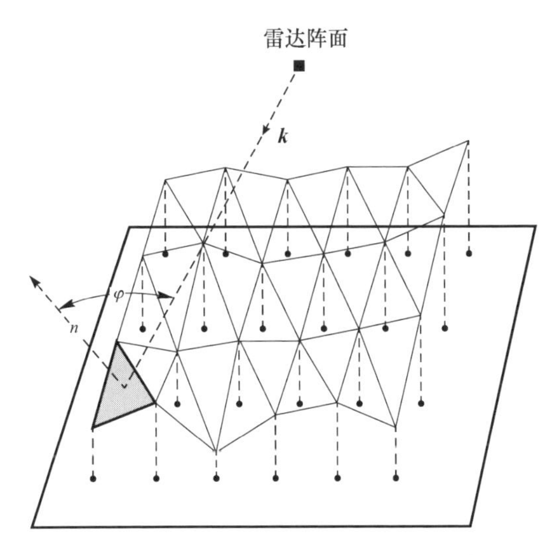

图 3.19　从数字高程数据中产生的距离 - 多普勒单元的表面模型
（后向散射角是表面法线 n 和单位矢量 k 之间的夹角，由雷达指向杂波块。
黑点表示在光滑地球模型上标记的单元栅点）

后向散射角、后向散射角的标准差，以及阴影块的百分比（由于地形产生的雷达视角遮蔽）。考虑到单位不同并且加权相同，需对矢量的每个元进行归一化处理。如式(3.46)所示，用平方误差准则对潜在的训练数据地形矢量与待检测单元矢量进行比较，级别低的单元被选作训练数据。接下来可执行常规的 post - Dopper STAP 算法。

3.2.3.4　KA - STAP 性能分析

本小节主要针对上节给出的利用数字地形分类和地形高程数据的 KA - STAP 算法，对 KA - STAP 的性能进行分析。实验数据选自 AFRL 传感器管理局的多通道机载雷达测量（MCARM）计划。数据集包含了一个侧视机载平台雷达采集的多通道杂波数据。该雷达由一个 2×11 通道的线阵组成，阵列包括和差模拟波束形成器。MCARM 工作在低、中、高脉冲重复频率（PRF）模式下的 L 波段。具有大约 120m 的距离分辨力，并有大约 500 个距离样本。每个相干处理间隔（CPI）由 128 个脉冲组成，且杂波是多普勒不模糊的。20 世纪 90 年代中期，Northrop Grumman 在飞机飞过 Delmarva Peninsula 和美国东海岸时进行了数据采集。在 11 架次的数据采集实验中，某些数据采集成试验中包含了动目标模拟器产生的目标信息。MTS 发射 5 个“多普勒”单频信号（0Hz，200Hz，400Hz，600Hz，800Hz）以用来评估效果。表 3.3 提供了 MRARM 雷达的部分系统参数。

表 3.3 MCARM 雷达系统参数

变量	说明	变量值
N	陈元数	22
M	积累脉冲数	128
L	可用距离门数	500
P_t	发射峰值功率	1.5kW
T_p	发射脉宽	50.4μs
B	瞬时带宽	800kHz
f_r	重频	1984kHz
d	阵元间距	0.109m
f	载频	1.24GHz
ΔR	距离分辨力	120m

被处理数据为 MCARM 项目第 5 架次第 151 次采集的 CPI 数据,包括 MTS 的仿真目标信号。图 3.20 中按照距离门画出了修正采样矩阵逆(MSMI)的检测统计量取值。本节选择 MTS 产生信号的 MSMI 值与距离平均 MSMI 值的比值作为首选的性能变量标准。

这里给出的结果对用于训练数据选择的滑窗方法和上节给出的 KA - STAP 方法进行了比较[19]。在图 3.20 中,MCARM 阵列所有的 22 个通道被用于 STAP 处理。总共 44 个训练数据样本用于协方差矩阵估计。模拟目标位于 450 号距离门(见箭头),并且每幅图中都给出了 MSMI 值和 PPM 值。也用虚线给出了距离平均的 MSMI 值。

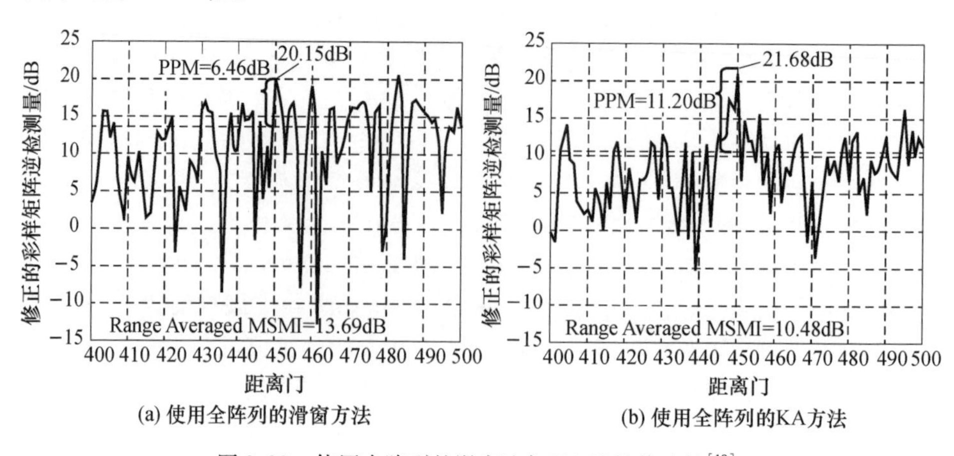

图 3.20 使用全阵列的滑窗法与 KA 法性能比较[19]

如图 3.20 所示，KA 方法与滑窗方法相比，PPM 值改善 4.7dB。KA 方法不仅提高了目标的 MSMI 值而且降低了距离平均 MSMI 统计值。

从副瓣杂波抑制剩余的角度对 KA－STAP 的性能进行评估。基于某雷达在高原、山区地区的试飞数据，对 128 帧数据进行统计分析，处理结果如图 3.21 所示。由图中结果可知，KA－STAP 比常规 STAP 处理性能平均提升约 1dB。

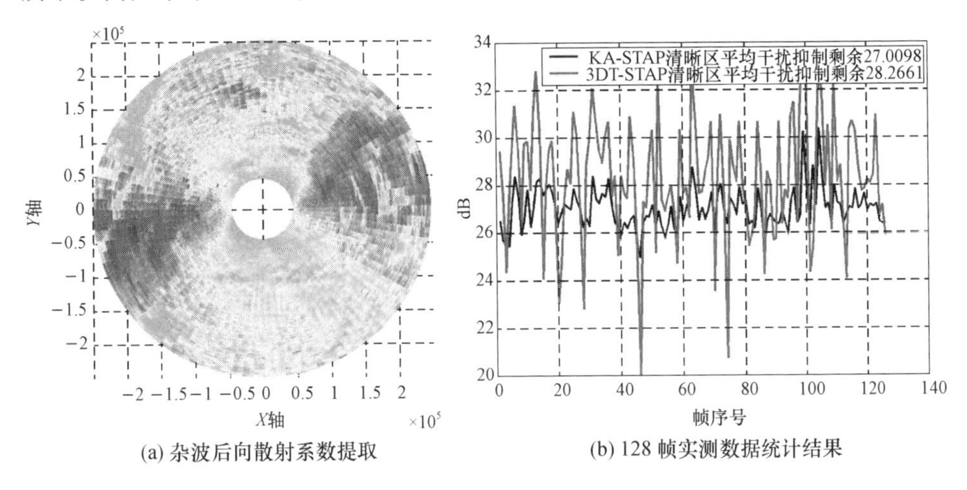

(a) 杂波后向散射系数提取　　(b) 128 帧实测数据统计结果

图 3.21　KA－STAP 性能实测数据验证(见彩图)

参考文献

[1] Rihaczek A W, Golden R M. Range sidelobe suppression for barker codes [J]. *IEEE Tran. on Aerospace and Electronic Systems*, 1971, 7 (6):10872－1092.

[2] Ackroyd M H, Ghani F. Optimum mismatched filters for sidelobe suppression[J]. *IEEE Trans. on Aerospace and Electronic Systems*, 1973, 9(2):214－218.

[3] 位寅生, 沈一鹰, 刘永坦. 一种基于最小二乘的高频雷达信号处理方法[J]. 系统工程与电子技术, 2001, 23(1): 34－36.

[4] 杨斌, 向敬成, 刘晟. 一种数字脉压副瓣抑制滤波器设计方法[J]. 电子科学学刊, 2000, 22(1): 124－129.

[5] 陶广源, 廖桂生, 刘宏伟. 多相码信号数字脉压滤波器设计[J]. 电波科学学报, 2003, 18(2): 143－146.

[6] Zoraster S. Minimum peak range sidelobe filters for binary phase－coded waveforms[J]. IEEE Trans. on Aerospace and Electronic Systems, 1980, 16(1): 112－115.

[7] 孔祥维, 黄申, 李国平. 基于小波和神经网络的二相编码副瓣抑制的研究[J]. 系统工程与电子技术, 2001, 23(6): 123.

[8] 何学辉，曾操，苏涛，等．基于二阶锥规划的峰值副瓣抑制滤波器设计．系统工程与电子技术[J]．2009，31(11):2567－2570.

[9] Karmarkar N K. A new polynomial－time algorithm for linear programming:Proceeding of sixteenth annual ACM symposium on Theory of Computing[C]. 1984 New York.

[10] Boyd S，Vandenberghe L. Convex Optimization[M]. Cambridge University Press：2004.

[11] 魏铁，孟华东，毛滔，等．基于凸优化方法的认知雷达波形设计．现代雷达，2012，34(3)：18－21.

[12] Guerci. 认知雷达:知识辅助的全自适应方法[M]．吴顺君等译．北京:国防工业出版社．

[13] Zywicki D J，Melvin W L，Showman G A，et al. STAP performance in site－specific clutter environments. IEEE Aerospace Conference;2003,proceeding of the IEEE.

[14] Melvin W L，Showman G A，An approach to knowledge－aided covariance estimation[J]. IEEE Transaction;on Aeros race and Electronic Systems,1021－1042.

[15] Page. D；Scarborough S.；Crooks，S. Improving knowledge－aided STAP performance using past CPI data:Proceedings of the IEEE[C]. Franklin Plaza:Radar Conference，2004.

[16] Capraro C T，et al.，Demonstration of knowledge－aided space－time adaptive processing using measured airborne data[J]. IEE Proc. －Radar Sonar Navig.，2006，153(6)，487－494.

[17] Jameson S B.，David R K，Guy C.，et al. Evaluation of Knowledge－Aided STAP Using Experimental Data[C]. Big sky,Montana：March 3 2007 IEEE Aerospace Conference.

[18] Melvin，W L,Guerci J R. Knowledge－aided signal processing：a new paradigm for radar and other advanced sensors[J]. IEEE Transactions on Aerospace and Electronic Systems，2006,42(3).

[19] Capraro C T,Capraro G T,Bradaric I,et al. Implementing digital terrain data in knowledge－aided space－time adaptive processing[J]. IEEE Transactions on Aerospace and Electronic Systems,2006，42，(3).

[20] Bergin J S，Teixeira C M，Techau P M，et al Reduced degree－of－freedom STAP with knowledge－aided data pre－whitening：Proceedings of the 2004 IEEE Radar Conference April 26－29，2004. Philadelphia，PA.

[21] Bergin J S，Teixeira C M，Techau P M，et al. Improved clutter mitigation performance using knowledge aided space－time adaptive processing[J]. IEEE Transactions on Aerospace and Electronic Systems,2006,42，997－1009.

[22] Bidon S,Besson O,Tourneret J Y. Knowledge－aided STAP in heterogeneous clutter using a hierarchical Bayesian algorithm[J]. IEEE Transactions on Aerospace and Electronic Systems，2011,47(3):1863－1879.

[23] Blunt S D, Gerlach K, Rangaswamy M. STAP using knowledge – aided covariance estimation and the FRACTA algorithm[J]. IEEE Transactions on Aerospace and Electronic Systems, 2006,42(3).

[24] Ward J. Space – time adaptive processing for airborne radar[R], MIT Lincoln Laboratory Technical Report, ESCTR – 94 – 109, December 1994.

[25] Guerci J R, Baranoski E J. Knowledge – aided adaptive radar at DARPA: an overview[J]. IEEE Signal Processing Magazine, 2006, 23(1): 41 – 50.

第4章 战略预警雷达目标检测技术

导弹、隐身飞机、无人机等先进武器装备的发展,对战略预警雷达目标检测技术提出了挑战,迫切要求雷达系统提升目标检测性能。

应对超远距离导弹和隐身战略轰炸机等高速高机动目标,雷达系统需要采用高速高机动目标相参积累技术进行检测;对于低空慢速无人机目标,雷达系统需要采用检测前跟踪技术以及早发现目标;对于复杂海情下的舰船目标,雷达系统采用检测识别一体化技术进行检测。

本章主要介绍突破常规 CFAR 检测的新技术:4.1 节介绍高速高机动目标检测最新进展,4.2 节介绍检测前跟踪技术,4.3 节介绍检测识别一体化技术,4.4 节介绍压缩感知技术的应用。

4.1 高速高机动目标检测技术

现代战争中,弹道导弹、临近空间高速目标、隐身飞机大量投入使用,这类目标都在朝着小型化和高速化的方向发展,目标回波弱、机动性大,检测困难。弹道导弹的防御是当前战略预警的核心内容,其威力大、打击精度高、突防能力强、速度快,可高达十几倍声速、弹头 RCS 在 $0.01 \sim 0.1\text{m}^2$;临近空间目标探测距离远至数万千米、回波信噪比低至负十几分贝、速度超高达 25 倍声速;隐身飞机电磁散射面积小至 0.01m^2、速度高达数倍声速。在积累检测过程中这类目标会出现“跨波束、跨距离和跨多普勒单元”的三跨问题,需要采用高速高机动目标检测技术来解决这些问题。

4.1.1 高速高机动目标回波信号模型

雷达 - 目标空间几何模型如图 4.1 所示,雷达位于坐标原点 O,其坐标为 $(0,0,0)$;T_g 为目标,其初始坐标为 (X_0, Y_0, Z_0);$\boldsymbol{v}$ 为目标运动的速度矢量;R_0 为目标至雷达的初始距离。

假设雷达发射 LFM 脉冲,其数学表达式为

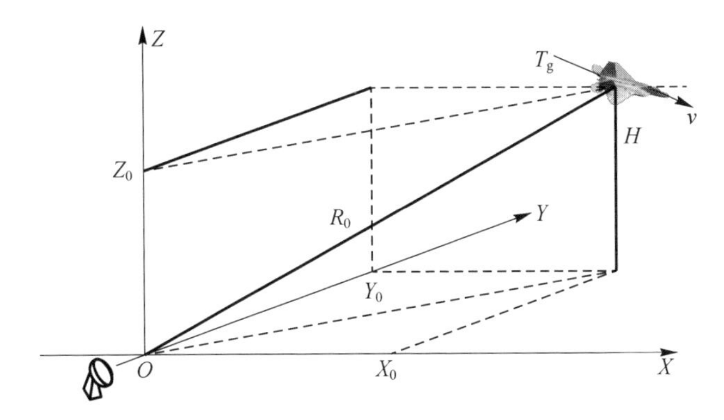

图4.1 雷达-高速目标空间几何模型

$$p(t)=\mathrm{rect}\left(\frac{t}{T_{\mathrm{p}}}\right)\exp(\mathrm{j}\pi\gamma t^2) \tag{4.1}$$

式中：$\mathrm{rect}(u)=\begin{cases}1 & |u|\leqslant\dfrac{1}{2}\\ 0 & \text{其他}\end{cases}$；$t$ 为时间；T_{p} 为脉冲时宽；B 为脉冲带宽；调频率 $\gamma=B/T_{\mathrm{p}}$；脉压比 $D=T_{\mathrm{p}}B$。

由式(4.1)，雷达发射的一组 LFM 脉冲串信号可以表示为

$$v(t-mT_{\mathrm{r}})=p(t-mT_{\mathrm{r}})\exp[-\mathrm{j}2\pi f_{\mathrm{c}}(t-mT_{\mathrm{r}})] \tag{4.2}$$

式中：m 为发射脉冲个数；T_{r} 为脉冲重复间隔(PRI)；$f_{\mathrm{r}}=1/T_{\mathrm{r}}$ 为脉冲重复频率(PRF)；f_{c} 为载频。

假设脉冲串照射到一个距离为 $R(t)$ 的高速目标上，接收回波信号记录在二维数组 $s(\tau,t_m)$ 上，其中 $\tau=t-mT_{\mathrm{r}}$ 为"快时间"；$t_m=mT_{\mathrm{r}}$ 为"慢时间"，令相参积累时间 $T=MT_{\mathrm{r}}$，其中 M 为相参积累脉冲数，且 $t_m\in[-T/2,T/2]$；$\tau-t_m$ 为"距离时域-方位时域"，下变频后的基带回波信号可以表示为

$$s(\tau,t_m)=A\mathrm{rect}\left[\frac{\tau-\frac{2R(t_m)}{c}}{T_{\mathrm{p}}}\right]\exp\left[\mathrm{j}\pi\gamma\left(\tau-\frac{2R(t_m)}{c}\right)^2\right]\cdot \\ \mathrm{rect}\left(\frac{t_m}{T}\right)\exp\left[-\mathrm{j}\frac{4\pi f_{\mathrm{c}}R(t_m)}{c}\right] \tag{4.3}$$

式中：A 为常数并取决于目标的 RCS 大小；波长 $\lambda=c/f_{\mathrm{c}}$；c 为电磁波传播速度。

假设目标在相参积累时间 T 内(通常为秒级数量级)匀加速运动，则目标距离 $R(t_m)$ 可近似为

$$R(t_m)\approx R_0+vt_m+\frac{1}{2}at_m^2 \tag{4.4}$$

式中：R_0 为雷达到目标的初始距离；v 为目标的径向运动速度；a 为目标的径向加速度。

式(4.3)中“快时间”τ 对应的傅里叶变换为

$$
\begin{aligned}
S(f,t_m) &= \frac{A}{\sqrt{\gamma}}\mathrm{rect}\left(\frac{f}{B}\right)\exp\left(-\mathrm{j}\pi\frac{f^2}{\gamma}\right)\cdot\mathrm{rect}\left(\frac{t_m}{T}\right)\exp\left[-\mathrm{j}\frac{4\pi(f+f_c)R(t_m)}{c}\right] \\
&= \frac{A}{\sqrt{\gamma}}\mathrm{rect}\left(\frac{f}{B}\right)\exp\left(-\mathrm{j}\pi\frac{f^2}{\gamma}\right)\cdot \\
&\quad \mathrm{rect}\left(\frac{t_m}{T}\right)\exp\left[-\mathrm{j}\frac{4\pi(f+f_c)(R_0+vt_m+at_m^2/2)}{c}\right]
\end{aligned}
\tag{4.5}
$$

式中：f 为快时间频率。

又 LFM 脉冲的频域匹配滤波函数 $H(f)$ 为

$$
H(f) = \exp\left(\mathrm{j}\pi\frac{f^2}{\gamma}\right) \tag{4.6}
$$

式(4.5)与式(4.6)相乘，直接在距离频域进行匹配滤波并对 f 求 IFFT 变回“快时间”域 τ 得

$$
s'(\tau,t_m) = A\sqrt{D}\mathrm{sinc}\left[B\left(\frac{2(R_0+vt_m+at_m^2/2)}{c}\right)\right]\mathrm{rect}\left(\frac{t_m}{T}\right)\exp\left[-\mathrm{j}\frac{4\pi(R_0+vt_m+at_m^2/2)}{\lambda}\right] \tag{4.7}
$$

由式(4.7)可知：①脉冲压缩使信号功率提高 D 倍；②距离包络的峰值位置随着 $R(t_m)$ 的不同而不同，即发生了越距离单元徒动问题。且在积累时间 T 内，距离变化量 R_M 为

$$
R_M = \max(R(t_m)) - \min(R(t_m)) \tag{4.8}
$$

式(4.7)中回波信号的相位 $\Phi(t_m)$ 为

$$
\Phi(t_m) = -\frac{4\pi(R_0+vt_m+at_m^2/2)}{\lambda} \tag{4.9}
$$

对式(4.9)中的“慢时间”t_m 求微分，得到目标运动引起的瞬时多普勒频率 f_d 为

$$
f_d(t_m) = \frac{1}{2\pi}\cdot\frac{\mathrm{d}\Phi(t_m)}{\mathrm{d}t_m} = -\frac{2}{\lambda}\cdot(v+at_m) \tag{4.10}
$$

由式(4.10)可知，目标加速运动引起的多普勒频率是时变的，且在积累时间 T 内，多普勒变化量 f_{dM} 可表示为

$$
f_{dM} = \max(f_d(t_m)) - \min(f_d(t_m)) \tag{4.11}
$$

为了说明雷达的距离徙动和多普勒徙动问题，给出距离分辨单元和多普勒

分辨单元的定义如下：

$$\rho_{\mathrm{r}}=\frac{c}{2B} \tag{4.12}$$

$$\rho_{f_{\mathrm{d}}}=\frac{1}{T}=\frac{1}{MT_{\mathrm{r}}}=\frac{f_{\mathrm{r}}}{M} \tag{4.13}$$

在积累时间 T 内,若距离变化量 R_{M} 大于 ρ_{r},则会发生距离徙动问题;若多普勒变化量 f_{dM} 大于 $\rho_{f_{\mathrm{d}}}$,则会发生多普勒徙动问题。

4.1.2　目标回波信号二维频域特性分析

下面在二维频域(距离频域 - 方位频域)上分析高速高机动目标的回波信号特性。将式(4.5)展开得

$$S(f,t_m)=\frac{A}{\sqrt{\gamma}}\mathrm{rect}\left(\frac{f}{B}\right)\exp\left(-\mathrm{j}\pi\frac{f^2}{\gamma}\right)\cdot\mathrm{rect}\left(\frac{t_m}{T}\right)\exp\left[-\mathrm{j}\frac{4\pi(f+f_{\mathrm{c}})R_0}{c}\right]\cdot$$
$$\exp\left[-\mathrm{j}\frac{4\pi(f+f_{\mathrm{c}})vt_m}{c}-\mathrm{j}\frac{2\pi(f+f_{\mathrm{c}})at_m^2}{c}\right] \tag{4.14}$$

根据定义的广义二阶 Keystone 变换,令 $t_m=\sqrt{\frac{f_{\mathrm{c}}}{f+f_{\mathrm{c}}}}\tau_m$,将其代入式(4.14)得

$$S(f,\tau_m)=\frac{A}{\sqrt{\gamma}}\mathrm{rect}\left(\frac{f}{B}\right)\exp\left(-\mathrm{j}\pi\frac{f^2}{\gamma}\right)\cdot\exp\left[-\mathrm{j}\frac{4\pi(f+f_{\mathrm{c}})R_0}{c}\right]\cdot$$
$$\mathrm{rect}\left(\frac{\tau_m}{T\sqrt{(f+f_{\mathrm{c}})/f_{\mathrm{c}}}}\right)\exp\left[-\mathrm{j}2\pi\frac{2v\sqrt{f_{\mathrm{c}}(f+f_{\mathrm{c}})}}{c}\tau_m-\mathrm{j}\pi\frac{2a}{\lambda}\tau_m^2\right] \tag{4.15}$$

令 $\gamma_{\mathrm{a}}=\frac{2a}{\lambda}$,$f_{\mathrm{bias}}=\frac{\sqrt{f_{\mathrm{c}}(f+f_{\mathrm{c}})}}{c}$,且波长 $\lambda=\frac{c}{f_{\mathrm{c}}}$,则式(4.15)简化为

$$S(f,\tau_m)=\frac{A}{\sqrt{\gamma}}\mathrm{rect}\left(\frac{f}{B}\right)\exp\left(-\mathrm{j}\pi\frac{f^2}{\gamma}\right)\cdot\exp\left[-\mathrm{j}\frac{4\pi(f+f_{\mathrm{c}})R_0}{c}\right]\cdot$$
$$\mathrm{rect}\left(\frac{\tau_m}{T\sqrt{(f+f_{\mathrm{c}})/f_{\mathrm{c}}}}\right)\exp\left[-\mathrm{j}2\pi f_{\mathrm{bias}}\tau_m-\mathrm{j}\pi\gamma_{\mathrm{a}}\tau_m^2\right] \tag{4.16}$$

根据 LFM 信号的傅里叶变换关系和傅里叶变换的频移性质得出

$$S(f,f_{\mathrm{a}})\approx A_{\mathrm{total}}\mathrm{rect}\left(\frac{f}{B}\right)\exp\left(-\mathrm{j}\pi\frac{f^2}{\gamma}\right)\exp\left(-\mathrm{j}\frac{4\pi f}{c}R_0\right]\cdot$$

$$\operatorname{rect}\left(\frac{f_a}{T\sqrt{(f+f_c)/f_c\cdot\gamma_a}}\right)\exp\left[\mathrm{j}\pi\frac{(f_a+f_{\text{bias}})^2}{\gamma_a}\right] \tag{4.17}$$

式中：$A_{\text{total}}=\frac{A}{\sqrt{\gamma\cdot\gamma_a}}\exp\left(-\mathrm{j}\frac{4\pi R_0}{\lambda}\right]$；$f-f_a$ 为“距离频域－方位频域”。

由式(4.17)可知，高速高机动目标接收回波信号在距离频域和方位频域均为 LFM 信号对应的频谱，且由 $f_a=-2v\sqrt{f_c(f+f_c)}/c$ 知，方位频域中频谱中心的位置随着距离频率值 f 的不同而不同，即距离频域和方位频域存在耦合，所以必须利用有效的算法进行解耦。在进行高速高机动目标检测时，目标回波 SNR 非常低且目标的速度和加速度未知，故不能像 SAR 中一样进行两维匹配滤波。为了获得足够高的 SNR 增益，在校正一次相位引起的距离单元徒动后，必须对回波中二次相位进行补偿以实现相参积累，这是对高速高机动目标检测最有效的方法。

下面，将单个运动目标扩展至 Q 个，且距离分别为 $R_i(t_m)$，$i=1,2,\cdots,Q$，则式(4.5)变为

$$S(f,t_m)=\frac{1}{\sqrt{\gamma}}\operatorname{rect}\left(\frac{f}{B}\right)\exp\left(-\mathrm{j}\pi\frac{f^2}{\gamma}\right)\cdot\sum_{i=1}^{Q}\operatorname{rect}\left(\frac{t_m}{T}\right)A_i\exp\left[-\mathrm{j}\frac{4\pi(f+f_c)R_i(t_m)}{c}\right] \tag{4.18}$$

同理可以推导出多目标回波信号的二维频谱为

$$S(f,f_a)\approx\sum_{i=1}^{Q}A_{\text{total}i}\operatorname{rect}\left(\frac{f}{B}\right)\exp\left(-\mathrm{j}\pi\frac{f^2}{\gamma}\right)\cdot\exp\left(-\mathrm{j}\frac{4\pi f}{c}R_{0i}\right)\cdot$$
$$\operatorname{rect}\left(\frac{f_a}{T\sqrt{(f+f_c)/f_c}\cdot\gamma_{ai}}\right)\exp\left[\mathrm{j}\pi\frac{(f_a+f_{\text{bias}i})^2}{\gamma_{ai}}\right] \tag{4.19}$$

式中：$A_{\text{total}i}=\frac{A_i}{\sqrt{\gamma\cdot\gamma_{ai}}}\exp\left(-\mathrm{j}\frac{4\pi R_{0i}}{\lambda}\right)$。

4.1.3 基于修正 Keystone 变换的距离徙动补偿算法

首先根据 Keystone 变换，令 $t_m=\frac{f_c}{f+f_c}\tau_m$，代入式(4.18)得到目标回波的距离频域－方位时域表达式为

$$S(f,\tau_m)\approx\frac{A}{\sqrt{\gamma}}\operatorname{rect}\left(\frac{f}{B}\right)\exp\left(-\mathrm{j}\pi\frac{f^2}{\gamma}\right)\cdot\exp\left[-\mathrm{j}\frac{4\pi(f+f_c)R_0}{c}\right]\cdot$$
$$\operatorname{rect}\left(\frac{\tau_m}{T}\right)\exp\left[-\mathrm{j}\frac{4\pi f_c v\tau_m}{c}-\mathrm{j}\frac{2\pi f_c^2 a\tau_m^2}{c(f+f_c)}\right] \tag{4.20}$$

在式(4.20)中对距离维进行脉冲压缩，其匹配函数 $H_1(f)$ 为

$$H_1(f)=\exp\left(\mathrm{j}\pi\frac{f^2}{\gamma}\right) \tag{4.21}$$

式(4.20)与式(4.21)相乘后得

$$\begin{aligned}
S'(f,\tau_m)\approx&\frac{A}{\sqrt{\gamma}}\exp\left(-\mathrm{j}\frac{4\pi f_c}{c}R_0\right)\mathrm{rect}\left(\frac{f}{B}\right)\cdot\\
&\exp\left(-\mathrm{j}\frac{4\pi f}{c}R_0\right)\mathrm{rect}\left(\frac{\tau_m}{T}\right)\exp\left[-\mathrm{j}\frac{4\pi f_c v\tau_m}{c}-\mathrm{j}\frac{2\pi f_c^2 a\tau_m^2}{c(f+f_c)}\right]\\
\approx&\frac{A}{\sqrt{\gamma}}\exp\left(-\mathrm{j}\frac{4\pi f_c}{c}R_0\right)\mathrm{rect}\left(\frac{f}{B}\right)\cdot\\
&\exp\left(-\mathrm{j}\frac{4\pi f}{c}R_0\right)\mathrm{rect}\left(\frac{\tau_m}{T}\right)\exp\left(-\mathrm{j}\frac{4\pi f_c v\tau_m}{c}-\mathrm{j}\frac{2\pi f_c a\tau_m^2}{c}\right)
\end{aligned} \tag{4.22}$$

对式(4.22)中的距离频域 f 求 IFFT，得到距离时域 - 方位时域表达式 $s'(\tau,\tau_{\mathrm{m}})$ 为

$$\begin{aligned}
s'(\tau,\tau_m)\approx&\frac{AB}{\sqrt{\gamma}}\exp\left(-\mathrm{j}\frac{4\pi f_c}{c}R_0\right)\mathrm{sinc}\left(B\left(\tau-\frac{2R_0}{c}\right)\right]\cdot\\
&\mathrm{rect}\left(\frac{\tau_m}{T}\right)\exp\left(-\mathrm{j}\frac{4\pi f_c v\tau_m}{c}-\mathrm{j}\frac{2\pi f_c a\tau_m^2}{c}\right)\\
\approx&A\sqrt{D}\exp\left(-\mathrm{j}\frac{4\pi R_0}{\lambda}\right)\mathrm{sinc}\left[B\left(\tau-\frac{2R_0}{c}\right)\right]\cdot\\
&\mathrm{rect}\left(\frac{\tau_m}{T}\right)\exp\left(-\mathrm{j}\frac{4\pi v}{\lambda}\tau_m-\mathrm{j}\frac{2\pi a}{\lambda}\tau_m^2\right)
\end{aligned} \tag{4.23}$$

分析式(4.23)可知，经过 Keystone 变换后，不同脉冲回波的时延均校正至 $2R_0/c$，距离徙动问题已解决，且信号功率提高 D 倍。在式(4.23)中，令增益因子 G 为

$$G=A\sqrt{D}\exp\left(-\mathrm{j}\frac{4\pi R_0}{\lambda}\right)\mathrm{sinc}\left[B\left(\tau-\frac{2R_0}{c}\right)\right] \tag{4.24}$$

由于 G 只与“快时间”τ 有关，而与“慢时间”τ_{m} 无关，所以在方位维可看作是常量，令多普勒频率 $f_{\mathrm{d}}=-2v/\lambda$，线性调频率 $\gamma_{\mathrm{a}}=-2a/\lambda$，则式(4.23)可简化为

$$s(\tau_m)=G\mathrm{rect}\left(\frac{\tau_m}{T}\right)\exp(\mathrm{j}2\pi f_{\mathrm{d}}\tau_m)\exp(\mathrm{j}\pi\gamma_{\mathrm{a}}\tau_m^2) \tag{4.25}$$

当“慢时间”域欠采样时，需要利用指数项 $\exp(\mathrm{j}2\pi Ff_{\mathrm{r}}\tau_{\mathrm{m}})$ 对 Keystone 变换

进行修正,且多普勒频率折叠因子 F 可由下式求得

$$F=\frac{\max(f_d(t_m))-\mathrm{mod}(\max(f_d(t_m)),f_r)}{f_r} \tag{4.26}$$

4.1.4 基于 FRFT 的目标检测与参数估计算法

由式(4.25)可知,高速高机动目标回波信号在"慢时间"域是起始多普勒频率为f_d、线性调频率为 γ_a 的 LFM 信号。

FRFT 在 LFM 信号检测和参数估计方面有其独特的优势,它在某个旋转角度 a 上可对 LFM 信号进行能量集聚,提高 SNR。我们可以利用这一特性对高速高机动目标进行检测和参数估计。

Namias 首先从数学的角度给出了 FRFT 的定义,Almeida 分析了它和 WVD 的关系并将其解释为时频平面的旋转算子,作为傅里叶变换的一种广义形式,信号的 FRFT 可以看成信号在时间轴上逆时针旋转角度 α 到 u 轴上的表示,FRFT 定义为

$$X_p(u)=\{F^p[x(t)]\}(u)=\int_{-\infty}^{\infty}K_p(t,u)x(t)\mathrm{d}t \tag{4.27}$$

式中:变换核为

$$K_p(t,u)=\begin{cases}\sqrt{1-\mathrm{j}\cot\alpha}\exp[\mathrm{j}\pi(t^2+u^2)\cot\alpha-\mathrm{j}2\pi ut\csc\alpha] & 若\ \alpha\neq n\pi\\ \delta(t-u) & 若\ \alpha=2n\pi\\ \delta(t+u) & 若\ \alpha=(2n+1)\pi\end{cases} \tag{4.28}$$

且有

$$\sqrt{1-\mathrm{j}\cot\alpha}=\frac{\exp[-\mathrm{j}\pi\mathrm{sign}(\sin\alpha)/4+\mathrm{j}\alpha/2]}{\sqrt{|\sin\alpha|}} \tag{4.29}$$

式中:$\alpha=p\dfrac{\pi}{2}$,p 为分数阶次;sign 表示 x 的正、负性,$x\geqslant0$ 返回 ±1,$x<0$ 返回 -1。在讨论 FRFT 时,由于旋转角度 α 以 2π 为模,故只需考虑位于 $0\leqslant|p|\leqslant2$ 的旋转角度,即 $0\leqslant|\alpha|\leqslant\pi$。

把式(4.25)代入式(4.27)得

$$\begin{aligned}X_p(u)&=G\sqrt{1-\mathrm{j}\cot\alpha}\exp(\mathrm{j}\pi u^2\cot\alpha)\cdot\\&\quad\int_{-T/2}^{T/2}\exp(\mathrm{j}\pi\tau_m^2\cot\alpha-\mathrm{j}2\pi u\tau_m\csc\alpha)\exp(\mathrm{j}2\pi f_d\tau_m+\mathrm{j}\pi\gamma_a\tau_m^2)\mathrm{d}\tau_m\\&=G\sqrt{1-\mathrm{j}\cot\alpha}\exp(\mathrm{j}\pi u^2\cot\alpha)\cdot\int_{-T/2}^{T/2}\exp[\mathrm{j}2\pi(f_d-u\csc\alpha)\tau_m+\end{aligned}$$

$$\mathrm{j}\pi(\gamma_{\mathrm{a}}+\cot\alpha)\tau_m^2]\mathrm{d}\tau_m \tag{4.30}$$

当 $f_{\mathrm{d}}=u\csc\alpha,\gamma_{\mathrm{a}}=-\cot\alpha$ 时，$|X_p(u)|$ 取最大值，且峰值幅度为

$$\begin{aligned}|X_p(u)| &= \left|TG\sqrt{1-\mathrm{j}\cot\alpha}\exp(\mathrm{j}\pi u^2\cot\alpha)\right| \\ &= \left|TG\frac{\exp[-\mathrm{j}\pi\mathrm{sgn}(\sin\alpha)/4+\mathrm{j}\alpha/2]}{\sqrt{|\sin\alpha|}}\exp(\mathrm{j}\pi u^2\cot\alpha)\right| \\ &= |G|\frac{T}{\sqrt{|\sin\alpha|}}\end{aligned} \tag{4.31}$$

由式(4.31)可知，$|X_p(u)|$ 的峰值幅度与增益因子 $|G|$、相参积累时间 T 和旋转角度 α 相关。对于高速高机动目标回波的 FRFT，若雷达发射的 LFM 脉冲参数不变，即 $|G|$ 不变，要想增大 $|X_p(u)|$ 的峰值幅度，只有增大相参积累时间 T。

对完成距离徙动补偿后的回波数据 $s'(\tau,\tau_m)$，分别计算每一个距离单元回波数据的 $p\in[-2,2]$ 内所有阶次的 FRFT，形成信号能量在由分数阶次 p 和分数阶域 u 组成的二维参数平面 (p,u) 上的二维分布，在此平面上进行峰值点的二维搜索，即可实现高速高机动目标的检测，同时估计出峰值所对应的分数阶次 $\hat{p}_0$ 和分数阶坐标 $\hat{u}_0$。

在计算高速高机动目标回波的 FRFT 时，我们采用离散 FRFT 法，首先利用现有文献中的离散尺度化法对量纲进行归一化。高速高机动目标回波的"慢时间"域限定在区间 $[-T/2,T/2]$，其中 T 为相参积累时间，而其频域表示限定在区间 $[-f_{\mathrm{r}}/2,f_{\mathrm{r}}/2]$。由于时域和频域具有不同的量纲，为了 FRFT 计算方便，将时域和频域分别转换成量纲为一的域。引入一个具有时间量纲的尺度因子 S，信号在新坐标系中被限定在区间 $[-T/(2S),T/(2S)]$ 和 $[-f_{\mathrm{r}}S/2,f_{\mathrm{r}}S/2]$ 内。为使两个区间的长度相等，即 $T/S=f_{\mathrm{r}}S$，得 $S=\sqrt{T/f_{\mathrm{r}}}$。又由于 $T=MT_{\mathrm{r}}$，故 $S=\sqrt{M/f_{\mathrm{r}}^2}$，新的区间长度 $L_{\mathrm{N}}=\sqrt{Tf_{\mathrm{r}}}=\sqrt{M}$。

新的区间长度 L_{N} 对应离散尺度化前的相参积累时间 T，把其代入式(4.31)可得高速高机动目标回波的离散 FRFT 为

$$|X_p(u)|=|G|\sqrt{\frac{M}{|\sin\alpha|}}=|G|\sqrt{\frac{M}{\left|\sin p\dfrac{\pi}{2}\right|}} \tag{4.32}$$

当 $|X_p(u)|$ 取最大值时，归一化的起始多普勒频率 $\hat{f}_{\mathrm{d0}}$、调频率 $\hat{\gamma}_{\mathrm{a0}}$ 和所对应的分数阶次 $\hat{p}_0$ 和分数阶坐标 $\hat{u}_0$ 之间的关系式为

$$\begin{cases}\hat{f}_{\mathrm{d0}}=\hat{u}_0\csc\left(\hat{p}_0\dfrac{\pi}{2}\right)\\ \hat{\gamma}_{\mathrm{a0}}=-\cot\left(\hat{p}_0\dfrac{\pi}{2}\right)\end{cases} \tag{4.33}$$

根据式(4.33)即可估计出高速高机动目标回波“慢时间”域归一化的起始多普勒频率$\hat{f}_{d0}$和调频率$\hat{\gamma}_{a0}$。

得到归一化的多普勒频率$\hat{f}_{d0}$和调频率$\hat{\gamma}_{a0}$后,根据归一化前后参数之间的关系可计算真实的多普勒频率$\hat{f}_d$和调频率$\hat{\gamma}_a$。根据离散尺度化法有

$$\begin{cases}\hat{f}_d = \dfrac{\hat{f}_{d0}}{S} \\ \hat{\gamma}_a = \dfrac{\hat{\gamma}_{a0}}{S^2}\end{cases} \tag{4.34}$$

需要说明的是,在参数估计时,方位向欠采样时估计出的多普勒频率为混叠的多普勒频率,记为$\hat{f}_{da}$。真实多普勒频率$\hat{f}_d$和$\hat{f}_{da}$的关系如下

$$\hat{f}_d = \hat{f}_{da} + Ff_r \tag{4.35}$$

因此速度和加速度的估计值分别为

$$\begin{cases}\hat{v} = -\dfrac{\lambda}{2}\hat{f}_d \\ \hat{a} = -\dfrac{\lambda}{2}\hat{\gamma}_a\end{cases} \tag{4.36}$$

基于以上理论推导,图4.2给出了基于修正Keystone变换和FRFT的长时间相参积累算法流程图,具体步骤如下:

步骤1:对回波原始数据在“快时间”进行FFT,得到回波距离频域-方位时域数据$S(f,t_m)$。

步骤2:对回波距离频域-方位时域数据$S(f,t_m)$进行修正Keystone变换,变换后数据为$S(f,\tau_m)$,校正由一次相位引起的越距离单元徒动问题。

步骤3:把数据$S(f,\tau_m)$乘以脉冲压缩匹配函数$H_1(f,\tau_m)$,得到匹配后距离频域-方位时域数据$S'(f,\tau_m)$。

步骤4:在“快时间”域进行IFFT,得到距离时域-方位时域数据$s'(\tau,\tau_m)$。

步骤5:采用较大的采样间隔对分数阶次$p\in[-2,2]$进行离散化,计算$s'(\tau,\tau_m)$中每一个距离单元接收回波数据的FRFT。通过粗搜索确定FRFT峰值对应的分数阶次p的范围$[p_{\min},p_{\max}]$。

步骤6:在区间$[p_{\min},p_{\max}]$内,采用较小的采样间隔进行离散化,计算$s'(\tau,\tau_m)$中每一个距离单元接收回波数据的FRFT。通过精搜索估计FRFT峰值对应的分数阶次$\hat{p}_0$和分数阶坐标$\hat{u}_0$。

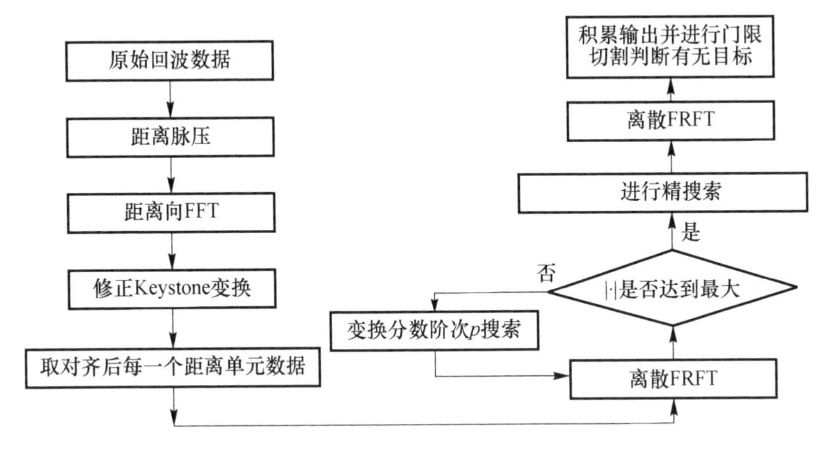

图 4.2　基于修正 Keystone 变换和 FRFT 的长时间相参积累算法流程图

4.2　检测前跟踪技术

4.2.1　检测前跟踪原理

检测前跟踪(TBD)是近年来提出的一种针对低信噪比和低信杂比目标的检测跟踪新技术。与传统的先检测后跟踪(DBT)的不同之处在于,TBD 技术在单帧内并不进行门限检测处理,而是将雷达回波信息(包括信号强度、目标位置等)数字化处理并存储起来,在多帧数据联合处理后,宣布检测结果并同时估计出目标航迹[1,2]。图 4.3 是 TBD 技术的处理流程框图。

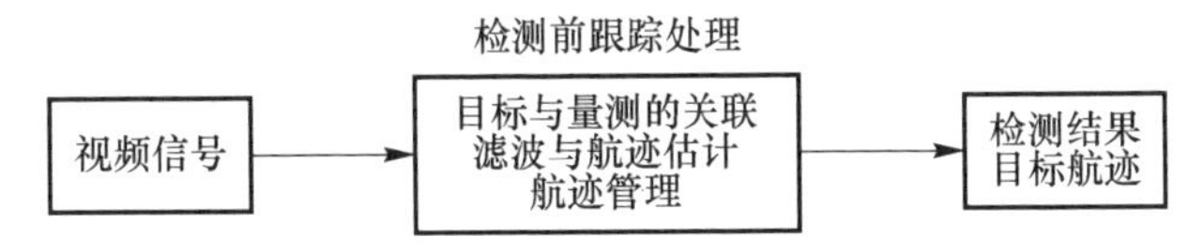

图 4.3　检测前跟踪处理流程图

TBD 通过多帧回波数据的联合处理,利用目标与背景(噪声或杂波)的帧间位置相关性的差异,实现目标回波能量有效积累和背景抑制。目标和背景回波的帧间空间位置关联的差异性:目标量测在时间维符合物体的物理运动特性,但是杂波点的帧间位置则具有明显的随机性。多帧处理的本质是增加“时间维”,在更高维空间中,目标回波与噪声、杂波的差异性比在低维空间中更加显著,因此通过多帧处理可以对目标信号实现积累,凸显目标信息的同时抑制杂波干扰如图 4.4 所示。

检测前跟踪算法利用非门限观测数据对目标进行检测和跟踪,当目标的信噪比低到难以利用单帧数据进行有效检测时,在检测之前先采用一些跟踪算法

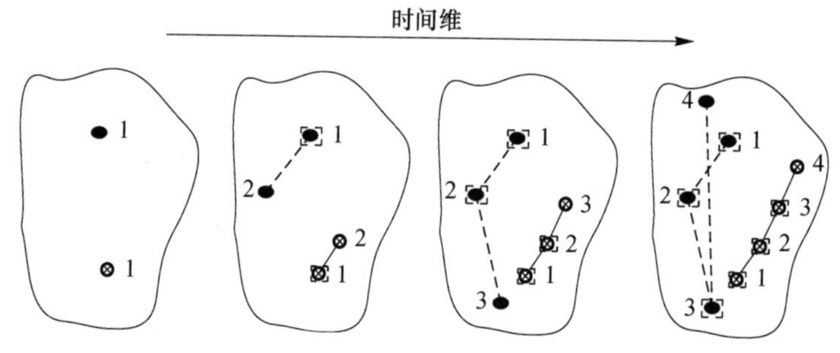

图 4.4　目标和背景杂波的帧间关联差异示意图

估计目标的状态,再根据目标的状态进行检测判决,以实现弱小目标能量的累积,提高检测性能。

4.2.2　检测前跟踪典型方法

典型的检测前跟踪算法包括:动态规划(Dynamic programming)、霍夫变换(Hough transform)和粒子滤波(Particle filter)[2]等。

动态规划算法值函数 I 能够反映目标和杂波在幅度与运动特性上的差异,具有预期目标特征的状态可以获得较高的值函数 I,相反具有杂波特征的状态获得较低的值函数 I。所以通过动态规划方法对值函数 I 进行积累,可以有效地提高微弱目标的信噪比,实现目标检测性能的改善。

动态规划算法对目标的多帧积累性能较好,计算量不是太大,能处理具有一定机动能力的情况。但是动态规划算法对状态空间量化,引入量化误差造成跟踪精度不高;而且动态规划算法对强机动性目标的积累效果较差,在多目标检测与跟踪时其算法参数无法达到最优。

粒子滤波算法是一种序列蒙特卡罗的方法,它的主要思想是通过在状态空间随机分布的样本以及它们对应的权系数来表示计算状态的后验概率密度函数,从而估计真实的状态[3]。

粒子滤波算法能够很好解决非高斯、非线性的问题,所以它对实际环境下高机动性目标有较好的检测跟踪性能,而且粒子滤波算法没有对状态空间量化,不存在量化误差,跟踪精度较高[4]。但是粒子滤波算法计算量较大,在多目标检测与跟踪时要求事先已知目标个数,这些问题在工程实现时都需要予以考虑。

霍夫变换算法是把解析曲线从数据空间映射到以参数为坐标的参数空间中,根据参数空间的一些标识反过来确定曲线的参数值,进而得出数据空间中各种解析曲线的确定性描述。

霍夫变换算法能够很好解决直线运动目标的问题，适用于单目标和多目标情况下的航迹起始。但是由于算法针对直线运动的限制，霍夫变换算法对具有一定机动能力的目标检测跟踪效果较差。

4.2.2.1　动态规划

动态规划算法是穷尽搜索法的一种等效实现算法，但是它的计算效率远高于穷尽搜索。它的主要思想是将 K 维优化问题转化为 K 个一维优化问题，对优化问题的分级处理大大降低了它的计算量。

当动态规划应用到雷达系统中的 TBD 问题时，它把目标轨迹看成由一系列状态组成的 K 维状态序列（$\boldsymbol{X}_1,\boldsymbol{X}_2,\cdots,\boldsymbol{X}_K$），状态 X_k 描述了目标轨迹的在第 k 帧时的相关信息[5,6]。对目标航迹的检测与跟踪就是通过对所有可能的航迹（$\boldsymbol{X}_1,\boldsymbol{X}_2,\cdots,\boldsymbol{X}_K$）进行搜索，找到一组使值函数 I 到达最大的状态序列（$\boldsymbol{X}_1,\boldsymbol{X}_2,\cdots,\boldsymbol{X}_K$）。值函数的构造可以是基于幅值积累的，也可以是基于似然比的，它能够反映目标和杂波在幅度与运动特性上的差异，具有预期目标特征的状态可以获得较高的值函数 I，相反具有杂波特征的状态获得较低的值函数 I。通过使用动态规划算法对值函数 I 进行积累，可以有效地提高微弱目标的信噪比，实现目标检测性能的改善[7,8]。

1）目标运动模型

考虑在 $X-Y$ 平面内运动的目标，为了方便描述，采用具有固定采样周期 T（帧与帧之间的时间间隔）的离散时间模型，在时间 k，目标状态为 $\boldsymbol{X}_k$：

$$\boldsymbol{X}_k=[x_k \quad \dot{x}_k \quad y_k \quad \dot{y}_k]^{\mathrm{T}} \tag{4.37}$$

式中：x_k，y_k 分别为目标在 X 方向和 Y 方向的距离状态；$\dot{x}_k$，$\dot{y}_k$ 分别为目标在 X 方向和 Y 方向的速度状态。

目标状态转移方程为

$$X_k=\boldsymbol{F}\boldsymbol{X}_{k-1}+V_k \tag{4.38}$$

式中：V_k 为过程噪声；$\boldsymbol{F}$ 为状态转移矩阵。

$$\boldsymbol{F}=\begin{bmatrix}1 & T & 0 & 0\\ 0 & m & 0 & 0\\ 0 & 0 & 1 & T\\ 0 & 0 & 0 & n\end{bmatrix} \tag{4.39}$$

式中：m，n 取值不同代表不同的运动状态，过程噪声的各个分量为零均值高斯随机变量，各分量之间的协方差矩阵 $\boldsymbol{Q}$ 为

$$
\boldsymbol{Q}=\begin{bmatrix} q_s T^3/3 & q_s T^2/2 & 0 & 0 \\ q_s T^2/2 & q_s T & 0 & 0 \\ 0 & 0 & q_s T^3/3 & q_s T^2/2 \\ 0 & 0 & q_s T^2/2 & q_s T \end{bmatrix} \tag{4.40}
$$

式中:q_s 为加速度噪声的功率谱密度。

2) 目标测量模型

假定在 $X-Y$ 平面内有 $N\times N$ 个分辨单元,每个分辨单元的大小为 $\Delta\times\Delta$,所要处理的帧数为 K,则每一帧的数据用矩阵表示为

$$
Z_k=\{z_k(i,j)\} \qquad 1\leqslant i,j\leqslant N \tag{4.41}
$$

每个分辨单元中的数据由下式给出:

$$
z_k(i,j)=\begin{cases} w_k(i,j) & k\text{ 时刻单元}(i,j)\text{无目标} \\ A_k+w_k(i,j) & k\text{ 时刻单元}(i,j)\text{有目标} \end{cases} \tag{4.42}
$$

式中:A_k为幅度恒定,相位在 $0-2\pi$ 内服从均匀分布的复随机变量;$w_k(i,j)$ 为独立同分布的零均值复高斯白噪声。

3) 算法描述

为了应用动态规划算法,须将状态空间离散化,假定离散以后的目标状态为 $\overline{\boldsymbol{X}}_k=[\bar{x}_k \quad \bar{\dot{x}}_k \quad \bar{y}_k \quad \bar{\dot{y}}_k]^{\mathrm{T}}$,当可能转移状态数 $q=4,9,16$ 时,$\overline{\boldsymbol{X}}_{k+1}$的可能状态为

$$
q=4 \qquad \overline{\boldsymbol{X}}_{k+1}\in\{[\bar{x}_k+\bar{\dot{x}}_k-\delta_i,\bar{y}_k+\bar{\dot{y}}_k-\delta_j];\delta_i,\delta_j=-1,0\}
$$

$$
q=9 \qquad \overline{\boldsymbol{X}}_{k+1}\in\{[\bar{x}_k+\bar{\dot{x}}_k-\delta_i,\bar{y}_k+\bar{\dot{y}}_k-\delta_j];\delta_i,\delta_j=-1,0,1\}
$$

$$
q=16 \qquad \overline{\boldsymbol{X}}_{k+1}\in\{[\bar{x}_k+\bar{\dot{x}}_k-\delta_i,\bar{y}_k+\bar{\dot{y}}_k-\delta_j];\delta_i,\delta_j=-2,-1,0,1\}
$$

可以看出,目标的转移方向由目标速度决定。

动态规划算法流程如下。

(1) 初始化:对所有状态 $\overline{\boldsymbol{X}}_1=[\bar{x}_1 \quad \bar{\dot{x}}_1 \quad \bar{y}_1 \quad \bar{\dot{y}}_1]^{\mathrm{T}}$,

$$
I(\overline{\boldsymbol{X}}_1)=|z_k(i,j)| \tag{4.43}
$$

$$
\boldsymbol{\varPsi}_1(\overline{\boldsymbol{X}}_1)=0 \tag{4.44}
$$

式中:I 为值函数;$\boldsymbol{\varPsi}$ 为存储各帧之间的状态转移关系。

(2) 递推:$2\leqslant k\leqslant K$,对所有 $\overline{\boldsymbol{X}}_k=[\bar{x}_k \quad \bar{\dot{x}}_k \quad \bar{y}_k \quad \bar{\dot{y}}_k]^{\mathrm{T}}$,

$$
I(\overline{\boldsymbol{X}}_k)=\max_{\overline{X}_{k-1}}[I(\overline{\boldsymbol{X}}_{k-1})]+|z_k(i,j)| \tag{4.45}
$$

$$\boldsymbol{\Psi}_k(\overline{\boldsymbol{X}}_k) = \arg \max_{\overline{X}_{k-1}} [I(\overline{\boldsymbol{X}}_{k-1})] \tag{4.46}$$

(3) 结束:对门限 V_{T},找出:

$$\{\hat{\boldsymbol{X}}_K\} = \{\overline{\boldsymbol{X}}_K : I(\overline{\boldsymbol{X}}_K) > V_{\mathrm{T}}\} \tag{4.47}$$

(4)航迹回溯:对所有 $\hat{\boldsymbol{X}}_K$,当 $k = K-1,\cdots,1$ 时

$$\hat{\boldsymbol{X}}_k = \boldsymbol{\Psi}_{k+1}(\hat{\boldsymbol{X}}_{k+1}) \tag{4.48}$$

得到的航迹为$(\hat{\boldsymbol{X}}_1,\hat{\boldsymbol{X}}_2,\cdots,\hat{\boldsymbol{X}}_K)$。若有 n 个 $\hat{\boldsymbol{X}}_K$,则有 n 条航迹。

4.2.2.2 霍夫变换

霍夫变换表示的是一种从图像空间到参数空间的映射关系,其基本思想是把解析曲线从数据空间映射到以参数为坐标的参数空间中,根据参数空间的一些标识反过来确定曲线的参数值,进而得出数据空间中各种解析曲线的确定性描述[2,9]。这样,霍夫变换就把数据空间中较为困难的全局检测问题转化为参数空间中相对容易解决的局部峰值检测问题。

在实际应用中,直线方程的斜率—截距不能表示形如 $x = a$ 这种直线,因为这时直线的斜率为无穷大。为了解决垂直直线的斜率为无穷大这一问题,Duda 和 Hart 将极坐标引入霍夫变换,采用变换函数 $\rho = x\cos\theta + y\sin\theta$ 称为标准霍夫变换(SHT)。

图像空间中任意一点将对应参数空间中的一条正弦曲线。图像空间中位于同一条直线上的点确定了参数空间的多条正弦曲线,且这些正弦曲线交于同一点,此交点的坐标确定了原图像空间中直线的参数。对图像空间中所有点都进行霍夫变换后,再对参数空间进行峰值提取,就得到了直线的参数。

图4.5 演示了标准霍夫变换的基本原理与过程。

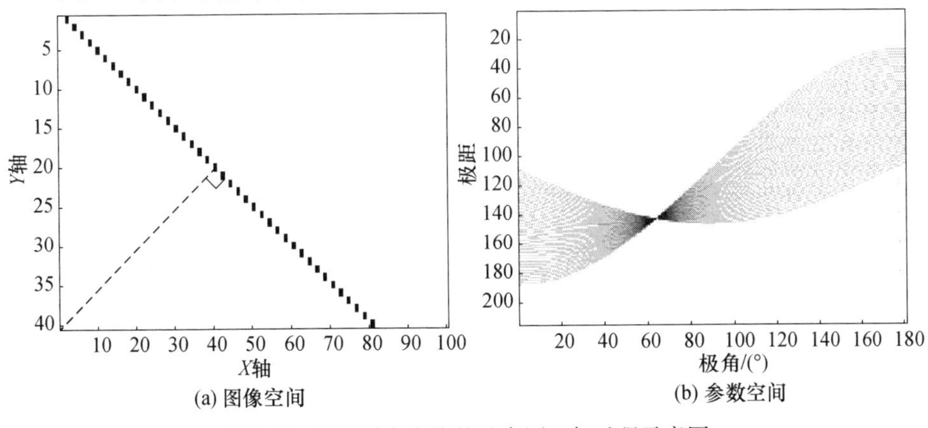

图4.5 标准霍夫变换的基本原理与过程示意图

标准霍夫变换适用于杂波环境下的航迹起始,但是通常需要多次扫描才能得到较好的起始结果,且伴随有大量的虚假航迹,因而不利于航迹的快速起始;随机霍夫变换适用于低杂波环境下的航迹起始,具有起始速度快,存储空间小等特点;修正霍夫变换充分考虑了目标的运动学信息,仅用较少拍数(3～5 拍)的量测就可以完成起始,在检测概率较高的环境下具有良好的起始性能。

1)目标运动模型

考虑在 $X-Y$ 平面内运动的 P 个目标,采用具有固定时间周期 T(第 k 帧与 $k+1$ 帧之间的时间间隔)的离散时间模型,在时间 kT(第 k 帧),目标状态为 $\boldsymbol{X}_k$:

$$\boldsymbol{X}_k = [x_k \quad \dot{x}_k \quad y_k \quad \dot{y}_k]^{\mathrm{T}}$$

式中:x_k,y_k分别为目标在 X 方向和 Y 方向的距离状态;$\dot{x}_k$,$\dot{y}_k$分别为目标在 X 方向和 Y 方向的速度状态。霍夫变换中只需要提取目标的坐标信息进行处理。不同目标的速度信息直接反应在不同帧间坐标的位置改变上。

目标状态转移方程为

$$\boldsymbol{X}_k = \boldsymbol{F}\boldsymbol{X}_{k-1} \tag{4.49}$$

式中:$\boldsymbol{F}$ 为状态转移矩阵。

$$\boldsymbol{F} = \begin{bmatrix} 1 & T & 0 & 0 \\ 0 & 1 & 0 & 0 \\ 0 & 0 & 1 & T \\ 0 & 0 & 0 & 1 \end{bmatrix} \tag{4.50}$$

2)目标测量模型

将雷达回波的 $X-Y$ 平面视为数据空间,其每个单元格相应数值为雷达回波的能量。针对霍夫变换算法研究过程中采用了两种模型进行仿真。第一种模型,经大量的研究和实验证明,雷达杂波经过一定的杂波抑制和白化等处理,总能使用高斯白噪声模型来拟合。所以,下面的随机霍夫变换和修正霍夫变换均是在回波模型为点目标加高斯白噪声模型这一假设前提下来分析的。

第一种模型:考虑一个 $M \times N$ 的雷达回波数据矩阵。M 是 X 轴上的单元个数,N 是 Y 轴上的单元个数。这个数据矩阵可以用下式来表示为

$$D(k) = \{z_{ij}(k)\} \tag{4.51}$$

式中:$1 \leqslant i \leqslant M$,$1 \leqslant j \leqslant N$。$d_{ij}(k)$是分辨单元$(i,j)$在第 k 帧的测量值,用下式表示为

$$d_{ij}(k) = \begin{cases} n_{ij}(k) & \text{没有目标} \\ S(k) + n_{ij}(k) & \text{有目标} \end{cases} \tag{4.52}$$

式中：$S(k)$ 为目标的幅度；$n_{ij}(k)$ 为服从高斯分布的噪声。

第二种模型：假定在 $X-Y$ 平面内有 $N\times N$ 个分辨单元，每个分辨单元的大小为 $\Delta\times\Delta$，所要处理的帧数为 K，则每一帧的数据用矩阵表示为

$$\mathbf{Z}_k=\{z_k(i,j)\}\qquad 1\leqslant i,j\leqslant N$$

式中：

$$z_k(i,j)=\begin{cases}w_k(i,j) & k\text{ 时刻单元}(i,j)\text{无目标}\\ A_k+w_k(i,j) & k\text{ 时刻单元}(i,j)\text{有目标}\end{cases}\tag{4.53}$$

式中：A_k 为幅度恒定、相位在 $0\sim2\pi$ 内服从均匀分布的复随机变量；$w_k(i,j)$ 为独立同分布的零均值复高斯白噪声。

3）算法描述

（1）改进的随机霍夫变换及算法流程。针对标准霍夫变换运算量大的缺点，Lei Xu 等人提出了随机霍夫变换。随机霍夫变换使用三个新的操作机制：在量测空间的随机抽样、参数空间的动态链接列表、连接量测空间和参数空间收敛映射。此外，通过目标的一些先验信息来限定最小点集的搜索范围，将会大大改善随机霍夫变换的性能。其流程如下。

输入：所有数据空间中数据点集 D（在此我们仅考虑 $r-t$ 域），其中

$$D_{ij}=(t_i,r_j)\qquad i=1,2,3\cdots,m,\ j=1,2,3,\cdots,n\tag{4.54}$$

式中：m,n 为数据空间的维数。

① 航迹参数集是 $P=[\mathrm{p},\mathrm{score}]$ 的动态链接列表，初始化航迹参数集 $P=\mathrm{NULL}$，采样次数 $k=1$，定义最大采样次数 $K_{\max}$。

② 从 D 中随机选取两个量测点 (t_j,r_i)，(t_{jj},r_{ii})，首先判断两个点是否属于同一帧；若两个点属于同一帧，则继续随机取点；否则，计算

$$V_{ij}=-(r_i-r_{ii})/(t_j-t_{jj})\tag{4.55}$$

若 $V_{\min}\leqslant V_{ij}\leqslant V_{\max}$ 转上述随机霍夫变换步骤③；否则，继续步骤②（其中 $V_{\min}$ 和 $V_{\max}$ 分别为目标的最小、最大速度）。

③ 计算两点所确定的直线参数 $p=(\theta_0,\rho_0)$

$$\theta_0=\arctan(-(t(j)-t(jj))/(r(i)-r(ii)))\tag{4.56}$$

$$\rho_0=t(j)\cos(\theta_0)+r(i)\sin(\theta_0)\tag{4.57}$$

④ 如果 $k=1$，则转步骤⑤；否则，在 P 中找一个 $p_c=(\theta_c,\rho_c)$，如果 $|\rho_c-\rho_0|\leqslant\Delta\rho$ 且 $|\theta_c-\theta_0|\leqslant\Delta\theta$（其中 $\Delta\theta$ 和 $\Delta\rho$ 是容许误差），则将 p_c 的 score 加 1；否则将 p_c 插入 P，令其 score 为 1。

⑤ $k=k+1$，若 $k<K_{\max}$ 转步骤②，否则，采样完成。

⑥ 将 P_c 中 score$\geqslant T$ 对应的 p_c 提取出来，保存在矩阵 Para 中。

输出:Para 就是检测出来的航迹参数。

(2) 修正霍夫变换及算法流程。设 $z_i(k), i=1,\cdots,I_k$,是 k 时刻的第 i 个量测点迹,假定雷达在第 k、$k+1$、$k+2$ 扫描时刻分别接收到三个量测 $z_i(k)$、$z_j(k+1)$、$z_m(k+2)$,将这三个量测转换为参数空间中的三条曲线 ρ_k、ρ_{k+1}、ρ_{k+2}。由此可得差分函数

$$\Delta\rho_k = \rho_{k+1} - \rho_k \tag{4.58}$$

由 $\Delta\rho_k$ 的过零交汇点可以得到两条信息。首先,它提供了交汇点 ρ_{k+1} 和 ρ_k 对应的 θ 坐标 θ_k^0;其次,过零处的斜率符号取决于 $z_j(k+1) - z_i(k)$ 的指向。根据这两条信息可以建立两个航迹起始判据。

判据一:过零点的 θ_k^0 和 θ_{k+1}^0 必须非常接近,即

$$|\theta_{k+1}^0 - \theta_k^0| \leqslant \sigma_0 \tag{4.59}$$

式中:$\Delta\theta \leqslant \sigma_0 \leqslant n\Delta\theta_0$ 为允许误差;n 为一较小的正整数。

判据二:θ_k^0 和 θ_{k+1}^0 处的过零率符号必须相同。

同时设目标最大速度 $v_{\max}$ 和最小速度 $v_{\min}$,那么两帧数据之间的量测速度应该满足条件 $v_{\max} \geqslant v \geqslant v_{\min}$。如果一条可能航迹满足以上的条件,则认为目标将可能从这条航迹入侵。

修正霍夫变换算法流程如下:

输入:所有数据空间中数据点集 D,其中

$$D_{ij} = (x_i, y_j) \qquad i=1,2,3,\cdots,m; j=1,2,3,\cdots,n \tag{4.127}$$

式中:m,n 为数据空间的维数。

① 设置最大速度 $v_{\max}$ 和最小速度 $v_{\min}$,以下对连续三拍量测进行处理。

② 解算出第 k 拍量测与第 k 十1 拍量测的参数 θ_{ij}, ρ_{ij},保存在候选航迹矩阵 $\boldsymbol{P}(k)$ 中。

③ 解算出第 $k+1$ 拍量测与第 $k+2$ 拍量测的参数 θ_{jm}, ρ_{jm},分别与 $\boldsymbol{P}(k)$ 中的参数进行比较,. 如果满足判据一:$|\theta_{ij} - \theta_{jm}| \leqslant \sigma$,和判据二:$\theta_{ij}$ 和 θ_{jm} 处的斜率符号必须相同,那么将这三拍量测同时保存到航迹矩阵 Para 中,这就是三拍量测的起始结果。

输出:Para 中保存的就是起始的航迹,航迹起始完毕。

(3) 改进的修正霍夫变换及算法流程

设 $z_i(k), i=1,\cdots,I_k$ 是 k 时刻过第一门限的第 i 个量测点迹,假定雷达在第 k、$k+1$、$k+2$ 扫描时刻分别接收到三个量测 $z_i(k)$、$z_j(k+1)$、$z_m(k+2)$,通过霍夫变换公式 $\rho = x\cos\theta + y\sin\theta$ 可以将相邻两个量测 $z_i(k)$、$z_j(k+1)$ 转换为参数空间中的一组参量 (ρ_k, θ_k),同理可将接下来的相邻的两个量测 $z_j(k+1)$、$z_m(k+2)$ 转换为参数空间中的一组参量 $(\rho_{k+1}, \theta_{k+1})$。考虑到在数据空间中作匀速直

线运动的目标由于距离门量化将导致形成的目标轨迹不是准确的直线而是一个近似直线这一特征,可以建立两个航迹起始判据0。

判据一:参量 ρ_k 和 ρ_{k+1} 需要满足如下的关系:

$$||\rho_k| - |\rho_{k+1}|| \leqslant \Delta\rho^0 \tag{4.60}$$

判据二:参量 θ_k 和 θ_{k+1} 同样需要满足如下的关系:

$$|\theta_k - \theta_{k+1}| \leqslant \Delta\theta^0 \tag{4.61}$$

式中:$\Delta\rho^0$ 和 $\Delta\theta^0$ 为按某一特定速度作匀速直线运动的目标作量化后的坐标值按上述式子计算出来的最大差值,假如目标量化后仍保持直线特性,那么此时的 $\Delta\rho^0$ 和 $\Delta\theta^0$ 取为 0 即可。

同时加入速度选通以及速度限制条件,设目标最大速度 $v_{\max}$ 和最小速度 $v_{\min}$,那么两帧数据之间的量测速度应该满足条件 $v_{\max} \geqslant v \geqslant v_{\min}$。由此得到速度限制条件:$v_{\min} \leqslant v_x \leqslant v_{\max}$ 和 $v_{\min} \leqslant v_y \leqslant v_{\max}$

假设目标的运动过程中在一段时间上始终保持同一个方向进行运动,此时,我们可以得到关于限定速度方向的速度选通条件:

$$\mathrm{sign}(v_x(k)) = \mathrm{sign}(v_x(k+1)) \text{ 和 } \mathrm{sign}(v_y(k)) = \mathrm{sign}(v_y(k+1)) \tag{4.62}$$

式中:$\mathrm{sign}(v_x(k))$ 和 $\mathrm{sign}(v_y(k))$ 为相邻两个量测 $z_i(k)$、$z_j(k+1)$ 之间的速度方向,若为正号表示是沿着坐标轴的正方向运动,若为负号表示沿着坐标轴的负方向运动。如果一条可能航迹满足以上的条件,那么我们认为目标将可能从这条航迹入侵。

改进的修正霍夫变换算法实现流程如下。

输入:所有数据空间中的数据点集 D,其中

$$D_{ij} = (x_i, y_j) \qquad i = 1,2,3\cdots,m; j = 1,2,3,\cdots,n$$

式中:m,n 为数据空间的维数。

① 将接收的雷达数据进行第一门限判决处理,过第一门限的目标数据按照时间顺序依次存储在 $z(k)$ 中,其中 $1 \leqslant k \leqslant K$,$K$ 为目标判决总共所需要用到的帧数。

② 设置最大速度 $v_{\max}$ 和最小速度 $v_{\min}$,对连续到来的 K 帧数据进行处理。

③ 提取量测 $z(1)$ 和 $z(2)$ 中的数据 $z_i(1)$ 和 $z_j(2)$,计算 x 方向的速度 $v_x(1)$ 和速度方向 $\mathrm{sign}(v_x(1))$,以及 y 方向上的速度 $v_y(1)$ 和速度方向 $\mathrm{sign}(v_y(1))$。

④ 判断 $v_x(1)$ 和 $v_y(1)$ 是否满足速度限制条件,如果满足条件,则计算此时 $z_i(1)$ 和 $z_j(2)$ 所对应的 ρ 和 θ 参数 $\rho(1)$ 和 $\theta(1)$,同时将在航迹起始暂存矩阵中保存 $\mathrm{TH}(m) = \{z_i(1), z_j(2)\}$。否则转到第三步,重新开始初始化。

⑤ 提取量测 $z(3)$ 中的数据 $z_1(3)$,计算 $z_j(2)$ 和 $z_1(3)$ 在 x 方向的速度 $v_x(2)$

和速度方向 $\mathrm{sign}(v_x(2))$,以及 y 方向上的速度 $v_y(2)$ 和速度方向 $\mathrm{sign}(v_y(2))$。

⑥ 若 $v_x(2)$ 和 $v_y(2)$ 满足速度限制条件和速度选通条件,即满足 $\mathrm{sign}(v_x(1))=\mathrm{sign}(v_x(2))$,$\mathrm{sign}(v_y(1))=\mathrm{sign}(v_y(2))$。则计算此时 $z_j(2)$ 和 $z_1(3)$ 之间的 ρ 和 θ 参数 $\rho(2)$ 和 $\theta(2)$,如果此时相邻的参数 $\rho(1)$ 和 $\theta(1)$,$\rho(2)$ 和 $\theta(2)$ 满足判据一与判据二,则将数据 $z_1(3)$ 存入航迹起始暂存矩阵,$\mathrm{TH}(m)=\{z_i(1),z_j(2),z_1(3)\}$。若不满足上述条件,则删除暂存航迹 $\mathrm{TH}(m)$,转到第三步,重新开始初始化。

⑦ 假如尚未提取的帧数 $k\leqslant K$,则继续提取量测 $z(k)$,计算 $z(k-1)$ 和 $z(k)$ 在 x 方向的速度 $v_x(k-1)$ 和速度方向 $\mathrm{sign}(v_x(k-1))$,以及 y 方向上的速度 $v_y(k-1)$ 和速度方向 $\mathrm{sign}(v_y(k-1))$。判断 $v_x(k-1)$ 和 $v_y(k-1)$ 是否满足速度限制条件和速度选通条件。若满足则计算此时所对应的参数 $\rho(k-1)$ 和 $\theta(k-1)$,判断参数是否满足判据一和判据二,满足的话则将数据存入航迹起始矩阵 $\mathrm{TH}(m)$。否则删除 $\mathrm{TH}(m)$,转到第三步。当帧数提取完整后得到检测出的航迹 $\mathrm{TH}(m)=\{z(1),z(2),\cdots,z(k),\cdots,z(K)\}$。

⑧ 遍历完 K 帧数据后总共将得到 M 条疑似航迹存储于 TH 中,将这 M 条航迹上每帧的数据点迹所对应的回波幅度进行积累相加,若相加的值大于第二判决门限,则超过第二判决门限的航迹判决为目标航迹,全部存储在矩阵 **TM** 中。

由于噪声的影响,超过第二门限的目标航迹并非全都是目标真实的航迹,在真实航迹附近还存在一些叠加了部分真实目标的虚假航迹。因此需要对出现在真实目标周围的航迹进行聚类处理,将在真实目标周围出现的航迹都归为由同一个目标产生的目标航迹。聚类后形成的一团航迹簇中选取回波幅度积累最大的一个航迹作为目标的真实航迹。根据多次仿真结果分析,给出针对该算法比较有效的一个航迹聚类方法。

假设存储在矩阵 **TM** 中的航迹总共有 S 条航迹,经过聚类处理总共将得到 H 个目标航迹。

① 当 $s\leqslant S$ 时,提取 $\mathbf{TM}(s)$ 与 $\mathbf{TM}(s+1)$ 作比较,若满足关系表达式 $|\mathbf{TM}(s)-\mathbf{TM}(s+1)|\leqslant 2$,则认定 $\mathbf{TM}(s)$ 和 $\mathbf{TM}(s+1)$ 是同一个目标的航迹,将它们都存入目标航迹存储矩阵 $\mathrm{MT}(h)$ 中。若不满足表达式则将 $\mathbf{TM}(s)$ 存放到存储矩阵 $\mathrm{MT}(h)$ 中,$\mathbf{TM}(s+1)$ 存放到存储矩阵 $\mathrm{MT}(h+1)$ 中。

② 当 $h\leqslant H$ 时选取矩阵 $\mathrm{MT}(h)$ 中所存储航迹中回波幅度积累最大的一条航迹作为第 h 个目标的航迹。此时,航迹聚类算法完毕,输出目标航迹。

该算法中涉及判据一 $\Delta\rho^0$ 和判据二 $\Delta\theta^0$ 的设定,现给出这两个判决值设定的依据。判决值设定的主要依据是作匀速直线运动的目标轨迹按距离门量化后的航迹是一种近似直线的航迹。由于量化后的轨迹具有近似直线的特性,在仔细分析了量化后目标轨迹的单元格变化形式后,发现相邻三帧目标数据中前两帧数据对应的参数 $\rho(k-1)$ 和 $\theta(k-1)$ 和后两帧数据对应的参数 $\rho(k)$ 和 $\theta(k)$ 之间的变化具有一定的变化规律。为了更形象地说明这个规律,首先通过图形的形式说明量化后的单元格变化形式,如图4.6所示。

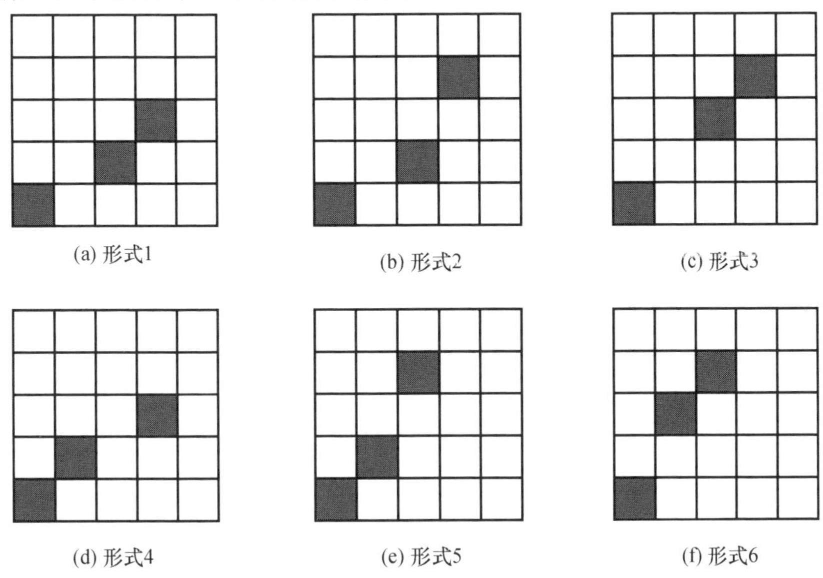

图4.6　相邻三帧目标经量化后的变化规律图

图4.6中深色的部分代表相邻的三帧目标轨迹经量化后的单元格,小图(*a*)~(*f*)描绘了量化后单元格的变化形式。按上述变化形式在100×100的单元格中计算出相邻三帧数据中前两帧数据对应的参数 $\rho(k-1)$ 和 $\theta(k-1)$ 和后两帧数据对应的参数 $\rho(k)$ 和 $\theta(k)$,分析相邻参数的变化,得到如下的规律,即 $||\rho_k|-|\rho_{k+1}||\leqslant\Delta\rho^0$ 和 $|\theta_k-\theta_{k+1}|\leqslant\Delta\theta^0$,其中 $\Delta\rho^0=45$ 和 $\Delta\theta^0=37.25^\circ$。其中最大的差值 $\Delta\rho^0$ 在靠近单元格(100,100)处按上述方式变化的相邻三帧目标对应的参数按式子 $||\rho_k|-|\rho_{k+1}||$ 计算得到。

4.2.2.3　粒子滤波

粒子滤波是一种序列蒙特卡罗的方法,它的主要思想是通过在状态空间随机分布的样本以及它们对应的权系数来表示计算状态的后验概率密度函数,从而估计真实的状态[3]。

采样重要性重采样(SIR)粒子滤波是粒子滤波中的一种基本算法,实现较为简单,它通过对一般的序列重要性采样(SIS)粒子滤波算法做如下假设得到:在每一时刻都进行重采样;将先验密度作为重要性采样密度。

粒子滤波TBD的方法不需要在单帧设置门限进行判决,它可以利用整个单帧数据平面作为粒子滤波器的输入,尽可能地保留了目标的信息,尤其是微弱目标。而粒子滤波器的多帧输出则可形成似然比检测器,进行目标存在与否的判决。

SIR 算法可以作为实现粒子滤波 TBD 的一种简单有效的基本方法,目前国内外主要存在两种 SIR - TBD 算法。一种是标准的 SIR - TBD 算法(SSIR - TBD 算法),一种是优效的 SIR - TBD 算法(ESIR - TBD 算法)。为了克服上述两种基本的 SIR 方法不能够充分地描述密度函数尾部特性,有可能引起对目标状态估计的较大偏差,降低对目标的跟踪性能的缺点,将辅助粒子滤波引入到了 TBD 算法。辅助 SIR 粒子滤波是一般 SIR 粒子滤波的一个变种(改进),能更好地表征真实概率密度函数的尾部特性,使得在估计当前目标状态时具有更高的可靠度。目前,辅助粒子滤波已经被引入到标准的 SIR - TBD(SSIR - TBD)算法中,形成了标准的辅助粒子滤波(SASIR - TBD)算法[4]。

1)目标运动模型

目标模型假设是离散时间线性高斯模型,目标的状态转移方程如下:

$$\boldsymbol{x}_k = \boldsymbol{F}\boldsymbol{x}_{k-1} + \boldsymbol{v}_k \tag{4.63}$$

式中:$\boldsymbol{x}_k$为目标第 k 帧的状态;$\boldsymbol{F}$ 为状态转移矩阵;$\boldsymbol{v}_k$为零均值高斯过程,其协方差矩阵表示为 $\boldsymbol{Q}$。

这里 $\boldsymbol{x}_k$可表示为 $\boldsymbol{x}_k = [x_k\ \dot{x}_k\ y_k\ \dot{y}_k\ I_k]^{\mathrm{T}}$,$I_k$表示目标回波的功率。

假设采用匀速运动模型,转移矩阵可表示为如下形式:

$$\boldsymbol{F} = \begin{bmatrix} 1 & T & 0 & 0 & 0 \\ 0 & 1 & 0 & 0 & 0 \\ 0 & 0 & 1 & T & 0 \\ 0 & 0 & 0 & 1 & 0 \\ 0 & 0 & 0 & 0 & 1 \end{bmatrix} \tag{4.64}$$

而过程噪声的协方差可写为

$$\boldsymbol{Q} = \begin{bmatrix} q_s T^3/3 & q_s T^2/2 & 0 & 0 & 0 \\ q_s T^2/2 & q_s T & 0 & 0 & 0 \\ 0 & 0 & q_s T^3/3 & q_s T^2/2 & 0 \\ 0 & 0 & q_s T^2/2 & q_s T & 0 \\ 0 & 0 & 0 & 0 & q_i T \end{bmatrix} \tag{4.65}$$

每帧的目标存在概率被建模为一个两种状态的马尔科夫链,用 $E_k = 0$ 表示没有目标,用 $E_k = 1$ 表示目标存在。马尔科夫转移矩阵如下:

$$\prod = \begin{bmatrix} 1 - P_{\mathrm{d}} & P_b \\ P_{\mathrm{d}} & 1 - P_{\mathrm{b}} \end{bmatrix} \tag{4.66}$$

式中:P_{b}为目标出生概率;P_{d} 为目标死亡概率。

2)目标测量模型

目标测量模型可假设是非线性高斯模型:

$$\begin{aligned} & z_{A,k}^{ij} = A_k h_{A,k}^{ij}(\boldsymbol{x}_k) + n_k \quad E_k = 1 \\ & z_{A,k}^{ij} = n_k \qquad\qquad\qquad\quad E_k = 0 \end{aligned} \tag{4.67}$$

式中:$\boldsymbol{x}_k$为目标的状态;$A_k = \widetilde{A}_k \mathrm{e}^{\mathrm{i}\phi_k}, \phi_k \in (0, 2\pi)$;$n_k$为测量噪声,为复高斯噪声,可以表示为如下形式:

$$n_k = n_{Ik} + \mathrm{i}n_{Qk} \tag{4.68}$$

式中:n_{Ik}和 n_{Qk}为独立的、零均值的高斯白噪声,方差为 σ_n^2。

假设总共有 $m \times n$ 个分辨单元,每个分辨单元的功率测量可表示为 $z_k^{ij} = |z_{A,k}^{ij}|^2$,其中,$z_{A,k}^{ij}$表示目标的复包络数据。则有

$$z_k^{ij} = |A_k h_{A,k}^{ij}(\boldsymbol{x}_k) + n_{Ik} + in_{Qk}|^2 \tag{4.69}$$

式中:$h_{A,k}^{ij}$为每个分辨单元的反射,可表示为

$$h_{A,k}^{ij}(\boldsymbol{x}_k) = \mathrm{e}^{-\frac{(x_i - x_k)^2}{2\Delta x}L_x - \frac{(x_i - y_k)^2}{2\Delta y}L_y} \tag{4.70}$$

式中:$i = 1, \cdots, m$;$j = 1, \cdots, n$;$\Delta x, \Delta y$ 分别为 x 和 y 方向上的分辨力;L_x, L_y分别为他们的损失。

若假设目标为理想点目标,其只对一个距离单元有贡献,则上式可以进行简化为

$$h_{A,k}^{ij}(\boldsymbol{x}_k) = 1, \qquad i,j\text{ 对应目标所在的分辨单元} \tag{4.71}$$

基于状态 $\boldsymbol{x}_k$的功率测量可假设分布为指数分布,如下:

$$p(z_k^{ij} | \boldsymbol{x}_k, E_k) = \frac{1}{\mu^{ij}} \mathrm{e}^{-\frac{1}{\mu^{ij}} z_k^{ij}} \tag{4.72}$$

式中:当目标存在时,$\mu^{ij} = Ih_I^{ij}(\boldsymbol{x}_k) + 2\sigma_n^2$;当目标不存在时,$\mu^{ij} = 2\sigma_n^2$。

$$h_I^{ij}(\boldsymbol{x}_k) = (h_{A,k}^{ij}(\boldsymbol{x}_k))^2 = \mathrm{e}^{-\frac{(x_i - x_k)^2}{\Delta x}L_x - \frac{(x_i - y_k)^2}{\Delta y}L_y} \tag{4.73}$$

式中:I 为目标回波功率。

同时,可得

$$p(z_k | \boldsymbol{x}_k, E_k) = \prod_{i=1}^{m} \prod_{j=1}^{n} p(z_k^{ij} | \boldsymbol{x}_k, E_k) \tag{4.74}$$

于是,似然比可表示为

$$L(\cdot)=\frac{p(\cdot)}{p(z_k \mid E_k=0)} \tag{4.75}$$

假设 S 表示受到目标影响的区域,则有

$$\begin{cases}p(z_k \mid \boldsymbol{x}_k,E_k=1)=\prod\limits_{i,j\in S}p(z_k^{ij} \mid \boldsymbol{x}_k,E_k=1)\prod\limits_{i,j\in \bar{S}}p(z_k^{ij} \mid E_k=0)\\ p(z_k \mid E_k=0)=\prod\limits_{i,j\in S\cup\bar{S}}p(z_k^{ij} \mid E_k=0)\end{cases} \tag{4.76}$$

此时,似然比可表示为

$$\begin{cases}L(z_k \mid \boldsymbol{x}_k,E_k=1)=\dfrac{\prod\limits_{i,j\in S}p(z_k^{ij} \mid \boldsymbol{x}_k,E_k=1)}{\prod\limits_{i,j\in S}p(z_k^{ij} \mid E_k=0)}=\prod\limits_{i,j\in S}\dfrac{p(z_k^{ij} \mid \boldsymbol{x}_k,E_k=1)}{p(z_k^{ij} \mid E_k=0)}\\ L(z_k \mid E_k=0)=1\end{cases} \tag{4.77}$$

同样,若假设目标为理想点目标,其只对一个距离单元有贡献,那么上式连乘的过程可以省去。

3)算法描述

(1)标准的SIR-TBD算法。算法的核心思想是将一个2元的目标存在变量 E_k 加入所需要估计的状态空间,参与状态估计过程。而目标的存在概率便可以通过这个指示目标存在与否的变量计算得到。该算法是一种混合估计算法。

如果某个时刻目标不存在,那么该时刻的状态是没有定义的。因此假设目标存在于数据中,那么根据贝叶斯准则,目标状态的后验概率密度函数将可以被展开为如下式子:

$$\begin{aligned}p(\boldsymbol{x}_k,E_k=1 \mid Z_k)&=\frac{p(z_k \mid \boldsymbol{x}_k,E_k=1)p(\boldsymbol{x}_k,E_k=1 \mid Z_{k-1})}{p(z_k \mid Z_{k-1})}\\&\propto L(z_k \mid \boldsymbol{x}_k,E_k=1)p(\boldsymbol{x}_k,E_k=1 \mid Z_{k-1})\end{aligned} \tag{4.78}$$

式中:预测目标状态 $p(\boldsymbol{x}_k,E_k=1 \mid Z_{k-1})$ 可表示为

$$\begin{aligned}p(\boldsymbol{x}_k,E_k=1 \mid Z_{k-1})=&\int p(\boldsymbol{x}_k,E_k=1 \mid \boldsymbol{x}_{k-1},E_{k-1}=1)\times\\&p(\boldsymbol{x}_{k-1},E_{k-1}=1 \mid Z_{k-1})\mathrm{d}\boldsymbol{x}_{k-1}+p(\boldsymbol{x}_k,E_k=1,E_{k-1}=0 \mid Z_{k-1})\\=&\int p(\boldsymbol{x}_k \mid \boldsymbol{x}_{k-1},E_k=1,E_{k-1}=1)\times[1-P_{\mathrm{d}}]\times\\&p(\boldsymbol{x}_{k-1},E_{k-1}=1 \mid Z_{k-1})\mathrm{d}\boldsymbol{x}_{k-1}+p_{\mathrm{b}}(\boldsymbol{x}_k)P_{\mathrm{b}}\end{aligned} \tag{4.79}$$

式中：$p_{\mathrm{b}}(\boldsymbol{x}_k)$ 是粒子出生时的概率密度函数。

将目标存在变量 E_k 加入到所需估计的状态中，即 $\boldsymbol{y}_k=[\boldsymbol{x}_k \quad E_k]^{\mathrm{T}}$，然后进行如下算法流程：

① 粒子初始化。根据先验分布产生 N 个随机样本，即粒子。

可按出生粒子的重要性抽样密度 $\boldsymbol{x}_k^i \sim q(\boldsymbol{x}_k \mid E_k=1,E_{k-1}=0,z_k)$ 来产生。

② 粒子的出生与死亡。得到了第 $k-1$ 帧的粒子 $\{\boldsymbol{y}_{k-1}^i \mid i=1,\cdots,N\}$，和它的权系数（对于 SIR 来说是均匀的权系数），假设有 N_{a} 个粒子存活，则

（i）随机选择 $N_{\mathrm{a}}P_{\mathrm{d}}$ 个粒子死亡，将其 $E_k=0$；其状态值无定义。

（ii）随机选择 $(N-N_{\mathrm{a}})P_{\mathrm{b}}$ 个死亡的粒子，作为新出生的粒子，将其 $E_k=1$。

③ 预测。

（i）对于第 k 帧新出生的粒子，利用如下抽样密度函数进行抽样：

$$\boldsymbol{x}_k^i \sim q(\boldsymbol{x}_k \mid E_k=1,E_{k-1}=0,z_k) \tag{4.80}$$

（ii）对于 $k-1$ 帧存活下来的粒子，通过如下抽样密度函数进行抽样：

$$\boldsymbol{x}_k^i \sim q(\boldsymbol{x}_k \mid \boldsymbol{x}_{k-1},E_k=1,E_{k-1}=1,z_k) \tag{4.81}$$

（iii）对于已死亡的粒子则不定义其状态 $\boldsymbol{x}_k^i$。

这样便得到第 k 帧的新的粒子，包括死亡的和存活的。

④ 权系数更新。

（i）对每个存活的粒子：

根据 $\boldsymbol{x}_k^i$，以及目标的可能的影响区域，计算似然比函数为

$$L(z_k \mid \boldsymbol{x}_k^i,E_k^i=1) \tag{4.82}$$

（ii）对于已死亡的粒子，则其似然比函数等于 1。

（iii）根据似然比函数，计算粒子的权系数：

（a）对于新出生的粒子：

$$\tilde{w}_k^i=\frac{L(z_k \mid \boldsymbol{x}_k^i,E_k^i=1)p(\boldsymbol{x}_k^i \mid E_k^i=1,E_{k-1}^i=0)}{q(\boldsymbol{x}_k^i \mid E_k^i=1,E_{k-1}^i=0,z_k)} \tag{4.83}$$

（b）对于从 $k-1$ 帧存活下来的粒子：

$$\tilde{w}_k^i=L(z_k \mid \boldsymbol{x}_k^i,E_k^i=1) \tag{4.84}$$

⑤ 粒子权系数归一化

$$w_k^i=\frac{\tilde{w}_k^i}{\sum_{i=1}^{N}\tilde{w}_k^i} \tag{4.85}$$

⑥ 重采样

对$\{\boldsymbol{y}_k^i \mid i=1,\cdots,N\}$,以及权系数$\{w_k^i \mid i=1,\cdots,N\}$进行重采样,其中$\boldsymbol{y}_k^i = [\boldsymbol{x}_k^i \quad E_k^i]^{\mathrm{T}}$粒子$\{\boldsymbol{y}_k^i \mid i=1,\cdots,N\}$与均匀的权系数组成了$p(\boldsymbol{x}_k,E_k \mid Z_k)$。

$$p(\boldsymbol{x}_k,E_k \mid Z_k) = \sum_{i=1}^{N} \frac{1}{N}\delta(\boldsymbol{x}_k - \boldsymbol{x}^i) \tag{4.86}$$

⑦ 估计目标的状态。可以采用以下两种估计方式:

$$\hat{x}_k^{\mathrm{MV}} = \int \boldsymbol{x}_k p(\boldsymbol{x}_k,E_k = 1 \mid Z_k)\mathrm{d}\boldsymbol{x}_k \approx \sum_{i=1}^{|\bar{E}_k|} \frac{1}{|\bar{E}_k|}\boldsymbol{x}_k^i \tag{4.87}$$

$$\hat{x}_k^{\mathrm{MAP}} = \mathrm{argmax}p(\boldsymbol{x}_k,E_k = 1 \mid Z_k) \approx \boldsymbol{x}_k^{i^*} \qquad i^* = \mathrm{argmax}w_k^i \tag{4.88}$$

式中:w_k^i为第i个粒子的权系数。实际中经常采用

$$\hat{\boldsymbol{x}}_k = \frac{\sum\limits_{i\in |\bar{E}_k|} \boldsymbol{x}_k^i}{|\bar{E}_k|} \tag{4.89}$$

式中:$\bar{E}_k = \{i \mid E_k^i = 1\}$为存活的粒子序列。

⑧ 计算目标的存在概率

$$\hat{P}_k = \frac{|\bar{E}_k|}{N} \tag{4.90}$$

式中:$\hat{P}_k$为目标的存在概率。

(2) 优效的 SIR – TBD 算法。该算法的核心思想是将目标存在概率的计算作为一个独立的过程,与目标状态估计分离,是一种非混合的估计算法。

理想的状态估计是联合概率密度函数的函数。联合概率密度函数描述了目标的状态,包括它是否存在。该密度函数可以被展开为如下形式:

$$p(\boldsymbol{x}_k,E_k=1 \mid Z_k) = p(\boldsymbol{x}_k \mid E_k=1,Z_k)p(E_k=1 \mid Z_k) \tag{4.91}$$

式中:$p(\boldsymbol{x}_k \mid E_k=1,Z_k)$为目标状态的后验概率密度函数;$p(E_k=1 \mid Z_k)$为目标的存在概率。

① 对于目标状态的后验概率密度函数的计算有

$$p(\boldsymbol{x}_k \mid E_k = 1,Z_k) = \sum_{E_{k-1}\in\{1,0\}} p(\boldsymbol{x}_k \mid E_k = 1,E_{k-1},Z_k)p(E_{k-1} \mid E_k = 1,Z_k) \tag{4.92}$$

式中:对于状态转移后验概率密度函数$p(\boldsymbol{x}_k \mid E_k=1,E_{k-1},Z_k)$有

$$p(\boldsymbol{x}_k \mid E_k = 1,E_{k-1},Z_k) = L(z_k \mid \boldsymbol{x}_k,E_k = 1)p(\boldsymbol{x}_k \mid E_k = 1,E_{k-1},Z_{k-1}) \tag{4.93}$$

$$\begin{aligned} p(\boldsymbol{x}_k \mid E_k = 1,E_{k-1} = 1,Z_{k-1}) &= \int p(\boldsymbol{x}_k \mid \boldsymbol{x}_{k-1},E_k = 1,E_{k-1} = 1) \\ &\quad p(\boldsymbol{x}_{k-1} \mid E_{k-1} = 1,Z_{k-1})\mathrm{d}\boldsymbol{x}_{k-1} \\ p(\boldsymbol{x}_k \mid E_k = 1,E_{k-1} = 0,Z_{k-1}) &= p(\boldsymbol{x}_k \mid E_k = 1,E_{k-1} = 0) \end{aligned} \tag{4.94}$$

对于混合项 $p(E_{k-1} \mid E_k = 1, Z_k)$ 有

$$p(E_{k-1} \mid E_k = 1, Z_k) = \frac{L(z_k \mid E_k = 1, E_{k-1}, Z_{k-1})p(E_k = 1 \mid E_{k-1})}{L(z_k, E_k = 1 \mid Z_{k-1})} \times p(E_{k-1} \mid Z_{k-1}) \tag{4.95}$$

$$L(z_k \mid E_k = 1, E_{k-1}, Z_{k-1}) = \int L(z_k \mid \boldsymbol{x}_k, E_k = 1)p(\boldsymbol{x}_k \mid E_k = 1, E_{k-1}, Z_{k-1})\mathrm{d}\boldsymbol{x}_k \tag{4.96}$$

$$L(z_k, E_k = 1 \mid Z_{k-1}) = \sum_{E_{k-1} \in \{1,0\}} L(z_k \mid E_k = 1, E_{k-1}, Z_{k-1}) p(E_k = 1 \mid E_{k-1}, Z_{k-1})p(E_{k-1} \mid Z_{k-1}) \tag{4.97}$$

② 对于目标存在概率的计算有

$$p(E_k = 1 \mid Z_k) = \frac{L(z_k \mid E_k = 1, Z_{k-1})p(E_k = 1 \mid Z_{k-1})}{L(z_k \mid Z_{k-1})}$$

其中，

$$\begin{aligned} L(z_k \mid E_k = 1, Z_{k-1}) &= \sum_{E_{k-1} \in \{1,0\}} L(z_k, E_{k-1} \mid E_k = 1, Z_{k-1}) \\ &= \sum_{E_{k-1} \in \{1,0\}} p(E_{k-1} \mid E_k = 1, Z_k)L(z_k \mid E_k = 1, E_{k-1}, Z_{k-1}) \end{aligned} \tag{4.98}$$

$$p(E_k = 1 \mid Z_{k-1}) = (1 - p_{\mathrm{d}})p(E_{k-1} = 1 \mid Z_{k-1}) + p_{\mathrm{b}}[1 - p(E_{k-1} = 0 \mid Z_{k-1})] \tag{4.99}$$

$$L(z_k \mid Z_{k-1}) = L(z_k \mid E_k = 1, Z_{k-1})p(E_k = 1 \mid Z_{k-1}) + [1 - p(E_k = 1 \mid Z_{k-1})] \tag{4.100}$$

该算法包含四步分别去计算目标的状态和目标出现的概率。继续出现密度和出生密度将通过单独的粒子滤波器进行估计，然后利用这两个近似得到的密度去估计完整的状态后验概率密度函数，最后计算目标的出现概率。

(i) 估计部分。

(a) 继续出现密度的计算。假设继续出现的粒子为 $\{\boldsymbol{x}_{k-1}^{(c)i} \mid i = 1, \cdots, N_{\mathrm{c}}\}$，权重为 $w_{k-1}^{(c)i} = 1/N_{\mathrm{c}}$，构成了先验的密度 $p(\boldsymbol{x}_{k-1} \mid E_{k-1} = 1, Z_{k-1})$，于是有

- 按动态过程抽取粒子：

$$\boldsymbol{x}_k^{(c)i} \sim q(\boldsymbol{x}_k^{(c)} \mid \boldsymbol{x}_{k-1}^{(c)}, E_k = 1, E_{k-1} = 1, z_k) \tag{4.101}$$

- 计算似然比和非归一化权重：

$$\tilde{w}_k^{(c)i} = \frac{1}{N_{\mathrm{c}}} L(z_k \mid x_k^{(c)i}, E_k = 1) \qquad i \in \{1 \cdots N_{\mathrm{c}}\} \tag{4.102}$$

- 计算归一化权重：

$$w_k^{(c)i} = \frac{\tilde{w}_k^{(c)i}}{\sum_{i=1}^{N_{\mathrm{c}}} \tilde{w}_k^{(c)i}} \qquad i \in \{1 \cdots N_{\mathrm{c}}\} \tag{4.103}$$

• 利用 $\boldsymbol{x}_k^{(c)i}$ 和 $w_k^{(c)i}$ 构成了对后验概率密度函数 $p(\boldsymbol{x}_k \mid E_k=1,E_{k-1}=1,Z_k)$ 的估计。

(b) 出生密度计算。

• 抽取粒子:

$$\boldsymbol{x}_k^{(b)i} \sim q(\boldsymbol{x}_k^{(b)} \mid E_k=1,E_{k-1}=0,z_k) \tag{4.104}$$

• 计算似然比和非归一化权重:

$$\tilde{w}_k^{(b)i}=\frac{L(z_k \mid \boldsymbol{x}_k^{(b)i},E_k=1)}{N_b V_T q(\boldsymbol{x}_k^{(b)i} \mid E_k=1,E_k=0,z_k)} \tag{4.105}$$

式中:V_T 为被目标状态先验所包含的整个区域大小。

• 计算归一化权重:

$$w_k^{(b)i}=\frac{\tilde{w}_k^{(b)i}}{\sum_{i=1}^{N_b}\tilde{w}_k^{(b)i}},i \in \{1\cdots N_b\} \tag{4.106}$$

• 利用 $\boldsymbol{x}_k^{(b)i}$ 和 $w_k^{(b)i}$ 构成了对后验概率密度函数 $p(\boldsymbol{x}_k \mid E_k=1,E_{k-1}=0,Z_k)$ 的估计。

(c) 混合项计算。

• 对于继续出现密度:

$$\widetilde{M}_c=(1-p_d)p(E_{k-1}=1 \mid Z_{k-1})\sum_{i=1}^{N_c}\tilde{w}_k^{(c)i} \tag{4.107}$$

(d) 计算目标出现概率:

$$\hat{p}(E_k=1 \mid Z_k)=\frac{\widetilde{M}_c+\widetilde{M}_b}{\widetilde{M}_c+\widetilde{M}_b+p_d\hat{p}(E_{k-1}=1 \mid Z_{k-1})+[1-p_b][1-\hat{p}(E_{k-1}=1 \mid Z_{k-1})]} \tag{4.108}$$

(e) 估计目标的状态。可以采用以下两种估计方式:

$$\hat{\boldsymbol{x}}_k^{MV}=\int \boldsymbol{x}_k\, p(\boldsymbol{x}_k,E_k=1 \mid Z_k)\mathrm{d}\boldsymbol{x}_k \approx \sum_{i=1}^{N_c}\frac{1}{N_c}\boldsymbol{x}_k^i \tag{4.109}$$

$$\hat{\boldsymbol{x}}_k^{\mathrm{MAP}}=\mathrm{argmax}p(\boldsymbol{x}_k,E_k=1 \mid Z_k) \approx \boldsymbol{x}_k^{i^*} \quad i^*=\mathrm{argmax}w_k^i \tag{4.110}$$

式中:w_k^i 为第 i 个粒子的权系数。

(ii) 检测部分。与标准的 SIR – TBD 算法相同。该算法的总体流程框图如图 4.7 所示。

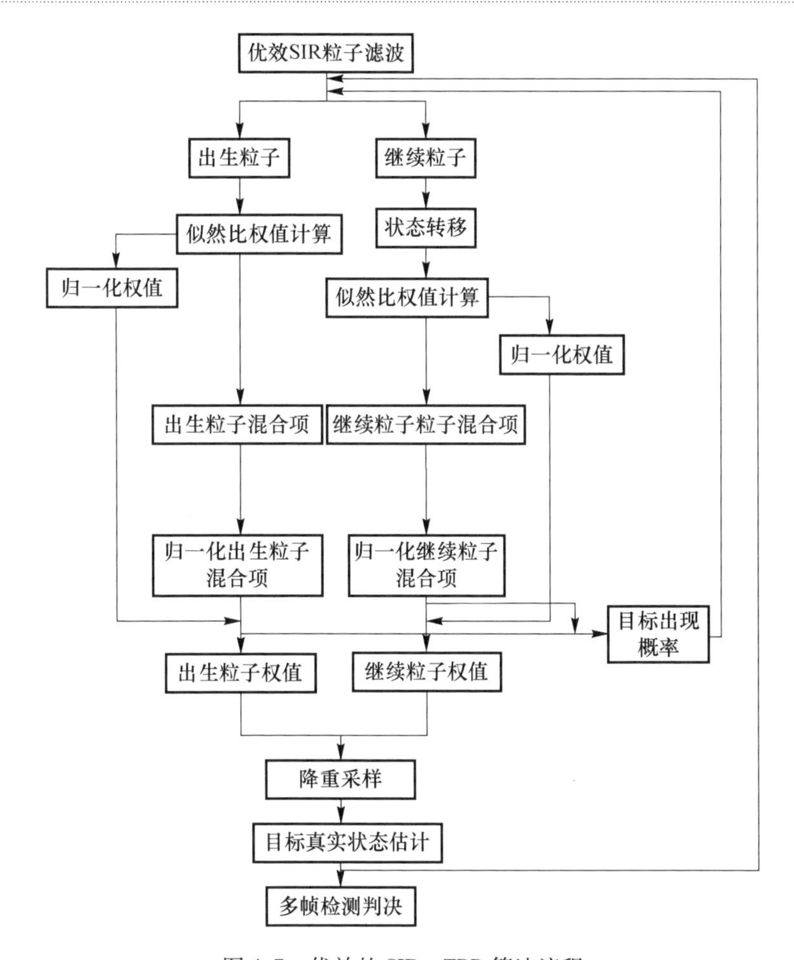

图 4.7　优效的 SIR－TBD 算法流程

(3) 标准的辅助粒子滤波 SIR－TBD 算法(SASIR－TBD)。

将辅助粒子滤波算法思想引入标准的 SIR－TBD 算法中,直接推广得到标准辅助粒子滤波 SIR－TBD 算法。将目标存在变量 E_k 加入到所需估计的状态中,即 $\boldsymbol{y}_k=[\boldsymbol{x}_k\quad E_k]^{\mathrm{T}}$,然后进行如下算法流程。

① 粒子初始化。根据先验分布产生 N 个随机样本,即粒子。

可按出生粒子的重要性抽样密度 $\mu_k^i \sim q(\boldsymbol{x}_k \mid E_k=1,E_{k-1}=0,z_k)$ 来产生。

② 粒子的出生与死亡。得到了第 $k-1$ 帧的粒子 $\{\boldsymbol{y}_{k-1}^i \mid i=1,\cdots,N\}$,和它的权系数(对于 SIR 来说是均匀的权系数),假设有 N_{a} 个粒子存活,则

(i) 随机选择 $N_{\mathrm{a}}P_{\mathrm{d}}$ 个粒子死亡,将其 $E_k=0$;其状态值无定义。

(ii) 随机选择 $(N-N_{\mathrm{a}})P_{\mathrm{b}}$ 个死亡的粒子,作为新出生的粒子,将其 $E_k=1$。

③ 重要性概率密度函数的抽样(预测)。

(i) 对于第 k 帧新出生的粒子，利用如下抽样密度函数进行抽样：

$$\boldsymbol{\mu}_k^i \sim q(\boldsymbol{x}_k \mid E_k = 1, E_{k-1} = 0, z_k)$$

对于 $k-1$ 帧存活下来的粒子，通过如下抽样密度函数进行抽样：

$$\boldsymbol{\mu}_k^i \sim q(\boldsymbol{x}_k \mid \boldsymbol{x}_{k-1}, E_k = 1, E_{k-1} = 1, z_k)$$

(ii) 对于已死亡的粒子则不定义其状态 $\boldsymbol{\mu}_k^i$。

这样便得到第 k 帧的新的粒子，包括死亡的和存活的。

④ 计算权系数(更新)。

(i) 对每个存活的粒子：

根据 $\boldsymbol{x}_k^i$，以及目标的可能的影响区域，计算似然比函数：

$$L(z_k \mid \boldsymbol{\mu}_k^i, E_k^i = 1)$$

(ii) 对于已死亡的粒子，则其似然比函数等于 1。

(iii) 根据似然比函数，计算粒子的权系数。

对于新出生的粒子：

$$\tilde{w}_k^i = \frac{L(z_k \mid \boldsymbol{\mu}_k^i, E_k^i = 1)\, p(\boldsymbol{\mu}_k^i \mid E_k^i = 1, E_{k-1}^i = 0)}{q(\boldsymbol{\mu}_k^i \mid E_k^i = 1, E_{k-1}^i = 0, z_k)} \tag{4.111}$$

对于从 $k-1$ 帧存活下来的粒子：

$$\tilde{w}_k^i = L(z_k \mid \boldsymbol{\mu}_k^i, E_k^i = 1) \tag{4.112}$$

⑤ 粒子权系数归一化：

$$w_k^i = \frac{\tilde{w}_k^i}{\sum_{i=1}^{N} \tilde{w}_k^i} \tag{4.113}$$

⑥ 第一次重采样：

对 $\{\boldsymbol{y}_k^i \mid i = 1, \cdots, N\}$，以及权系数 $\{w_k^i \mid i = 1, \cdots, N\}$ 进行重采样，其中 $\boldsymbol{y}_k^i = [\boldsymbol{\mu}_k^i E_k^i]^{\mathrm{T}}$。

产生重采样后粒子在上一帧的标号 $\{i^j\}_{j=1}^{N_s}$。

⑦ 重要性概率密度函数的重新抽样，产生新的预测粒子：

类似步骤③，基于重采样后标号为 $\{i^j\}_{j=1}^{N_s}$ 的上一帧中的粒子，对状态转移重要性概率密度函数进行重新抽取，得到新的抽样粒子 $\{\boldsymbol{x}_k^j\}_{j=1}^{N_s}$。

⑧ 计算新的权系数：

类似步骤④。

(i) 对每个新抽样的粒子：

根据 $\boldsymbol{x}_k^j$，以及目标的可能的影响区域，计算似然比函数：

$$L(z_k \mid \boldsymbol{x}_k^j, E_k^j = 1)$$

(ii) 对于已死亡的粒子,则其似然比函数仍然等于 1.

(iii) 根据似然比函数,计算粒子的权系数:

$$\tilde{\omega}_k^j = \frac{L(z_k \mid \boldsymbol{x}_k^j, E_k^j = 1)}{L(z_k \mid \mu_k^{ij}, E_k^{ij} = 1)} \tag{4.114}$$

⑨ 粒子权系数归一化:

$$\omega_k^j = \frac{\tilde{\omega}_k^j}{\sum_{j=1}^{N} \tilde{\omega}_k^j} \tag{4.115}$$

⑩ 第二次重采样。对$\{\boldsymbol{y}_k^j \mid j=1,\cdots,N\}$,以及权系数$\{\omega_k^j \mid j=1,\cdots,N\}$进行重采样,其中$\boldsymbol{y}_k^j = [\boldsymbol{x}_k^j \quad E_k^j]^{\mathrm{T}}$,粒子$\{\boldsymbol{y}_k^j \mid j=1,\cdots,N\}$与均匀的权系数组成了$p(\boldsymbol{x}_k, E_k \mid Z_k)$,满足

$$p(\boldsymbol{x}_k, E_k \mid Z_k) = \sum_{j=1}^{N} \frac{1}{N} \delta(\boldsymbol{x}_k - \boldsymbol{x}_k^j)) \tag{4.116}$$

⑪ 估计目标的状态:

可以采用以下两种估计方式:

$$\hat{\boldsymbol{x}}_k^{\mathrm{MV}} = \int \boldsymbol{x}_k p(\boldsymbol{x}_k, E_k = 1 \mid Z_k) \mathrm{d}\boldsymbol{x}_k \approx \sum_{i=1}^{|\bar{E}_k|} \frac{1}{|\bar{E}_k|} \boldsymbol{x}_k^i \tag{4.117}$$

$$\hat{\boldsymbol{x}}_k^{\mathrm{MAP}} = \mathrm{argmax} p(\boldsymbol{x}_k, E_k = 1 \mid Z_k) \approx \boldsymbol{x}_k^{i^*} \qquad i^* = \mathrm{argmax} w_k^i \tag{4.118}$$

式中:ω_k^i为第 i 个粒子的权系数。

实际中经常采用

$$\hat{\boldsymbol{x}}_k = \frac{\sum_{i \in |\bar{E}_k|} \boldsymbol{x}_k^i}{|\bar{E}_k|} \tag{4.119}$$

式中:$\bar{E}_k = \{i \mid E_k^i = 1\}$为存活的粒子序列。

⑫ 计算目标的存在概率

$$\hat{P}_k = \frac{|\bar{E}_k|}{N} \tag{4.120}$$

式中:$\hat{P}_k$为目标的存在概率。

4.3 检测识别一体化技术

机载预警雷达对海工作时覆盖面积达到数十万平方千米,海面目标众多,且大中小、军民舰船交织在一起。常规 1 ~ 2MHz 带宽检测,难以对大中舰船目标

进行有效区分，严重影响对可能的威胁等级较高目标及时上报。

图4.8为某预警雷达对海探测试飞航迹画面，在约6000km^{2}的海域内，海面目标非常多，达数千批次，且某些区域密集分布，难以提取重点目标。

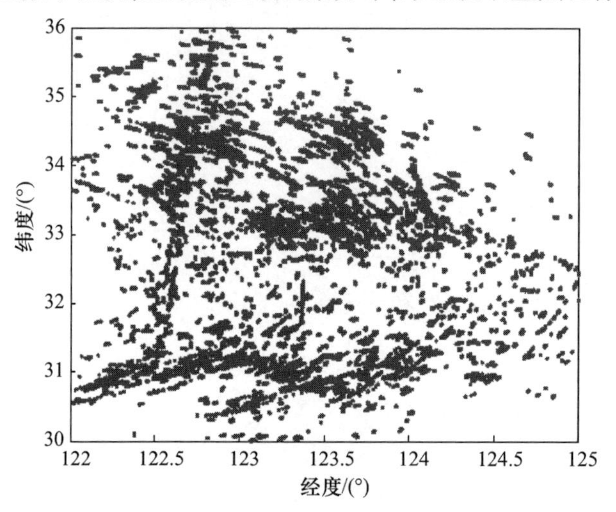

图4.8　探测海域航迹画面

对于上述问题，有两种解决途径：①窄带探测与宽带目标分类识别相结合，即对检测到的所有目标进行宽带识别；②选择合适的带宽，在检测的同时完成大中小目标粗分类，对感兴趣的大中目标用宽带方式进行目标识别。第一种方法需要占用大量的雷达资源，不易实现，第二种是可行的解决方案。

4.3.1　舰船目标特性分析

根据Skolnik(1974)经验公式，以小擦地角入射时，以平方米为单位的海军舰船RCS中值与其排水量和雷达频率有如下关系：

$$\sigma = 52 f^{0.5} D^{1.5} \tag{4.121}$$

式中：σ为雷达散射截面，单位m^2；f为雷达频率，单位MHz；D为满载排水量，单位kt。

图4.9是上面经验公式与测量结果的拟合曲线，可见吻合良好。

非隐身舰船的舰体外壁通常垂直于舰船甲板，因此，当以小擦地角入射时，雷达波入射方向垂直于舰体外壁，RCS会很大。

当以大擦地角入射时，电磁波斜入射于舰体外壁和甲板，与小擦地角入射时相比，RCS相对较小。根据经验，大擦地角入射时，舰船RCS与其排水吨数相当，即8000t舰船，其RCS约8000m^2，即约39dBsm。

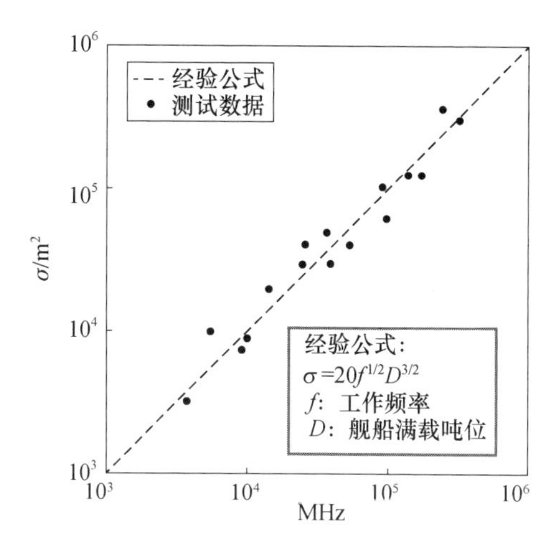

图 4.9 经验公式与测量结果对比拟合结果

表 4.1 为 Williams、Cramp、Curts 于 1978 年发表的典型常规非隐身舰船 RCS 测量结果。

表 4.1 典型舰船的 RCS

舰船RCS表

（来源：Williams/Cramp/Curts,"Experimental Study of the Radar Cross Section of Maritime Targets", Electronic Circtits and Systems,Volume 2,No 4,July 1978）

目标船			RCS中值/m²								
船类型	长度/m	吨位	10	100	1000	10000	100000	1000000	10000000	RCS近似最小值	RCS近似最大值
近岸渔船	9	5	Q							3	10
小贸易船	40～46	200～250		S		B/Q				20	800
贸易船	55	500								40	2000
贸易船	55	500			S	BW/Q				300	4000
贸易船	57	500			Q	BW				1000	16000
大贸易船	67	836～1000			BW	Q				1000	5000
运煤船	73	1570			nB	BW				300	2000
护卫舰	103	2000*				BW	B			5000	100000
货轮	114	5000				BW	Q			10000	16000
货轮	137	8000			BW/Q		Q			4000	16000
散装货轮	167	8200			BW		B/Q			400	10000
货轮	153	9400			BW	BW				1600	12500
货轮	166	10430			BW	Q				400	16000
散装货轮	198	15000～20000			nB		B/Q			1000	32000
矿砂船	206	25400			BW	nB				2000	25000
集装箱船	212	26436**				BW	Q/B/BW			10000	80000
中等油轮	213～229	30000～350000				nB	Q			5000	80000
中等油轮	251	44700				nB		B		16000	1600000

*排水量
**满载甲板货物
S=船尾方向
Q=1/4方向
B=舷侧方向
BW=近船首方向
BWo=船首方向
n=近的

注：200～500t船RCS中值13～36dBsm(灰色标出行)

4.3.2 带宽分析

从分类识别角度来说,信号带宽越大,越有利于目标识别,但带宽增大带来两个方面的问题:其一,全程宽带检测设备量和运算量均增加;其二,带宽增加大导致目标分裂,峰值 SCNR 降低,影响目标检测。因此,需要选择合适的检测识别一体化带宽。

不同带宽下大中小目标距离一维像点数如表 4.2 所列。提取大中目标,通常要求距离像大于 7 ~8 个点,10MHz 带宽可满足大中小粗分类需求。

表 4.2 不同带宽下目标所占距离单元数

带宽		1.5MHz	5MHz	10MHz
距离分辨力		100m	30m	15m
目标距离单元数	小目标(30m)	1	1	2
	中目标(150m)	1.5	5	10
	大目标(300m)	3	10	20

与 1 ~2MHz 带宽相比,10MHz 下全程检测及运算量增加不大,硬件平台可提供相应资源。下边进一步仿真分析不同带宽下目标检测性能。

仿真参数设置如表 4.3 所列。

表 4.3 仿真参数

带宽/MHz	目标 RCS	长度	海情	平台高度
1.5/5/10	500m^2	30m	3 级	8000m

假设 10MHz 时,目标分裂成 2 个点,每个点的 RCS 均为 250m^2。仿真时的系统参数如表 4.4 所列。

表 4.4 系统参数

序号	主要参数名称	参数值	备注
1	发射增益	30.3dB	
2	接收增益	28.7dB	
3	发射平均功率	9583W	
4	雷达工作频率	1.3GHz	
5	脉冲重复间隔 PRI	3.3ms	
6	系统损耗	11.5dB	
7	系统噪声系数	2.5dB	
8	主瓣方位角波束宽度	2.3°	

不同带宽下,单脉冲平均 CNR 和 SCNR 随距离的变化曲线如图 4.10 所示。不同带宽下单脉冲 SCNR 如表 4.5 所列。

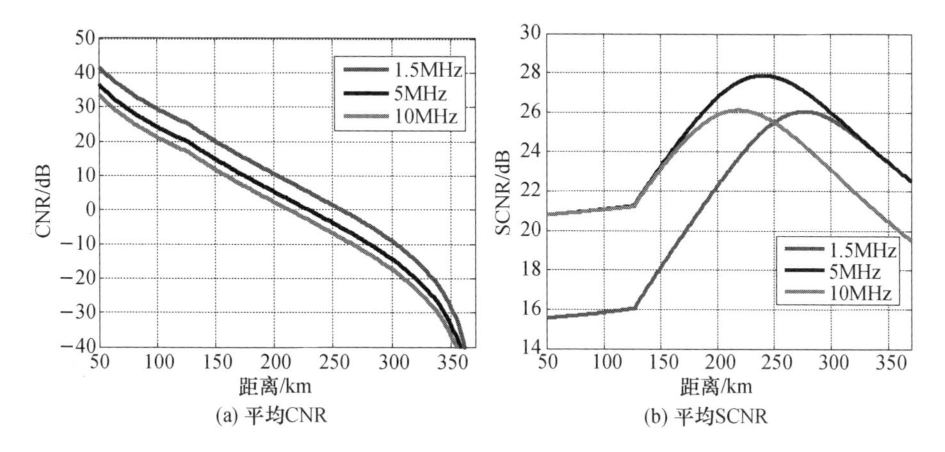

图 4.10　不同带宽下 CNR/SCNR 随距离的变化(见彩图)

表 4.5　不同带宽下单脉冲平均 SCNR 的比较

10MHz/5MHz 比较	(1) 10MHz 时 210km 始进入噪声区,5MHz 时 225km 进入噪声区。 (2) 小于 160km 时,二者平均 SCNR 几乎相等。 (3) 噪声区,10MHz 平均 SCNR 比 5MHz 小 3dB
10MHz/1.5MHz 比较	(1) 小于 250km 时,10MHz 平均 SCNR 大于 1.5MHz。 (2) 杂波区,10MHz 平均 SCNR 比 1.5MHz 高约 5.2dB。 (3) 噪声区,10MHz 平均 SCNR 比 1.5MHz 低约 3dB
5MHz/1.5MHz 比较	(1) 小于 310km 时,5MHz 平均 SCNR 大于 1.5MHz。 (2) 杂波区,5MHz 平均 SCNR 比 1.5MHz 高约 5.2dB。 (3) 噪声区,5MHz 平均 SCNR 与 1.5MHz 相等

上述比较未考虑脉内目标积累增益。当考虑时，10MHz 目标分裂成 2 个点,积累点数较少,非相参积累得益与相参积累得益差异不大,此处,按 1.8 倍 SCNR 得益(2.6dB)计算,积累后不同带宽下的 SCNR 如图 4.11 所示。

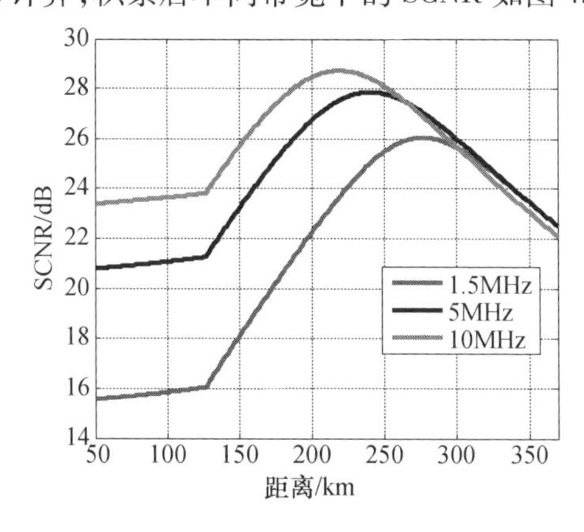

图 4.11　不同带宽下积累后 SCNR 随距离的变化曲线(见彩图)

考虑到脉内积累后，三种带宽下SCNR比较如表4.6所列。

表4.6 单脉冲脉内积累后三种带宽下SCNR的比较

10MHz/5MHz比较	（1）小于250km，10MHz SCNR高于5MHz约2.6dB （2）噪声区，由于积累损失，10MHz SCNR比5MHz低约0.4dB
10MHz/1.5MHz比较	（1）小于300km，10MHz SCNR高于5MHz约7.8dB （2）噪声区，由于积累损失，10MHz SCNR比5MHz低约0.4dB
5MHz/1.5MHz比较	（1）小于310km时，5MHz平均SCNR高于1.5MHz约5.2dB （2）噪声区，5MHz平均SCNR与1.5MHz相等

从上述比较可知，探测小于250km时，10MHz检测性能最优，SCNR分别比5MHz和1.5MHz高2.6dB和7.8dB；探测距离大于250km时，10MHz带宽SCNR仅比5MHz和1.5MHz低约0.4dB。建议采用10MHz检测。

4.3.3 检测识别一体化算法

典型检测识别一体化处理流程如图4.12所示。

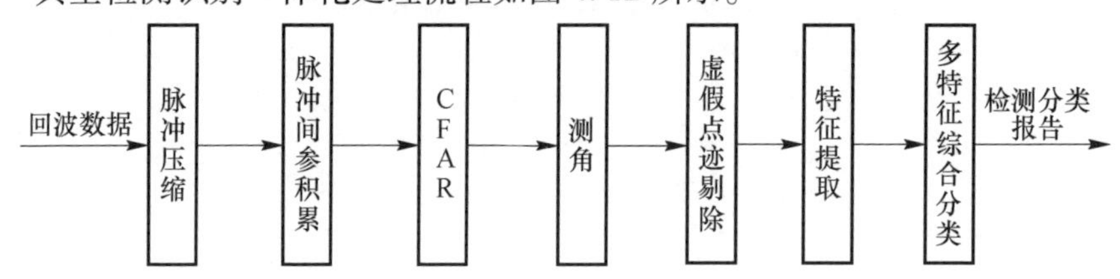

图4.12 检测识别一体化处理流程

目标大中小分类主要基于两个特征，即目标长度和RCS。下边简要介绍长度估计和RCS提取算法。

4.3.3.1 长度估计算法

目标长度估计有多种算法，此处简要介绍基于能量积分曲线的长度估计算法。算法处理流程如图4.13所示。

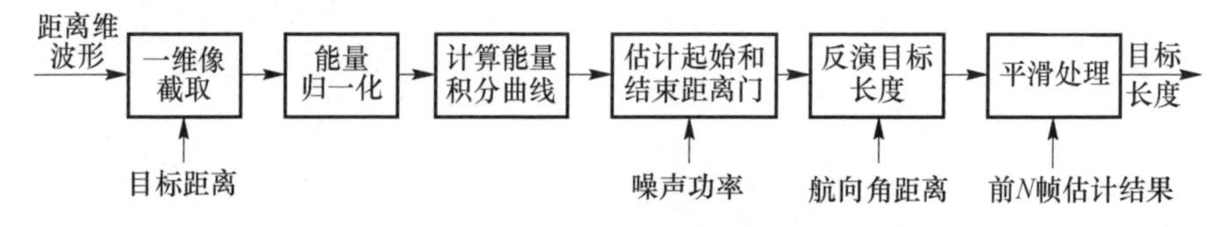

图4.13 长度估计算法流程图

目标检测完成后，依据最大目标尺寸截取目标距离像$\boldsymbol{x}=[x_1,x_2,\cdots,x_n]$，对序列$\boldsymbol{x}$进行能量归一化，计算能量积分曲线$E(i)$，$i$表示距离单元序号。

基于如下方法确定目标起始和结束距离门：

当最小的 n_1 满足 $E(n_1) > \mathrm{coef}(n_1)\cdot n_1\cdot\sigma^2 + 7.5\sigma^2$ 时，i 作为目标起始距离门，其中

$$\mathrm{coef}(n_1)=\begin{cases}5 & n_1=1(7\mathrm{dB})\\ 5+\dfrac{2}{11}n_1 & 1<n_1<n-1\\ 9 & n_1=n(9.5\mathrm{dB})\end{cases} \tag{4.122}$$

式中：σ^2 为背景噪声和杂波功率。

从序列尾部积分，当最小的 n_2 满足 $E(n_2) > \mathrm{coef}(n_2)\cdot n_2\cdot\sigma^2 + 7.5\sigma^2$ 时，n_2 作为目标结束距离门，其中

$$\mathrm{coef}(n_2)=\begin{cases}5 & n_2=n(7\mathrm{dB})\\ 5+\dfrac{2}{11}(n-n_2) & 1<n_2<n-1\\ 9 & n_2=1(9\mathrm{dB})\end{cases} \tag{4.123}$$

则目标径向尺寸为 $L_t = n_2 - n_1 + 1$。

基于某雷达数据，目标起始和结束距离门估计结果如图 4.14 所示。

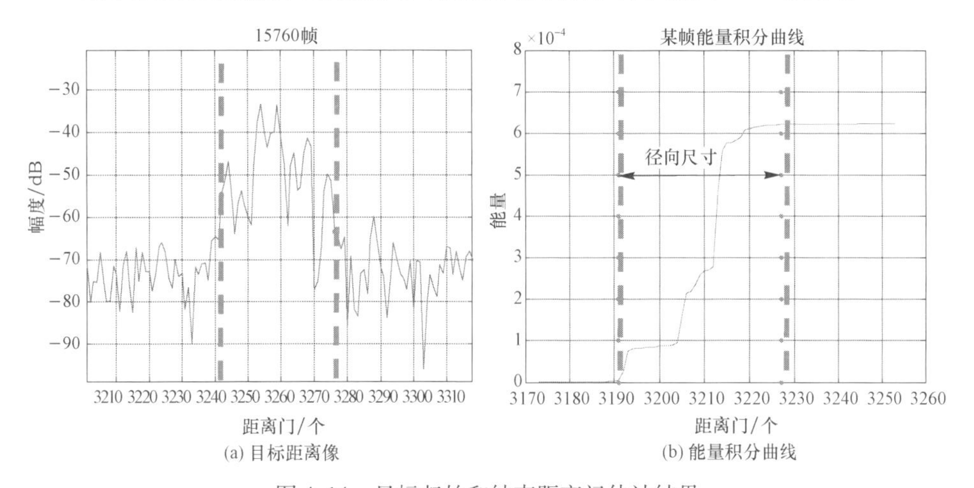

(a) 目标距离像　　(b) 能量积分曲线

图 4.14　目标起始和结束距离门估计结果

假设波束指向与航向之间的夹角为 θ，擦地角为 β，则目标长度为

$$L = L_t/(\cos\theta\cos\beta)$$

提取长度后，即可设置一定的门限实现大中小目标分类。

4.3.3.2　RCS 提取算法

RCS 提取方法如图 4.15 所示。

目标出现分裂时，对各点功率求和后，转化为点目标 RCS 计算问题。

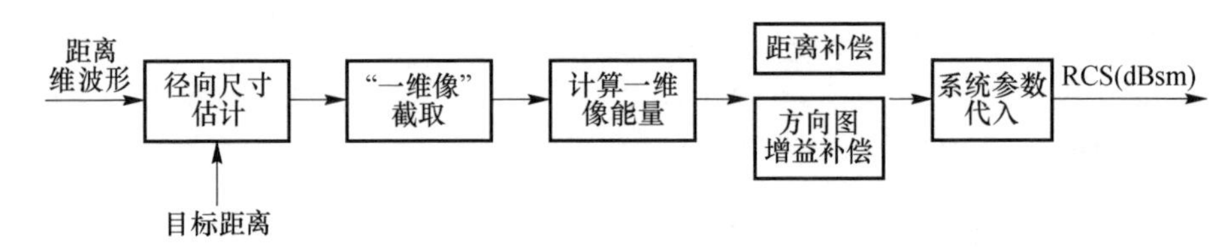

图 4.15　单帧 RCS 提取流程

RCS 由如下公式计算：

$$\begin{aligned}\sigma &= \frac{(4\pi)^3 k T_0 F_n f_p P_c L_s}{P_{av}\lambda^2 n E_i(n) F^4}\cdot\frac{S}{N}\cdot R^4\cdot\frac{1}{G_t G_r}\\ &= \frac{(4\pi)^3 k T_0 F_n f_p P_c L_s}{P_{av}\lambda^2 n E_i(n) F^4 G^2}\cdot\frac{S}{N}\cdot R^4\cdot\frac{1}{G_b G_{az}^2 G_{el}^2}\\ &= A\cdot\frac{S}{N}\cdot R^4\cdot\frac{1}{G_b G_{az}^2 G_{el}^2}\end{aligned}\tag{4.124}$$

式中：A 为与系统相关的常数项；S/N，R，G_b，G_{az}，G_{el} 为变化项；k 为玻耳兹曼常数；T_0 为噪声温度；B 为系统带宽；F_n 为噪声系数；L 为系统损耗；λ 为波长；G^2 为发射和接收天线增益；P_{av} 为平均发射功率；n 为积累脉冲数；$E_i(n)$ 为积累效率；f_p 为重频；P_c 为脉压得益；L_s 为系统损耗；F 为考虑地表大气对电磁波传播效应的影响。变化项计算方法如表 4.7 所列。

表 4.7　变化项计算方法

序号	参数	含义	计算方法	备注
1	R	目标距离	$R\times\Delta R$	R 表距离单元序号，ΔR 为 1 个距离单元表示的距离
2	S	信号功率	S^2	S：目标幅度
3	N	系统噪声功率	噪声区统计平均	
4	Gb	双程增益下降	$1/(\cos\theta_a\times\cos\varphi_a)^{2.6}$	θ_a：天线系波束方位。 φ_a：天线系波束俯仰
5	G_{az}	方位单程增益下降	$1/\exp\left(-2\times1.38\dfrac{(\theta-\theta_s)^2}{\Delta\theta^2}\right)$	θ：载机系下目标方位与正北方位夹角。 θ_s：载机系下航迹更新正北方位角。 $\Delta\theta$：3dB 方位波束宽度
6	G_{el}	俯仰单程增益下降	$1/\exp\left(-2\times1.38\dfrac{(\varphi-\varphi_s)^2}{\Delta\varphi^2}\right)$	φ：目标俯仰角（由目标距离和平台高度折算。 $\varphi\approx-\arcsin\left(\dfrac{h_a}{R}+\dfrac{R}{2R_e}\right)$。 φ_s：平台系天线俯仰扫描角。 $\Delta\varphi$：3dB 俯仰波束宽度

由于目标 RCS 起伏很大，可达几十分贝，所以通常需要对单帧 RCS 值进行平滑处理，基于平滑后的曲线进行大中小分类。

某雷达1.5MHz带宽实录数据,6条航迹上目标RCS值及平滑后RCS曲线如图4.16所示。

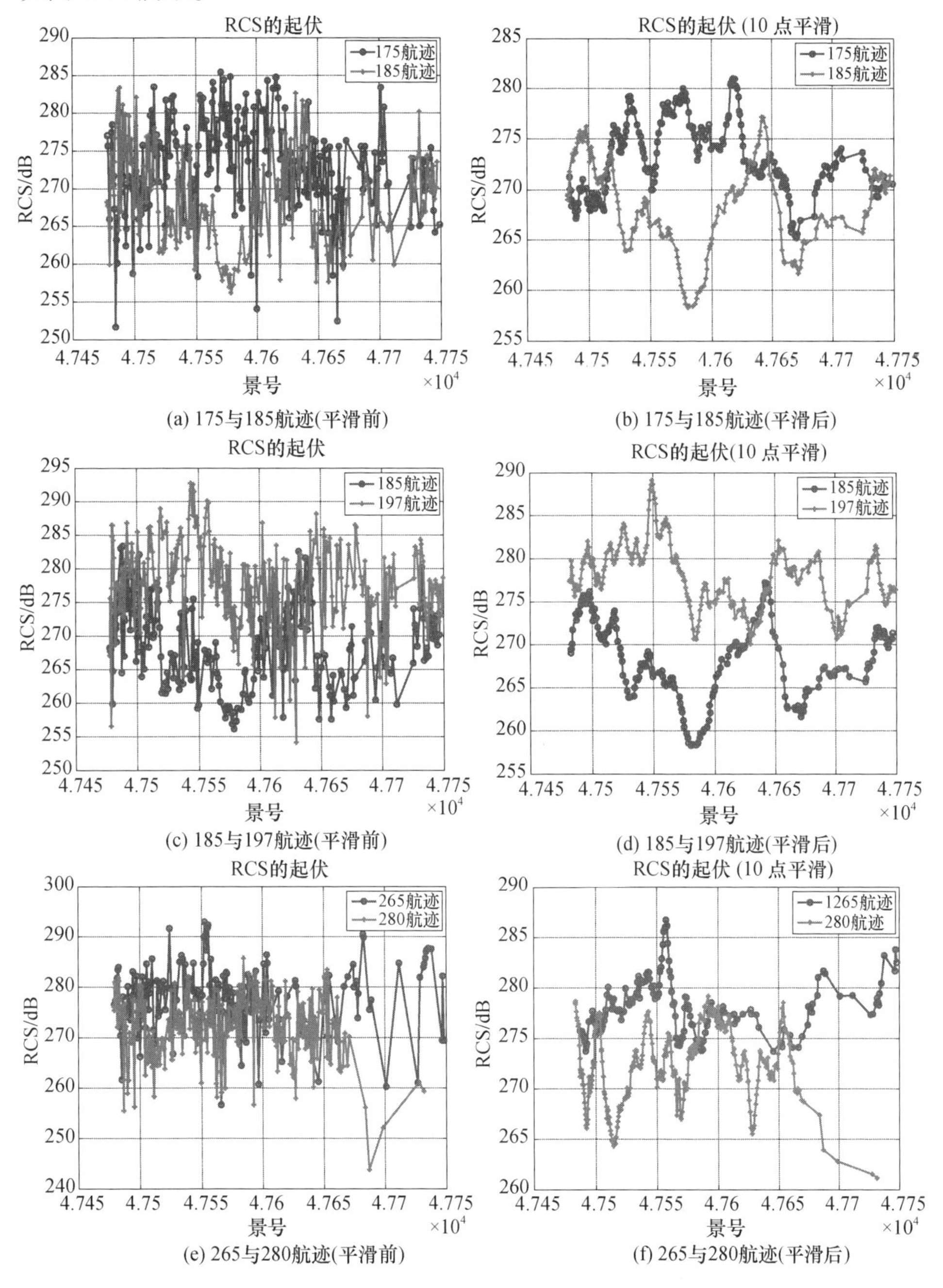

图4.16 六航迹目标RCS(见彩图)

基于 RCS,大中小正确分类概率随平滑点数的变化曲线如图 4.17 所示。

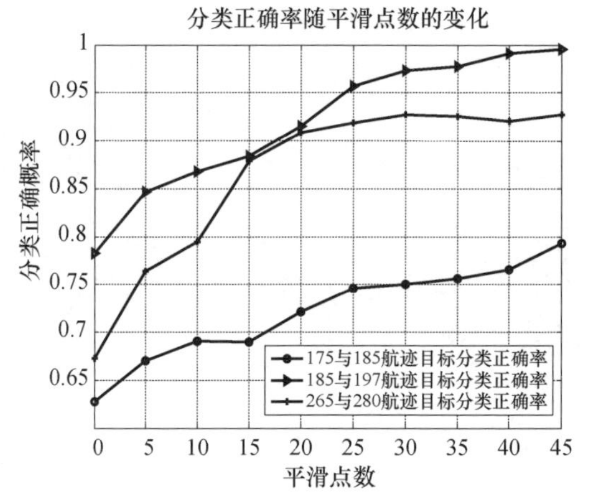

图 4.17 正确分类概率与平滑点数的关系曲线(见彩图)

从仿真可以看出,基于 RCS 可实现大中小目标分类,且平滑点数越多,分类正确概率越高。当 RCS 均值相差 10dB,平滑点数大于 5 时,可使得正确分类概率大于 0.8。

4.4 压缩感知技术

半个多世纪以来 Shannon/Nyquist 采样定理一直作为信号获取的基本原则,支配着几乎所有的信号获取方式,该定理指出在信号获取时,为了避免信息丢失,采样率需要大于 2 倍信号带宽。在许多应用中,如图像和视频获取,往往需要高的采样率,从而带来大的数据量,给数据存储和传输带来了一定困难,需要进一步采用编码压缩技术解决数据存储和传输问题。传统处理方法的确降低了处理量,但不能避免高的采样率和大的数据量,人们考虑是否存在一种方法可以在数据获取时直接实现压缩。2006 年 Candes、Romberg 和 Tao,以及 Donoho 发表论文提出了压缩感知理论,该理论表明,当信号具有稀疏性时可以通过远少于传统方法的采样数据对信号进行恢复。采用压缩感知理论,可以改变传统的数据获取和编码方式,在数据获取的同时可直接实现压缩。在该理论一经提出,就在图像处理、雷达成像、无线通信等领域受到了高度关注[10,11]。

在雷达信号处理中,压缩感知理论为传统信号处理中存在的问题提供了一种新的解决途径[12]。对于稀疏采样数据,采用传统的傅里叶分析方法,会出现副瓣较高的问题,难以获取高分辨处理结果,采用压缩感知技术,可以解决稀疏采样情况下副瓣高的问题。在雷达成像中,如果目标场景由一小部分的强散射中心所构成,如对空中目标的 ISAR 成像,相对于背景可认为目标具有稀疏性。在雷达探测中,如果杂波不存在或者得到有效的抑制,那么目标通常只存在若干个距离 - 多普勒单元中,可认为目标场景具有稀疏性。基于目标的稀疏性,可以通过少量的雷达观测数据对目标信息进行精确重构。

4.4.1　信号可压缩性描述

对于一个长度有限的一维离散时间实信号 $\boldsymbol{x},\boldsymbol{x}\in\mathbb{R}^N$。$\mathbb{R}^N$中的任意信号可以用 $N\times1$ 维基矢量$\{\psi_i\}_{i=1}^N$表示。假设基是正交的,$\{\psi_i\}$作为 $N\times N$ 维基矩阵 $\boldsymbol{\Psi}=[\boldsymbol{\psi}_1\quad\boldsymbol{\psi}_2\quad\cdots\quad\boldsymbol{\psi}_N]$的列矢量,一个信号 $\boldsymbol{x}$ 可以表示为

$$\boldsymbol{x}=\sum_{i=1}^{N}\theta_i\psi_i \text{ 或 } \boldsymbol{x}=\boldsymbol{\Psi\theta} \tag{4.125}$$

$\boldsymbol{\theta}$ 为 $N\times1$ 的系数矢量。显然,$\boldsymbol{x}$ 和 $\boldsymbol{\theta}$ 为信号在不同域的等效表示,$\boldsymbol{x}$ 在时域或空域,$\boldsymbol{\theta}$ 在 $\boldsymbol{\Psi}$ 域。

如果信号 $\boldsymbol{x}$ 只是 K 个基矢量的线性组合,则称信号 $\boldsymbol{x}$ 是 K 阶稀疏的,即用基表示信号中只有 K 个非零系数,另外$(N-K)$是零系数。如果 $K\ll N$ 时,则认为信号 $\boldsymbol{x}$ 是可压缩。

在数据获取系统中,变换编码起着重要的作用,首先,在高采样率下获得 N 点采样信号;然后,由 $\boldsymbol{\theta}=\boldsymbol{\Psi}^{\mathrm{T}}\boldsymbol{x}$ 计算所有通过变换得到的系数$\{\boldsymbol{\theta}_i\}$;接着,确定 K 个大系数的位置,丢弃$(N-K)$个小系数;最后,对 K 个大系数的值与位置进行编码。其中固有的不足是,即使 K 比较小,初始采样数 N 也应当足够大;即使除了 K 个系数外,其他系数都丢弃,也必须计算出所有变换系数;大系数的位置必须进行编码,引入额外操作。压缩感知通过直接获取压缩了的信号,不需要进行 N 个采样的中间过程。

4.4.2　测量矩阵和信号重建算法

考虑一般的线性测量过程,计算 $\boldsymbol{x}$ 和测量矢量集合$\{\boldsymbol{\phi}_j\}_{j=1}^M$的内积,$M<N$,将观测量 y_j 排列成 $M\times1$ 维矢量 $\boldsymbol{y}$,测量矢量 $\boldsymbol{\phi}^{\mathrm{T}}$ 作为 $M\times N$ 维矩阵中的列矢量,观测量可写成

$$\boldsymbol{y}=\boldsymbol{\Phi x}=\boldsymbol{\Phi}\Psi\boldsymbol{\theta}=\boldsymbol{\Theta\theta} \tag{4.126}$$

式中:$\boldsymbol{\Theta}=\boldsymbol{\Phi\Psi}$ 是 $M\times N$ 维矩阵。测量过程不是自适应的,意味着测量矩阵 $\boldsymbol{\Phi}$ 是确定的,不依赖于信号 $\boldsymbol{x}$。

接下来的问题就是:①设计一个可靠的测量矩阵 $\boldsymbol{\Phi}$,将可压缩信号从$\boldsymbol{x}\in\mathbb{R}^N$到 $\boldsymbol{y}\in\mathbb{R}^M$降维,不会损失其重要的信息。②设计从 $M\approx K$ 个观测量 $\boldsymbol{y}$ 中恢复 $\boldsymbol{x}$ 的重建算法。

测量矩阵 $\boldsymbol{\Phi}$ 应当保证能够从 $M<N$ 的测量数据中重建长度为 N 的信号 $\boldsymbol{x}$。由于 $M<N$,此问题似乎是病态的,然而,如果 $\boldsymbol{x}$ 是 K 阶稀疏的,并且 K 个非零系数在 $\boldsymbol{\theta}$ 中的位置是已知的,只要 $M \geqslant K$,此问题就可以解。此问题能够解决的一个充分必要条件是,对于任意有 K 个非零系数 $\boldsymbol{\theta}$ 的矢量 $\boldsymbol{v}$,有

$$1-\varepsilon \leqslant \frac{\|\boldsymbol{\Theta v}\|_2}{\|\boldsymbol{v}\|_2} \leqslant 1+\varepsilon \qquad \varepsilon>0 \tag{4.127}$$

也就是说,矩阵 $\boldsymbol{\Theta}$ 必须保持这些 K 阶稀疏矢量的长度。一般而言,K 个非零系数的位置是未知的。然而,对于 K 阶稀疏信号有可靠解的充分条件是满足 RIP,即对于任意 $3K$ 阶稀疏矢量 $\boldsymbol{v}$,$\boldsymbol{\Theta}$ 满足上式。

另一个相关的条件,称为不相关性(Incoherence),要求 $\boldsymbol{\Phi}$ 的行矢量 $\{\phi_j\}$ 不能稀疏表示 $\boldsymbol{\Psi}$ 的列矢量 $\{\psi_i\}$。通过选取测量矩阵 $\boldsymbol{\Phi}$ 为一随机矩阵,能够以较大的概率使得满足 RIP 和不相关性。

信号重建算法必须利用观测量 $\boldsymbol{y}$,观测矩阵 $\boldsymbol{\Phi}$ 和基 $\boldsymbol{\Psi}$,重建长度为 N 的信号 $\boldsymbol{x}$ 或稀疏系数矢量 $\boldsymbol{\theta}$。对于 K 阶稀疏信号,由于 $\boldsymbol{y}=\boldsymbol{\Phi x}=\boldsymbol{\Phi \Psi \theta}=\boldsymbol{\Theta\theta}$ 中 $M<N$,因此存在无限个 $\boldsymbol{\theta}'$ 满足 $\boldsymbol{\Theta\theta}'=\boldsymbol{y}$。如果 $\boldsymbol{\Theta\theta}=\boldsymbol{y}$,对于 $\boldsymbol{\Theta}$ 的零空间 $\mathcal{N}(\boldsymbol{\Theta})$ 中的任意矢量 $\boldsymbol{r}$,有 $\boldsymbol{\Theta}(\boldsymbol{\theta}+\boldsymbol{r})=\boldsymbol{y}$。因此,信号重建算法的目标就是在 $N-M$ 维转化的零空间 $\mathcal{H}=\mathcal{N}(\boldsymbol{\Theta})+\boldsymbol{\theta}$ 中寻找信号的稀疏系数矢量。

1) 最小 ℓ_2 范数重建

定义矢量 $\boldsymbol{\theta}$ 的 ℓ_p 范数为 $(\|\boldsymbol{\theta}\|_p)^p=\sum_{i=1}^{N}|\boldsymbol{\theta}_i|^p$。求解这类问题的传统方法就是通过求解式

$$\hat{\boldsymbol{\theta}}=\operatorname{argmin}\|\boldsymbol{\theta}'\|_2, \text{满足 } \boldsymbol{\Theta\theta}'=\boldsymbol{y} \tag{4.128}$$

在转化的零空间中寻找 ℓ_2 范数最小的矢量。这个优化有简单的闭合解 $\hat{\boldsymbol{\theta}}=\boldsymbol{\Theta}^{\mathrm{T}}(\boldsymbol{\Theta\Theta}^{\mathrm{T}})^{-1}\boldsymbol{y}$,但是通过 ℓ_2 范数最小化,几乎不能找到 K 阶稀疏解。

2) 最小 ℓ_0 范数重建

由于 ℓ_2 范数测量的是信号的能量而不是信号的稀疏度,考虑到 ℓ_0 范数计算的是 $\boldsymbol{\theta}$ 中非零系数的个数,因此 K 阶稀疏矢量的 ℓ_0 范数等于 K。

$$\hat{\boldsymbol{\theta}}=\operatorname{argmin}\|\boldsymbol{\theta}'\|_0, \text{满足 } \boldsymbol{\Theta\theta}'=\boldsymbol{y} \tag{4.129}$$

此问题的求解过程计算量大且是不稳定的 NP 问题。

3) 最小 ℓ_1 范数重建

基于 ℓ_1 范数的优化

$$\hat{\boldsymbol{\theta}}=\operatorname{argmin}\|\boldsymbol{\theta}'\|_1, \text{满足 } \boldsymbol{\Theta\theta}'=\boldsymbol{y} \tag{4.130}$$

可以准确恢复 K 阶稀疏信号,而且可以只采用 $M \geqslant cK\log(N/K)$ 个独立同分布的

随机观测量，c 为常数。此问题是一个凸优化问题，可以容易地采用线性规划算法解决。

4.4.3　压缩感知技术在雷达中的应用

4.4.3.1　在 ISAR 成像中的应用

在相控阵雷达对空中多目标跟踪与成像中，系统时间资源通常比较紧张，如果将时间资源随机分配给多个目标，对各目标采用稀疏观测方式，可以提高雷达资源利用率，缓和多目标成像中雷达时间资源紧张问题。

采用压缩感知理论对信号进行重建的前提是信号本身具有稀疏特性，在 ISAR 成像中，由于观测场景中的目标相对于场景具有一定的稀疏特性，从而可考虑采用方位稀疏采样信号，对目标信息进行恢复。

当目标平动分量补偿后，基于转台模型 ISAR 信号可写成

$$s(t) = A \cdot \exp\left[-\mathrm{j}2\pi\left(f \cdot t + \frac{1}{2}\beta t^2\right)\right] \tag{4.131}$$

式中：f 为多普勒频率；β 为多普勒调频率。

假设在观测时间内目标运动平稳，基于转台模型 ISAR 信号可写成

$$s(t) = A \cdot \exp(-\mathrm{j}2\pi f \cdot t) \tag{4.132}$$

对各时刻信号进行傅里叶变换，可以获得目标的多普勒谱。因此对于平稳运动目标回波信号，在距离向脉压、方位向包络对齐和相位补偿后，沿方位向进行傅里叶变换，就可以得到目标的二维 ISAR 图像，如图 4.18 所示。

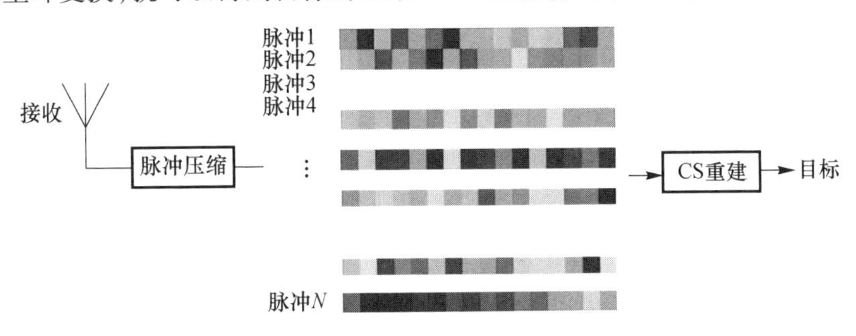

图 4.18　采用 CS 的 ISAR 成像框图(见彩图)

当目标方位向为稀疏采样时，采用传统方位向傅里叶变换的方式成像，方位向会出现较高的副瓣，严重影响图像质量。为了解决这个问题，可根据式(4.126)构造基矩阵，采用基于压缩感知的成像算法，对运动目标进行成像处理。

由式(4.126)可知，ISAR 方位向成像过程就是在观测时间内目标多普勒谱

的重建过程,因此,基于压缩感知理论,可构造模型[13]

$$\boldsymbol{s}(n)_{M\times1}=\boldsymbol{\Phi}_{M\times N}\boldsymbol{\Psi}(n)_{N\times N}\boldsymbol{\theta}(n)_{N\times1} \tag{4.133}$$

式中:n 为距离门数,$\boldsymbol{s}(n)_{M\times1}$ 为第 n 个距离门中 M 个经脉冲压缩后的矢量,$\boldsymbol{\theta}(n)_{N\times1}$ 为在第 n 个距离门中要恢复的目标多普勒系数矢量。测量矩阵 $\boldsymbol{\Phi}_{M\times N}$ 由采样时刻决定,矩阵 $\boldsymbol{\Theta}_{M\times N}=\boldsymbol{\Phi}_{M\times N}\boldsymbol{\Psi}(n)_{N\times N}$ 可构造为

$$\boldsymbol{\Theta}(m,i)=\exp[-\mathrm{j}2\pi\cdot f_{\mathrm{d}}(i)\cdot t(m)] \tag{4.134}$$

式中:$f_{\mathrm{d}}(i)$ 为待建目标的多普勒谱,$i=1,2,\cdots,N;m=1,2,\cdots,M$。

将式(4.134)带入式(4.133),目标多普勒系数矢量可以从 $\boldsymbol{s}$ 中通过求解式(4.126)的 ℓ_1 模最小优化问题恢复出来。

$$\hat{\boldsymbol{\theta}}=\min\|\boldsymbol{\theta}\|_1,\text{满足 } \boldsymbol{s}=\boldsymbol{\Phi\Psi\theta} \tag{4.135}$$

在噪声存在的情况下,可通过松弛的约束条件对信号进行重构,利用凸优化算法求解下式的 ℓ_1 模最小优化问题[14]。

$$\hat{\boldsymbol{\theta}}=\min\|\boldsymbol{\theta}\|_1,\text{满足 } \|\boldsymbol{s}-\boldsymbol{\Phi\Psi\theta}\|_2\leqslant\varepsilon \tag{4.136}$$

式中:ε 为测量数据中的噪声水平。

示例:采用 Yak-42 飞机 ISAR 数据,对基于压缩感知理论的 ISAR 成像算法进行说明,图 4.19 为从 512 个脉冲中随机抽取 128 个脉冲的稀疏采样信号,距离向采用传统脉冲压缩。图 4.20 为方位向采用压缩感知理论的成像算法结果。如果采用传统距离多普勒算法对方位向稀疏采样信号进行成像,方位向将出现副瓣较高聚焦性能差的问题,采用压缩感知理论可以避免这一问题。

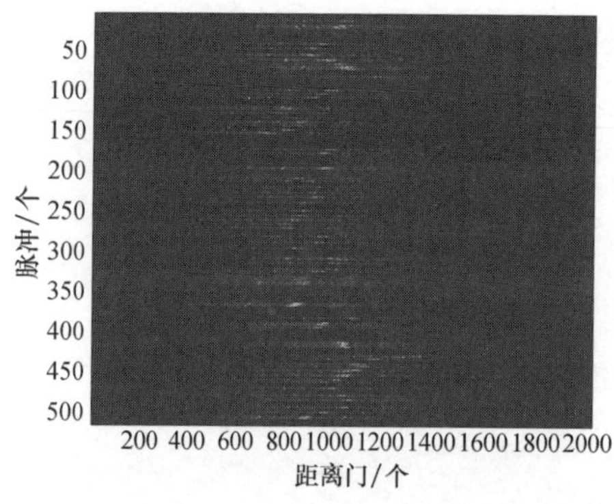

图 4.19 稀疏采样信号(见彩图)

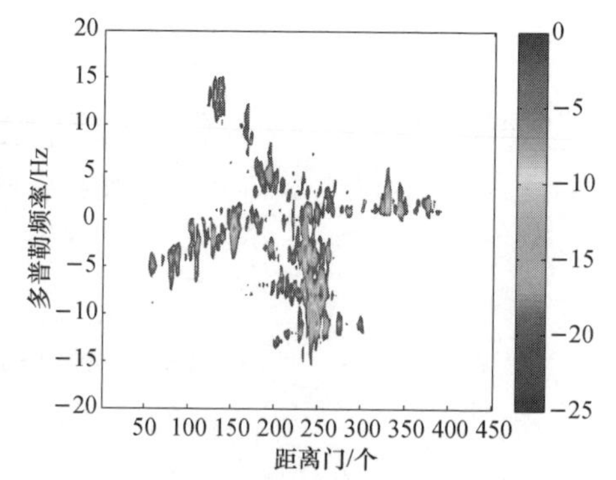

图 4.20 采用 CS 成像结果(见彩图)

4.4.3.2 在天波超视距雷达瞬态干扰抑制中的应用

天波超视距雷达(OTHR)瞬态干扰是指存在时间远小于相干积累时间的干

扰,此类干扰通常有很宽的多普勒谱,它会影响到几乎所有或大部分多普勒单元,应在时域处理过程中予以剔除,但在直接抑制瞬态干扰时也会在时域将一部分目标信号滤除,导致信号的部分缺损。OTHR 由于瞬态干扰剔除和非均匀采样造成的信号部分缺损,难以直接应用传统基于傅里叶理论的谱分析方法对回波进行分析和目标检测,将严重限制天波超视距雷达的功能。因此,对部分缺损或非均匀采样的 OTHR 信号的频谱重构具有重要的意义。

假设 OTHR 回波信号已经进行距离向脉冲压缩处理,实现了相干积累。某一距离单元内,观测信号可以表示为[15]

$$\boldsymbol{x}(t)=\boldsymbol{s}+\boldsymbol{n}+\boldsymbol{i}+\boldsymbol{c} \tag{4.137}$$

式中:$\boldsymbol{s}$ 表示目标信号;$\boldsymbol{i}$ 表示瞬态干扰信号;$\boldsymbol{c}$ 表示杂波;$\boldsymbol{n}$ 表示系统噪声信号。

由于目标的运动对 OTHR 回波信号有多普勒调制,目标信号存在和目标运动相应的多普勒频率,同时可假设在相干处理时间内目标幅度近似为常数。假设距离门内有 Q 个运动目标,则目标信号 $\boldsymbol{s}$ 可表示为

$$\boldsymbol{s}=\sum_{q=1}^{Q}A_q\cdot \mathrm{e}^{\mathrm{j}2\pi f_q t} \tag{4.138}$$

式中:A_q和f_q分别为第 q 个运动目标回波的幅度和多普勒频率。

在 OTHR 信号中,由于杂波和目标信号通常仅分布在若干有限多普勒单元内,信号在距离-多普勒域里存在很强的稀疏性,利用此稀疏特征,基于压缩感知处理技术,可在信号缺损情况下对频谱精确重构。

瞬态干扰通常只对回波信号造成局部污染,即它只在若干个重复周期内出现,其持续时间很短,但干扰强度大,在多普勒有较宽的谱,会在频域掩盖目标信号。考虑瞬态干扰的这些特点,将瞬态干扰信号表示为

$$\boldsymbol{i}=\sum_{g=1}^{G}\mathrm{rect}\left(\frac{t-t_g}{T_g}\right)\cdot B_g \tag{4.139}$$

式中:G 为瞬态干扰信号数目;T_g和 t_g分别为第 g 个干扰信号持续时间和位置,由于瞬态干扰持续时间很短,所以 T_g通常很小;B_g为第 g 个干扰信号的复包络。

在对瞬态干扰信号滤除的过程中,不可避免地导致了信号和杂波在干扰处的信号缺损。处理过程如图 4.21 和图 4.22 所示。

干扰滤除后信号可重新表示为

$$y(t')=s'+n' \tag{4.140}$$

式中:t'为时域缺损时间序列。

对于干扰滤除后的 OTHR 信号,目标数目通常很少,同时杂波频带通常较窄,OTHR 信号在多普勒域可认为是稀疏的。

$$y(t')=s'+n'=\boldsymbol{\Psi}\boldsymbol{\theta}_{\mathrm{s}}+\boldsymbol{\Psi}\boldsymbol{\theta}_{\mathrm{n}}=\boldsymbol{\Psi}\boldsymbol{\theta} \tag{4.141}$$

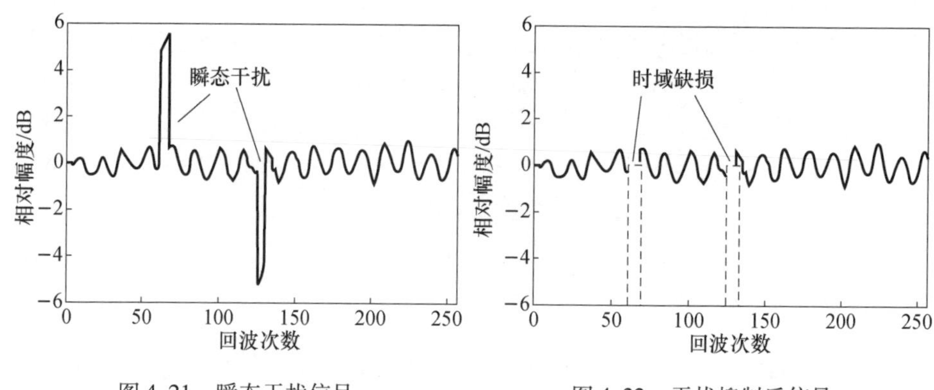

图 4.21　瞬态干扰信号　　　　图 4.22　干扰抑制后信号

式中：$\boldsymbol{\Psi}$ 为对应缺损傅里叶基；$\boldsymbol{\theta}_s$ 和 $\boldsymbol{\theta}_n$ 分别为目标信号频谱和杂波频谱稀疏矢量；$\boldsymbol{\theta}$ 为目标和杂波信号多普勒谱系数矢量。

利用压缩感知实现信号恢复的先决条件是信号的稀疏性。在 OTHR 信号缺损条件下进行多普勒频谱恢复中，通常目标和强杂波占较少的多普勒单元。即有效频点数目远小于多普勒频谱 $\boldsymbol{\theta}$ 的维度。另一方面，针对 OTHR 的信号缺损特性，还需要构造出对应的冗余时频字典 $\boldsymbol{\Psi}$。假设脉冲重复频率为 f_r，则多普勒为 $f_d=[1:N]\cdot\Delta f_d$，$N=f_r/\Delta f_d$（N 为整数，表示恢复多普勒频谱的维度）。则构建冗余基表示为

$$\boldsymbol{\Psi}=[\psi_1,\psi_2,\cdots,\psi_n,\cdots,\psi_N]_{M\times N} \tag{4.142}$$

式中：$\psi=\exp(\mathrm{j}2\pi\cdot f_d(n)\cdot t')$，$0\leqslant n\leqslant N$；$M$ 为缺损信号时域维度，且有 $M<N$。

经过脉压的某个距离单元的 OTHR 缺损信号 $y(t')$ 可以表示为由 $\boldsymbol{\Psi}$ 若干子空间张成，如图 4.23 所示。

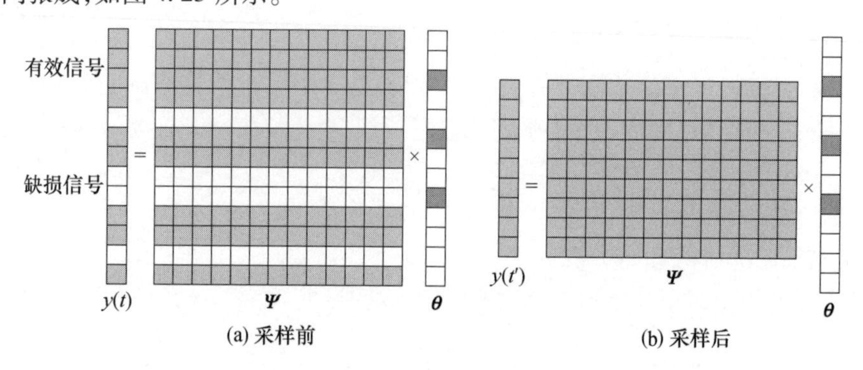

图 4.23　缺损信号表达

由于 $\boldsymbol{\Psi}$ 为一列大于行的矩阵，需要恢复的信号频谱自由度大于有效信号的维度，也即利用 $y(t')$ 精确求解频谱 $\boldsymbol{\theta}$ 是一个欠定方程求解的过程，存在无穷多

解。压缩感知理论指出，当 $\boldsymbol{\theta}$ 为一稀疏矢量，且 $\boldsymbol{\Psi}$ 满足一定条件时，$\boldsymbol{\theta}$ 可通过求解 ℓ_1 范数优化问题精确估计。可以将问题转化为利用缺损观测信号 $y(t')$ 重建完整的目标和杂波多普勒谱 $\boldsymbol{\theta}$。考虑到观测噪声的影响，将优化代价函数写成

$$\hat{\boldsymbol{\theta}} = \min \|\boldsymbol{\theta}\|_1，满足 \|\boldsymbol{y} - \boldsymbol{\Psi\theta}\|_2 \leqslant \varepsilon \tag{4.143}$$

式中：ε 为噪声门限，通过设置合适的噪声门限，可以有效地抑制部分噪声，提高频谱恢复的精度。

如图 4.24 和图 4.25 所示，回波缺失导致常规处理存在大量栅瓣，CS 处理后可有效恢复频谱。

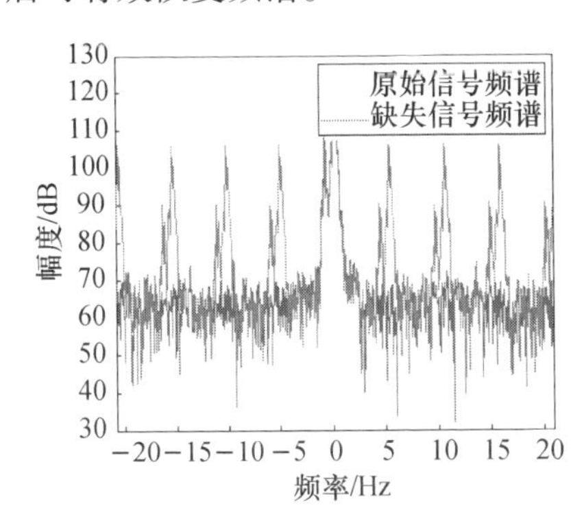

图 4.24　常规处理（见彩图）

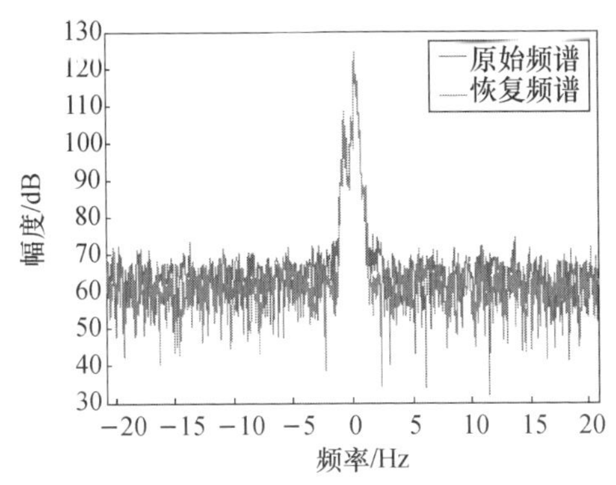

图 4.25　稀疏处理（见彩图）

4.4.3.3　在阵列天线 DOA 估计中的应用

在雷达中利用天线阵列估计入射信号波达方向（DOA），是目标定位中一个非常重要的参数。传统基于二阶统计特性的子空间类 DOA 估计算法，如 MUSIC 算法和 ESPRIT 算法，具有空间分辨力强、实现简单等优点，但均以准确获取信号或噪声子空间为前提，在快拍数较少，信噪比较低，以及目标数目估计不准的情况下，估计性能明显变差。基于稀疏信号表示的压缩感知技术使得 DOA 的估计问题有了新的求解方法，阵列信号的空间谱不是连续的，也就是说仅仅存在少数几个非零值分别代表着相应的空间方位。空间信号的这种稀疏特性，决定了可以用稀疏分解的方法进行 DOA 估计。

假设有 K 个远场窄带不相关信号入射到由 M 个阵元组成的均匀线列阵上，阵元间距为半波长，则在某时刻 t 接收信号的数据模型为

$$\boldsymbol{y}(t) = \boldsymbol{Au}(t) + \boldsymbol{n}(t) \qquad t = 1.2, \cdots, L \tag{4.144}$$

式中：$\boldsymbol{y}(t) = [x_1(t), \ x_2(t), \ \cdots, \ x_M(t)]^{\mathrm{T}}$ 为阵列接收数据；$\boldsymbol{A} = [\boldsymbol{a}(\theta_1), \ \boldsymbol{a}(\theta_2), \ \cdots, \ \boldsymbol{a}(\theta_N)]$ 为 $M \times K$ 的阵列流型矩阵；$\boldsymbol{a}(\theta_i)$（$i = 1, 2, \cdots,$

K)是第 i 个信号的方向矢量;$\boldsymbol{u}(t)=[u_1(t),\ u_2(t),\ \cdots,\ u_N(t)]^{\mathrm{T}}$ 为空间的信号矢量;$\boldsymbol{n}(t)=[n_1(t),\ n_2(t),\ \cdots,\ n_M(t)]^{\mathrm{T}}$ 是服从均值为0、方差为 σ^2 的高斯分布的加性白噪声。

由于实际存在的信号在空域的分布是稀疏的,将要考虑的整个空间划分成 $\{\theta_1,\theta_2,\cdots,\theta_Q\}$,并假设每一个可能的方向 $\boldsymbol{\theta}_q(q=1,2,\cdots,Q)$ 都存在一个潜在信号的方位信息,且 $Q=\max(M,K)$。构造一个完备集 $\overline{\boldsymbol{A}}=[a(\theta_1),\ a(\theta_2),\ \cdots,\ a(\theta_Q)]$ 和一个稀疏信号矢量 $\boldsymbol{s}(t)=[s_1(t),\ s_2(t),\ \cdots,\ s_Q(t)]^{\mathrm{T}}$,理想情况下,稀疏信号矢量 $\boldsymbol{s}(t)$ 中只有实际存在信号的 K 个位置的元素是非零的,其他 $Q-K$ 个位置的元素值均为0,则式(4.144)可以重新表示为

$$\boldsymbol{y}(t)=\overline{\boldsymbol{A}}\boldsymbol{s}(t)+\boldsymbol{n}(t)\qquad t=1.2,\cdots,L \tag{4.145}$$

当快拍数为 L 时,式(4.145)可以写成

$$\boldsymbol{Y}=\overline{\boldsymbol{A}}\boldsymbol{S}+N \tag{4.146}$$

式中:$Y=[y(1),\ y(2),\ \cdots,\ y(L)]$;$S=[s(1),\ s(2),\ \cdots,\ s(L)]$;$N=[n(1),\ \cdots,\ n(L)]$;此时 $\overline{\boldsymbol{A}}$ 相当于压缩感知理论中的感知矩阵 $\boldsymbol{\Theta}$。

在实际应用中,测量矩阵的维数很高,为了降低计算的复杂度和对噪声的敏感性,首先需要对测量矩阵 $\boldsymbol{Y}$ 进行奇异值分解。

对式(4.146)的阵列接收数据进行SVD分解[16]

$$\boldsymbol{Y}=\boldsymbol{U\Lambda V}^{\mathrm{H}}=[\boldsymbol{U}_{\mathrm{S}}\boldsymbol{U}_N]\boldsymbol{\Lambda V}^{\mathrm{H}} \tag{4.147}$$

式中:$\boldsymbol{U}_{\mathrm{S}}$ 为信号子空间;$\boldsymbol{U}_N$ 为噪声子空间。

$$\boldsymbol{U}_{\mathrm{S}}=\boldsymbol{YVD}_K \tag{4.148}$$

式中:$D_K=[\boldsymbol{\Lambda}_{K\times K}^{-1}\quad \boldsymbol{0}_{K\times(L-K)}^{\mathrm{H}}]^{\mathrm{H}}$,$\boldsymbol{\Lambda}_{K\times K}$ 为由 K 个大特征值组成的对角矩阵。

令 $\boldsymbol{Y}_{\mathrm{S}}=\boldsymbol{U}_{\mathrm{S}}$,$\boldsymbol{S}_{\mathrm{S}}=\boldsymbol{SVD}_K$,$\boldsymbol{N}_{\mathrm{S}}=\boldsymbol{SVD}_K$,式(4.146)可以重新表示为

$$\boldsymbol{Y}_{\mathrm{S}}=\overline{\boldsymbol{A}}\boldsymbol{S}_{\mathrm{s}}+\boldsymbol{N}_{\mathrm{S}} \tag{4.149}$$

通过求解如下 ℓ_1 模最小优化问题得到信号的DOA估计。

$$\hat{\boldsymbol{s}}=\min\|\boldsymbol{s}\|_1,满足\ \|\boldsymbol{Y}_{\mathrm{S}}-\overline{\boldsymbol{A}}\boldsymbol{S}_{\mathrm{S}}\|_2\leqslant\varepsilon \tag{4.150}$$

图4.26和图4.27分别为不相干信号和相干信号常规波束形成算法,Capon算法,MUSIC算法和基于压缩感知理论的 $\mathrm{L}_1-\mathrm{SVD}$ 算法DOA估计结果。

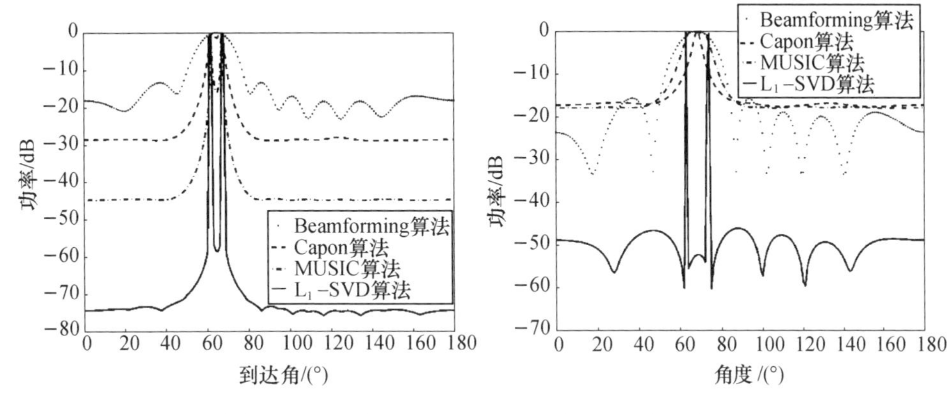

图 4.26　不相干信号 DOA 估计结果　　图 4.27　相干信号 DOA 估计结果

参考文献

[1] Gordon N, Salmond D. Novel approach to non - linear and non - gaussian Bayesian state estimation: Proceedings of Institute Electric Engineering[C]. 1993, 140:107 - 113.

[2] Carpenter J, Clifford P. Improved particle filter for nonlinear problems: IEE Proceedings of Radar, Sonar and Navigation[C]. 1999, 1:2 - 7.

[3] 胡士强, 敬忠良. 粒子滤波原理及其应用[M]. 北京: 科学出版社, 2010.

[4] 张长城,杨德贵,王宏强,红外图像中弱小目标检测前跟踪算法研究综述[J]. 激光与红外,2007,37(2):104 - 107.

[5] Mori S. Tracking and Classifying Multiple Targets without a priori Identification[J]. IEEE Transactions on Aero space and Electronic Systems,1986,31:401 - 409.

[6] 李斌,彭嘉雄,基于动态规划的红外小目标检测与识别[J]. 华中理工大学学报,2000,28(6):68 - 70.

[7] 陈华明,孙广富,卢焕章,等. 基于动态规划和置信度检验的小目标检测[J]. 系统工程与电子技术,2003(4):472 - 476.

[8] 强勇,焦李成,保铮. 动态规划算法进行弱目标检测的机理研究[J]. 电子与信息学报,2003,25(6):721 - 727.

[9] 强勇,焦李成,保铮. 一种有效的用于雷达弱目标检测的算法[J]. 电子学报,2003,31(3):440 - 443.

[10] Candes E J, Romberg J, Tao T. Robust uncertainty principles: exact signal reconstruction from highly incomplete frequency information [J]. IEEE Trans on Information Theory. 2006, 52(2): 489 - 509.

[11] Donoho D L. Compressed sensing [J]. Transactions on Information Theory. 2006, 52(4): 1289 - 1306.

[12] Baraniuk R. Compressive sensing[J]. IEEE signal processing magazine. 2007: 118 - 124.

[13] Joachim H G Ender. On compressive sensing applied to radar [J], Signal Processing 90 (2010) 1402 – 1414.

[14] Zhang Lei, Xing Mengdao, Qiu Chengwei, et al. Resolution Enhancement for Inverse Synthetic Aperture Radar Imaging Under Low SNR via Improved Compressive Sensing[J]. IEEE Trans. Geosci. Remot. Sens., 2010, 48(10): 3824 – 3838.

[15] Boyd S, Vandenberghe L. Convex optimization [M]. U.K: Cambridge University Press, 2004.

[16] 全英汇,张磊,邢孟道,等. 天波超视距雷达缺损信号的频谱重构[J]. 系统工程与电子技术,2011,33(8):1732 – 1737.

[17] Malioutov D, etin M, Willsky S A. A Sparse Signal Reconstruction Perspective for Source Localization with Sensor Arrays [J]. IEEE Trans. on Signal Processing, 2005, 53(8): 3010 – 3022.

第5章 战略预警雷达成像技术

现代战略预警雷达不仅担负着探测和跟踪威胁目标的任务，而且需要将威胁目标鉴别出来供指挥员进一步采取军事行动作依据，而宽带成像技术是精细刻画目标特性和准确识别的重要手段。通过二维成像不仅可以将探测到的目标图像直观显示，而且可以基于雷达图像的尺寸、形状、结构、散射特性等特征进行识别。

对平稳运动目标采用距离多普勒(RD)成像算法即可有效二维 ISAR 成像，而许多军事目标运动形式复杂，如目标机动飞行时，由 RD 成像算法得到的二维像会模糊，而通过基于时频分析的瞬时成像技术可以有效解决这一问题；对有旋动部件或干扰调制的目标成像时，可基于信号分解的算法先将调制去除，再对目标成像；当目标高速自旋时，可以采用反投影成像算法对目标成像；对弹头等小尺寸目标成像时需要更高的带宽，宽带外推超分辨成像技术是有效的解决途径；为达到不同频带联合超高分辨成像，业界提出了宽带合成超分辨技术；对 ISAR 图像的质量评估则提出了客观评估和主观评估联合评价模型。

本章主要介绍对机动目标、调制目标、自旋目标等更具挑战性的目标成像技术，并对宽带合成、宽带外推、图像质量评估等新方法进行介绍。内容组织如下：5.1 节对逆合成孔径雷达系统和成像发展进行概述，5.2 节介绍对机动目标成像的时频分析方法，5.3 节是受调制目标的成像算法介绍，5.4 节是对高速自旋目标采用反投影成像算法的介绍，5.5 节和 5.6 节是对小尺寸目标超高分辨成像技术的介绍，最后一节给出了 ISAR 图像质量评估模型和准则。

5.1 逆合成孔径雷达成像发展概述

随着宽带雷达技术的不断发展和进步，被雷达观测到的目标不再仅仅被看做“点”目标，而需要对目标进行远距离高分辨二维成像，雷达成像技术在军事和民用领域得到越来越重要的应用。ISAR 成像对战场目标的高清晰侦察和监视、国土防空反导、目标识别、反潜能力以及战略预警能力等都具有十分重要的作用。ISAR 成像已成为雷达继探测、捕获、跟踪、测轨等功能后的又一新功能[1-3]。

5.1.1 逆合成孔径雷达成像发展

ISAR 不仅可以对目标检测、定位及跟踪,而且可以在复杂环境下,完成光学、红外等常规监视系统难以胜任的任务,可以全天时全天候对飞机、舰船、导弹、卫星等目标进行远距离高分辨二维乃至三维成像,可以获得目标结构特征和运动态势等信息,所以 ISAR 成像是战略防御系统中极有前途的一种目标识别手段,因为这种识别手段不需要样本库训练,根据目标的大致尺寸与形状能够初步确定其类别,所以对战场目标的高清晰侦察和监视,精确制导武器的高精度寻的,提高部队的指挥自动化水平、攻防能力,国土防空反导、反舰、反潜能力以及战略预警能力等都具有十分重要的作用,而对目标三维成像是对付各种有源、无源干扰的有效手段[4-5]。

雷达成像是 20 世纪 50 年代发展起来的,它是雷达发展史上的一个重要里程碑。按照工作原理和成像方式的不同,成像雷达可以分为合成孔径雷达(SAR)和逆合成孔径雷达(ISAR)。SAR 利用运动雷达相对于固定地面场景所产生的合成孔径获得方位维的高分力;而典型的 ISAR 则利用运动目标相对于静止雷达所产生的逆合成孔径获得方位维的高分辨。由于均利用雷达和观测目标之间的相对运动进行方位维高分辨成像,因此 SAR 和 ISAR 的基本原理相同。

合成孔径的概念早在 20 世纪 50 年代就有人提出,1951 年 6 月,美国 Goodyear Aircraft 公司的 Carl Wiley 首先提出可用频率分析的方法改善雷达的角分辨力。在 Wiley 进行工作的同时,Illinois 大学的 Sherwin 等人独立地进行了实验,采用非聚焦型合成孔径方法,于 1953 年 7 月得到第一张合成孔径雷达图像。1953 年夏,在美国 Michegan 大学举办的暑期讨论会上,许多学者相继提出利用载机运动可将雷达的真实天线综合成大尺寸的线性天线阵列的新概念,并认识到合成孔径的工作方式有聚焦与非聚焦之分。1957 年 8 月,Michegan 大学雷达和光学实验室的 Cutrona 和 Leith 等人研制的机载合成孔径雷达进行了飞行试验,获得了第一张大面积的聚焦型合成孔径雷达图像。从此合成孔径原理和合成孔径雷达得到了广泛承认,并开始向实用化方向发展。

在 20 世纪 60 年代初期,美国 Willow Run 实验室的 M. L. Brown 等人开展对旋转目标成像的研究,70 年代初,美国 MTI 林肯实验室首先获得了高质量的近地空间目标的ISAR图像,接着于70年代末,又研制出远距离成像雷达,并于80年代初装备美国本土Haystack雷达站,它的分辨力已达到0.25m,但由于ISAR成像的目标为非合作目标,使得运动补偿的难度加大,所以对真实飞行中的飞机进行ISAR成像直到1980年才由C. C. Chen和H. C. Andrews提出了比较有效的运动补偿方法,并发表了成像结果[6]。美国海军实验室则与Texas Instrument公司合作于80年代初成功地实现了对舰船目标的成像。90年代中期,法国Thomson-CSF和德国Deutsche Aerospace联合研制的Ocean Master-400机载雷达的资料上给出了机载SAR对舰船成像的图片。1993年英国Thorn EMI公司给出安装在悬崖顶上的雷达对舰船成像的图。1996年,美国海军实验室VC. Chen利用联合时频分析方法得到了机动飞机目标的ISAR图像。在2000年,V. C. Chen和J. Li等人对包含游动部件目标的ISAR成像进行了系统研究,并得到了螺旋桨飞机刚体部分的ISAR图像。2010年林肯实验室对Haystack雷达再次升级改造,使雷达工作在W波段,发射带宽为8GHz,距离分辨力高达2cm。

近年来,国际上对ISAR成像的研究不断向实用化发展。由于ISAR具有全天候全天时能力,所以它是战略防御系统中极有前途的一种目标识别的手段,在战术应用上,由于其高分辨的成像能力,在防空反卫、反舰、反潜斗争中都是十分有力的手段。而且,ISAR还具有很高的抗无源和有源干扰的能力以及潜在的反隐身能力。现在国外已有多种战术成像雷达生产,如法国的Ocean Master-400,美国的APS-137、英国的“雌狐”,俄罗斯已把ISAR做成功能部件,装备于许多雷达上。除了在军事应用上,ISAR在空中交通管制、机场调度、港口交通管制等许多民用领域都有广泛的应用。

我国从20世纪80年代后期开始了对ISAR成像技术的研究工作,国内许多单位都开展了有关ISAR理论和实验的研究,经过近二十多年的发展,ISAR理论和技术在国内取得了重要进展[7-11]。

5.1.2　ISAR系统概述

下面介绍几款典型的ISAR系统,从中可以了解国外的应用现状。

美国的GBR雷达是弹道导弹防御系统中的核心成员。该雷达工作在X频段,中心频率10GHz,具有极化测量能力,其宽带距离分辨力0.15m,对$1m^2$目标的作用距离为2000km,对$10m^2$目标的作用距离为4000 km。图5.1是GBR-P雷达图片。

一种海基雷达SBX是为美国弹道导弹防御系统而研制的,是美国导弹防御网络的一个重要组成部分,可提供弹道导弹监视、信号截获、精密跟踪、精确识别

图 5.1　GBR - P 雷达(见彩图)

和杀伤评估。SBX 具有先进的跟踪能力及假目标识别能力,作用距离 4000km,瞬时带宽 1GHz;升级后作用距离 5045km,瞬时带宽 2GHz。图 5.2 是 SBX 雷达图片。

图 5.2　SBX 雷达(见彩图)

美国为了收集世界各国的弹道导弹数据用于建库识别,由林肯实验室于 1999 年完成了陆海两用可移动测量雷达——Cobra Gemini 雷达的研制,其海用型已安装在“无敌号”上投入使用,图 5.3 所示“无敌号”上的大天线罩就是该雷达所在位置,该雷达宽带工作在 X 频段,带宽为 1GHz,分辨力达到 0.25m,可用于对目标宽带二维成像。

APY - 10 雷达系统是 Raytheon 公司研制的一款机载对海探测搜索雷达,2009 年被安装在 P - 8A 海上巡逻机载机平台上,最大带宽为 400MHz,具有海面

图 5.3　Cobra Gemini 雷达(见彩图)

和陆地高分辨成像功能。图 5.4(a)是 APY－10 雷达系统,图 5.4(b)是对海面舰船的二维成像。

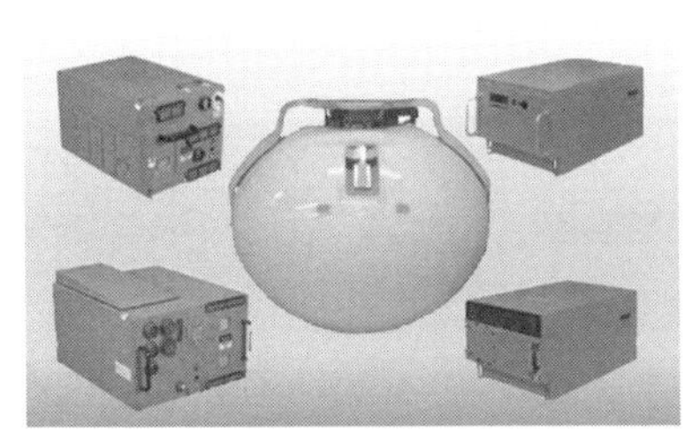

(a) APY-10型雷达

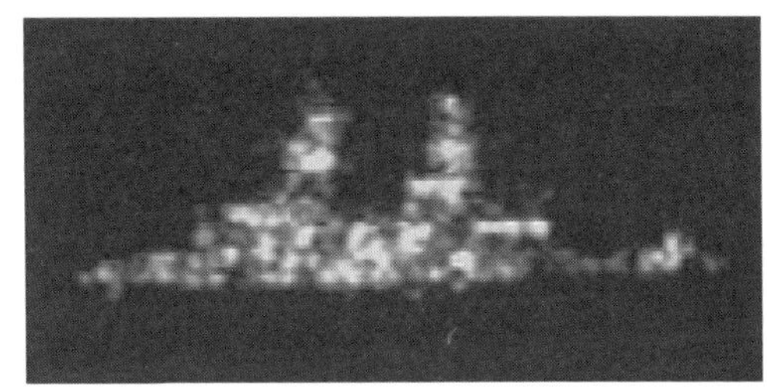

(b) 雷达对舰船目标的ISAR成像

图 5.4　APY－10 型雷达及其对舰船目标的 ISAR 成像(见彩图)

美国的 Sea Vue 雷达也是 Raytheon 公司研制的一款机载对海探测搜索雷达,以 ATR－42、U－125 等为载机平台,具有宽带小目标检测、ISAR 目标成像等功能;图 5.5(a)为 Sea Vue 雷达图片,图 5.5(b)为海面目标 ISAR 成像界面。

Ocean Master 雷达是法国 Thales 公司研制的一款对海监视雷达,其载机平台为 Falcon50,NBO－105 等。主要技术特点是高海况中目标的探测和定位、SAR/ISAR 成像及目标分类。图 5.6(a)为 Ocean Master 雷达,图 5.6(b)为 ISAR 成像图片。

以色列 IAI 公司研制的 EL/M－2022 雷达以 AP－3C 等为载机平台,主要功能包括海面监视、SAR 和 ISAR 成像、辅助目标分类等。图 5.7(a)为 EL/M－2022 雷达,图 5.7(b)为 ISAR 成像界面。

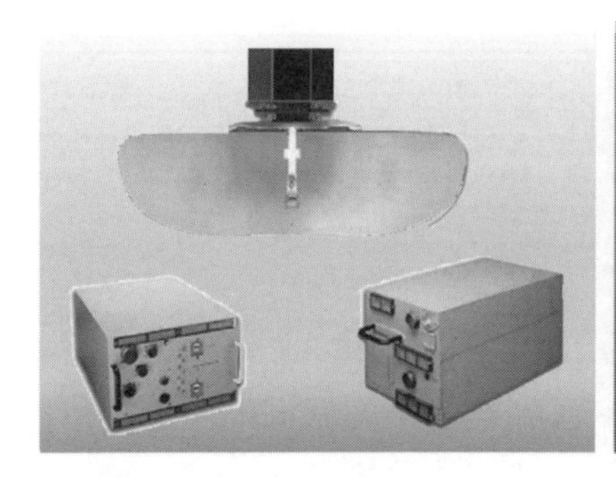

(a) Sea Vue雷达

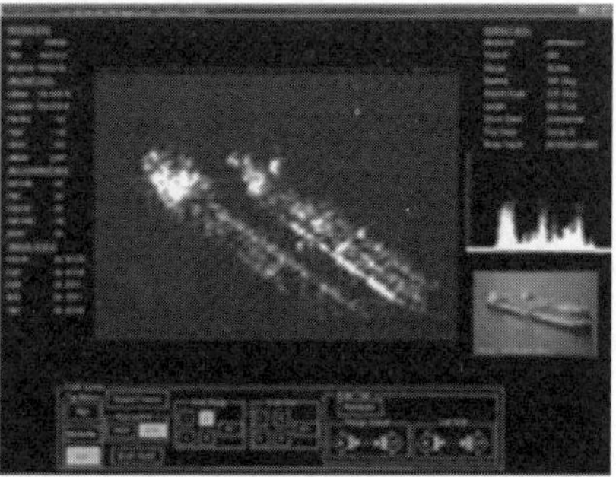

(b) 海面目标ISAR成像界面

图 5.5　Sea Vue 雷达及其 ISAR 成像界面（见彩图）

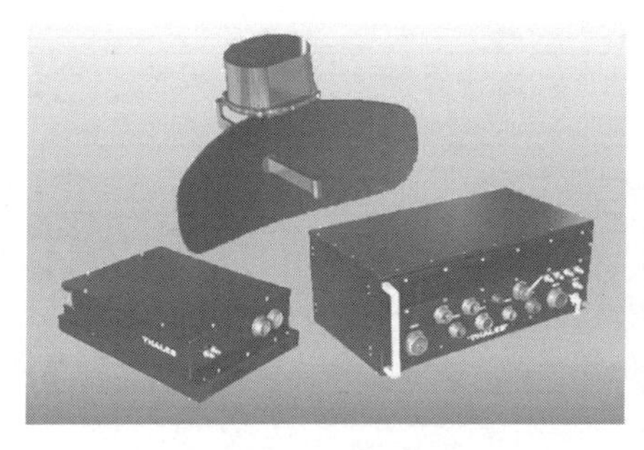

(a) Ocean Master雷达

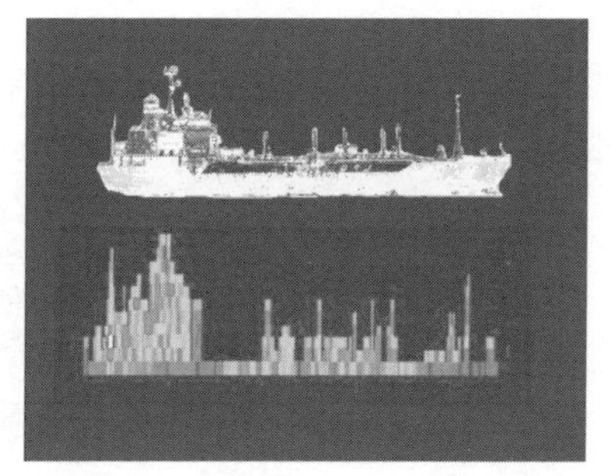

(b) ISAR成像画面

图 5.6　Ocean Master 雷达及 ISAR 成像画面（见彩图）

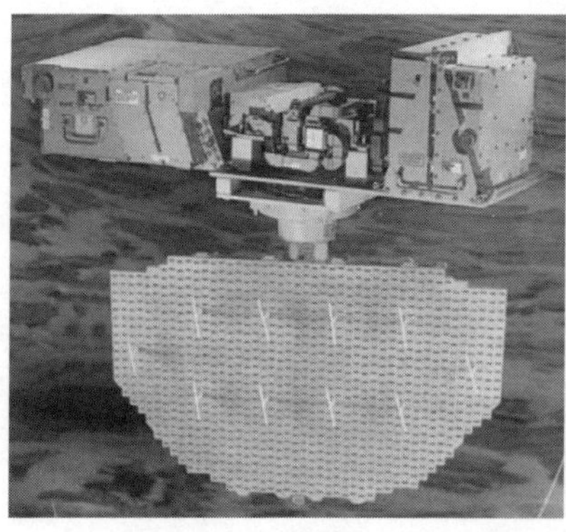

(a) EL/M−2022雷达

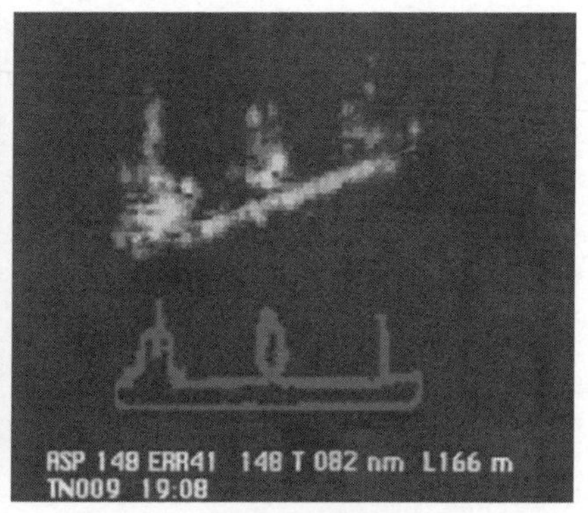

(b) ISAR成像界面

图 5.7　EL/M－2022 雷达及其 ISAR 成像（见彩图）

5.2　基于时频分析的机动目标成像

传统的RD成像算法是基于目标平稳飞行和小转角的假设，当目标运动形式复杂，如机动飞行时，转速和转轴经常是时变的，所以观测期间回波的相位具有非线性特性，多普勒频率为时变，直接使用RD成像算法，通过用FFT聚焦会导致横向分辨力下降，产生的图像模糊，甚至无法成像，而时频分布能描述随时间频率的变化，因此人们提出了基于时频分布的若干种对机动目标成像的方法[12,13]。

5.2.1　基于时频分析的机动目标成像算法

基于时频分析的对机动目标成像算法首先对成像数据进行运动补偿，然后将方位慢时间对每个距离单元作时频分析，这样当所有的距离单元全部处理完毕后，得到一个时间－距离－多普勒三维图像方阵，沿着每一瞬时的距离－多普勒切片就是该时刻对应的ISAR图像。该方法的关键在于选择时频分布和成像的切片时刻，好的时频分布不仅可以很好避免交叉项的干扰，而且分辨力也会得到提高。在最后成像时，一般选择在时间中心切片能得到较好的成像结果。

时频分析能对信号同时进行时间和频率分析，连续信号的时频分布定义为

$$P(t,f)=\int_{-\infty}^{+\infty}\int_{-\infty}^{+\infty}\int_{-\infty}^{+\infty}s\left(u+\frac{1}{2}\tau\right)s^*\left(u-\frac{1}{2}\tau\right)\alpha(\tau,v)\mathrm{e}^{-\mathrm{j}2\pi(vt+f\tau-vu)}\mathrm{d}u\mathrm{d}v\mathrm{d}\tau \tag{5.1}$$

$P(t,f)$将信号的联合时频分布与信号联系在一起，我们把基于$P(t,f)$的信号分析方法称作时频分析。时频分析本身的特点以及为改善其特性所作的一系列工作（如不确定原理、核函数的选择、交叉项的抑制等）大大地丰富了非平稳信号分析与处理领域的内容。下面介绍几种典型的时频分布。

（1）短时傅里叶变换定义为

$$\mathrm{STFT}_z(t,f)=\int_{-\infty}^{+\infty}\left[z(t')\gamma^*(t'-t)\right]\mathrm{e}^{-\mathrm{j}2\pi ft'}\mathrm{d}t' \tag{5.2}$$

式中：* 代表复数共轭，窗函数$\gamma(t)$的时间移位和频率移位使短时傅里叶变换具有局域特性。

事实上，先对分析信号进行时间加窗处理，再进行傅里叶变换，结果就是短时傅里叶变换。短时傅里叶变换没有交叉项，但是其时频分辨力受到不确定原

理的限制，不可能时间分辨力和频率分辨力同时达到最好。

（2）Wigner – Ville 时频分布定义为

$$\mathrm{WVD}(t,f) = \int_{-\infty}^{+\infty} z\left(t+\frac{\tau}{2}\right)z^*\left(t-\frac{\tau}{2}\right)\mathrm{e}^{-\mathrm{j}2\pi\tau f}\mathrm{d}\tau \tag{5.3}$$

从表达式可以看到，它是双线性乘积或瞬时自相关函数 $z\left(t+\frac{\tau}{2}\right)z^*\left(t-\frac{\tau}{2}\right)$ 关于时延 τ 的傅里叶变换。

双线性变换 Wigner – Ville 时频分布在时频面内的局域化特性较好，具有良好的时频集聚性，但由于 Wigner – Ville 时频分布的双线性产生了相干项，使得信号在本身没有能量的地方，出现了较大的能量分布，即交叉项，且该分布的交叉项较强，交叉项干扰使得不可能正确 ISAR 成像。

（3）Choi – Williams 谱定义为

$$\mathrm{CWD}(t,f) = \iint \frac{1}{\sqrt{4\pi\alpha\tau^2}}^{-\frac{(t-u)^2}{4\alpha\tau^2}} z\left(u+\frac{\tau}{2}\right)z^*\left(u-\frac{\tau}{2}\right)\mathrm{e}^{-\mathrm{j}f\tau}\mathrm{d}u\mathrm{d}\tau \tag{5.4}$$

该时频分布是通过特定的核函数对 WVD 分布进行时频域加权得到的时频分布形式。因而，相对于 WVD 时频分布来说，这个时频分布的时频局域化特性较差，但这个时频分布在一定程度上平滑了交叉项。

（4）Margenau – Hill 谱图定义为

$$\mathrm{MHD}(t,f) = \mathrm{Re}\left\{\frac{1}{\sqrt{2\pi}}z(t)\mathrm{e}^{-\mathrm{j}tf}Z^*(f)\right\} \tag{5.5}$$

式中：$Z(f)$ 为信号 $z(t)$ 的傅里叶变换；Re 表示实部。

信号的 Choi – Williams 谱时频分布呈颗粒状，其线性调频信号的时频聚集性较差，但没有明显的交叉项。该时频分布非常适合于受脉冲噪声污染的信号，因为它对谐波信号具有良好的时频聚集特性，但不适用于频率快变信号。

（5）重排 Gabor 谱时频分布定义为

$$S_x^{(r)}(t,f) = \iint S_x(t,v;h)\delta(t'-\hat{t}(x;t,v))\delta(v'-\hat{v}(x;t,v))\mathrm{d}t\mathrm{d}v \tag{5.6}$$

式中：S_x 是时频谱分布，这里的分析窗 h 为高斯窗，重排是将每个点 (t,v) 处的谱值移动到点 (t',v')。

据有关文献报道，各种时频分布有如下特点：

① 短时傅里叶变换：不存在交叉项，但分辨力低。

② WV 时频分布：虽然具有良好时间和频率分辨力，但是由于 WV 时频分

布的双线性产生的相干项使信号本来没有能量的地方出现了较大能量分布，即存在交叉项。

③ 平滑的 WV 分布：是通过对 WV 时频分布进行时频加窗处理，信号的时域加窗意味着频域平滑，从而相对于 WV 分布来说，交叉项有一定减弱，但时频聚集性也相应有所下降。

④ 重排平滑伪魏格纳维尔分布(RSPWVD)：能在抑制交叉项的同时提高时频聚集性。

⑤ Choi – Williams 时频分布：能抑制交叉项，但分辨力低。

⑥ Margenau – Hill 谱图：该信号的时频分布呈颗粒状，时频聚集性较差，但没有明显交叉项。因此该时频分布非常适合于受脉冲噪声污染的信号，因为它对谐波信号具有良好的时频聚集件，但谱图不适合频率快变信号。

时频分析成像技术是对机动目标成像的有效方法之一。利用瞬时距离 – 瞬时多普勒技术对高速机动目标 ISAR 成像流程如图 5.8 所示。首先，利用短时傅里叶变换得到瞬时距离像，然后进行运动补偿，包括包络对齐和相位校正。利用时频分析进行瞬时多普勒成像与常规成像处理的主要差别就是用时频变换代替 FFT。具体做法是对每一距离单元的数据进行时频变换，则会得到时间 – 多普勒两维数据，再联合距离维，形成时间 – 距离 – 多普勒三维图像方阵，沿着每一瞬时的距离 – 多普勒切片就是该时刻对应的瞬时 ISAR 图像，由于在各个瞬时散射点的多普勒值是固定的，因此不会造成图像的模糊。这种方法反映了 ISAR 图像随时间的变化规律，极大地降低了对于多普勒补偿要求，也能解决方位角依赖的发散性散射点在图像横向距离维造成的模糊。

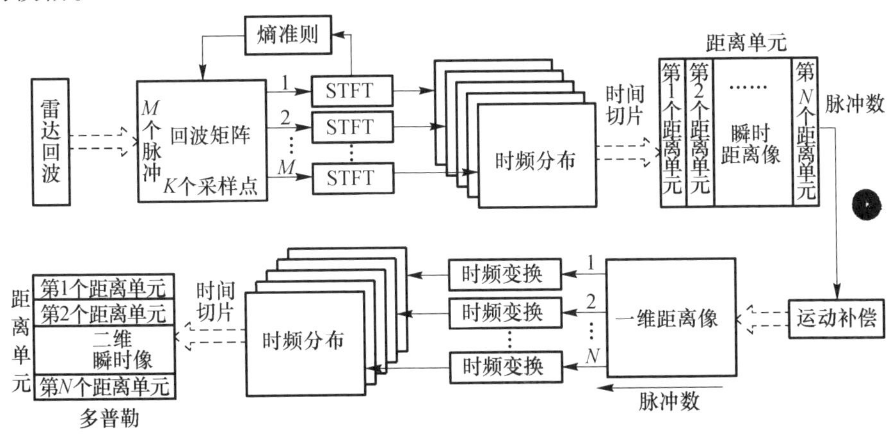

图 5.8　高速机动目标 ISAR 成像流程示意图

5.2.2 仿真验证

为了验证基于时频分析成像算法的有效性，以机动飞行的导弹仿真数据验证，导弹模型如图5.9(a)所示，由16个点组成，数据的仿真条件是：雷达中心频率10GHz，带宽1.7GHz，其中导弹作机动飞行：雷达位于原点，初始飞行速度$\boldsymbol{v}_0=[3500,0,0]$，经过随机机动飞行，导弹飞行速度变为$\boldsymbol{v}_t=[3627.2,\ \ 137.6,\ \ 123.5]$。横向积累脉冲数为256个，达到与距离分辨相匹配的转角，图5.9(b)~(d)是利用导弹的仿真数据用各种算法成像的结果。由于导弹存在机动性，传统的RD成像算法使目标散射点展宽，进而图像模糊(图5.9(b))；距离瞬时成像方法虽然在距离向的高速性得到补偿，但机动性使得时频聚集性差，即散射点展宽，时频分辨力降低(图5.9(c))；该方法不仅能解决目标高速性带来的影响，而且目标的机动性带来的图像模糊也得到较好处理，时频聚集性优良，而且无交叉项干扰，得到清晰的ISAR像(图5.9(d))，这与理论分析是一致的。

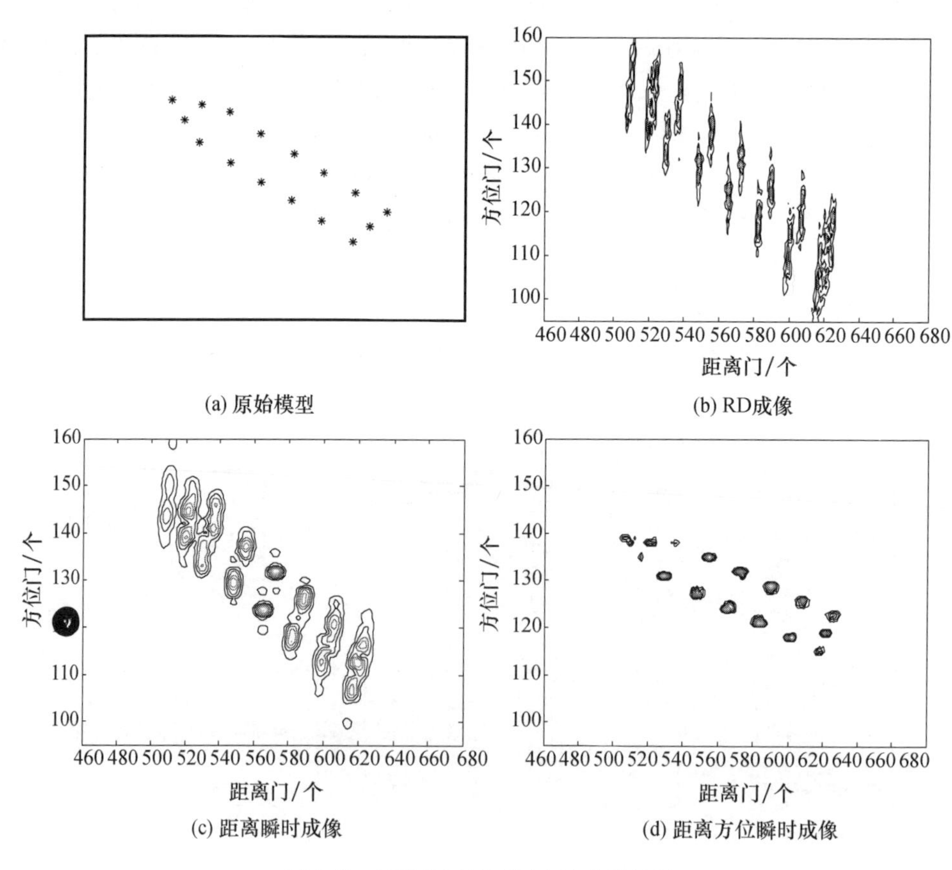

图5.9 导弹模型及不同方法成像结果

5.3 基于 Chirplet 的调制目标成像

当逆合成孔径雷达对含旋转部件、噪声干扰的目标成像时,如螺旋桨飞机、直升机、有转动部件的目标等,这样的目标非刚体部分会对雷达波形进行调制而产生含有调制成分的雷达回波信号。如果采用传统的 ISAR 成像方法,由于其部件旋转运动及噪声等干扰,所成的 ISAR 像会出现沿多普勒方向的调制干扰带,从而增加了图像解读和目标识别的难度。对与调制状态下的目标成像,可先利用信号分解算法将调制或干扰去掉,然后再对剩余的目标回波进行成像。

基于 Chirplet 分解的瞬时 ISAR 成像技术不仅可以将目标调制弃除,而且还适用于对机动目标进行成像,该方法是基于时频分析的成像算法的一种改进,其成像处理流程如图 5.10 所示。不同的是,该算法对成像数据运动补偿后要先对每个距离单元进行 Chirplet 分解,然后将分解后的信号分量作时频分析并叠加,这样当所有的距离单元全部分解处理完毕后,得到一个时间 - 距离 - 多普勒三维图像方阵,沿着每一瞬时的距离 - 多普勒切片就是该时刻对应的瞬时 ISAR 图像。该方法的优点是,不仅可以完全解决交叉项干扰,而且可以将干扰和噪声去除;缺点是计算量大。

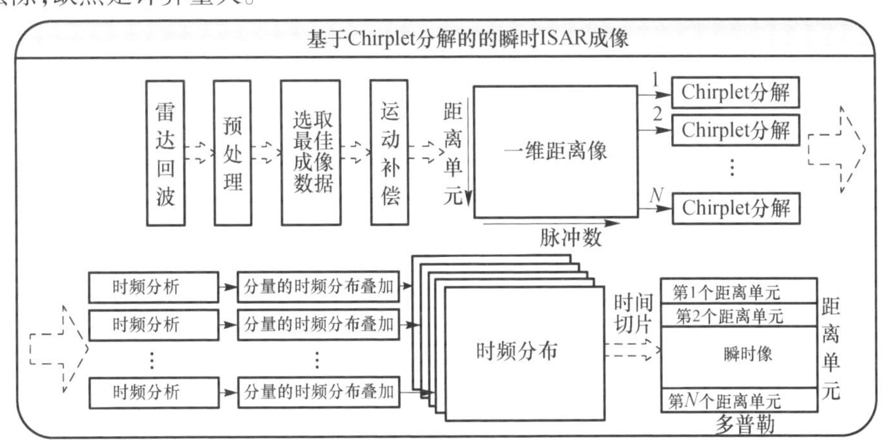

图 5.10 基于 Chirplet 分解的瞬时 ISAR 成像流程

这里主要介绍自适应 Chirplet 分解[14],它是以基函数与待分析信号最相似的原则来选择基的,将待分析信号 $s(t)$ 表示为一组线性调频小波基 $g_n(t)$ 的线性叠加:

$$s(t) = \sum_{n=1}^{\infty} C_n g_n(t) \tag{5.7}$$

式中：
$$g_n(t) = (\pi\sigma_n^2)^{-0.25}\exp\left\{-\frac{(t-t_n)^2}{2\sigma_n^2} + j\omega_n(t-t_n) + j\beta_n(t-t_n)^2\right\} \tag{5.8}$$

式中：σ_n、t_n、ω_n、β_n分别表示线性小波基的宽度、时间中心、初始频率、调频率。

基函数按照下列准则逐个自适应估计：

$$|C_n|^2 = \max_{g_n} |<s_n(t), g_n(t)>|^2 \tag{5.9}$$

式中：$s_n(t) = s_{n-1}(t) - C_n g_n(t)$，$s_0(t) = s(t)$，$s_n(t)$是$s_{n-1}(t)$向基函数作正交投影后的剩余量，可以表示为

$$s_n(t) = s(t) - \sum_{i=1, i\neq n}^{M} C_i g_i(t) \tag{5.10}$$

式中：M 为 Chirplet 基的个数。

采用上面表达式的方法，可以完成对信号 $s(t)$ 的分解。

5.4 基于反投影变换的自旋目标成像

自旋目标指的是如螺旋桨、直升机叶片、自旋空间目标、自旋导弹等旋转目标，这类目标的成像如果利用传统的 RD 等成像方法成像时，理论上要求雷达重频在几十千兆甚至几百千兆，目前雷达还难以达到或者不适宜这样的指标。所以必须考虑针对不同于传统成像原理的成像方法[15-19]。

5.4.1 反投影变换自旋目标成像技术

目前，对高速旋转目标成像的研究还不成熟，还处于研究阶段，文献中提到的算法相对较少。在雷达接收的宽带信号中，高速旋转目标的散射点会发生越距离单元走动，其回波包络对应为正弦曲线，所以传统的 RD 成像算法将不再适用。通常自旋目标是刚体目标的一部分，文献主要有以下几种对自旋目标成像的算法：

（1）首先采用 Hough 变换以及扩展的 Hough(Extended - Hough transform，简称 EHT)变换分别对刚体、旋转部件参数进行搜索以实现自旋部分和刚体部分回波的分离，然后分别对旋转目标和刚体目标成像，取得了较好的效果[15]。然而 EHT 算法需要在距离 - 慢时间平面上进行四维正弦曲线参数搜索，运算量较大。而且由于受到点扩散函数(PSF)的影响，该算法在变换域的图像会产生较高的副瓣，从而需要采用局部极大值准则对旋转散射点位置进行提取。

（2）先利用低调频率匹配滤波的微多普勒信号分离方法将自旋部分和刚体部分回波分离，即通过设置初始频率门限同时完成对刚体和旋转目标回波的分

离。对于刚体回波,可以通过传统的 RD 算法进行成像。针对宽带雷达条件下高速旋转部件的微多普勒信号包络特点,采用 I - radon 变换方法对旋转部件进行成像[16]。该方法可以降减少后向投影算法中产生的副瓣,并提高旋转部件的位置估计精度。

(3) 先利用经验模态分解信号分离算法将自旋部分和刚体部分回波分离,对于刚体回波,可以通过传统的 RD 算法进行成像。针对宽带雷达条件下高速旋转部件的微多普勒信号包络特点,采用 I - radon 变换方法对旋转部件进行成像。该算法的有效性已得到很好验证[17]。另外,实测数据往往存在 PRF 较低的情况,由于方位采样率过低而会影响到 I - radon 变换的精度。因此,低采样率条件下的回波数据处理方法,以及稳健的幅度与相位信息相结合的成像算法是一个重要问题。

(4) 先利用 chirplet 信号分解算法将自旋部分和刚体部分回波分离,chirplet 分解有四个参数,可以将参数估计问题转化解超越方程的问题,而且这样不需要迭代就可以实现参数准确估计[18],将分离出的旋转目标信号利用 Hough 变换或者 I - radon 变换对旋转目标成像。chirplet 信号分解算法中的参数估计可以通过解一个超越方程来解决,而且不需要循环迭代。

5.4.2　基于反投影变换的自旋目标成像算法

导弹类目标由于具有进动、章动等特殊运动、并且尺寸小,所以对其成像是一个公认的难点。

如果基于 RD 算法利用弹头自旋与雷达视线的转角成像,那么就要求雷达重频足够高,通常雷达难以满足这个要求。事实上,有学者提出一种基于投影算法对自旋目标和导弹等旋转目标成像的方法[16],该方法不同于传统 RD 算法,该投影成像算法将 ISAR 成像看作相当于以相等的角度间隔在连续的方位角处对目标进行连续正交投影切片,并以距离为纵坐标,方位为横坐标将接收到的切片排列在二维直角坐标中,并通过不同方位角对应的投影切片序列重建目标的散射点位置,其示意图如图 5.11 所示。

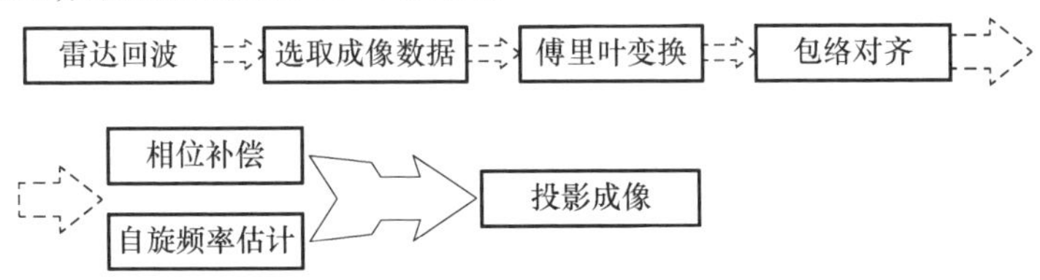

图 5.11　投影算法对自旋目标 ISAR 成像流程

为验证算法的有效性,仿真的自旋目标模型如图 5.12(a)所示,以 16 个旋转散射点组成旋转散射点切面,且散射点自转频率 $f = 6\text{Hz}$,绕原点(0,0)为中心旋转。设雷达带宽 $B=1.7\mathrm{GHz}$,重频 PRF = 800Hz。图 5.12(b)和(c)是成像结果,其中图 5.12(b)是 RD 算法成像结果,图 5.12(c)是投影算法成像结果。可见,对自旋目标,利用 RD 成像算法会使目标模糊不清,而投影算法能有效成像。

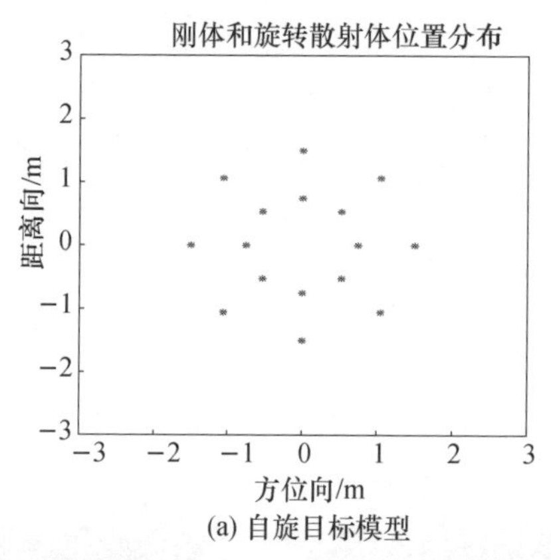

(a) 自旋目标模型

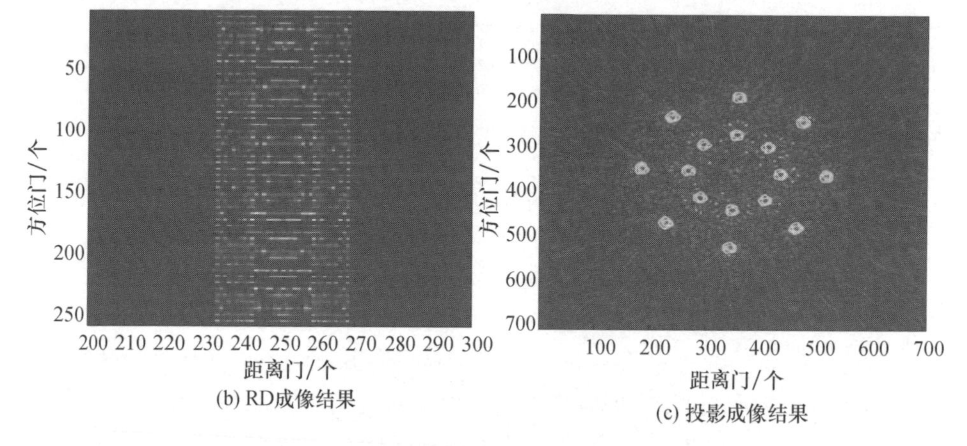

(b) RD成像结果　　(c) 投影成像结果

图 5.12　RD 算法和投影算法成像结果(见彩图)

5.5　宽带外推超分辨成像方法

针对弹道导弹尺寸越来越小、小尺寸空间碎片越来越多的趋势,必须提高雷达的分辨力才能对这些目标进行精细刻画和识别,而提高分辨力的手段主要有两个:①提高雷达系统带宽和成像积累角,该方法的系统复杂性和成本都很高,而且在实际应用中受诸多因素限制带宽不能大幅度提高,目标非合作使积累角形成不受控;②采用宽带外推等信号处理方法提高对目标的分辨力[20]。

这里主要阐述基于单部雷达宽带外推技术。对弹头、诱饵及空间小碎片等目标测量需要高的分辨力,利用宽带外推超分辨技术的信号处理方法,仅基于单部雷达的宽带数据,不仅可以提高雷达距离分辨力和方位分辨力、提高成像和识别效果,而且成本低、雷达隐身性不受影响;另外,当敌方对我雷达一些频带干扰时,我方可考虑通过部分宽带信号恢复全带宽性能,从而可提高抗干扰功能。

5.5.1　宽带外推超分辨成像原理

宽带外推技术是利用单部雷达测量的一次脉冲宽带数据预测雷达测量带宽外目标的频率相应,来增加雷达波形有效带宽的技术,从而提高对目标的分辨力。由于宽带回波信号可以利用自回归模型来拟合,因此我们利用得到的宽带数据作为样本,利用现代谱估计技术估计宽带信号的自回归模型中的参数,从而将宽带信号满足的模型建立起来,进而利用建立起来的模型预测现有数据以外的宽带数据信号,最终达到通过信号处理的方式提高分辨力的目的。其大致流程如图 5.13 所示。

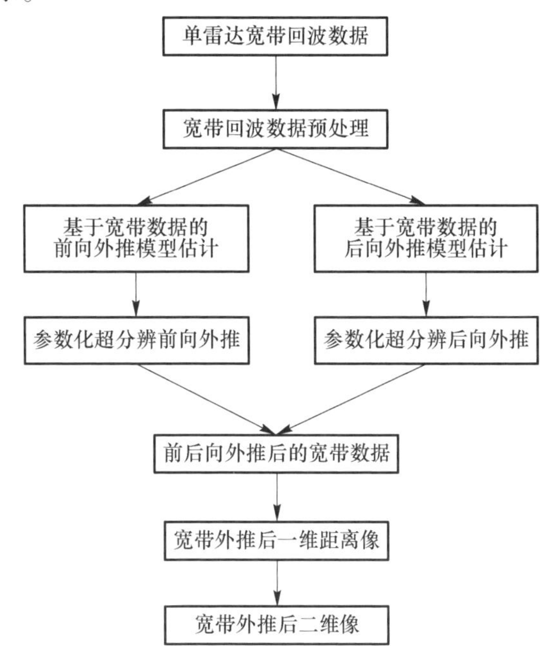

图 5.13　宽带外推超分辨技术粗略流程图

有许多技术可以估计自回归模型系数,这里主要基于 Burg 算法及其他技术考虑进行宽带外推技术研究,因为其他一些谱估计技术只能获得有限的成功。而 Burg 算法计算效率高,并且可以得到稳健的线性滤波器,该滤波器避免了信号指数型增长发散,所以滤波器的平稳性至关重要。其他的方法,如 prony 方法[21,22]和改进方差法等不能保证滤波器平稳。

得到分辨力高的一维距离像后，可利用类似的过程完成方位向分辨力的提升，从而得到距离和方位向都提高的宽带信号。所以利用该技术不仅可以提高对目标的距离分辨力，而且可以提高对目标的方位分辨力，其有效性可以用得到的二维像进一步验证。

5.5.2 宽带外推超分辨成像算法

宽带外推算法是一个基于理论模型和实测数据之间相似性拟合的过程，其中有许多技术问题需要考虑，这里主要描述其中利用到的一个关键算法，即Burg 算法。

这里的宽带外推算法大致如下：给定频率样本 $v[n]$，利用 Burg 算法估计线性预测模型系数 $a[i]$，这里需要事先确定系数阶数 p，可以利用定阶准则确定，也可以通过先验信息确定。估计得到模型参数后，利用该模型就可以预测得到雷达测量频率外的其他频率数据。预测表达式如下：

$$v[n] = \begin{cases} -\sum_{i=1}^{p} a[i]v[n-i] & \text{前向外推} \\ -\sum_{i=1}^{p} a^*[i]v[n+i] & \text{前向外推} \end{cases} \tag{5.11}$$

式中：n 为频率点序列数，$v[n-i]$ 和 $v[n+i]$ 分别为 $n-i$ 和 $n+i$ 步频点处的样本；$a[i]$ 为模型系数。

通过 Burg 算法预测的误差为通过前向预测的信号与测量信号之间的差别，为

$$e^f = v[n] + \sum_{i=1}^{p} a[i]v[n-i] \tag{5.12}$$

后向预测的信号与测量信号之间的差别为

$$e^b = v[n-p] + \sum_{i=1}^{p} a^*[i]v[n-p+i] \tag{5.13}$$

Burg 算法计算效率高并且产生一个稳健的线性滤波器，线性预测滤波器不允许任何指数增长的信号。

5.5.3 仿真验证

利用公开的 Mig25 仿真数据对宽带外推超分辨技术进行验证。在该试验中，原数据距离向为 32 点、方位向为 64 点，利用宽带外推算法将距离向和方位向外推至原来的 3 倍。图 5.14 是试验结果，从二维像更清晰地看到飞机目标的分辨力在距离向和方位向均得到了提高，该仿真验证了宽带外推方法的有效性。

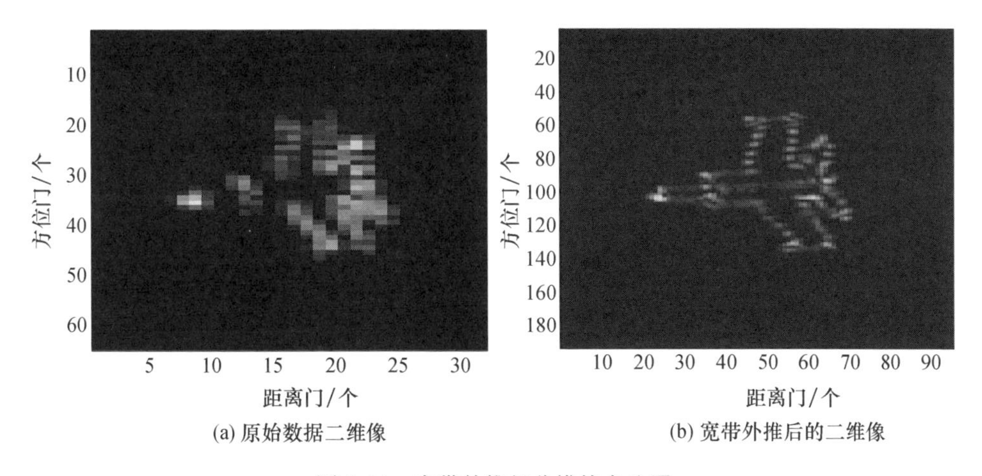

(a) 原始数据二维像　　(b) 宽带外推后的二维像

图 5.14　宽带外推超分辨技术验证

5.6　宽带合成超分辨成像方法

5.6.1　宽带合成超分辨成像原理

复杂非线性散射点模型可近似为如下全极点模型：

$$y(k) = \sum_{i=1}^{M} d_i p_i^k \qquad k = 0,1,\cdots,N-1 \tag{5.14}$$

式中：$d_i = k_i \mathrm{e}^{-\frac{\mathrm{j}2\pi f_0 2r_i}{c}}$为幅度系数；$p_i = \rho_i \mathrm{e}^{\frac{-\mathrm{j}2\pi r_i}{R}}$为模型的极点，其中 $R = \frac{c}{2\delta f}$，$y(k)$（$k=0,1,\cdots,N-1$）为观测样本，通过参数估计技术估计出幅度系数 d_i和模型极点 p_i等参数，就估计得到如下的全极点模型：

$$\hat{y}(k) = \sum_{i=1}^{M} \hat{d}_i \hat{p}_i^k,\ ,k = 0,1,\cdots,N-1$$

随着频点序数 k 取值范围扩大就可以得到频带很宽的信号，这样就可以提高对目标的分辨力。与直接对雷达系统回波 FFT 脉压方法相比，该方法分辨力不像 FFT 方法受限于带宽 B（经 FFT 后得到时域响应数据点间隔为 $C/2B$，即距离分辨力），该超分辨技术可直接计算散射中心的位置信息 p_i和幅度 d_i，且不须在时域响应波形中求峰值点。

宽带合成超分辨技术是利用几个不同频段的稀疏子带数据估计出目标散射中心的全部参数，以不同频率为输入即可得到各种不同频率下散射中心的回波，从而达到宽带超分辨的目的。

多带宽相干超分辨算法大致流程如图 5.15，其中对不同频带雷达测得的目标频率响应进行幅相相干补偿是进行融合处理的前提和关键，所以需首先进行参数估计和建模,对两部雷达的宽带数据进行幅相相干处理得到相干的两部雷达的宽带数据,然后利用相干处理后的全部数据进行参数估计和建模确定,利用该模型最终将两部雷达之间的频带补全,也可以将频带向两边外推,从而达到大幅增加有效带宽,提高距离向分辨力的目的。

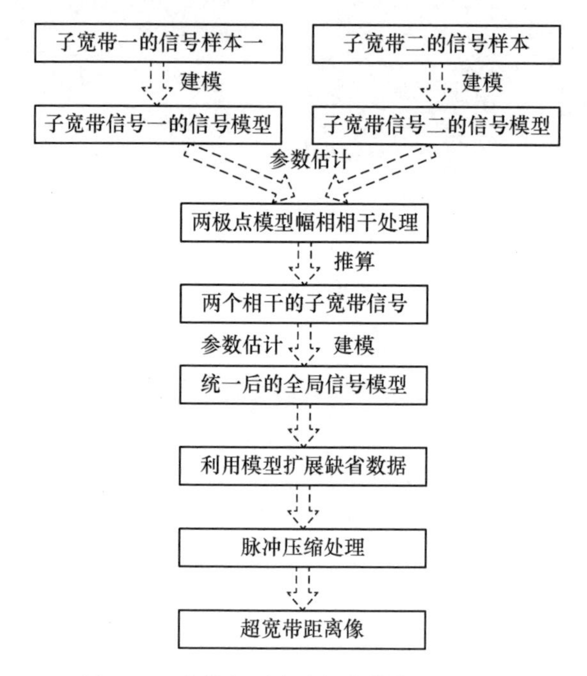

图 5.15　宽带相干合成超分辨算法流程图

5.6.2　宽带合成超分辨成像算法

具体地,在多宽带相干超分辨时,假设宽带信号服从如下的极点模型[23]:

$$M(f_n) = \sum_{k=1}^{P} a_k p_k^n \tag{5.15}$$

式中:P 为散射点的个数;a_k 为幅度;p_k 为特散射点的径向距离和频率衰减。

多宽带相干超分辨算法大致分为以下几个步骤:

(1) 首先利用极点模型对宽带信号一和宽带信号二进行拟合,通过参数估计分别得到它们的极点模型 $M_1(f_n)$ 和 $M_2(f_n)$。

(2) 由于原始两个宽带信号不相干,所以极点模型 $M_1(f_n)$ 和 $M_2(f_n)$($n = 0,1,\cdots,N-1$)也非相干,因此必须进行相干处理,处理准则是使得由两个极点模型产生的数据差异 e 最小。

$$e = \sum_{n=0}^{N-1} \left| AM_1(f_n)\mathrm{e}^{\mathrm{i}\Delta\theta n} - M_2(f_n) \right|^2 \tag{5.16}$$

(3)利用相干后的所有数据重新估计新的极点模型 $M(f_n)=\sum_{k=1}^{\hat{P}}\hat{a}_k\hat{p}_k^n$，该极点模型就是全局极点模型。

(4) 利用全局极点模型 $M(f_n)=\sum_{k=1}^{\hat{P}}\hat{a}_k\hat{p}_k^n$，随着 n 取值范围的变化，即可得到理论上频带任意宽的宽带信号。

(5) 将(4)得到的信号进行脉冲压缩，就得到超分辨的距离像。

考虑 S 波段和 X 波段宽带信号非相干情况下的宽带合成超分辨算法验证。其中的模型为含有 8 个散射点的弹头模型。设 S 波段和 X 波段的带宽均为 400MHz，其二维像分别见图 5.16(a)和(b)，可见，400MHz 的 S 和 X 波段二维像不能将 8 个散射点分辨开来。图 5.16 (c)是利用宽带相干合成超分辨技术得到的跨 S、C、X 波段的 6.4GHz 带宽处理结果，图 5.16 (d)是真实数据二维像。易见，相干处理合成的跨 S、C、X 波段二维像不仅可以将 8 个散射点分辨开来，而且与真实的 6.4GHz 带宽二维像一致。

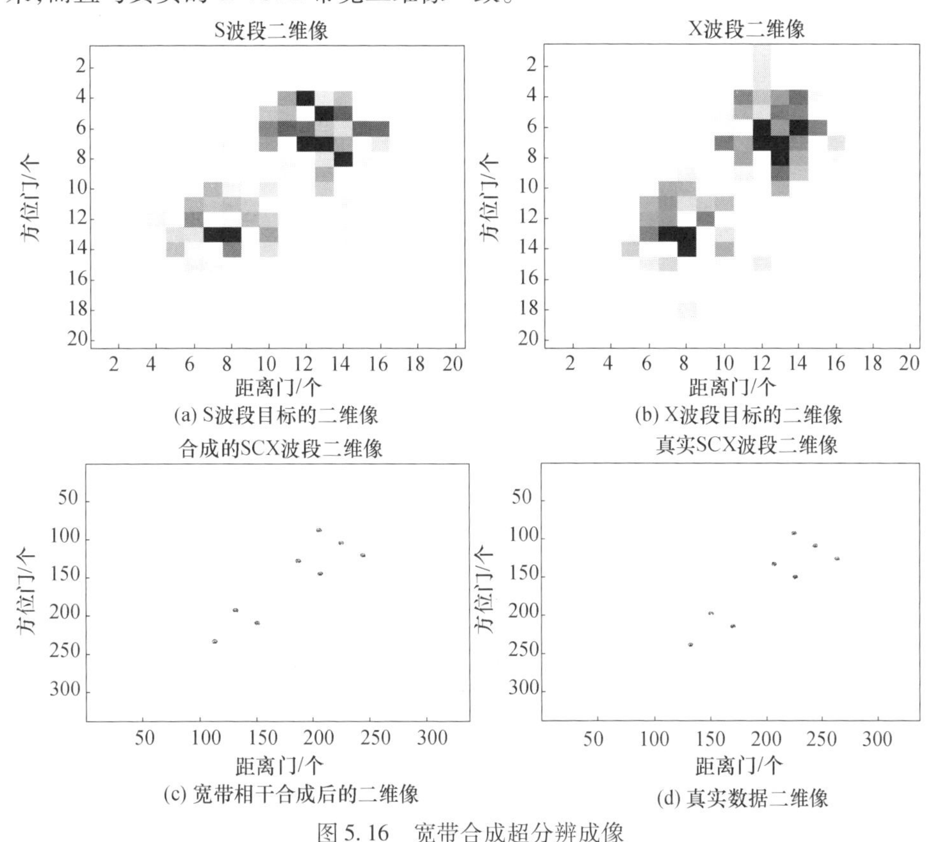

(a) S波段目标的二维像

(b) X波段目标的二维像

(c) 宽带相干合成后的二维像

(d) 真实数据二维像

图 5.16 宽带合成超分辨成像

5.7 ISAR 图像的质量评估

在图像质量评估方面,已有文献主要对光学图像的评价进行了一些研究[24],由于雷达图像与光学图像存在本质差别,光学图像的评价方法不能直接应用于雷达图像评估。如果不考虑领域,ISAR 图像质量评估属于无参考图像质量评估算法,而在光学图像中,现有的成果也不多,而且绝大部分图像质量评估准则,如峰值信噪比(PSNR)、均方根误差(RMSE)必须有参考图像,再加上ISAR 图像是一种特殊的图像,大部分无参考光学图像质量评估方法不能移植使用,所以 ISAR 图像质量评估一直是困扰人们的一个难点问题,而且对雷达图像质量评估研究极少,所以必须研究合理的雷达图像质量评估方法。

ISAR 图像作为一种客观存在,按照客观世界物质多样性的原则,评价 ISAR 图像质量的优劣应该从多个方面客观地描述其规律特性,另外需要客观权衡各方面因素影响,最终给出综合的评价结果,这里给出一个 ISAR 图像质量评估框架模型,该模型质量评估得分由客观评估得分和主观评估得分两部分组成,每部分又由多种评价准则组成,可以从不同方面进行详细客观评价,最后通过实测数据验证了其具有一定合理性。

5.7.1 图像质量定量评估模型

ISAR 图像作为一种客观存在,按照客观世界物质多样性的原则,评价 ISAR 图像质量的优劣应该从多个方面客观地描述,另外根据各种因素的重要性,最终加权给出综合的评价结果。

这里设计的 ISAR 图像质量评估框架如下,质量评估得分由客观评估得分和主观评估得分两部分组成:

$$G = G_o + G_s = \sum_{k=1}^{K_1} p_k^o G_k^o + \sum_{k=1}^{K_2} p_k^s G_k^s \tag{5.17}$$

式中:G 为 ISAR 图像质量评估得分;G_o 为 ISAR 图像客观评估得分;G_s 为 ISAR 图像主观评估得分;K_1 为客观评价准则条数;K_2 为主观评价准则条数;G_k^o 为第 k 个客观评价准则图像质量得分,$k=1,2,\cdots,K_1$;G_k^s 为第 k 个主观评价准则图像质量得分,$k=1,2,\cdots,K_2$;p_k^o 为第 k 个客观评估准则的权值,$k=1,2,\cdots,K_1$;p_k^s 为第 k 个主观评估准则的权值,$k=1,2,\cdots,K_2$。

主客观评价准则权值满足 $\sum_{k=1}^{K_1} p_k^o + \sum_{k=1}^{K_2} p_k^s = 1$。

上述模型是一个普适性框架,其中评价准则条数可根据用户的理解设置,权值可按实际选择的客观评价准则确定。评价图像质量可从信息熵、等效视数、平均梯度、运算效率、稳健性、普适性、工程应用价值等方面进行评价。

5.7.2　三种图像质量定量评估准则

下面给出 ISAR 图像质量定量评估的三种准则，当然可以根据需要和认识的不断深入，将定量评价准则合理增减。

1）基于信息熵的图像评估准则

假设有随机事件集合 $\{X_i, i=1,2,\cdots,N\}$，它们出现的概率分别为 P_i，并满足条件 $\sum_{i=1}^{N} P_i = 1, 0 \leqslant P_i \leqslant 1, i = 1,2,\cdots,N$，则定义 Shannon 熵为

$$H(P_1,P_2,\cdots,P_N) = -\sum_{i=1}^{N} P_i \mathrm{In} P_i \tag{5.18}$$

熵是随机变量或随机过程不确定性的一种测度。概率越不均匀，熵值越小；当概率相等时，熵最大。

由于雷达图像由像素点组成，不同亮度的像素在图像中占据不同位置，使图像表现出不同的形状，而不同形状的图像所包含的信息量不同。按统计学的观点，由于图像分布具有块状结构，因此各像素间具有位置上的相关性，可以用信息熵来描述图像形状。

对于一幅 $M \times N$ 大小的图像，定义图像熵 $H(f)$ 为

$$H(f) = -\sum_{m=1}^{M}\sum_{n=1}^{N} P_{mn} \mathrm{In} P_{mn} \tag{5.19}$$

式中：$P_{mn} = \dfrac{f(m,n)}{\sum_{m=1}^{M}\sum_{n=1}^{N} f(m,n)}$。

式中：$f(m,n)$ 为图像中坐标位置为 (m,n) 的像素的灰度值；P_{mn} 为像素灰度值在图像 $f(m,n)$ 中出现的概率。图像熵反映了图像的附加属性信息，熵值越小，所含信息量越多，其聚焦性能越好；反之，熵值越大，所含信息量越少，其聚焦性能越差，图像越模糊。

2）基于等效视数的图像评估准则

等效视数（ENL）是衡量一幅图像斑点噪声相对强度的一种标准，常用于 SAR 图像质量评估比较，也用于 ISAR 图像干扰效果评估，这里将其应用于描述 ISAR 图像质量。

等效视数的定义为

$$\mathrm{ENL} = \frac{\mu}{\sigma} \tag{5.20}$$

式中：μ 为图像灰度的均值；σ 为图像灰度的标准差。

设图像 F 的像素灰度为 $f(x_m, y_n)$，$m=1,2,\cdots,M$，$n=1,2,\cdots,N$，则图像均

值 μ_F 和方差 σ_F 分别为

$$\mu_F = \frac{1}{M \cdot N} \cdot \sum_{n=1}^{N} \sum_{m=1}^{M} f(x_m, y_n) \tag{5.21}$$

$$\sigma_F = \frac{1}{M \cdot N - 1} \cdot \sum_{n=1}^{N} \sum_{m=1}^{M} [f(x_m, y_n) - \mu_F]^2 \tag{5.22}$$

由等效视数的定义知,图像 F 的等效视数为

$$\mathrm{ENL}_F = \frac{\mu_F}{\sigma_F} \tag{5.23}$$

等效视数 ENL 描述了图像与噪声背景等的对比度,ENL 越小,则表明图像聚焦效果越好,图像对比度越强;反之,ENL 越大,则表明图像聚焦效果越差,图像对比度越小,整个图像就显得模糊不清。

3)基于平均梯度的图像评估

一般地,平均梯度计算如下:

$$\bar{g} = \frac{1}{N} \sum_{n=1}^{N} \sqrt{\frac{\Delta I_x^2 + \Delta I_y^2}{2}} \tag{5.24}$$

式中:ΔI_x 和 ΔI_y 分别为 x 与 y 方向上的差分;N 为图像大小。

图像中某像素点的像素值与其相邻像素值的一阶差分反映了该点的边缘信息。平均梯度能反映图像的边界点或影线两侧附近灰度的明显差异,它反映了图像微小细节反差变化的速率,即图像在方向对比度上的密度变化速率,可以对图像的像素清晰度程度进行表征,同时还能反映出图像纹理变换特征。

图像的平均梯度值越大,反映的层次越多,表示一幅图像的清晰度越好;反之,图像的平均梯度值越小,表示一幅图像的清晰度越差。

5.7.3 一种实用的 ISAR 图像质量评估方法

基于客观世界物质多样性的原则,且按照图像质量评估框架,评价 ISAR 图像质量从三个定量评价准则和一个主观评价准则综合完成,具体模型如下:

$$G = p_1 G_1 + p_2 G_2 + p_3 G_3 + p_4 G_4, \sum_{i=1}^{4} p_i = 1 \tag{5.25}$$

式中:G 为 ISAR 图像质量评估得分;G_1 为图像信息熵;G_2 为图像等效视;G_3 为平均梯度;G_4 为专家视觉效果。

在对 ISAR 图像质量进行评估时,将每种评价准则得到的值量化到百分制,这样更为直观。具体量化如下:

(1) 当第 k 个评价准则数值小代表图像质量好时,则用该评价准则对第 i 幅图像质量量化评分 S_k^i 按下面公式进行:

$$S_k^i = p_k \times (\max_i G_k^i - G_k^i) \times \frac{100}{\max_i(\max_i G_k^i - G_k^i)} \tag{5.26}$$

(2) 当第 k 个评价准则数值小代表图像质量差时,则用该评价准则对第 i 幅图像质量量化评分 S_k^i 按下面公式进行:

$$S_k^i = p_k \times (G_k^i - \min_i G_k^i) \times \frac{100}{\max_i (G_k^i - \min_i G_k^i)} \tag{5.27}$$

所以最终的 ISAR 图像质量定量评估模型如下:

$$S = \sum_{k=1}^{K_1} p_k \times (\max_i G_k^i - G_k^i) \times \frac{100}{\max_i (\max_i G_k^i - G_k^i)} + \sum_{k=K_1+1}^{K} p_k \times (G_k^i - \min_i G_k^i) \times \frac{100}{\max_i (G_k^i - \min_i G_k^i)} \tag{5.28}$$

式中:S 为 ISAR 图像质量评估得分;p_k 为第 k 个准则的重要性权值,满足 $\sum_{k=1}^{K} p_k = 1$;G_k^i 为第 i 幅图像的第 k 个评估准则值;K_1 为数值小代表图像质量好的评价准则个数;K 为总的评价准则个数。

最终,基于上述模型可以对图像质量进行评估,最高分为 100 分,最后的得分越高,说明图像质量越好;反之,图像质量越差。

为了验证图像质量评估模型的有效性,利用某 C 波段雷达录取的 Yark-42 飞机的实测数据进行验证,雷达带宽 $B = 400\text{MHz}$,中心频率为 5.52GHz。对该数据利用各种方法处理结果如图 5.17 所示。图 5.17(a)直接用 RD 算法成像不仅分辨力低,而且受到噪声的影响;图 5.17(b)宽带外推后虽然分辨力有所提高,但是受噪声影响分辨力受到限制;图 5.17(c)直接用时频分析成像,虽然目标轮廓比较清晰,但分辨力偏低;图 5.17(d)多种方法联合处理成像结果,容易发现,图像不仅受噪声影响极小,而且二维像分辨力显著提高,得到的图像聚焦好,细节清晰。利用图像评估模型对 4 种成像结果的评估结果见表 5.1 所列,4 种成像结果得分分别为 14、27、48、98,从而也说明多种方法联合处理的有效性和评估模型的合理性。

表 5.1 成像结果评估

评价准则	权值	图 5.17(a)成像结果	图 5.17(b)成像结果	图 5.17(c)成像结果	图 5.17(d)成像结果
信息熵量化值	0.4	0	1	8	40
等效视数量化值	0.3	0	5	17	30
平均梯度量化值	0.1	0	6	7	10
专家评价量化值	0.2	14	15	16	18
评估得分	1	14	27	48	98

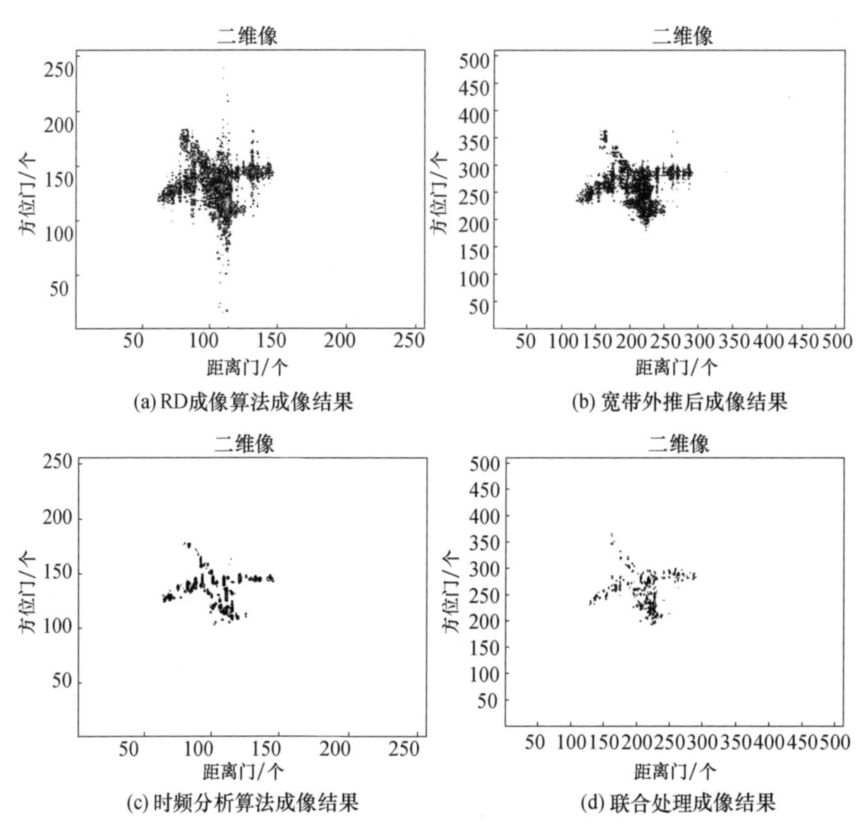

图 5.17　各种方法成像结果

参考文献

[1] 张光义．相控阵雷达技术[M]．北京:电子工业出版社,2009

[2] 保铮,等．雷达成像技术[M]．北京:电子工业出版社,2005.

[3] 周万幸,弹道导弹雷达目标识别技术[M]．北京:电子工业出版社,2011

[4] MIT Lincoln Laboratory 2009 Annual Report[OL]www. //. mit. edu.

[5] 周万幸,ISAR 成像系统与技术发展综述[J]．现代雷达,34(9), 2012.

[6] Chen C C Andrews H C. Target – Motion – Induced Radar Imaging[J]. IEEE Transactions on Aerospace and Electronic Systems, 16,(1), January 1980: 2 – 14.

[7] 王根原,保 铮．逆合成孔径雷达运动补偿中包络对齐的新方法[J]．电子学报, 26(6), 1998: 5 – 8.

[8] Li X, Liu G, Ni J, Autofocusing of ISAR images based on entropy minimization[J]. IEEE Trans. on AES, April 1999,35: 1240 – 1251.

[9] Wahl D E, Eichel P H, et al. Phase Gradient Autofocus – A Robust Tool for High Resolution SAR Phase Correction[D]. IEEE Trans. On AES, July 1994,30(3): 827 – 834.

[10] 汪 玲. 逆合成孔径雷达成像关键技术研究[D]. 南京:南京航空航天大学博士学位论文,2006.

[11] 白雪茹,空天目标逆合成孔径雷达成像新方法研究[D]. 西安:西安电子科技大学博士论文,2011.

[12] Chen V C, Shie Qian. Joint time – frequency transform for radar range – Doppler imaging [J]. IEEE Trans. on Aerospace and Electronic Systems, 1998, 34(2): 486 – 499.

[13] Kennedy S, Thayaparan T. Application of joint time – frequency representations to a maneuvering air target in sea – clutter: analysis beyond FFT[R]. Defence research and development canadaottawa (ONTARIO), 2003:49.

[14] Yin Qinye, Qian Shie, Feng Aigang. Fast refinement for adaptive Gaussian chirplet decomposition[J]. IEEE Transactions on Signal Processing, 2002, 50(6): 1298 – 1306.

[15] Zhang Qun, Tat Soon Yeo, Hwee Siang Tan, et al. Imaging of a Moving Target with Rotating Parts Based on the Hough Transform[J]. IEEE Trans. Geosci. Remote Sens., 2008, 46 (1): 291 – 299.

[16] 白雪茹,周峰,邢孟道,等. 空中微动旋转目标的二维 ISAR 成像算法[J]. 电子学报, 2009,37(9):1937.

[17] Bai Xueru, Xing Mengdao, et al. Imaging of Micromotion Targets With Rotating Parts Based on Empirical – Mode Decomposition[J]. IEEE Transactions on Geoscience and Remote Sensing, 2008, 46(11): 3514 – 3523.

[18] Li J, Ling H. Application of adaptive chirplet representation for ISAR feature extraction from targets with rotating Parts[J]. IEEE Proc. Inst. Electr. Eng. – Radar Sonar Navig. 2003, 150(4):284 – 291.

[19] Ljubisa Stankovic, Igor Djurovi C, Thayaparan, T. et al. Separation of target rigid body and micro – Doppler effects in ISAR imaging[J]. IEEE Trans. Aerosp. Electron. Syst., 2006, 42(4): 1496 – 1506.

[20] Thomas G Moore, Brian W Zuerndorfer, Earl C. Burt. Enhanced Imagery Using Spectral – Estimation – Based Techniques[J], Lincoln Lab. 1997,10(2) 171 – 186.

[21] Hurst M P, Mittra R. Scattering center analysis via Prony' s method[J]. IEEE Trans Antennas and Propagation, 1987, 35(8):986 – 988.

[22] Carriere R, Moses R L. High resolution radar target modeling using a modified prony estimator[J]. IEEE Trans Antennas and Propagation, 1992, 40(1):13 – 18.

[23] Cuomo K M. A bandwidth extrapolation technique to improved range resolution of coherent radar[R]. Lexington. MA:Lincoln Lab,Massachusetts Inst Technol. 1992.

[24] 陈晓林,基于视觉特征的图像质量评价技术研究[D]. 上海: 上海交通大学, 2012.

第6章 分布式雷达信号处理技术

针对复杂电磁环境下的空间目标、导弹和隐身飞机,从多个角度观测并测量目标特征,从而检测并识别出威胁目标、实现早期预警,是未来雷达发展的趋势。将多部雷达分开布置,形成分布式雷达,并进行多雷达融合处理技术,是完成这一任务的有效手段,故分布式雷达技术成为战略预警雷达的一个重要发展方向。

分布式雷达可分为空间分置分布式和共址分布式,空间分置分布式雷达可以采用相同波段,采用正交波形设计和分布式相参积累技术进行积累检测。共址分布式雷达通常采用不同波段雷达,通过多波段联合检测提高雷达探测能力。

本章节组织如下:6.1 节介绍分布式雷达联合检测技术,包括分布式雷达波形设计以及相参积累检测技术,6.2 节介绍多波段雷达联合检测技术,包括联合检测融合准则和联合检测方法。

6.1 分布式雷达联合检测技术

6.1.1 分布式雷达概述

随着电磁环境越来越复杂,常规单部雷达系统难于应对日益迫近的空间目标和隐身目标。增加发射机功率和加大天线口径可以探测这类目标,但庞大的天线和难于移动的固定阵地,面对精确制导武器的打击,生存能力受到严重威胁,常规雷达将难于保障对上述目标的有效探测。多基地分布式雷达带来了另一种思路。对多站接收的信号进行融合处理,包括信号级的相参或非相参处理,可以提高对目标的探测性能、识别性能以及抗摧毁能力等。目前在该领域具有代表性的研究工作是美国 MIT 林肯实验室提出的多输入多输出(MIMO)雷达 ,林肯实验室近年来开展了 MIMO 雷达的性能分析、体制研究、信号优化设计等方面的理论研究;英国 UCL 大学也开展了网络化雷达的理论研究工作,并在微波暗室中进行了探测性能的试验评估工作。多站信息融合主要分为:航迹融合、点迹融合和信号级融合,目前,分布式(或 MIMO)雷达系统研究的融合处理方式主要是 k/m 类检测,其本质是非相参积累。美国 MIT 林肯实验室在 2003 年提出了下一代反导雷达系统(NGR)的概念:多部机动式单元雷达或阵列分散布设,通过对多部雷达的回波进行信号级相参合成,等效形成一个大威力探测雷达。

6.1.2 分布式雷达波形设计技术

分布式 MIMO 雷达充分利用了空间分集能力,提高对闪烁(雷达散射截面积(RCS)起伏)目标的探测能力。为了从目标回波中提取独立信息并且抑制回波间的相互干扰,要求分布式 MIMO 雷达发射的波形要正交,而传统的单站雷达仅有一组发射波形,所以,正交波形设计值得深入研究。

6.1.2.1 MIMO 雷达波形设计的发展历史和国内外研究现状

2003 年,美国 MIT 林肯实验室 Bliss D. W. 和 Forsythe K. W. 等人首先将无线通信中的 MIMO 技术引入雷达中,并首次提出 MIMO 雷达的概念[1]。他们指出 MIMO 雷达是通过发射多种信号(即利用波形分集能力)探测某一信道(目标),并采用相似的多种方式进行信号接收处理的任何雷达系统[1]。可见,从 MIMO 雷达的概念首次被提出的时候,波形分集就是 MIMO 雷达的一个重要议题,波形设计自然就成为其中的重要研究内容。

在正交波形设计的方面,2004 年,美国得克萨斯大学的 Deng Hai 进行了研究,他定义了信号的非周期自相关函数和非周期互相关函数,提出设计正交波形的两种代价函数,使用模拟退火和邻域搜索的方法设计了正交多相码[2](相位在[0,2π]均匀离散取值)和正交频率编码波形[3],给出了当码长为 40,信号数目为 4 的正交四相码的性能指标:自相关峰值副瓣电平为 -14.8dB,峰值互相关电平为 -13.5dB。2006 年,电子科技大学的刘波和何子述等人提出用遗传算法和邻域搜索的方法设计正交多相码和正交频率编码波形[4],其性能和优化速度分别较 Deng Hai 的方法更好、更快。同年,牛津大学的 Hammad 和 David 等人一方面采用互补 Frank 码设计了多普勒容限能力较强的正交多相码,另一方面考虑信号的相位结构并利用互熵理论设计出了多普勒容限比 Deng Hai 好的正交波形[5-7],但是总体而言,该方法对多普勒敏感性问题的改善程度依然有限。

以上所述的模拟退火、遗传算法和互熵等方法都是用来解决正交均匀离散相位编码信号的设计问题。对于相位在[0,2π]连续取值的正交波形设计,可以追溯到 1992 年 Kevin J. Gartz 的研究[8],他构造的代价函数为自相关副瓣和互相关的四次方和,采用改进的 Fletcher - Reeves 算法(核心思想为共轭梯度法)来优化恒模信号波形的相位,结果显示自相关峰值副瓣电平和峰值互相关电平很低,并且分布平坦。在相同信号波形数目和码长的情况下,Kevin J. Gartz 的方法比以上几种新方法性能指标要好,这是因为相位取值连续,并且连续问题比离散问题容易求解。2009 年,在相位连续取值的正交波形设计方法上,佛罗里达州大学的 Li Jian 和 He Hao 又提出了基于 FFT 的循环算法[9],该方法采用积分副瓣能量的代价函数,实验结果表明该算法非常快速,并具有计算占用内存小等优点,但是自相关峰值副瓣电平和峰值互相关电平较 Kevin J. Gartz 的正交码要高得多(主要原因是采用的代价函数为积分副瓣能量,另外循环算法不能保证局部收敛性)。

6.1.2.2 正交波形指标体系

假定所要设计的正交相位编码波形 S 由 L 个码长为 N 的信号(下面也称序列)组成,可以把这个正交波形表示成下面的式子:

$$S=\exp(\mathrm{j}\boldsymbol{\Phi})=\{s_l(n)=\mathrm{e}^{\mathrm{j}\phi_l(n)} \qquad n=1,2,\cdots,N,l=1,2,\cdots,L\} \tag{6.1}$$

式中:$\boldsymbol{\Phi}$ 为 S 的相位矩阵;$\phi_l(n)\in\boldsymbol{\Phi}$ 为信号或序列 s_l 第 n 个子脉冲的相位。当

$$\phi_l(n)\in\left\{0,\frac{2\pi}{M},2\cdot\frac{2\pi}{M},\cdots,(M-1)\cdot\frac{2\pi}{M}\right\} \tag{6.2}$$

式中 M 为相位数,我们称此时的正交波形为正交均匀离散相位编码波形,简称为正交 M 相码;当 $\phi_l(n)\in[0,2\pi]$,称为正交连续相位编码波形。

所谓的正交波形,就是满足下式的序列集合

$$A(s_l,k)=\begin{cases}\dfrac{1}{N}\displaystyle\sum_{n=1}^{N-k}s_l(n)s_l^*(n+k)=0 & 0<k<N\\ \dfrac{1}{N}\displaystyle\sum_{n=-k+1}^{N-k}s_l(n)s_l^*(n+k)=0 & -N<k<0\end{cases} \qquad l=1,2,\cdots,L \tag{6.3}$$

和

$$C(s_p,s_q,k)=\begin{cases}\dfrac{1}{N}\displaystyle\sum_{n=1}^{N-k}s_p(n)s_q^*(n+k)=0 & 0\leqslant k<N\\ \dfrac{1}{N}\displaystyle\sum_{n=-k+1}^{N}s_p(n)s_q^*(n+k)=0 & -N<k<0\end{cases}$$

$$p\neq q,p,q=1,2,\cdots,L \tag{6.4}$$

式中:$A(s_l,k)$ 为第 l 个信号在时刻 k 的非周期自相关函数;$C(s_p,s_q,k)$ 为第 p 个信号和第 q 个信号在时刻 k 的非周期互相关函数。得到以下等价式:

$$A(\phi_l,k)=\begin{cases}\dfrac{1}{N}\displaystyle\sum_{n=1}^{N-k}\exp\mathrm{j}[\phi_l(n)-\phi_l(n+k)]=0 & 0<k<N\\ \dfrac{1}{N}\displaystyle\sum_{n=-k+1}^{N-k}\exp\mathrm{j}[\phi_l(n)-\phi_l(n+k)]=0 & -N<k<0\end{cases}$$

$$l = 1,2,\cdots,L \tag{6.5}$$

和

$$C(\phi_p,\phi_q,k) = \begin{cases} \dfrac{1}{N}\displaystyle\sum_{n=1}^{N-k}\exp j[\phi_q(n) - \phi_p(n+k)] = 0 & 0 < k < N \\ \dfrac{1}{N}\displaystyle\sum_{n=-k+1}^{N-k}\exp j[\phi_q(n) - \phi_p(n+k)] = 0 & -N < k < 0 \end{cases}$$

$$p \neq q,p,q = 1,2,\cdots,L \tag{6.6}$$

把 $A(\phi_l,k),l=1,2,\cdots,L,k\neq 0$，即除了峰值 $A(\phi_l,0)(l=1,2,\cdots,L)$ 以外的自相关函数值，称为自相关副瓣；把所有的互相关函数 $C(\phi_p,\phi_q,k),p\neq q,p,q=1,2,\cdots,L$，简称为互相关。

事实上，如果让所有的自相关副瓣和互相关等于零是不可能的，这么严格条件的正交波形是肯定不存在的，这是因为信号只要是恒模的并且幅度为1，下式必然成立

$$|A(\phi_l,k)| = \frac{1}{N} \qquad k = \pm(N-1),l=1,2,\cdots,L \tag{6.7}$$

既然不能使得所有的副瓣等于零，那么必须要以某种极小化准则来设计正交波形。下面给出几种常见的优化准则和代价函数。

（1）极小化峰值副瓣电平。

$$\min_{\Phi} E_1 = \min_{\Phi}\max\left\{ \max_{\substack{k\neq 0\\ l=1,\cdots,L}} |A(\phi_l,k)|, \lambda \max_{\substack{p=-N+1,\cdots,N-1\\ p\neq q,p,q=1,\cdots,L}} |C(\phi_p,\phi_q,k)| \right\} \tag{6.8}$$

式中，$\max\limits_{k\neq 0}|A(\phi_l,k)|$ 为第 l 个信号的自相关峰值副瓣值，$\max\limits_{\substack{k\neq 0\\ l=1,\cdots,L}}|A(\phi_l,k)|$ 为正交波形的自相关峰值副瓣，$\max\limits_{k=-N+1,\cdots,N-1}|C(\phi_p,\phi_q,k)|$ 为第 p 个信号和第 q 个信号之间的峰值互相关，$\max\limits_{\substack{k=-N+1,\cdots,N-1\\ p\neq q,p,q=1,\cdots,L}}|C(\phi_p,\phi_q,k)|$ 为正交波形的峰值互相关，λ 为加权系数，决定着自相关峰值副瓣和峰值互相关之间的权重大小。

（2）极小化积分副瓣能量。

$$\min_{\Phi} E_2 = \min_{\Phi}\left\{ \sum_{l=1}^{L}\sum_{k=1}^{N-1}|A(\phi_l,k)|^2 + \lambda\sum_{p=1}^{L-1}\sum_{q=p+1}^{L}\sum_{k=-(N-1)}^{N-1}|C(\phi_p,\phi_q,k)|^2 \right\} \tag{6.9}$$

式中：$\sum\limits_{l=1}^{L}\sum\limits_{k=1}^{N-1}|A(\phi_l,k)|^2$ 为自相关积分副瓣能量，$\sum\limits_{p=1}^{L-1}\sum\limits_{q=p+1}^{L}\sum\limits_{k=-(N-1)}^{N-1}|C(\phi_p,\phi_q,k)|^2$ 为积分互相关能量，λ 为加权系数，决定着自相关积分副瓣能量和积分互相关能量之间的权重大小。

(3) 其他。

$$\min_{\Phi} E_3 = \min_{\Phi}\left\{\sum_{l=1}^{L}\max_{k\neq 0}|A(\phi_l,k)|^2 + \lambda\sum_{p=1}^{L-1}\sum_{q=p+1}^{L}\max_{k}|C(\phi_p,\phi_q,k)|^2\right\} \tag{6.10}$$

和

$$\min_{\Phi} E_4 = \min_{\Phi}\left\{\sum_{l=1}^{L}\sum_{k=1}^{N-1}|A(\phi_l,k)|^2 + \lambda\sum_{p=1}^{L-1}\sum_{q=p+1}^{L}\sum_{k=-(N-1)}^{N-1}|C(\phi_p,\phi_q,k)|^2\right\} \tag{6.11}$$

式中:r 为大于 1 的正数,当 $r=2$ 时,上式和极小化积分副瓣能量的准则是等价的;当 $r=\infty$ 时,上式和极小化峰值副瓣电平的准则是等价的。

如何选用这些准则呢? 这要根据正交波形的相位是否取值离散和选用的优化算法有关,比如,当相位取值离散,并且选用遗传算法或者模拟退火(这两个优化算法不需要代价函数的梯度信息)时,可以选用极小化峰值副瓣电平准则 $\min E_1$ 或者 $\min E_3$;当相位取值连续,并且选用基于梯度的算法时,可以选用极小化积分副瓣准则 $\min E_2$ 或者 $\min E_4$(r 取较大的数,比如,$r=4$)。

如何评价通过各种优化算法得到的正交波形呢? 由于一般情况下,雷达系统习惯采用极小化峰值副瓣电平准则,下面仅仅定义自相关峰值副瓣电平、峰值互相关电平和主副比来评价正交波形的性能。

自相关峰值副瓣电平(APSL):

$$\mathrm{APSL} = 20\lg\{\max_{\substack{k\neq 0\\ l=1,\cdots,L}}|A(\phi_l,k)|\} \tag{6.12}$$

用来衡量正交波形的自相关特性。

峰值互相关电平(PCCL):

$$\mathrm{PCCL} = 20\lg\{\max_{\substack{k=-N+1,\cdots,N-1\\ p\neq q,p,q=1,\cdots,L}}|C(\phi_p,\phi_q,k)|\} \tag{6.13}$$

用来衡量正交波形的互相关特性。

主副比(MPSR):

$$\begin{aligned}\mathrm{MPSR} &= 20\lg\frac{1}{\max\{\max\limits_{\substack{k\neq 0\\ l=1,\cdots,L}}|A(\phi_l,k)|,\max\limits_{\substack{k=-N+1,\cdots,N-1\\ p\neq q,p,q=1,\cdots,L}}|C(\phi_p,\phi_q,k)|\}}\\ &= -\max\{\mathrm{APSL},\mathrm{PCCL}\}\end{aligned} \tag{6.14}$$

用来衡量正交波形的整体相关特性。

6.1.2.3 正交波形设计方法

1) 模拟退火

模拟退火属于随机搜索方法,最初从超大规模集成电路的设计发展而来。

它充分利用了寻找代价函数的极小值的过程和材料在极小化它的能量中不断改变其状态的物理现象的相似性,是一种比较好的解决非线性无约束规划问题的数值计算方法。

2004 年,Deng Hai 提出了模拟退火和邻域搜索算法,即先利用模拟退火找到一个比较好的初始点,然后通过邻域搜索进一步找到比较满意的解。他所采用的代价函数为

$$E_2 = \sum_{l=1}^{L}\sum_{k=1}^{N-1}|A(\phi_l,k)|^2 + \lambda\sum_{p=1}^{L-1}\sum_{q=p+1}^{L}\sum_{k=-(N-1)}^{N-1}|C(\phi_p,\phi_q,k)|^2 \quad (6.15)$$

式中:$\lambda=1$,表明自相关特性和互相关特性受到重视的程度相当。用模拟退火和邻域搜索算法得到的码长 $N=40$,序列数 $L=4$ 和相位数 $M=4$ 的正交四相码[1]的性能指标为:APSL = −14.8dB,PCCL = −13.5dB,MPSR = 13.5dB。

2)遗传算法

遗传算法是一类借鉴生物界自然选择和自然遗传机制的随机化搜索算法,其主要特点是群体搜索策略和群体中个体之间的信息交换,其搜索不依赖于梯度信息。它尤其适合于处理传统搜索方法难于解决的复杂和非线性问题,目前在众多领域中均有应用。

2006 年,电子科技大学的刘波提出了遗传和邻域搜索算法,他采用的代价函数为

$$\begin{aligned}E = {} & w_1\cdot\sum_{l=1}^{L}\max_{k\neq 0}|A(\phi_l,k)| + w_2\cdot\sum_{p=1}^{L-1}\sum_{q=p+1}^{L}\max_{k}|C(\phi_p,\phi_q,k)| + \\ & w_3\cdot\sum_{l=1}^{L}\sum_{k=1}^{N-1}|A(\phi_l,k)|^2 + w_4\cdot\sum_{p=1}^{L-1}\sum_{q=p+1}^{L}\sum_{k=-(N-1)}^{N-1}|C(\phi_p,\phi_q,k)|^2\end{aligned} \quad (6.16)$$

式中:w_1, w_2, w_3 和 w_4 为加权系数,它们在优化的过程中是动态更新的。用遗传和邻域搜索算法得到的码长 $N=40$,序列数 $L=4$ 和相位数 $M=4$ 的正交四相码[3]的性能指标为:APSL = −16.0dB,PCCL = −13.0dB,MPSR = 13.0dB。

比较模拟退火和遗传算法这两种方法,所设计的正交四相码的性能指标相差不大,但是遗传算法的收敛速度比模拟退火要快得多,所以,在实际中我们更倾向选择遗传算法。

3)改进的 Fletcher – Reeves 算法

该算法由 Kevin J. Gartz 于 1992 提出,用于产生具有低相关副瓣的恒模正交连续相位编码波形。Kevin J. Gartz 设计的序列相位取值范围为[0, 2π],而不是像上面所述的模拟退火和遗传算法那样取值均匀离散。

Fletcher - Reeves 算法的代价函数为

$$E_4 = \sum_{l=1}^{L}\sum_{k=1}^{N-1} |A(\phi_l,k)|^r + \lambda \sum_{i=1}^{L-1}\sum_{j=i+1}^{L}\sum_{-(N-1)}^{N-1} |C(\phi_i,\phi_j,k)|^r \tag{6.17}$$

式中:$\lambda=2, r=4$。改进的 Fletcher - Reeves 算法基于梯度下降方法,采用数值方法计算梯度。

4) 序列二次规划

改进的 Fletcher - Reeves 算法虽然在很大的程度上解决了正交连续相位编码波形的设计,但是,改进的 Fletcher - Reeves 算法是一种无约束非线性规划,其数学模型还不是很匹配基于极小化峰值副瓣电平这一准则。

因此,需要一种具有更好的数学求解模型、速度较快并能解决大中型规模优化问题的方法。序列二次规划是一种非常有效地设计信号波形的方法。文献[10]采用极小化峰值副瓣电平准则,应用序列二次规划,建立如下数学模型:

$$\begin{aligned} &\min_{\Phi,t} t \\ \text{s.t.}\ & |A(\phi_l,k)| \leqslant t \quad k=1,\cdots,N-1, p=1,2,\cdots,L \\ & \lambda \cdot |C(\phi_p,\phi_q,k)| \leqslant t \quad k=-N+1,\cdots,N-1, p\neq q=1,2,\cdots,L \\ & 0\leqslant \phi_l(n) \leqslant 2\pi \quad l=1,\cdots,L, n=1,\cdots,N \end{aligned} \tag{6.18}$$

式中:t 既是目标函数也是变量,其物理含义是自相关峰值副瓣电平 APSL 的上界

$$|A(\phi_l,k)| \leqslant \text{APSL} \leqslant t \quad k=1,2,\cdots,N-1, p=1,2,\cdots,L \tag{6.19}$$

另外,t 也是加权了的峰值互相关电平的上界:

$$\lambda \cdot |C(\phi_p,\phi_q,k)| \leqslant \lambda\text{PCCL} \leqslant t \quad k=1,2,\cdots,N-1, p\neq q=1,2,\cdots,L \tag{6.20}$$

式中:λ 是一个用户参数,它可以用来调节自相关峰值副瓣电平 APSL 与峰值互相关电平 PCCL 之间的比重。当调节 λ 使得它满足 $0\leqslant\lambda<1$ 时,PCCL 将会大于 APSL;当 $\lambda\geqslant1$ 时,PCCL 将小于等于 APSL。

数学模型式(6.18)所表达的物理意义是使所有的自相关副瓣以及所有被加权的互相关小于等于自相关峰值副瓣 APSL 的上界,然后极小化这个上界。这个带有约束条件的非线性规划包含了 $LN+1$ 个变量,$L(N-1)+L(2N-1)=L(3N-2)$ 个非线性约束条件(满足二次连续可微),相对于已有的模拟退火、遗传算法、互熵法、改进的 Fletcher - Reeves 算法和 CAN 等方法,它的目标函数更直接,即极小化峰值副瓣电平,而不是极小化所有自相关副瓣和互相关的加权四次方和或加权平方和,更不是幅度加权和。直观上,与已有的以极小化积分副瓣能量为准则的方法相比,序列规划二次方法更有可能得到较低的自相关峰值副瓣电平 APSL 和峰值互相关电平 PCCL。这一点将在下面的仿真实验加以验证。

需要特别说明的是,数学模型式(6.18)采用的是极小化峰值副瓣电平准则。这主要基于以下的考虑,在多目标环境下检测弱小点目标的性能方面上,该准则要优于极小化积分副瓣电平准则。具体而言,以极小化积分副瓣能量为准则优化出来的信号波形具有较高的峰值副瓣电平,而这个副瓣很可能淹没弱小点目标,以致于这些弱小点目标不能被检测出来从而造成漏警,或者这个副瓣由于幅度较高很有可能被检测为虚假目标从而造成虚警。

对于该模型的求解,采用 Matlab 自带的约束优化函数 fmincon 或者 fminimax,这两个函数的核心算法都是序列二次规划。对于序列二次规划,一个值得仔细考虑的问题是,如何给出合理的变量初始点,因为初始点的好坏可能影响解的质量。由于没有先验信息,只能假定相位变量在$[0,2\pi]$满足均匀分布,在 Matlab 中,每个相位变量的初始值ϕ_0由 rand 函数产生,即$\phi_0 = \mathrm{rand}(1,1)\cdot 2\pi$。

下面给出仿真结果,并研究λ,APSL 和 PCCL 之间的数值关系[11]。

表6.1列出了权重$\lambda=1$时,序列数$L=4$,码长$N=40$的正交波形的相位。

表6.1 当$\lambda=1$时,$L=4$, $N=40$的正交波形的相位

$\lambda=1$, $L=4$, $N=40$	相位/rad
序列1	5.7569 5.8439 5.5687 6.2832 5.3337 0.3305 0.4494 0.6715 2.7762 6.0959 5.5215 4.5868 3.4232 2.4521 2.9549 3.2161 5.6751 3.1713 5.1758 4.5284 5.3743 1.7487 5.1442 5.7899 2.2750 3.2452 2.2849 4.3105 3.7805 3.3053 2.2306 5.3636 2.7253 1.3010 4.6987 4.1863 0.9904 2.8241 0.0000 3.8059
序列2	0.0000 5.0458 3.2159 3.2065 4.9996 2.1304 2.2309 1.3970 5.4783 1.3882 0.0016 2.4234 0.0444 3.0138 5.1257 4.4968 3.2226 3.5692 3.3163 2.1692 6.2149 5.2621 4.8911 1.2970 3.0480 2.7176 0.8881 4.4125 3.7432 0.0000 1.9646 5.4404 3.8116 6.1850 1.5620 1.8283 1.7514 2.8314 1.9774 2.0841
序列3	3.7998 1.9625 4.3020 0.5061 3.1879 4.3061 0.8044 0.0000 2.3522 0.8750 4.9346 4.8199 2.8312 2.3185 4.6984 5.6583 2.7594 4.3243 2.9353 5.5973 4.2235 1.8917 0.8559 2.7582 0.0000 4.1946 3.5614 1.4850 3.8343 4.3861 6.2832 6.2832 1.4041 5.3900 2.6893 4.8555 3.6648 3.4890 0.3753 0.8094
序列4	1.7778 0.0038 6.2724 1.9089 5.5340 1.1725 3.1524 5.9262 3.9228 4.6491 2.4140 2.0907 4.5335 3.9894 4.7448 3.9379 0.1358 1.9290 3.8515 3.8564 3.8419 3.1089 0.3021 5.5752 5.9502 1.0011 5.5139 2.6111 4.0648 0.0000 0.3212 5.9048 5.6228 2.0687 5.8988 5.1842 5.6664 1.7287 3.6861 5.1483

图6.1和图6.2分别画出了表6.1中$\lambda=1$,$L=4$,$N=40$的正交波形的非周

期自相关和互相关函数。从图中可以看出,自相关副瓣和互相关电平较低,分布较为平坦。这表明信号自身具有较低的自相关峰值副瓣电平,即具有良好的脉冲压缩性能,同时,信号之间具有较低的互相关,从而说明了序列二次规划方法的有效性。

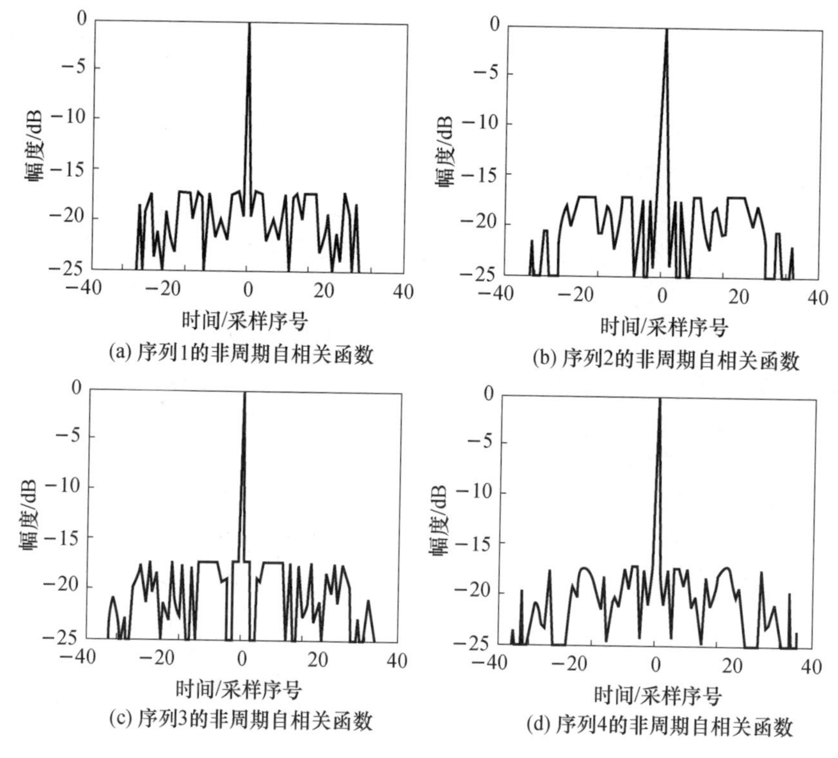

图 6.1 $\lambda=1, L=4, N=40$ 的正交波形的非周期自相关函数

6.1.3 分布式相参积累技术

6.1.3.1 分布式雷达长基线相参积累技术

随着人们对雷达探测威力及探测精度要求的不断提高,大规模相控阵雷达的进一步发展面临着成本昂贵和机动不足等诸多因素的制约。为了克服大规模相控阵雷达的这些固有缺点,美国 MIT 林肯实验室在2003 年提出了下一代反导雷达系统(NGR)的概念:多部机动式单元雷达或阵列分散布设,通过对多部雷达的回波进行信号级相参合成,等效形成一个大威力探测雷达。一个由 L 部单元雷达构成的 NGR 系统,相对于单部雷达而言,其最大输出信噪比可以提高 L^3 倍。顾名思义,NGR 系统也被译作分布式阵列相参合成雷达系统或分布式全相参雷达系统(本书将使用该译名)。

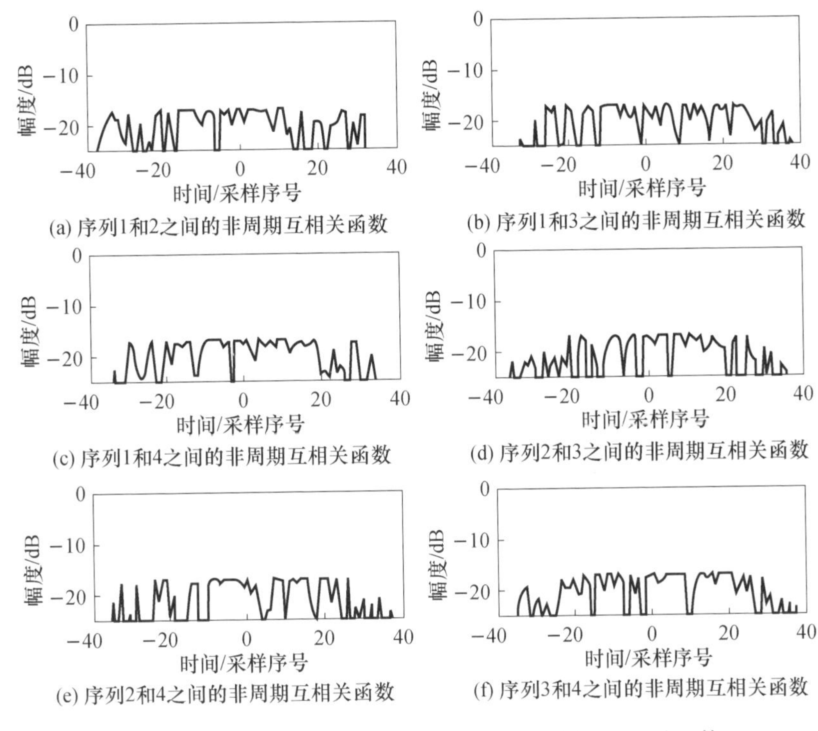

(a) 序列1和2之间的非周期互相关函数

(b) 序列1和3之间的非周期互相关函数

(c) 序列1和4之间的非周期互相关函数

(d) 序列2和3之间的非周期互相关函数

(e) 序列2和4之间的非周期互相关函数

(f) 序列3和4之间的非周期互相关函数

图6.2　$\lambda=1, L=4, N=40$ 的正交波形的非周期互相关函数

分布式全相参雷达（DACR）是继多输入多输出（MIMO）雷达之后出现的一种新体制雷达，是下一代雷达发展的技术方向。该新体制雷达的关键能力包括：具有较高的灵敏度，适用于远距离搜索、跟踪和目标识别，同时满足机动部署能力。

DACR系统自提出以来便引起越来越多学者的兴趣。文献[11]考虑多种相干参数估计误差存在时，给出全相参模式下输出信噪比增益（output signal - to - noise ratio gain）的定义，但是未能得出其闭式解。文献[12]分析时间同步误差和相位同步误差的来源，建立相应的数学模型，仿真同步误差对相参性能的影响，给出时间同步误差及相位同步误差的指标要求；并基于有线传输的非相关传输方式提出时间同步方案，基于定标的方式提出相位同步方案，以分别实现DACR系统的时间同步和相位同步。文献[13]提出基于接收相参工作模式的相位差跟踪方法和基于发射相参工作模式的相位差跟踪方法，通过理论分析可知，前者能够实现相位差的理想跟踪，而后者的相位差跟踪结果会受到系统相位同步误差的影响；因此通过对系统的相参性能进行监测，提出了DACR系统的相位差闭环跟踪技术。文献[12,13]对DACR系统的工程实现具有一定的理论指导意义。文献[14]首先介绍DACR系统产生的技术背景及国内外发展现状，然后讨论其工作原理和基本概念，并指出其关键技术及突破思路。文献[15]首先建立“多发多收”的一般结构的DACR系统；推导时延差和T/R相位差估计的克拉美-罗界(CRB)闭式解；最后假设只存在相位补偿误差时，给出输出信噪比增益的闭式解。文献[16]针对“多发一收”的主辅结构的DACR系统，将发射单脉冲条件拓展到多脉冲，研究相干参数估计性能与发射天线数及脉冲数之间的关系，并基于CRB分析相参处理性能。文献[17]针对部分收发共置，首先建立“全发任意收”的混合结构的DACR系统，它是包含主辅和协同结构的更一般结构；然后在发射多脉冲条件下推导相干参数估计CRB闭式解，研究相干参数估计性能与收发天线数及脉冲数之间的关系，但是并未基于CRB进一步分析其相参处理性能。

需要指出的是，分布式MIMO雷达参数估计已经得到学术界广泛关注[18-31]，尽管其与DACR系统参数估计相似，但是二者存在本质区别。首先，待估的目标参数不同，前者常见的有位置和速度估计，而后者需要估计的是各天线间的时延差和相位差等相干参数；其次，待估目标参数数目与收发天线数的关系不同，前者往往一定，而后者随收发天线数的增加而增加；最后，针对相位参数的处理方式也不同，前者通常被看作随机变量处理，而后者则作为确定性未知量，是需要估计和补偿的重要参数。

DACR系统由若干部机动式单元雷达和一个中心控制处理系统组成，如图6.4所示，这些单元雷达按一定方式进行阵列布局(可以一维布阵或二维布阵)，波束指向相同区域，并通过中心控制处理系统进行联合相参工作，实现信号级相参合成，等效形成一个大威力探测雷达。

DACR系统与常规雷达不同，每个单元雷达开始采用正交波(Orthogonal Waveforms)发射，每个单元雷达接收本雷达回波的同时，还接收其他单元雷达的回波，通过对所有发射波形分别同时进行匹配滤波接收处理，得到每个回波对应的相位与时延，进行接收相参合成(Receive - Coherence)，如图6.3所示；在相参接收的基础上，当时延和相位估计达到一定精度时，每个单元雷达开始发射相同波形，并控制和调整每个单元雷达发射信号的时延与相位，实现发射相参(Transmit Coherence)。从而实现收发全相参(Full - Coherence)，如图6.4所示。

DACR系统先后工作于三种典型的模式：独立工作模式、MIMO工作模式以及全相参模式。

(1) 独立工作模式。每个单元雷达独立工作，进行搜索、检测、跟踪和识别。

(2) MIMO工作模式。一旦搜索、检测到目标后，DACR系统转换到MIMO工作模式。此时各单元雷达发射正交波形，从接收端估计出各发射(或接收)单元雷达间的时延差和相位差等发射(或接收)相干参数。

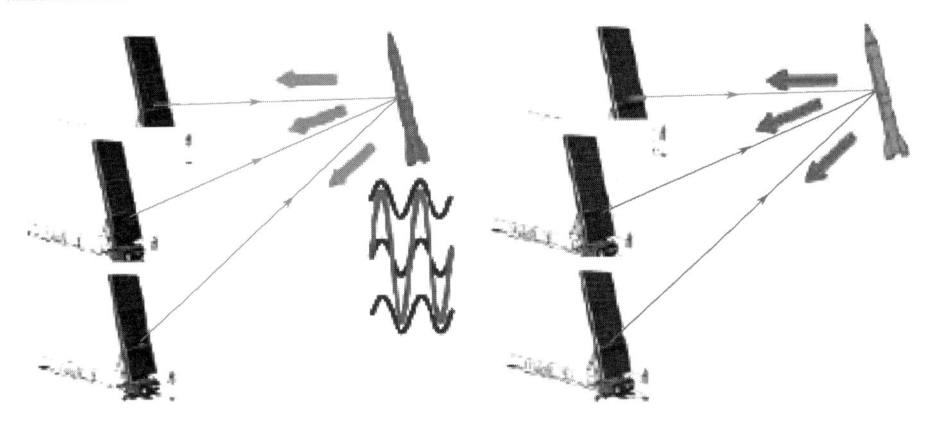

图6.3　收发全相参(见彩图)　　图6.4　接收相参(见彩图)

(3) 全相参工作模式。在该工作模式中,各发射单元雷达发射相同信号波形,并利用由 MIMO 工作模式估计的收发相干参数,分别对发射和接收单元雷达进行时延和相位精确控制,从而实现收发全相参。这是 DACR 系统所独有的常态化模式,是 MIMO 雷达所不具备和无法实现的,这点比 MIMO 雷达理论技术层次要高,也更具挑战。

较常规雷达,DACR 系统主要的技术特点及优势有:

(1) 生存力强。该雷达系统可快速移动,及时变换阵地,相对固定的大规模雷达生存力较强。

(2) 效费比高。该雷达系统既能要地部署,也可前沿部署;能实现实战结合与应急作战;可快速部署,增强重要方向的作战能力。

(3) 角分辨力高。该雷达系统可实现很高的角度分辨力,可与导引头的角度分辨力匹配,实现高质量矢量方向图形成;同时可高精度测角,实现高精度测轨。

(4) 识别力强。该雷达系统易实现大扫描角宽带目标成像,大范围识别能力强。

(5) 扩展性强。很容易实现功能扩展和威力扩展(增加单元雷达数目)。

(6) 实现性好。单元雷达规模小,技术成熟,工程实现性好(如工艺、成本和宽带宽扫)。

6.1.3.2　分布式相参雷达相干参数估计

对于 DACR 系统,一般来说,各单元雷达间的相位差主要来自两方面:一方面,由于目标到各雷达的距离不同导致不同的传播时延,从而引起相位差;另一方面,由于各雷达拥有独立的本振源,因此具有不同的发射和接收初始相位,从而引起相位差(即 T/R 相位差[32])。两种因素导致的相位差均影响相参处理性能,因此综合考虑二者将其定义为"和相位差"(total phase differences),记作 TO 相位差。

本节针对一般结构的分布式全相参雷达[32-40],首先定义了收发 TO 相位差,推导了相干参数估计的 CRB 闭式解;然后考虑时延和相位补偿误差同时存在时,研究了全相参模式下的输出信噪比增益;基于蒙特卡洛仿真,利用高阶多项式拟合,得出输出信噪比增益上界的数值解;最后仿真实验验证了研究结论的正确性。

1) 信号模型

由 K 个发射天线、L 个接收天线和一个处理中心组成的一般结构的 DACR 系统,如图 6.5 所示。

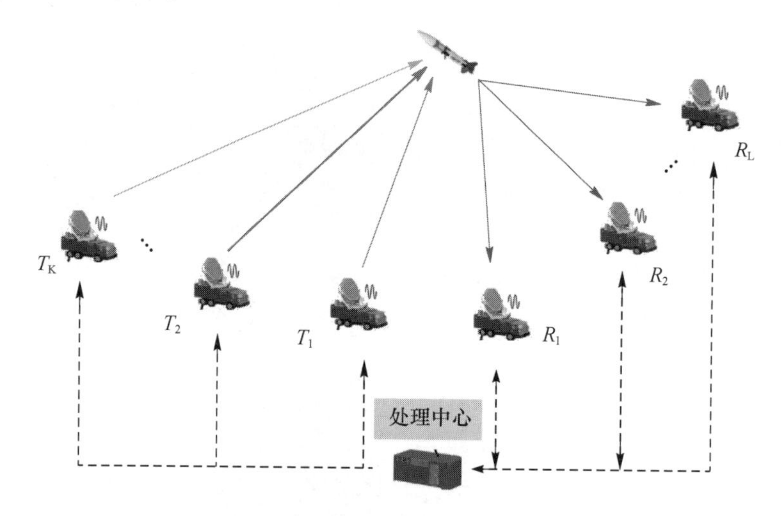

图 6.5　一般结构的 DACR 系统(见彩图)

假设发射一组正交的窄带信号 $s_k(t)|_{1,2,\cdots,K}$,且满足 $\int_T |s_k(t)|^2 \mathrm{d}t = 1$,其中 T 为观测时间。经过上变频,发射信号可用其复包络表示为

$$\hat{s}_k(t) = s_k(t)\mathrm{e}^{\mathrm{j}2\pi f_c t + \mathrm{j}\theta_k^t} \qquad k = 1,2,\cdots,K \tag{6.21}$$

式中:f_c 为载频;θ_k^t 为天线 k 的发射初始相位。定义发射信号的有效带宽为

$$\beta_k^2 = \int f^2 |S_k(f)|^2 \mathrm{d}f / \int |S_k(f)|^2 \mathrm{d}f \tag{6.22}$$

式中:$S_k(f)$ 为 $s_k(t)$ 的傅里叶变换,且进一步假设所有发射信号有效带宽一致,等于 β。

假设目标是各向同性散射的点目标,其确定性复散射系数为 $\bar{\xi}$。则天线 l 接收到的目标回波的低通等效式为

$$r_l(t) = \sum_{k=1}^{K} \bar{\xi} s_k(t - \tau_{lk}) \mathrm{e}^{-\mathrm{j}2\pi f_c \tau_{lk} + \mathrm{j}\phi_k^t + \mathrm{j}\phi_l^r} + w_l(t) \tag{6.23}$$

式中：ϕ_l^r 为天线 l 的接收初始相位；τ_{lk} 为路径 lk 中信号传播时延，且 $\tau_{lk} = \tau_k^t + \tau_l^r$，其中 τ_k^t 和 τ_l^r 分别为发射天线 k 到目标、目标到接收天线 l 的信号传播时延；$w_l(t)$ 为天线 l 接收的噪声。假设 $w_l(t)$ 是时间和空间独立的，且 $w_l(t)$ 在时域上是均值为零、方差为 σ_w^2 的复白高斯过程，即

$$E\{w_l(t) w_{l'}(t')\} = \sigma_w^2 \delta(t - t') \delta(l - l') \tag{6.24}$$

选定 T_1 和 R_1 分别为发射和接收参考天线，且定义 $\xi = \bar{\xi} \mathrm{e}^{-\mathrm{j}2\pi f_c \tau_{11} + \mathrm{j}\phi_1^t + \mathrm{j}\phi_1^r}$，可得

$$r_l(t) = \xi \sum_{k=1}^{K} s_k(t - \tau_{11} - \tau_k^t - \tau_l^r) \mathrm{e}^{\mathrm{j}\psi_k^t + \mathrm{j}\psi_l^r} + w_l(t) \tag{6.25}$$

式中：$\tau_k^t = \tau_k^t - \tau_1^t$、$\tau_l^r = \tau_l^r - \tau_1^r$、$\psi_k^t = -2\pi f_c \tau_k^t + (\phi_k^t - \phi_1^t)$、$\psi_l^r = -2\pi f_c \tau_l^r + (\phi_l^r - \phi_1^r)$。定义 ψ_k^r 和 ψ_l^r 分别为发射和接收 TO 相位差，相比于 T/R 相位差[32]，TO 相位差为时延差导致的相位差与 T/R 相位差之和。需要指出的是，$\tau_l^t = \tau_l^r = \psi_1^t = \psi_1^r = 0$。

$$\boldsymbol{\Lambda} = [\boldsymbol{\tau}^{\mathrm{T}}, \boldsymbol{\psi}^{\mathrm{T}}, \xi^{\mathrm{R}}, \xi^{\mathrm{I}}]^{\mathrm{T}} \tag{6.26}$$

式中：$()^{\mathrm{T}}$ 为转置运算，ξ^{R} 和 ξ^{I} 分别为 ξ 的实部和虚部；$\boldsymbol{\tau} = [(\boldsymbol{\tau}^t)^{\mathrm{T}}, (\boldsymbol{\tau}^r)^{\mathrm{T}}$，且 $\boldsymbol{\tau}^t = [\tau_2^t, \cdots, \tau_K^t]^{\mathrm{T}}, \boldsymbol{\tau}^r[\tau_2^r, \cdots, \tau_L^r]^{\mathrm{T}}$；

$\boldsymbol{\psi} = [(\boldsymbol{\psi}^t)^{\mathrm{T}}, (\boldsymbol{\psi}^r)^{\mathrm{T}}]^{\mathrm{T}}$，且 $\boldsymbol{\psi}^t = [\psi_2^t, \cdots, \psi_K^t]^{\mathrm{T}}, \boldsymbol{\psi}^r[\psi_2^r, \cdots, \psi_L^r]^{\mathrm{T}}$。

2）相干参数估计性能

本节在前述信号模型基础上推导矢量 $\boldsymbol{\Lambda}$ 估计的 CRB。对于 $\boldsymbol{\Lambda}$ 的任意无偏估计，其第 i 个元素的方差满足 $\mathrm{var}(\widehat{\boldsymbol{\Lambda}}) \geqslant [\boldsymbol{J}^{-1}(\boldsymbol{\Lambda})]_{ii}$，其中 $\boldsymbol{J}(\boldsymbol{\Lambda})$ 表示费歇尔信息矩阵（FIM）：

$$\boldsymbol{J}(\boldsymbol{\Lambda}) = -\{\nabla_{\Lambda}[\nabla_{\Lambda} \ln p(\widehat{\boldsymbol{r}}; \boldsymbol{\Lambda})]^{\mathrm{T}}\} \tag{6.27}$$

式中：∇为梯度运算符；$\ln p(\widehat{\boldsymbol{r}}; \boldsymbol{\Lambda})$ 为对数似然函数。CRB 矩阵是 FIM 的逆。

3）费歇尔信息矩阵的计算

假设全部观测数据用矢量表示为 $\widehat{\boldsymbol{r}} = [\widehat{r}_1(t), \widehat{r}_2(t), \cdots, \widehat{r}_L(t)]^{\mathrm{T}}$，则对数似然函数可表示为

$$\ln p(\widehat{\boldsymbol{r}}; \boldsymbol{\Lambda}) = -\frac{1}{\sigma_w^2} \sum_{l=1}^{L} \int_{\mathrm{T}} \left| \widehat{r}_l(t) - \xi \sum_{k=1}^{K} s_k(t - \tau_{lk}) \mathrm{e}^{\mathrm{j}\psi_k^t + \mathrm{j}\psi_l^r} \right|^2 \mathrm{d}t + C \tag{6.28}$$

式中：C 表示与 $\boldsymbol{\Lambda}$ 无关的常数项。考虑到 $\ln p(\widehat{\boldsymbol{r}}; \boldsymbol{\Lambda})$ 是 τ_{lk} 的显函数，引入中间参数矢量 $\boldsymbol{\Lambda}_1 = [\boldsymbol{\tau}, \boldsymbol{\psi}^{\mathrm{T}}, \xi^{\mathrm{R}}, \xi^{I}]^{\mathrm{T}}$，其中 $\boldsymbol{\tau} = [\tau_{11}, \cdots, \tau_{LK}]^{\mathrm{T}}$。

定义 $\boldsymbol{0}_{p \times q}$ 和 $\boldsymbol{1}_{p \times q}$ 分别为 $p \times q$ 的全零和全一矩阵，$\boldsymbol{I}_p$ 和 $\boldsymbol{\Omega}_p$ 分别为 $p \times p$ 的单

位阵和全一方阵。经过计算得 $\boldsymbol{J}(\boldsymbol{\Lambda}_1)$ 的矩阵形式为

$$\boldsymbol{J}(\boldsymbol{\Lambda}_1)=\begin{bmatrix}\boldsymbol{T}_{LK\times LK} & \boldsymbol{0}_{LK\times(K+L)}\\ \boldsymbol{0}_{(K+L)\times LK} & \boldsymbol{G}_{(K+L)\times(K+L)}\end{bmatrix}\tag{6.29}$$

式中

$$\boldsymbol{T}=\frac{|\xi|^2}{\sigma_w^2}8\pi^2\beta^2\boldsymbol{I}_{LK}\tag{6.30}$$

$$\boldsymbol{G}=\frac{2}{\sigma_w^2}\begin{bmatrix}\boldsymbol{A}_{(K-1)\times(K-1)} & \boldsymbol{D}_{(K-1)\times(L-1)} & \boldsymbol{E}_{(K-1)\times 2}\\ \boldsymbol{D}^{\mathrm{T}} & \boldsymbol{B}_{(L-1)\times(L-1)} & \boldsymbol{F}_{(L-1)\times 2}\\ \boldsymbol{E}^{\mathrm{T}} & \boldsymbol{F}^{\mathrm{T}} & \boldsymbol{C}_{2\times 2}\end{bmatrix}\tag{6.31}$$

且 $\boldsymbol{A}=|\xi|^2L\boldsymbol{I}_{K-1}$，$\boldsymbol{B}=|\xi|^2K\boldsymbol{I}_{L-1}$，$\boldsymbol{C}=LK\boldsymbol{I}_2$，$\boldsymbol{D}=|\xi|^2\boldsymbol{1}_{(K-1)\times(L-1)}$，$\boldsymbol{E}=L\boldsymbol{1}_{(K-1)\times 1}[-\xi^I\quad \xi^R]$，$\boldsymbol{F}=K\boldsymbol{1}_{(L-1)\times 1}[-\xi^I\quad \xi^R]$。

4）时延差估计的克拉美－罗界

$$\mathrm{CRB}_\tau=\boldsymbol{T}^{-1}=\frac{\sigma_w^2}{|\xi|^2 8\pi^2\beta^2}\boldsymbol{I}_{LK}\tag{6.32}$$

根据链式法则：

$$\mathrm{CRB}_\tau=(\nabla_{\tau^{\mathrm{T}}}\boldsymbol{\tau})\mathrm{CRB}_\tau(\nabla_{\tau^{\mathrm{T}}}\boldsymbol{\tau})^{\mathrm{T}}\tag{6.33}$$

式中 $(\nabla_{\tau^{\mathrm{T}}}\boldsymbol{\tau})$ 为雅克比矩阵：

$$\nabla_{\tau^{\mathrm{T}}}\boldsymbol{\tau}=\begin{bmatrix}\frac{\partial\tau_2^{\mathrm{t}}}{\partial\tau_{11}} & \cdots & \frac{\partial\tau_2^{\mathrm{t}}}{\partial\tau_{LK}}\\ \vdots & \ddots & \vdots\\ \frac{\partial\tau_L^{\mathrm{r}}}{\partial\tau_{11}} & \cdots & \frac{\partial\tau_L^{\mathrm{r}}}{\partial\tau_{LK}}\end{bmatrix}\tag{6.34}$$

显然 $\boldsymbol{\tau}^{\mathrm{t}}$、$\boldsymbol{\tau}^{\mathrm{r}}$ 与 $\boldsymbol{\tau}$ 满足关系：

$$\tau_k^{\mathrm{t}}=\frac{1}{L}\sum_{l=1}^{L}(\tau_{lk}-\tau_{l1})\qquad k=2,3,\cdots,K\tag{6.35}$$

$$\tau_k^{\mathrm{r}}=\frac{1}{K}\sum_{k=1}^{K}(\tau_{lk}-\tau_{lk})\qquad k=2,3,\cdots,L\tag{6.36}$$

可得

$$(\nabla_{\tau^{\mathrm{T}}}\boldsymbol{\tau})=\begin{bmatrix}\boldsymbol{P}_{11} & \boldsymbol{P}_{12} & \cdots & \boldsymbol{P}_{1L}\\ \boldsymbol{P}_{21} & \boldsymbol{P}_{22} & \cdots & \boldsymbol{P}_{2L}\end{bmatrix}$$

$$\boldsymbol{P}_{1l}=\frac{1}{L}[\ -\boldsymbol{1}_{(K-1)\times 1}\quad \boldsymbol{I}_{K-1}]\qquad l=1,2,\cdots,L$$

$$\boldsymbol{P}_{21}=-\frac{1}{K}\boldsymbol{1}_{(L-1)\times K}$$

$$\boldsymbol{P}_{2l}=\frac{1}{K}\begin{bmatrix}\boldsymbol{0}_{(l-2)\times K}\\ \boldsymbol{1}_{1\times K}\\ \boldsymbol{0}_{(L-l)\times K}\end{bmatrix}\qquad l=2,3,\cdots,L \tag{6.37}$$

首先定义接收端输入信噪比 $\mathrm{SNR_{in}}=|\xi|^2/\sigma_w^2$。可得

$$\mathrm{CRB}_{\tau}=\begin{bmatrix}\boldsymbol{C}_{11} & \cdot\\ \cdot & \boldsymbol{C}_{22}\end{bmatrix}$$

$$\boldsymbol{C}_{11}=\sum_{l=1}^{L}\boldsymbol{P}_{1l}\boldsymbol{X}\boldsymbol{P}_{1l}^{\mathrm{T}}+\sum_{l=1}^{L}\boldsymbol{P}_{1l}\boldsymbol{Y}\sum_{l=1}^{L}\boldsymbol{P}_{1l}^{\mathrm{T}}=\frac{1}{\mathrm{SNR_{in}}8\pi^2\beta^2 L}(\boldsymbol{I}_{K-1}+\boldsymbol{\Omega}_{K-1})$$

$$\boldsymbol{C}_{22}=\sum_{l=1}^{L}\boldsymbol{P}_{2l}\boldsymbol{X}\boldsymbol{P}_{2l}^{\mathrm{T}}+\sum_{l=1}^{L}\boldsymbol{P}_{2l}\boldsymbol{Y}\sum_{l=1}^{L}\boldsymbol{P}_{2l}^{\mathrm{T}}=\frac{1}{\mathrm{SNR_{in}}8\pi^2\beta^2 K}(\boldsymbol{I}_{L-1}+\boldsymbol{\Omega}_{L-1}) \tag{6.38}$$

式中:“·”为无须计算部分。因此收发时延差估计的 CRB 为

$$\mathrm{CRB}_{\tau_k^{\mathrm{t}}}=\frac{1}{\mathrm{SNR_{in}}4\pi^2\beta^2}\frac{1}{L}\qquad k=2,3,\cdots,K \tag{6.39}$$

$$\mathrm{CRB}_{\tau_l^{\mathrm{r}}}=\frac{1}{\mathrm{SNR_{in}}4\pi^2\beta^2}\frac{1}{K}\qquad l=2,3,\cdots,L \tag{6.40}$$

发射和接收时延差估计的 CRB 均与 β^2 成反比,且前者与 L 成反比,后者与 K 成反比;若收发天线总数一定,则当 $K=L$ 时,对应的收发时延差 CRB 总和最小。需要指出的是,基于 TO 相位差和 T/R 相位差建立的信号模型对应的时延差估计 CRB 一致,这是因为两种信号模型的区别只是在于对相位差定义的不同,而时延差的定义一致。

5）TO 相位差估计的克拉美－罗界

将 $\boldsymbol{G}$ 进一步改写为

$$\boldsymbol{G}=\frac{2}{\sigma_w^2}\begin{bmatrix}\boldsymbol{\Sigma} & \boldsymbol{U}\\ \boldsymbol{U}^{\mathrm{T}} & \boldsymbol{C}\end{bmatrix} \tag{6.41}$$

式中:$\boldsymbol{\Sigma}=\begin{bmatrix}\boldsymbol{A} & \boldsymbol{D}\\ \boldsymbol{D}^{\mathrm{T}} & \boldsymbol{B}\end{bmatrix}$,$\boldsymbol{U}\begin{bmatrix}\boldsymbol{E}\\ \boldsymbol{F}\end{bmatrix}$。运用矩阵求逆引理[43]可得

$$\boldsymbol{G}^{-1}=\frac{\sigma_w^2}{2}\begin{bmatrix}(\boldsymbol{\Sigma}-\boldsymbol{U}\boldsymbol{C}^{-1}\boldsymbol{U}^{\mathrm{T}})^{-1} & -\boldsymbol{\Sigma}^{-1}\boldsymbol{U}(\boldsymbol{C}-\boldsymbol{U}^{\mathrm{T}}\boldsymbol{\Sigma}^{-1}\boldsymbol{U})^{-1}\\ -\boldsymbol{C}^{-1}\boldsymbol{U}^{\mathrm{T}}(\boldsymbol{\Sigma}-\boldsymbol{U}\boldsymbol{C}^{-1}\boldsymbol{U}^{\mathrm{T}})^{-1} & (\boldsymbol{C}-\boldsymbol{U}^{\mathrm{T}}\boldsymbol{\Sigma}^{-1}\boldsymbol{U})^{-1}\end{bmatrix} \tag{6.42}$$

式中：$(\boldsymbol{\Sigma}-\boldsymbol{U}\boldsymbol{D}^{-1}\boldsymbol{U}^{\mathrm{T}})^{-1}$ 是关于 $\boldsymbol{\psi}$ 的 CRB 矩阵，即 $\mathrm{CRB}_{\psi}=\sigma_w^2/2(\boldsymbol{\Sigma}-\boldsymbol{U}\boldsymbol{C}^{-1}\boldsymbol{U}^{\mathrm{T}})^{-1}$。经过计算得

$$\mathrm{CRB}_{\psi}=\frac{1}{2\mathrm{SNR}_{\mathrm{in}}}\begin{bmatrix}\frac{1}{L}(\boldsymbol{I}_{K-1}+\boldsymbol{\Omega}_{K-1}) & \boldsymbol{0}\\ \boldsymbol{0} & \frac{1}{K}(\boldsymbol{I}_{K-1}+\boldsymbol{\Omega}_{K-1})\end{bmatrix} \tag{6.43}$$

从而收发 TO 相位差估计的 CRB 分别为

$$\mathrm{CRB}_{\psi_k^{\mathrm{t}}}=\frac{1}{\mathrm{SNR}_{\mathrm{in}}}\frac{1}{L}\qquad k=2,3,\cdots,K \tag{6.44}$$

$$\mathrm{CRB}_{\psi_k^{\mathrm{r}}}=\frac{1}{\mathrm{SNR}_{\mathrm{in}}}\frac{1}{K}\qquad l=2,3,\cdots,L \tag{6.45}$$

为了便于对比，这里直接给出收发 T/R 相位差估计的 CRB[31]：

$$\mathrm{CRB}_{\psi_k^{\mathrm{t}}}^{\mathrm{T/R}}=\frac{1}{\mathrm{SNR}_{\mathrm{in}}}\frac{f_{\mathrm{c}}^2+\beta^2}{L\beta^2}\qquad k=2,3,\cdots,K \tag{6.46}$$

$$\mathrm{CRB}_{\psi_k^{\mathrm{r}}}^{\mathrm{T/R}}=\frac{1}{\mathrm{SNR}_{\mathrm{in}}}\frac{f_{\mathrm{c}}^2+\beta^2}{K\beta^2}\qquad l=2,3,\cdots,L \tag{6.47}$$

对比 TO 和 T/R 相位差，显然，前者估计的 CRB 只与 L、K 有关，而后者与 L、K、f_{c}^2、β^2 均有关；当 f_{c}^2 一定时，由于随着 β^2 的增大，时延差估计精度提高，因此 T/R 相位差估计的 CRB 也相应地降低；若收发天线总数一定，则当 $K=L$ 时，对应的收发 TO(或 T/R)相位差 CRB 总和最小。

6.1.3.3 全相参模式下的相参性能

1）信号模型

假设 DACR 系统由 MIMO 模式转换到全相参模式时，相干参数估计是稳健的。在全相参模式下，所有天线发射相同波形，且利用由先前 MIMO 模式估计的相干参数对收发端进行时延和相位调整，从而实现收发全相参。

定义各相干参数的估计值为 $\hat{\boldsymbol{\tau}}^{\mathrm{t}}=[\hat{\tau}_2^{\mathrm{t}},\cdots,\hat{\tau}_K^{\mathrm{t}}]^{\mathrm{T}}$，$\hat{\boldsymbol{\tau}}^{\mathrm{r}}=[\hat{\tau}_2^{\mathrm{r}},\cdots,\hat{\tau}_L^{\mathrm{r}}]^{\mathrm{T}}$，$\hat{\boldsymbol{\psi}}^{\mathrm{t}}=[\hat{\psi}_2^{\mathrm{t}},\cdots,\hat{\psi}_K^{\mathrm{t}}]^{\mathrm{T}}$，$\hat{\boldsymbol{\psi}}^{\mathrm{r}}=[\hat{\psi}_2^{\mathrm{r}},\cdots,\hat{\psi}_L^{\mathrm{r}}]^{\mathrm{T}}$。在发射端，经过时延和相位调整后，第 k 个天线发射的信号经过上变频可表示为

$$s_k(t)=s(t+\hat{\tau}_k^{\mathrm{t}})\mathrm{e}^{\mathrm{j}2\pi f_{\mathrm{c}}t+\mathrm{j}\phi_k^{\mathrm{t}}-\mathrm{j}\hat{\psi}_k^{\mathrm{t}}} \tag{6.48}$$

同理，在接收端经过时延和相位调整后，第 l 个天线接收的信号经过下变频可表示为

$$r_l(t)=\xi\mathrm{e}^{-\mathrm{j}\hat{\psi}_l^{\mathrm{r}}}\sum_{k=1}^{K}s(t+\hat{\tau}_k^{\mathrm{t}}+\hat{\tau}_l^{\mathrm{r}}-\tau_{lk})\mathrm{e}^{\mathrm{j}[(-2\pi f_{\mathrm{c}}\tau_k^{\mathrm{t}}+\phi_k^{\mathrm{t}})-\hat{\psi}_k^{\mathrm{t}}]+\mathrm{j}(-2\pi f_{\mathrm{c}}\tau_l^{\mathrm{r}}+\phi_l^{\mathrm{r}})}+w_l(t)$$

$$= \xi \mathrm{e}^{\mathrm{j}\delta\psi_l^{\mathrm{r}}} \sum_{k=1}^{K} s(t - \tau_{11} - \delta\tau_l^{\mathrm{r}} - \delta\tau_k^{\mathrm{t}}) \mathrm{e}^{\mathrm{j}\delta\psi_k^{\mathrm{t}}} + w_l(t) \tag{6.49}$$

式中：$\delta\tau_k^{\mathrm{t}} = \tau_k^{\mathrm{t}} - \hat{\tau}_k^{\mathrm{t}}$，$\delta\psi_k^{\mathrm{t}} = \psi_k^{\mathrm{t}} - \hat{\psi}_k^{\mathrm{t}}$，$\delta\tau_l^{\mathrm{r}} = \tau_l^{\mathrm{r}} - \hat{\tau}_l^{\mathrm{r}}$，$\delta\psi_l^{\mathrm{r}} = \psi_l^{\mathrm{r}} - \hat{\psi}_l^{\mathrm{r}}$，表示各相干参数的估计误差。需要指出的是，$\delta\tau_1^{\mathrm{t}} = \delta\tau_1^{\mathrm{r}} = \delta\psi_1^{\mathrm{t}} = \delta\psi_1^{\mathrm{r}} = 0$。$L$ 个天线接收信号之和为

$$r(t) = \xi \sum_{l=1}^{L} \sum_{k=1}^{K} \mathrm{e}^{\mathrm{j}\delta\psi_l^{\mathrm{r}} + \mathrm{j}\delta\psi_k^{\mathrm{t}}} s(t - \tau_{11} - \delta\tau_l^{\mathrm{r}} - \delta\tau_k^{\mathrm{t}}) + \sum_{i=1}^{L} w_l(t) \tag{6.50}$$

为了便于分析，假设各相干参数估计误差服从独立高斯分布：$\delta\tau_l^{\mathrm{r}} N(0,\sigma_{\tau^{\mathrm{r}}}^2)$，$\delta\tau_k^{\mathrm{t}} N(0,\sigma_{\tau^{\mathrm{t}}}^2)$，$\delta\psi_l^{\mathrm{r}} N(0,\sigma_{\tau^{\mathrm{r}}}^2)$，$\delta\psi_k^{\mathrm{t}} N(0,\sigma_{\psi^{\mathrm{t}}}^2)$，其中 $\sigma_{\tau^{\mathrm{r}}}^2$、$\sigma_{\psi^{\mathrm{r}}}^2$ 和 $\sigma_{\psi^{\mathrm{t}}}^2$ 的下界分别由其对应的 CRB 决定。

2）相参性能分析

（1）输出信噪比增益。选择大时宽带宽积的线性调频信号作为发射信号，经过脉冲压缩后可表示为

$$s(t) = \mathrm{sinc}(\pi B t) \qquad |t| \leqslant T_{\mathrm{p}} \tag{6.51}$$

式中：信号带宽 B 和有效带宽 β 假设满足 $\beta^2 = B^2/12$；T_{p} 表示脉冲宽度。理论上在 τ_{11} 时刻的样本信号具有最大输出平均功率，因此不含噪声的样本信号 $r(\tau_{11})$ 的平均功率 P_{so} 可以表示为

$$P_{\mathrm{so}} = E[\,|r(\tau_{11})|^2\,] = |\xi|^2 \sum_{l=1}^{L} \sum_{l'=1}^{L} \sum_{k=1}^{K} \sum_{k'=1}^{K} \left\{ \begin{matrix} E(\mathrm{e}^{\mathrm{j}(\delta\psi_l^{\mathrm{r}} - \delta\psi_{l'}^{\mathrm{r}}) + \mathrm{j}(\delta\psi_k^{\mathrm{t}} - \delta\psi_{k'}^{\mathrm{t}})}) \\ E[s(\delta\tau_l^{\mathrm{r}} + \delta\tau_k^{\mathrm{t}}) s(\delta\tau_{l'}^{\mathrm{r}} + \delta\tau_{k'}^{\mathrm{t}})] \end{matrix} \right\} \tag{6.52}$$

经过计算，P_{so} 可表示为

$$P_{\mathrm{so}} = |\xi|^2 \left\{ \begin{aligned} & 1 + (K-1)G_2(x) + (L-1)G_2(y) + (K-1)(L-1)G_2(z) \\ & + \mu^2\nu^2(L-1)(L-2)(K-1)(K-2)\,|G_1(z)|^2 \\ & + \mu^2(K-1)(K-2)[\,|G_1(x)|^2 + (L-1)F_4(x,y)] \\ & + \nu^2(L-1)(L-2)[\,|G_1(y)|^2 + (K-1)F_2(x,y)] \\ & + 2\mu(K-1)[G_1(x) + (L-1)F_3(x,y)] \\ & + 2\nu(L-1)[G_1(y) + (K-1)F_1(x,y)] \\ & + 2\mu\nu(L-1)(K-1)[G_1(z) + G_1(x)G_1(y)] \\ & + 2\mu\nu(L-1)(K-1)G_1(z)[\mu(K-2)G_1(x) + \nu(L-2)G_1(y)] \end{aligned} \right\} |\xi|^2 P \tag{6.53}$$

式中：$\mu = \mathrm{e}^{-1/2\sigma_{\psi^{\mathrm{t}}}^2}$，$\nu = \mathrm{e}^{-1/2\sigma_{\psi^{\mathrm{r}}}^2}$；$x = B^2\sigma_{\tau^{\mathrm{t}}}^2$，$y = B^2\sigma_{\tau^{\mathrm{r}}}^2$，$z = x + y$；$G_1(x) = E(s(\delta\tau_2^{\mathrm{t}}))$；

$G_1(y)=E(s(\delta\tau_2^{\mathrm{r}}))$；$G_1(z)=E(s(\delta\tau_2^{\mathrm{r}}+\delta\tau_2^{\mathrm{t}}))$；$G_2(x)=E(|s(\delta\tau_2^{\mathrm{t}})|^2)$；$G_2(y)=E(|s(\delta\tau_2^{\mathrm{r}})|^2)$；$G_2(z)=E(|s(\delta\tau_2^{\mathrm{r}}+\delta\tau_2^{\mathrm{t}})|^2)$；$F_1(x,y)=E(s(\delta\tau_2^{\mathrm{t}})s(\delta\tau_2^{\mathrm{r}}+\delta\tau_2^{\mathrm{t}}))$；$F_3(x,y)=E(s(\delta\tau_2^{\mathrm{r}})s(\delta\tau_2^{\mathrm{r}}+\delta\tau_2^{\mathrm{t}}))$；$F_2(x,y)=E(s(\delta\tau_2^{\mathrm{r}}+\delta\tau_2^{\mathrm{t}})s(\delta\tau_3^{\mathrm{r}}+\delta\tau_2^{\mathrm{t}}))$；$F_4(x,y)=E(s(\delta\tau_2^{\mathrm{r}}+\delta\tau_2^{\mathrm{t}})s(\delta\tau_2^{\mathrm{r}}+\delta\tau_3^{\mathrm{t}}))$。需要指出的是，$G_i(0)|_{i=1,2}=1$，$F(0,0)_i|_{i=1,2,\cdots,4}=1$，$G_i(\infty)|_{i=1,2}=0$，$F(\infty,\infty)_i|_{i=1,2,\cdots,4}=0$。

在收发端作调整后得到全相参模式下的输出信噪比为 $\mathrm{SNR}_{\mathrm{adjusted}}=P_{\mathrm{so}}/(L\sigma_w^2)$，从而输出信噪比增益为

$$\mathrm{SNR}_{\mathrm{gain}}=\mathrm{SNR}_{\mathrm{adjusted}}/\mathrm{SNR}_{\mathrm{in}}=P/L \tag{6.54}$$

可得出以下结论：

① 当收发时延和相位精确补偿，即 $\sigma_{\tau^{\mathrm{t}}}^2=\sigma_{\tau^{\mathrm{r}}}^2=\sigma_{\psi^{\mathrm{t}}}^2=\sigma_{\psi^{\mathrm{r}}}^2=0$ 时，$\mathrm{SNR}_{\mathrm{gain}}=K^2L$。显然，若 $(K+L)$ 一定，则 $K=2L$ 对应的 $\mathrm{SNR}_{\mathrm{gain}}$ 最大。

② 当 $\sigma_{\tau^{\mathrm{t}}}^2=\sigma_{\tau^{\mathrm{r}}}^2=0$，$\sigma_{\psi^{\mathrm{t}}}^2=\sigma_{\psi^{\mathrm{r}}}^2=\infty$ 时，$\mathrm{SNR}_{\mathrm{gain}}=K$。

③ 当 $\sigma_{\tau^{\mathrm{t}}}^2=\sigma_{\tau^{\mathrm{r}}}^2=\sigma_{\psi^{\mathrm{t}}}^2=\sigma_{\psi^{\mathrm{r}}}^2=\infty$ 时，$\mathrm{SNR}_{\mathrm{gain}}=1/L$。显然若 $L>1$，则 $\mathrm{SNR}_{\mathrm{gain}}<1$，即输出信噪比小于输入信噪比。这是由于相干参数估计误差过大时，随着 L 的增加，输出信号功率几乎不变，而输出噪声功率却和 L 成正比。

(2) 时延补偿误差对相参性能的影响。$s(\delta\tau_2^{\mathrm{t}})$ 的泰勒展开式为

$$s(\delta\tau_2^t)=1-\frac{\pi^2}{6}(B\delta\tau_2^{\mathrm{t}})^2+\frac{\pi^4}{120}(B\delta\tau_2^{\mathrm{t}})^4-\cdots \tag{6.55}$$

当 $x=B^2\sigma_{\tau^{\mathrm{t}}}^2$ 足够小时，$E(s(\delta\tau_2^{\mathrm{t}}))$ 和 $E(|s(\delta\tau_2^{\mathrm{t}})|^2)$ 可用低阶泰勒展开式近似表示，否则基于蒙特卡洛仿真，利用一元高阶多项式拟合近似表示。具体地：

$$G_1(x)=\begin{cases}1-(\pi^2/6x)+0.025\pi^4x^2 & 0\leqslant x\leqslant\varepsilon_{\mathrm{g}}\\ \mathrm{polyval}(\boldsymbol{P}_1,x) & \varepsilon_{\mathrm{g}}<x\leqslant\lambda_{\mathrm{g}}\end{cases} \tag{6.56}$$

$$G_2(x)=\begin{cases}1-(\pi^2/3x)+0.192\pi^4x^2 & 0\leqslant x\leqslant\varepsilon_{\mathrm{g}}\\ \mathrm{polyval}(\boldsymbol{P}_2,x) & \varepsilon_{\mathrm{g}}<x\leqslant\lambda_{\mathrm{g}}\end{cases} \tag{6.57}$$

式中：ε_{g} 和 λ_g 分别为拟合区间的下界和上界，实验中分别取 0.02 和 35，$\boldsymbol{P}_1$ 和 $\boldsymbol{P}_2$ 为多项式拟合系数矢量，由实验获得。同理，$G_1(y)$、$G_2(y)$、$G_1(z)$ 和 $G_2(z)$ 也可以类似表示。

与 G_1、G_2 不同的是，F_1、F_2、F_3 和 F_4 均是关于 x 和 y 的二维函数，且注意到：F_1 和 F_3、F_2 和 F_4 是关于 $x=y$ 平面对称的，即 $F_3(x,y)=F_1(y,x)$，$F_4(x,y)=F_2(y,x)$，所以只需求出 F_1 和 F_2 的表达式即可。当 x 和 y 均足够小时，F_1 和 F_2 可以用低阶泰勒展开式近似表示，否则基于蒙特卡洛仿真，利用二元高阶多项式分段拟合近似表示。具体地，

$$F_i(x,y)=\begin{cases}\boldsymbol{A}(x,2)^{\mathrm{T}}\boldsymbol{C}_{i1}\boldsymbol{A}(y,2) & 0<x,y\leqslant\varepsilon_{\mathrm{f}}\\ \boldsymbol{A}(x,10)^{\mathrm{T}}\boldsymbol{C}_{i2}\boldsymbol{A}(y,10) & \varepsilon_{\mathrm{f}}<x,y\leqslant\eta_{\mathrm{f}}\\ \boldsymbol{A}(x,4)^{\mathrm{T}}\boldsymbol{C}_{i3}\boldsymbol{A}(y,5) & \eta_{\mathrm{f}}<x,y\leqslant\lambda_{\mathrm{f}}\\ \boldsymbol{A}(x,8)^{\mathrm{T}}\boldsymbol{C}_{i4}\boldsymbol{A}(y,4) & 0<x\leqslant\eta_{\mathrm{f}},\eta_{\mathrm{f}}<y\leqslant\eta_{\mathrm{f}},i=1,2\\ \boldsymbol{A}(x,4)^{\mathrm{T}}\boldsymbol{C}_{i5}\boldsymbol{A}(y,7) & 0<y\leqslant\eta_{\mathrm{f}},\eta_{\mathrm{f}}<x\leqslant\eta_{\mathrm{f}}\\ \boldsymbol{A}(x,2)^{\mathrm{T}}\boldsymbol{C}_{i6}\boldsymbol{A}(y,10) & 0<x\leqslant\varepsilon_{\mathrm{f}},\varepsilon_{\mathrm{f}}<y\leqslant\eta_{\mathrm{f}}\\ \boldsymbol{A}(x,9)^{\mathrm{T}}\boldsymbol{C}_{i7}\boldsymbol{A}(y,2) & 0<y\leqslant\varepsilon_{\mathrm{f}},\varepsilon_{\mathrm{f}}<x\leqslant\eta_{\mathrm{f}}\end{cases}\tag{6.58}$$

式中：ε_{f}、η_{f} 和 η_{f} 分别为拟合区间的下界、分段点和上界，实验中分别取 0.02、4 和 35；$\boldsymbol{A}(x,N)[x^0,x^1,\cdots,x^N]^{\mathrm{T}}$；拟合系数矩阵 $\boldsymbol{C}_{11}$ 和 $\boldsymbol{C}_{21}$ 由低阶泰勒展开式获得；最高阶数 N 及其余 $\boldsymbol{C}_{ij}$ 均由实验获得。

6.1.3.4 仿真结果与分析

实验1 多项式拟合。利用 $\boldsymbol{P}_1$、$\boldsymbol{P}_2$ 和 $\boldsymbol{C}_{ij}$，获得 $G_1(x)$、$G_2(x)$、$F_1(x,y)$ 和 $F_2(x,y)$ 的拟合结果，如图 6.6 ~ 图 6.8 所示。拟合曲线较光滑，对于选取的拟合区间，20 阶一元多项式能够准确拟合 $G_1(x)$ 和 $G_2(x)$。$G_1(y)$、$G_2(y)$、$G_1(z)$ 和 $G_2(z)$ 的拟合结果类似。图 6.7 和图 6.8 中，(a)为拟合曲面的三维立体图，(b)为(a)的对角线切片图，(c)和(d)分别为垂直于 x 和 y 轴的切片图。由图可知，拟合曲面较光滑，能够准确拟合 $F_1(x,y)$ 拟合结果。需要指出的是，若拟合区间过大，则需要更多的分段才能准确拟合数据。准确的多项式拟合为计算输出信噪比增益的上界提供了保证。

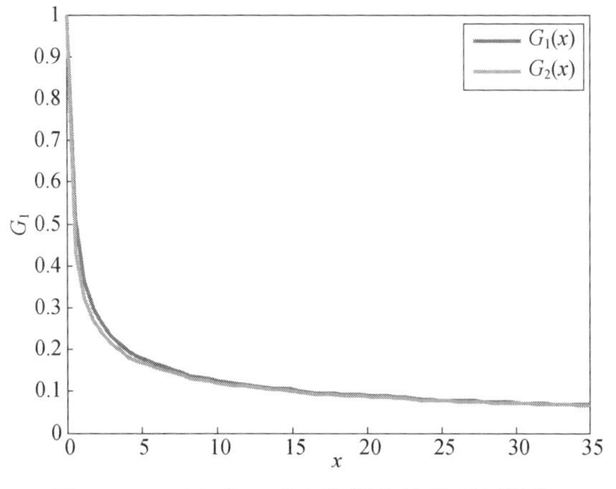

图 6.6 $G_1(x)$ 和 $G_2(x)$ 的拟合结果（见彩图）

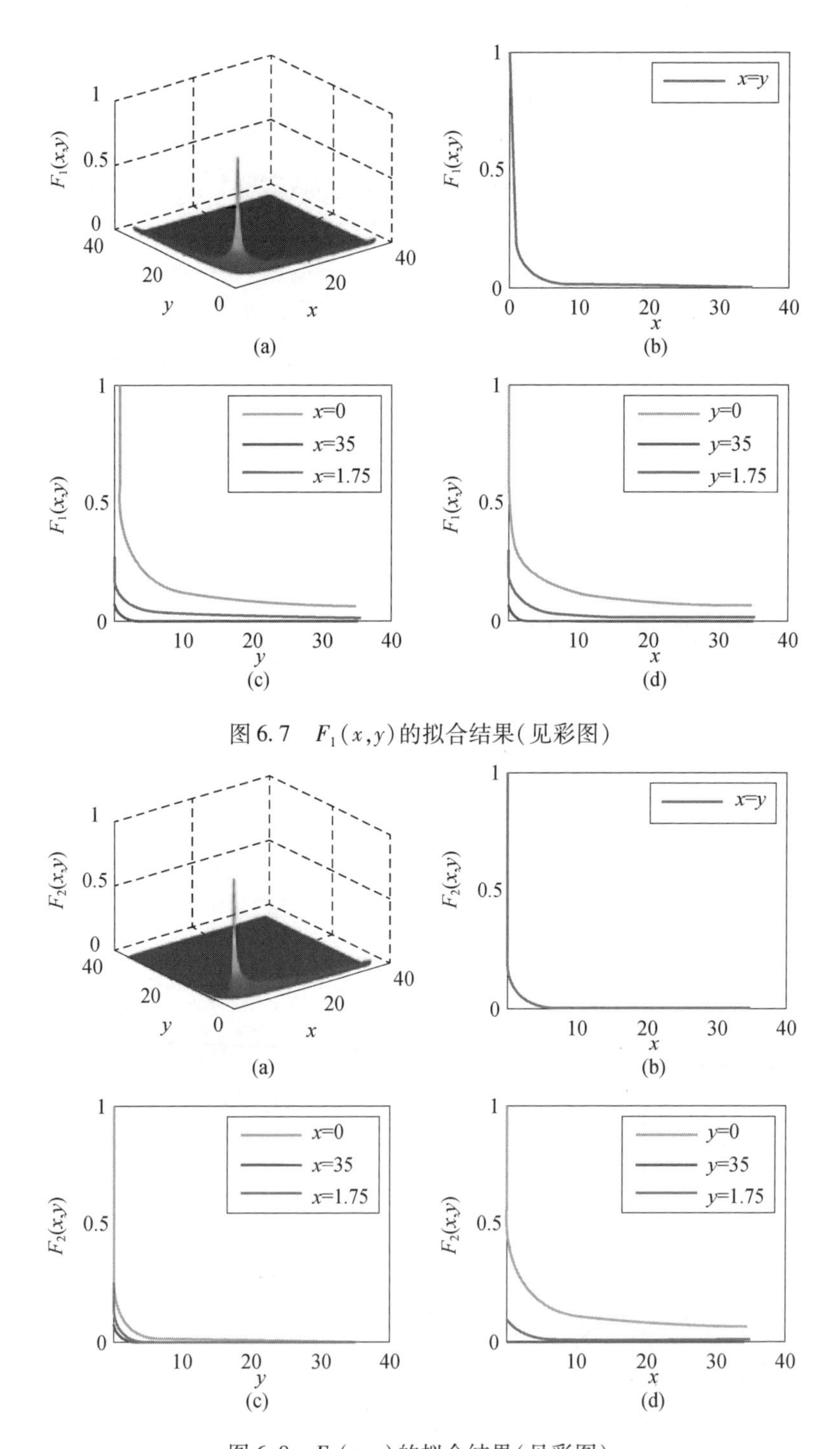

图 6.7　$F_1(x,y)$的拟合结果(见彩图)

图 6.8　$F_2(x,y)$的拟合结果(见彩图)

实验2 TO 与 T/R 模型对比如图 6.9 所示。参数选择：$B=[10,100,500]$ MHz，$f_c=1$GHz，$SNR_{in}=-20\sim80$dB，$K=6$，$L=3$。接收（或发射）TO 相位差的 CRB 与 B 无关，而接收（或发射）T/R 相位差的 CRB 随着 B 的增大而减小。接收和发射相位差的 CRB 分别与 K、L 成反比，所以前者较后者的 CRB 更低。

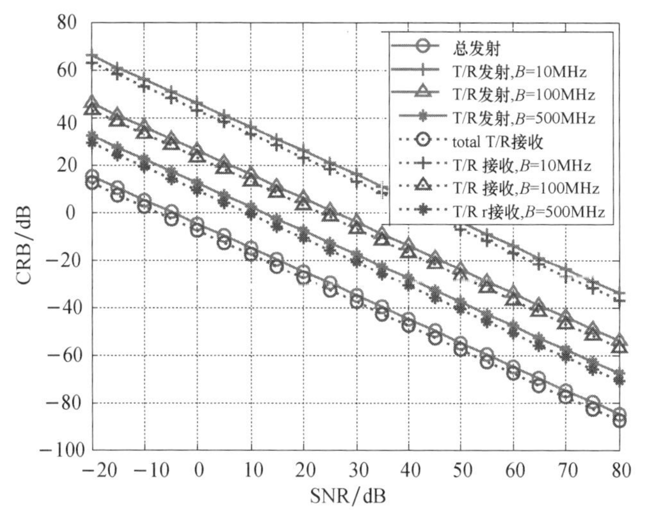

图 6.9 两种模型对应的相位差估计 CRB（见彩图）

不考虑时延补偿误差的影响，对比分析两种信号模型的输出信噪比增益，如图 6.10 所示。由于 TO 相位差的 CRB 与 B 无关，所以其 SNR_{gain} 也与 B 无关，且在 SNR_{in} 较低（约 10dB）时，达到理想的上界（约 20.3dB）。相比于 TO 相位差，T/R 相位差对应的 SNR_{in} 与 B 相关：相同 SNR_{in} 条件下，SNR_{in} 随 B 的增大而增大；B 越大，达到理想上界所需的 SNR_{in} 越低。显然 TO 相位差较 T/R 相位差模型更合理。

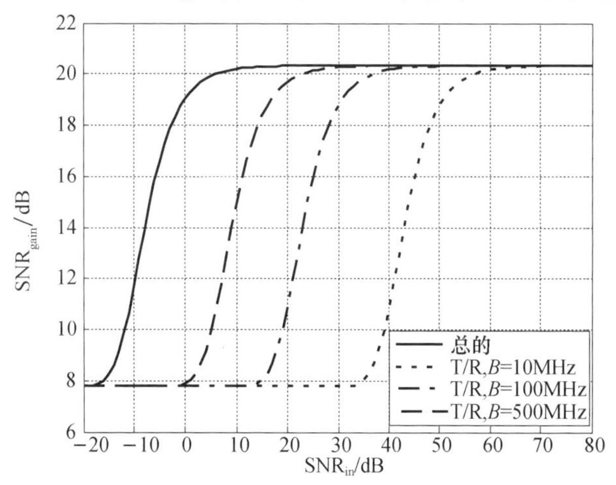

图 6.10 两种模型对应的 SNR_{gain}（见彩图）

实验 3　TO 相位差模型的 SNR_{gain}。参数选择：$B=100MHz$，$SNR_{in}=-20\sim30dB$。当 $L=1$（或 $K=1$），$SNR_{in}=-20dB$ 时，$\max(x,y,z)<35$，满足实验 1 的拟合区间要求。实验对发射天线数一定、接收天线数一定和收发天线总数一定三种情况进行了仿真（图 6.11，图 6.12，图 6.13）。显然，时延补偿误差对 SNR_{gain}的影响不可忽略，SNR_{in}越低，其影响越明显。

在 L 一定的前提下，由于增加 K 能够提高相干参数估计精度，而输出噪声功率与 K 无关，因此 SNR_{in}也随之提高。当 SNR_{in}趋于无穷小时，时延补偿误差是否存在对应的 SNR_{in}分别趋于 $1/L$ 和 K，如图 6.11 所示。

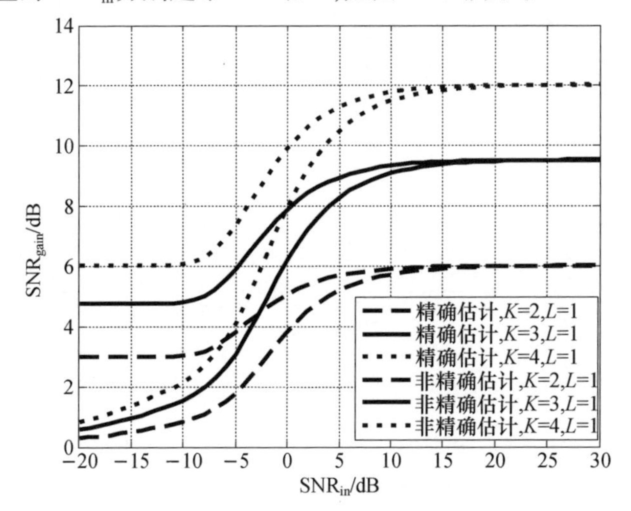

图 6.11　接收天线数一定（见彩图）

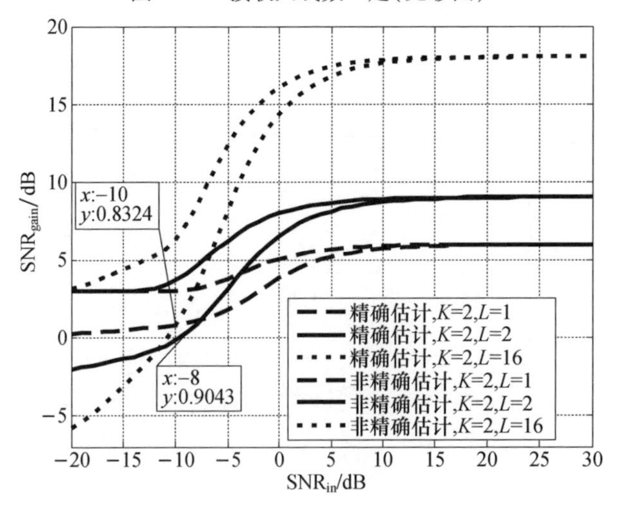

图 6.12　发射天线数一定（见彩图）

时延补偿误差存在时,以 $L=1$ 和 $L=2$ 为例,当 $SNR_{in} > -8dB$ 时,后者对应的 SNR_{gain} 更大,反之前者对应的更大,如图6.12所示。尽管多天线接收能够提高相干参数估计精度,但是引入的噪声功率也与接收天线数成正比。所以从追求高输出信噪比增益的角度考虑,并不是接收天线越多越有利,而是决定于 SNR_{in} 的阈值,且 L 越大对应的阈值越低。因此当 SNR_{in} 过低时,选择单一天线接收更合理。

在 $(L+K)$ 一定时,无论时延补偿误差是否存在,均不改变 SNR_{gain} 与 K、L 的关系:当 SNR_{in} 较高(约不小于 $-12dB$)时,$K=2L$ 对应的 SNR_{gain} 最大;当 SNR_{in} 较低时,K 越大(或 L 越小),对应的 SNR_{gain} 越大,这是由于 L 越小引入的噪声功率越小,如图6.13所示。

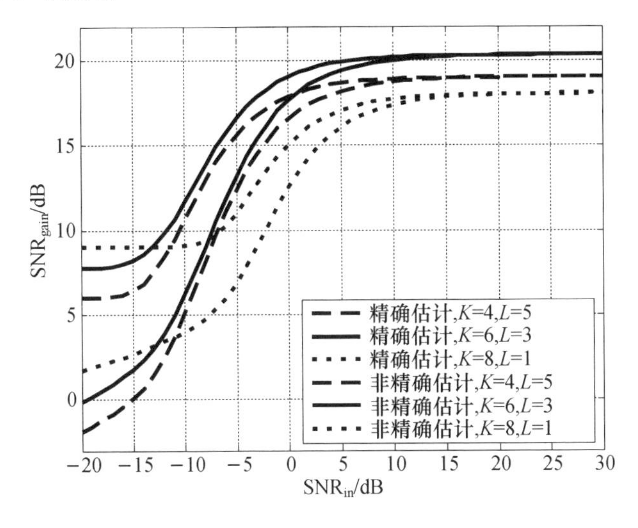

图6.13　收发天线总数一定图(见彩图)

6.2　多波段雷达联合检测技术

除上节介绍的空间分置条件下分布式检测方法外,由于共址条件下的分布式雷达往往采用不同的波段,故本节重点介绍多波段联合检测技术。

空间目标 RCS 大小与雷达工作频率、信号极化方式以及目标相对雷达的空间位置和姿态密切相关。多雷达组网联合检测和融合利用空间位置的互补性可使雷达从不同的观测视角获取目标的信息,而不同频段对各种目标的频率响应不同,比如米波雷达就存在良好的反隐身米波的性能。多雷达组网联合检测和融合处理有助于减少目标起伏和闪烁,增加单雷达的探测区域,提高单雷达的探测范围以及减少地形遮蔽对雷达探测威力的限制等。

6.2.1 多波段目标特性分析

雷达组网就是对多部不同频段、不同极化方式和不同体制的雷达进行适当的、合理的优化布站，对网内各部雷达的信息以“网”的形式收集和传递,并由中心站进行综合处理、控制和管理，从而形成一个统一的、有机的、整体的新体制雷达系统。

雷达网的最佳检测能力是表征雷达网对目标检测能力的重要指标。该指标主要是在了解目标的 RCS 特性、可能的入侵方向、防务空域等的基础上，通过推导求解最佳组网的算法或准则，进行各雷达的优化布站从而获得最佳检测效益。

根据电磁散射理论,空间目标的 RCS 不仅与目标的外形结构和材料特性有关,还与雷达工作频率、信号极化方式以及目标相对雷达的空间位置和姿态等有关。雷达组网系统正是基于此点,通过利用信息的冗余性和互补性来克服单部雷达的不足。比如空间位置的互补性就会使雷达从不同的观测视角获取目标的信息,这有助于减少目标起伏,闪烁和地形遮蔽对雷达探测能力的限制等。

频率越高,RCS 对姿态角越敏感,频率大于 10GHz 时,目标自相关姿态角小于 1°。频率大于 1GHz 时,可认为飞机类目标属于快起伏目标,在 200 ~ 800MHz 范围内,典型飞机处于目标谐振区,具有谐振现象,且起伏缓慢。

RCS 随方位角有一定规律地变化,通常最小值在 5° ~ 20°,方位角处在飞机后掠翼前缘法线方向时 RCS 曲线呈现突增。通常在方位 90°时 RCS 最大,可达几百平方米,因此一个飞机目标的 RCS 起伏动态范围可达 40dB。

对于一些隐身的飞机或导弹,一般低 RCS 技术针对常用的微波频段,因此目标的频率响应通常两端高,中间低。尤其对于米波段,隐身目标的 RCS 迅速增大,为雷达反隐身提供了基础。

根据目标在雷达坐标系中的航迹和姿态的变化,进行坐标变换和计算,可求出雷达视线在目标坐标系中随时间变化的方位角和俯仰角,从而获得目标的 RCS。从雷达坐标系到目标坐标系变换过程如下：

$$\begin{bmatrix} x_T \\ y_T \\ z_T \end{bmatrix} = \begin{bmatrix} p_{11} & p_{12} & p_{13} \\ p_{21} & p_{22} & p_{23} \\ p_{31} & p_{32} & p_{33} \end{bmatrix} \begin{bmatrix} x - x_R \\ y - y_R \\ z - z_R \end{bmatrix} \tag{6.59}$$

式中:(x,y,z)为雷达坐标系中任意一点坐标;(x_R,y_R,z_R)为目标在雷达坐标系中的坐标;(x_T,y_T,z_T)为点(x,y,z)在目标坐标系中的坐标。$\boldsymbol{P}$ 为从雷达坐标系到目标坐标系的变换矩阵,其分量如下：

$$p_{11} = \cos\alpha\cos\beta + \sin\alpha\sin\beta\sin\gamma \tag{6.60}$$

$$p_{12} = \sin\alpha\cos\gamma \tag{6.61}$$

$$p_{13} = -\cos\alpha\sin\beta + \sin\alpha\cos\beta\sin\gamma \tag{6.62}$$

$$p_{21} = -\sin\alpha\cos\beta + \cos\alpha\sin\beta\sin\gamma \tag{6.63}$$

$$p_{22} = \cos\alpha\cos\gamma \tag{6.64}$$

$$p_{23} = \sin\alpha\sin\beta + \cos\alpha\cos\beta\sin\gamma \tag{6.65}$$

$$p_{31} = \sin\beta\cos\gamma \tag{6.66}$$

$$p_{32} = -\sin\gamma \tag{6.67}$$

$$p_{33} = \cos\beta\cos\gamma \tag{6.68}$$

式中:α,β,γ 分别为目标偏航、俯仰和滚转角。

将雷达坐标(0,0,0)带入上式,可算出雷达位置在目标坐标系中的坐标表示为

$$\begin{bmatrix} x_{\mathrm{T}} \\ y_{\mathrm{T}} \\ z_{\mathrm{T}} \end{bmatrix} = \begin{bmatrix} p_{11} & p_{12} & p_{13} \\ p_{21} & p_{22} & p_{23} \\ p_{31} & p_{32} & p_{33} \end{bmatrix} \begin{bmatrix} -x_{\mathrm{R}} \\ -y_{\mathrm{R}} \\ -z_{\mathrm{R}} \end{bmatrix} \tag{6.69}$$

(6.70)

为了将目标相对于雷达的运动表示为雷达视线在目标坐标系中的姿态角变化,需要将上式直角坐标转换为极坐标:

$$r_{\mathrm{T}} = \sqrt{x_{\mathrm{T}}^2 + y_{\mathrm{T}}^2 + z_{\mathrm{T}}^2} \tag{6.71}$$

$$\theta = \arctan\frac{y_{\mathrm{T}}}{x_{\mathrm{T}}} \tag{6.72}$$

$$\varphi = \arctan\frac{z_{\mathrm{T}}}{r_{\mathrm{T}}} \tag{6.73}$$

式中:θ、φ 分别为雷达视线在目标坐标系中的方位角和俯仰角。由 θ、φ 即可计算出相对应的 RCS 值,此 RCS 就是对应的雷达截面积。

仿真某区域里组网检测的性能:

假设有两个雷达组网检测目标,两者相距 100km,坐标设为(50,0,0)和(-50,0,0),假设某目标的 RCS 服从 Swerling1 分布,平均 RCS 为 $1\mathrm{m}^2$,RCS = $1\mathrm{m}^2$ 的目标在 300km 的距离处两雷达的接收 SNR 均为 15dB。目标的 RCS 如图 6.14所示。

图6.15 和图6.16 是当目标 Y 坐标固定,检测概率随目标 X 坐标变化图,组网检测融合方法采用 OR 准则,可以看出,融合探测能提高目标的检测概率(P_{d}),大大降低了单雷达的目标 RCS 剧烈起伏引起的检测盲区。

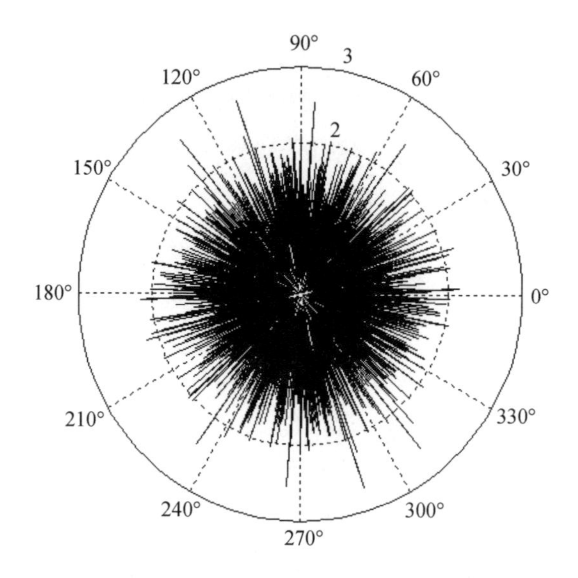

图 6.14　某目标随角度变化的 RCS

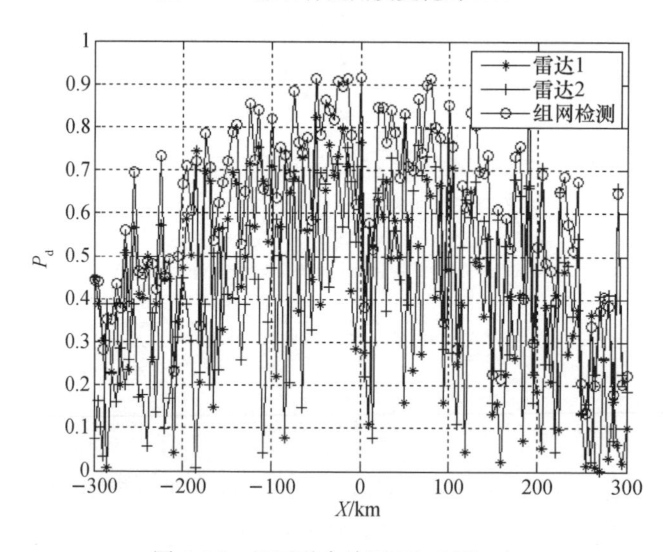

图 6.15　组网融合检测($Y = 300$km)

6.2.2　联合检测和融合处理准则

6.2.2.1　网络化雷达分布式检测系统的网络结构

多传感器目标检测的结构主要分为集中式和分布式两种。在集中式结构中,局部传感器直接将所有观测传送到融合中心,虽然它可以获得良好的检测性能,但是它以增加局部传感器与融合中心间的通信开销为代价,而且还加重了融

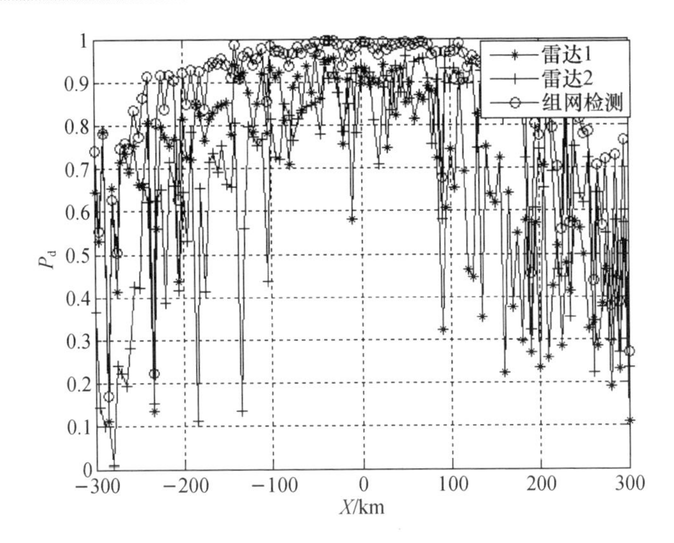

图6.16 组网融合检测（$Y = 200$km）

合中心的计算量，实现起来较为困难，且成本较高。在分布式结构中，局部传感器对各自观测信息进行预处理，将局部判决结果送到融合中心。

相对集中式结构而言，一般意义下的分布式检测系统包括局部传感器和融合中心。在这个系统中，每个传感器对其所观测到的数据进行处理后，做出各自的判决，并将判决结果以特定的形式传递给融合中心，最后由融合中心给出最终的判决。分布式结构减轻了通信链路的负担，但它的性能因为没有接收到所有局部传感器的观测信息而降低。尽管分布式结构的性能有所下降，但由于它的通信量小、可靠性高、成本相对低廉，因此备受青睐。

集中式网络结构是一种较为理想的结构，如图6.17所示。当各个传感器间的通信带宽很大或通信无约束时，便可以将各个完整的观测值直接传送给一个中心处理器作数据处理。信息是直接无损失的传递，并集中处理，因此它的检测性能被认为是最优的，但是实现起来较为困难，且成本较高。

图6.18是分布式检测中最典型的网络结构。它在局部检测器形成各自的局部判决 $u_1, u_2, \cdots, u_N$ 后，将判决结果送至融合中心，融合中心依据融合准则得到全局的最终判决 u_0。因此，这种结构的检测需要将局部判决、融合准则联合起来考虑，设计不同的局部判决以及融合准则都会影响系统的整体性能。

6.2.2.2 Neyman – Pearson 准则的分布式检测

分布式检测的关键是如何组合来自各局部传感器的判决。自从将贝叶斯决策理论推广到分布式传感器检测情形之后，分布式检测理论获得了迅速发展。由于在很多实际情况下，很难获得先验概率和分配代价，尤其是在雷达检测中，

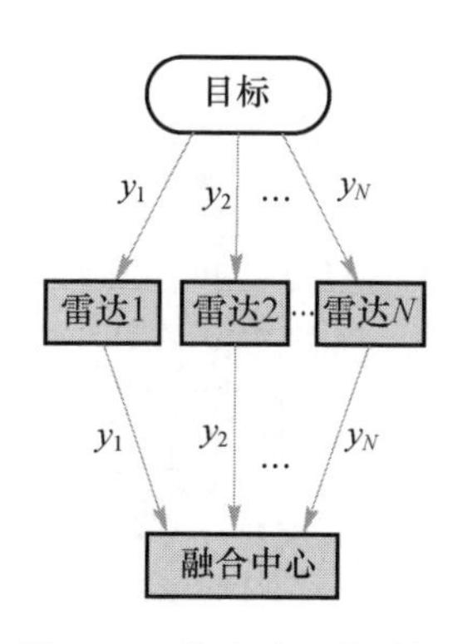

图 6.17　集中式网络结构

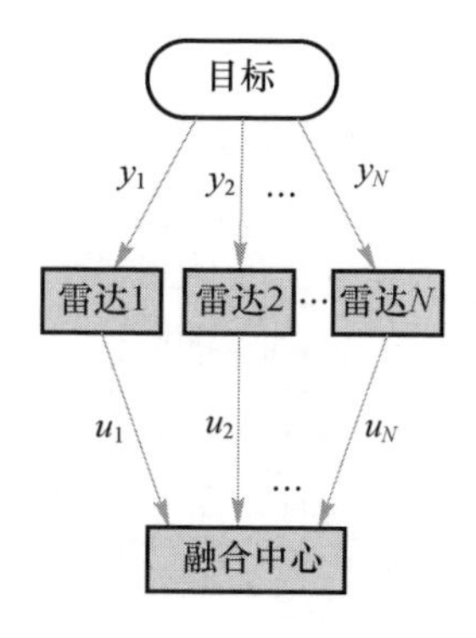

图 6.18　分布式网络结构

代价是很难获得的,因此常用的是 N－P(Neyman－Pearson)准则。它指的是在给定系统虚警概率的前提下,使检测概率最大化。这样风险只与虚警率和检测概率有关。

根据 N－P 准测,可用拉格朗日乘子法来解决这种有约束的优化问题。设定目标函数 F 为

$$F = P_{\mathrm{m}} + \varGamma(P_{\mathrm{f}} - \alpha) \tag{6.74}$$

式中:$P_{\mathrm{m}} = \sum_{\boldsymbol{u}} P_{0\boldsymbol{u}} P(\boldsymbol{u} | H_1)$ 是系统的漏警概率;$P_{\mathrm{f}} = \sum_{u} P_{iu} P(\boldsymbol{u} | H_0)$ 是系统的虚警概率,$P_{iu} = P(u_0 = i | \boldsymbol{u})$,$i = 0,1$,假设共有 N 个分布式雷达,则 $\boldsymbol{u}^{\mathrm{T}} = (u_1, \cdots, u_N)$,$u_i = \begin{cases} 0 & H_0\ 成立 \\ 1 & H_1\ 成立 \end{cases}$,融合中心做出的判决为 u_0。

此目标函数的最优化就是在虚警概率约束为 α 的水平下,使得漏警概率最小,即检测概率最大。

单个检测器的目标函数表示为

$$\begin{aligned} F &= \int_{R_0} p(y | H_1) \mathrm{d}y + \varGamma\left[\int_{R_1} p(y | H_0) \mathrm{d}y - \alpha\right] \\ &= \int_{R_0} p(y | H_1) \mathrm{d}y + \varGamma\left[1 - \int_{R_0} p(y | H_0) \mathrm{d}y - \alpha\right] \\ &= \varGamma(1 - \alpha) + \int_{R_0} [p(y | H_1) - \varGamma p(y | H_0)] \mathrm{d}y \end{aligned} \tag{6.75}$$

上式结果中的第一项是常数项,R_0 和 R_1 为判决域,如果进行如下似然比检测就可以使第二项最小化,就是将被积函数为负的 y 值划归为 R_0 域。

$$\varLambda(y) = \frac{p(y | H_1)}{p(y | H_0)} \underset{H_0}{\overset{H_1}{\gtrless}} \varGamma \tag{6.76}$$

对于多个检测器,在局部判决准则和融合准则都未给定的情况下,先来推导

最优融合准则，目标函数可以表示为

$$F = \Gamma(1-\alpha) + \sum_{\boldsymbol{u}} P_{0\boldsymbol{u}}[P(\boldsymbol{u}|H_1) - \Gamma P(\boldsymbol{u}|H_0)] \tag{6.77}$$

使得 F 最小的判决准则为

$$\frac{P(\boldsymbol{u}|H_1)}{P(\boldsymbol{u}|H_0)} \underset{u_0=0}{\overset{u_0=1}{\gtrless}} \Gamma \tag{6.78}$$

得

$$\sum_{j=1}^{N}\left[u_j \log\frac{1-P_{\mathrm{m}j}}{P_{\mathrm{f}j}} + (1-u_j)\log\frac{P_{\mathrm{m}j}}{1-P_{\mathrm{f}j}}\right] \underset{u_0=0}{\overset{u_0=1}{\gtrless}} \log\Gamma \tag{6.79}$$

下面，根据逐个优化方法，用局部检测器进一步展开目标函数 F，得到使 F 最小的第 k 个局部检测器的判决准则为

$$\Lambda(y_k) = \frac{p(y_k|H_1)}{p(y_k|H_0)} \underset{u_k=0}{\overset{u_k=1}{\gtrless}} t_k \tag{6.80}$$

$$t_k = \Gamma\frac{\sum_{u^k}[P(u_0=0|u_k=0,u^k) - P(u_0=0|u_k=1,u^k)]\prod_{\substack{j=1\\j\neq k}}^{N} P_{\mathrm{f}j}^{u_j}(1-P_{\mathrm{f}j})^{1-u_j}}{\sum_{u^k}[P(u_0=0|u_k=0,u^k) - P(u_0=0|u_k=1,u^k)]\prod_{\substack{j=1\\j\neq k}}^{N} P_{\mathrm{d}j}^{u_j}(1-P_{\mathrm{d}j})^{1-u_j}} \tag{6.81}$$

式中：$\boldsymbol{u}^k = (u_1,\cdots,u_{k-1},u_{k+1},\cdots,u_N)^{\mathrm{T}}$。

可以得到在 $P_{\mathrm{f}} = \alpha$ 约束下基于逐个优化方法的解。即使对于二元局部判决，需要对 2^{2^N} 种可能的融合准则的每一种联立求解 $N+1$ 个阈值。值得庆幸的是融合准则的单调性使最优准则的数目大大减少，因此可以在较小的范围内搜索。常用的几种形式例如 AND 融合准则、OR 融合准则和 K/N 融合准则。一般来说，N－P 准则下的分布式检测问题，可以分为如下三种形式的优化：①给定系统限制的虚警概率水平 α，寻求最优的局部判决准则和融合准则，这也是本节所推导的情况；②在给定的融合规则和 α 下，最优化局部判决准则；③在给定的局部判决准则和 α 下，最优化融合准则。下面具体讨论第二种形式，并结合网络化雷达 CFAR 检测的实际问题给出有效的算法。

6.2.3　分布式 CFAR 检测

考虑检测系统中含有 N 个局部检测器，有融合中心的并行网络结构，假设各个检测器的观测是独立的，对于观测值 $y_1,y_2,\cdots,y_N$ 我们在局部检测器中做 CFAR 检测，得到局部判决结果 $u_1,u_2,\cdots,u_N(0/1)$，也就是局部二元判决检测。

在大多数情况下，所选择的融合准则为 AND 和 OR 准则或者 K/N 准则。

下面的任务就是在给定融合准则的情况下，如何确定局部判决规则，也就是寻找能使系统检测概率最大的局部检测门限。根据 $N-P$ 准则定义目标函数：

$$J(T_1,T_2,\cdots,T_N)=P_d(T_1,T_2,\cdots,T_N)+\Gamma(P_f(T_1,T_2,\cdots,T_N)-\alpha) \tag{6.82}$$

式中：$T_1,T_2,\cdots,T_N$为各个局部检测器的局部检测门限系数；α 为所要求的虚警概率。

这里假设检测是在平稳杂波背景下的，因此可以选择在平稳背景下最优的 CA-CFAR 检测器作为局部检测器，每个检测器处理的信号为经过线性检波（即取模）后的信号。定义 $x_{10},x_{20},\cdots,x_{N0}$为各个检测器的待检测单元，$x_{1j},x_{2j},\cdots,x_{Nj},j=1,2,\cdots,L_i$为各个检测器的参考单元，这里假设各检测器参考单元数相同。$Z_1,Z_2,\cdots,Z_N$为各 CA-CFAR 检测器根据参考单元的噪声估计量，那么局部检测门限就为 $T_1Z_1,T_2Z_2,\cdots,T_NZ_N$。

假设每个检测器的噪声为高斯噪声，服从 $N(0,\sigma_i^2),i=1,2,\cdots,N$，且这些噪声是独立的。$\lambda_1,\lambda_2,\cdots,\lambda_N$为各个检测器的信噪比。这样，得到每个检测器的待检测单元的概率密度函数为

$$\begin{cases} f(x_{i0}\mid H_0)=\dfrac{x_{i0}}{\sigma_i^2}\exp\left(-\dfrac{x_{i0}^2}{2\sigma_i^2}\right) \\ f(x_{i0}\mid H_1)=\dfrac{x_{i0}}{\sigma_i^2(1+\lambda_i)}\exp\left(-\dfrac{x_{i0}^2}{2\sigma_i^2(1+\lambda_i)}\right) \end{cases} \tag{6.83}$$

根据 CA-CFAR 的定义：

$$Z_i=\frac{1}{L_i}\sum_{j=1}^{L_i}x_{ij} \tag{6.84}$$

Z_i服从高斯分布，其概率密度函数为

$$p(Z_i)=\frac{1}{\sqrt{2\pi}\sigma_i}\sqrt{\frac{L_i}{H}}\exp\left(-\frac{L_i(z_i-\sqrt{\pi/2}\sigma_i)^2}{2H\sigma_i^2}\right) \tag{6.85}$$

每个检测器的虚警概率和检测概率可以写为

$$P_{fi}=\sqrt{\frac{L_i/H}{L_i/H+T_i^2}}\exp\left(-\frac{L_i/H}{L_i/H+T_i^2}T_i^2\frac{\pi}{4}\right) \tag{6.86}$$

$$P_{di}=\sqrt{\frac{L_i(1+\lambda_i)/H}{L_i(1+\lambda_i)/H+T_i^2}}\exp\left(-\frac{L_i/H}{L_i(1+\lambda_i)/H+T_i^2}T_i^2\frac{\pi}{4}\right) \tag{6.87}$$

根据具体的融合准则，得到目标函数的详细表达式，通过求解目标函数得到

最优化门限。

这里假设对噪声的估计是理想的,简化算法,令 $V_{T_i}=T_iZ_i$,这样得到

$$P_{fi} = \int_{V_{T_i}}^{\infty} p(x_i \mid H_0)\,\mathrm{d}x_i = \exp\left(-\frac{V_{T_i}^2}{2\sigma_i^2}\right) \tag{6.88}$$

$$P_{mi} = \int_{-\infty}^{V_{T_i}} p(x_i \mid H_1)\,\mathrm{d}x_i = 1 - \exp\left(-\frac{V_{T_i}^2}{2\sigma_i^2(1+\lambda_i)}\right) \tag{6.89}$$

$$P_{di} = \int_{V_{T_i}}^{\infty} p(x_i \mid H_1)\,\mathrm{d}x_i = \exp\left(-\frac{V_{T_i}^2}{2\sigma_i^2(1+\lambda_i)}\right) \tag{6.90}$$

这样,目标函数可以写为

$$J(V_{T_1},V_{T_2},\cdots,V_{T_N}) = P_\mathrm{d}(V_{T_1},V_{T_2},\cdots。V_{T_N}) + \Gamma(P_\mathrm{f}(V_{T_1},V_{T_2},\cdots,V_{T_N}) - \alpha) \tag{6.91}$$

求解式(6.91),得到方程组为

$$\begin{cases} \dfrac{\partial J}{\partial V_{Ti}} = 0, \quad i=1,\cdots,N \\ P_\mathrm{f}(V_{T_1},V_{T_2},\cdots,V_{T_N}) = \alpha \end{cases} \tag{6.92}$$

上面的方程组包含 $N+1$ 个方程,求解的未知变量包括 $V_{T_1},V_{T_2},\cdots,V_{T_N}$ 和 Γ,共 $N+1$ 个。可以通过化简以及运用迭代计算降低求解的难度。

6.2.3.1　两个局部检测器的 AND 融合优化设计

假设局部观测独立,噪声为高斯分布,服从 $N(0,\sigma_i^2)$,两个检测器都为 CA - CFAR检测器。由于仅有两个检测器,因此,所选择的融合准则为两种:AND 融合准则和 OR 融合准则,检测流程如图 6.19 所示。

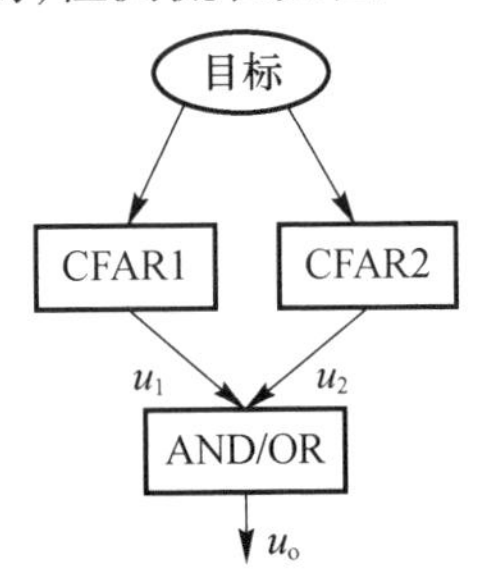

图 6.19　含有两个局部检测器分布式 CFAR 检测流程

AND 准则描述:对于局部二元判决,当所有局部判决都为 1 时,系统总体判为 1,即所有的局部判决结果在融合中心进行"与"处理。根据该准则,就可以确

定总虚警概率与局部虚警概率的关系以及总检测概率与局部检测概率的关系。先定义整个检测系统的虚警概率为 P_f，总检测概率为 P_d，局部虚警率 $P_{fi}, i=1,2$，局部检测概率 $P_{di}, i=1,2$。则

$$P_f = P_{f1}P_{f2} = \exp\left(-\frac{V_{T_1}^2}{2\sigma_1^2}\right)\exp\left(-\frac{V_{T_2}^2}{2\sigma_2^2}\right) \tag{6.93}$$

$$P_d = P_{d1}P_{d2} = \exp\left(-\frac{V_{T_1}^2}{2\sigma_1^2(1+\lambda_1)}\right)\exp\left(-\frac{V_{T_2}^2}{2\sigma_2^2(1+\lambda_2)}\right) \tag{6.94}$$

这样，目标函数可以写为

$$\begin{aligned} J(V_{T_1},V_{T_2}) &= P_d(V_{T_1},V_{T_2}) + \Gamma(P_f(V_{T_1},V_{T_2}) - \alpha) \\ &= \exp\left(-\frac{V_{T_1}^2}{2\sigma_1^2(1+\lambda_1)}\right)\exp\left(-\frac{V_{T_2}^2}{2\sigma_2^2(1+\lambda_2)}\right) + \\ &\quad \Gamma\left(\exp\left(-\frac{V_{T_1}^2}{2\sigma_1^2}\right)\exp\left(-\frac{V_{T_2}^2}{2\sigma_2^2}\right) - \alpha\right) \end{aligned} \tag{6.95}$$

在求解目标函数前，先来分析检测门限 V_{T_1}, V_{T_2} 之间的关系，以及检测概率 P_d 与局部门限的关系：

虚警概率约束可以表示为

$$\exp\left(-\frac{V_{T_1}^2}{2\sigma_1^2}\right)\exp\left(-\frac{V_{T_2}^2}{2\sigma_2^2}\right) = \alpha \tag{6.96}$$

将上式化简为

$$\frac{V_{T_1}^2}{2\sigma_1^2} + \frac{V_{T_2}^2}{2\sigma_2^2} = -\ln\alpha \tag{6.97}$$

可得

$$P_d = \exp\left(-\frac{V_{T_1}^2}{2\sigma_1^2(1+\lambda_1)}\right)\exp\left(\frac{\ln\alpha + \frac{V_{T_1}^2}{2\sigma_1^2}}{1+\lambda_2}\right) = \exp\left(\frac{\ln\alpha}{1+\lambda_2}\right)\exp\left[\left(\frac{1}{1+\lambda_2} - \frac{1}{1+\lambda_1}\right)\frac{V_{T_1}^2}{2\sigma_1^2}\right] \tag{6.98}$$

$$\frac{\partial P_d}{\partial V_{T_1}} = \exp\left(\frac{\ln\alpha}{1+\lambda_2}\right)\exp\left[\left(\frac{1}{1+\lambda_2} - \frac{1}{1+\lambda_1}\right)\frac{V_{T_1}^2}{2\sigma_1^2}\right]\cdot\frac{V_{T_1}}{\sigma_1^2}\cdot\left(\frac{1}{1+\lambda_2} - \frac{1}{1+\lambda_1}\right) \tag{6.99}$$

也有 $$\frac{\partial P_d}{\partial V_{T_2}} = \exp\left(\frac{\ln\alpha}{1+\lambda_1}\right)\exp\left[\left(\frac{1}{1+\lambda_1} - \frac{1}{1+\lambda_2}\right)\frac{V_{T_2}^2}{2\sigma_2^2}\right]\cdot\frac{V_{T_2}}{\sigma_2^2}\cdot\left(\frac{1}{1+\lambda_1} - \frac{1}{1+\lambda_2}\right) \tag{6.100}$$

上式乘法中前三项均为正数,最后一项的正负取决于两路信噪比的大小,也是一个正负已定的常数,因此检测概率是随各局部门限的单调函数。递增或递减取决于两路信噪比的大小。可以分析出当 $\lambda_1 < \lambda_2$ 时,P_d 随局部门限 V_{T_1} 单调递减,随 V_{T_2} 单调递增;反之,当 $\lambda_1 > \lambda_2$ 时,P_d 随局部门限 V_{T_1} 单调递增,随 V_{T_2} 单调递减。同时,V_{T_1}, V_{T_2} 的取值范围是一个以 $(0, \sqrt{-2\sigma_2^2\ln\alpha})$ 和 $(\sqrt{-2\sigma_1^2\ln\alpha}, 0)$ 为端点,在 $V_{T_1}, V_{T_2} > 0$ 区域上的椭圆。那么,根据式(2.35),当 $\lambda_1 < \lambda_2$ 时,V_{T_1},V_{T_2} 椭圆上的端点 $(0, \sqrt{-2\sigma_2^2\ln\alpha})$ 可以使 P_d 达到最大极值,反之,当 $\lambda_1 > \lambda_2$ 时,V_{T_1}, V_{T_2} 椭圆上的端点 $(\sqrt{-2\sigma_1^2\ln\alpha}, 0)$ 可以使 P_d 达到最大极值。

6.2.3.2　两个局部检测器的 OR 融合优化设计

OR 准则描述:对于局部二元判决,当所有局部判决的和不小于1时,系统总体判为1,即所有的局部判决结果在融合中心进行"或"处理。

根据该准则,得到总虚警概率与局部虚警概率的关系以及总检测概率与局部检测概率的关系为

$$P_f = P_{f1} + P_{f2} - P_{f1}P_{f2} = \exp\left(-\frac{V_{T_1}^2}{2\sigma_1^2}\right) + \exp\left(-\frac{V_{T_2}^2}{2\sigma_2^2}\right) - \exp\left(-\frac{V_{T_1}^2}{2\sigma_1^2}\right)\exp\left(-\frac{V_{T_2}^2}{2\sigma_2^2}\right) \tag{6.101}$$

$$\begin{aligned} P_d &= P_{d1} + P_{d2} - P_{d1}P_{d2} \\ &= \exp\left(-\frac{V_{T_1}^2}{2\sigma_1^2(1+\lambda_1)}\right) + \exp\left(-\frac{V_{T_2}^2}{2\sigma_2^2(1+\lambda_2)}\right) - \\ &\quad \exp\left(-\frac{V_{T_1}^2}{2\sigma_1^2(1+\lambda_1)}\right)\exp\left(-\frac{V_{T_2}^2}{2\sigma_2^2(1+\lambda_2)}\right) \end{aligned} \tag{6.102}$$

目标函数为

$$\begin{aligned} J(V_{T_1}, V_{T_2}) &= P_d(V_{T_1}, V_{T_2}) + \Gamma(P_f(V_{T_1}, V_{T_2}) - \alpha) \\ &= \exp\left(-\frac{V_{T_1}^2}{2\sigma_1^2(1+\lambda_1)}\right) + \exp\left(-\frac{V_{T_2}^2}{2\sigma_2^2(1+\lambda_2)}\right) \\ &\quad - \exp\left(-\frac{V_{T_1}^2}{2\sigma_1^2(1+\lambda_1)}\right)\exp\left(-\frac{V_{T_2}^2}{2\sigma_2^2(1+\lambda_2)}\right) + \\ &\quad \Gamma\left[\exp\left(-\frac{V_{T_1}^2}{2\sigma_1^2}\right) + \exp\left(-\frac{V_{T_2}^2}{2\sigma_2^2}\right) - \exp\left(-\frac{V_{T_1}^2}{2\sigma_1^2}\right)\exp\left(-\frac{V_{T_2}^2}{2\sigma_2^2}\right) - \alpha\right] \end{aligned} \tag{6.103}$$

因此,需要求解方程组:

$$\begin{cases}\dfrac{\partial J}{\partial V_{T_1}}=0\\ \dfrac{\partial J}{\partial V_{T_2}}=0\\ P_{\mathrm{f}}(V_{T_1},V_{T_2})=\alpha\end{cases}\tag{6.104}$$

化简上面的方程组(6.104),可以得到如下关于 V_{T_1} 的方程:

$$\frac{1}{1+\lambda_1}A_1B_2-\frac{1}{1+\lambda_2}A_2B_1+B_1B_2\left(\frac{1}{1+\lambda_2}A_2-\frac{1}{1+\lambda_1}A_1\right)+$$
$$A_1A_2\left(\frac{1}{1+\lambda_2}B_1-\frac{1}{1+\lambda_1}B_2\right)+A_1A_2B_1B_2\left(\frac{1}{1+\lambda_1}-\frac{1}{1+\lambda_2}\right)=0\tag{6.105}$$

式中:$A_1=P_{\mathrm{f1}}^{\frac{1}{1+\lambda_1}}=\exp\left(-\dfrac{V_{T_1}^2}{2\sigma_1^2(1+\lambda_1)}\right)$

$$A_2=P_{\mathrm{f2}}^{\frac{1}{1+\lambda_2}}=\left(\frac{\alpha-P_{f1}}{1-P_{f1}}\right)^{\frac{1}{1+\lambda_2}}=\left[\frac{\alpha-\exp\left(-\dfrac{V_{T_1}^2}{2\sigma_1^2}\right)}{1-\exp\left(-\dfrac{V_{T_1}^2}{2\sigma_1^2}\right)}\right]^{\frac{1}{1+\lambda_2}}$$

$$B_1=P_{\mathrm{f1}}=\exp\left(-\frac{V_{T_1}^2}{2\sigma_1^2}\right)$$

$$B_2=P_{\mathrm{f2}}=\frac{\alpha-P_{\mathrm{f1}}}{1-P_{\mathrm{f1}}}=\left[\frac{\alpha-\exp\left(-\dfrac{V_{T_1}^2}{2\sigma_1^2}\right)}{1-\exp\left(-\dfrac{V_{T_1}^2}{2\sigma_1^2}\right)}\right]$$

因为 P_{f1}、$P_{\mathrm{f2}}\in[0,\alpha]$,所以 $V_{T_1}\in[\sqrt{-2\sigma_1^2\ln\alpha},\infty]$,$V_{T_2}\in[\sqrt{-2\sigma_2^2\ln\alpha},\infty]$,门限的端点值为$(\sqrt{-2\sigma_1^2\ln\alpha},\infty)$和$(\infty,\sqrt{-2\sigma_2^2\ln\alpha})$。

式(6.105)给出关于第一个检测器门限的方程,求解此方程就能得到第一个检测器的检测门限 V_{T_1}。然后再利用(6.105)中的第三式计算得到第二个检测器的检测门限 V_{T_2}。这里很难写出门限的直接表达式,对方程(6.106)的求解还存在一定的复杂度。

这里,对于求一阶导数,还可以进一步化简:

由于 $J(V_{T_1},V_{T_2})=P_{\mathrm{d}}(V_{T_1},V_{T_2})+\Gamma(P_{\mathrm{f}}(V_{T_1},V_{T_2})-\alpha)$所以

$$\frac{\partial J}{\partial V_{T_i}} = \frac{\partial P_d}{\partial V_{T_i}} + \Gamma \frac{\partial (P_f - \alpha)}{\partial V_{T_i}} \tag{6.106}$$

对于具体的 OR 融合准则,式(6.106)可以化简如下:

$$\begin{aligned}\frac{\partial J}{\partial V_{T_1}} &= \frac{\partial (P_{d1} + P_{d2} - P_{d1}P_{d2})}{\partial V_{T_1}} + \Gamma \frac{\partial (P_{f1} + P_{f2} - P_{f1}P_{f2} - \alpha)}{\partial V_{T_1}} \\ &= (1 - P_{d2})\frac{\partial P_{d1}}{\partial V_{T_1}} + \Gamma(1 - P_{f2})\frac{\partial P_{f1}}{\partial V_{T_1}}\end{aligned} \tag{6.107}$$

$$\begin{aligned}\frac{\partial J}{\partial V_{T_2}} &= \frac{\partial (P_{d1} + P_{d2} - P_{d1}P_{d2})}{\partial V_{T_2}} + \Gamma \frac{\partial (P_{f1} + P_{f2} - P_{f1}P_{f2} - \alpha)}{\partial V_{T_2}} \\ &= (1 - P_{d1})\frac{\partial P_{d2}}{\partial V_{T_2}} + \Gamma(1 - P_{f1})\frac{\partial P_{f2}}{\partial V_{T_2}}\end{aligned} \tag{6.108}$$

通过上面的化简,可以更方便地减小求导过程的计算量。

6.2.3.3　基于局部检测统计量的分布式检测

在分布式检测中为避免大的通信带宽,局部处理器一般会将局部观测处理成 0/1 形式的二元局部判决,然后传送给融合中心,这就是基于局部二元判决的分布式检测。二元局部判决会损失大量的局部观测信息,并且所能达到的最优是在局部判决为二元判决的限制下的最优,解决该问题的途径是以局部检测统计量(LTS)作为局部处理器和融合中心间的通信数据。大部分文献所得到的检测统计量分为三种:R 类、S(Subtract)类以及 P 类检测统计量。本节主要介绍 R 类和 S 类这两种形式简单的局部检测统计量和它们的融合方法,同时也介绍在局部信噪比不同时的解决方案。其中,检波形式为平方律检波,杂波背景为高斯白噪声,服从 $N(0,\sigma^2)$。

1) R 类检测统计量

R(ratio)类检测统计量定义:

$$Z_i = X_i / \hat{\mu}_i \tag{6.109}$$

式中

$$\hat{\mu}_i = \frac{1}{n}\sum_{j=1}^{n} Y_{i,j} \tag{6.110}$$

式中:X_i 为待检测单元;$Y_{i,j}$ 为参考单元;n 为检测器的参考单元数。假设目标服从 Swerling1 模型,平方律检波,可以得出

$$p(X_i \mid H_0) = \frac{1}{\mu_i}\exp\left(-\frac{x}{\mu_i}\right) \qquad x_i \geqslant 0 \tag{6.111}$$

$$p(X_i|H_1)=\frac{1}{\mu_i(1+\lambda_i)}\exp\left(-\frac{x}{\mu_i(1+\lambda_i)}\right)\qquad x_i\geqslant 0\tag{6.112}$$

$$p(Y_i|H_0)=\frac{1}{\mu_i}\exp\left(-\frac{y}{\mu_i}\right)\qquad y_i\geqslant 0\tag{6.113}$$

式中:λ_i为信噪比。可以得出 Z_i的概率密度函数为

$$p(Z_i|H_0)=\left(\frac{n}{n+z_i}\right)^{n+1}\qquad x_i\geqslant 0\tag{6.114}$$

$$p(Z_i|H_1)=\frac{n^{n+1}(1+\lambda_i)^{n+1}}{[n(1+\lambda_i)+z_i]^{n+1}}\qquad x_i\geqslant 0\tag{6.115}$$

则最优检测统计为

$$T_{\text{opt}}(Z)=(n+1)\sum_{i=1}^{N}\left[\ln\left(1+\frac{Z_i}{n}\right)-\ln\left(1+\frac{Z_i}{n(1+\lambda_i)}\right)\right]\tag{6.116}$$

当参考单元 $n\to\infty$ 时,应用泰勒展开,式(6.116)变为

$$T_{\text{opt}}(Z)=\sum_{i=1}^{N}\frac{\lambda_i}{(1+\lambda_i)}Z_i\tag{6.117}$$

如果 λ_i都远大于1,则上式可简化为

$$T_{\text{sum}}(Z)=\sum_{i=1}^{N}Z_i\tag{6.118}$$

此时,判决可以定义为

$$\begin{cases}T_{\text{sum}}(Z)\geqslant T & H_1\text{为真}\\ T_{\text{sum}}(Z)<T & H_0\text{为真}\end{cases}\tag{6.119}$$

式中:T 为判决门限。假设各个检测器的观测是独立的,那么检测统计量 Z_i也是独立的,当 $N=2$,即有两个检测器时,虚警概率与门限可有如表 6.2 的数值对应关系。

表 6.2　虚警概率与门限的关系

P_f	10^{-2}	10^{-3}	10^{-4}	10^{-5}
T	7.67	11.30	15.33	20.36

式(6.119)给出的检测采用了直接求和准则,该准则将各局部检测器放在相同重要的位置,但实际上这一假设并不完全合理。由于各局部检测器的信噪比是不同的,某些时候甚至相差非常悬殊。这时那些信噪比低的数据使得直接融合准则的性能恶化。局部信噪比高的数据显然应该得到更多的重视。通常情况更多的数据意味更好的性能,但是当多出的数据是无用的时候很可能得到相反结论。那些信噪比极低的 R 类统计量相对于检测是无积极意义的。当局部

传感器的信噪比极低时,融合它的数据就可能造成整体性能的损失。

2) S 类检测统计量

S 类检测统计量定义:

$$Z_i = X_i - T_i\mu_i \tag{6.120}$$

当 $T_1 = T_2 = \cdots = T_L = T$ 时,用直接求和准则融合后:

$$G = \sum_{i=1}^{N} Z_i = \sum_{i=1}^{N} X_i - T\sum_{i=1}^{N} \mu_i \tag{6.121}$$

总的判决准则为

$$\begin{cases} G \geqslant 0 & H_1 \text{为真} \\ G < 0 & H_0 \text{为真} \end{cases} \tag{6.122}$$

对于基于 S 类的 LTS,其中 μ_i 的估计用 CA 的方法,定义:

$$\mu_i = \sum_{j=1}^{n} Y_{ij} \tag{6.123}$$

假设参考单元相同,这里分析当 $N=2$ 时,即有两个局部检测器时的检测情况:

对于 Z_i,服从如下分布:

$$p(Z_i \mid H_0) = \begin{cases} \dfrac{1}{2\sigma_i^2}\left(\dfrac{1}{T+1}\right)^n \exp\left(-\dfrac{z_i}{2\sigma_i^2}\right) & z_i \geqslant 0 \\ \dfrac{(-1)^{n-1}}{2\sigma_i^2(2T\sigma_i^2)^n}\exp\left(\dfrac{z_i}{2T\sigma_i^2}\right)\sum_{j=1}^{n}(-1)^{j+1}s_i^{n-j}\left(\dfrac{2T\sigma_i^2}{T+1}\right)^j \dfrac{1}{(n-j)!} & z_i < 0 \end{cases} \tag{6.124}$$

得出其大于等于零时的概率密度函数为

$$\begin{aligned} p(g \mid H_0) = {} & \frac{T}{2\sigma_1^2(T+1)^n}\exp\left(-\frac{g}{2\sigma_1^2}\right)\sum_{j=1}^{n}\left(\frac{1}{T+1}\right)^j\left(\frac{\sigma_1^2}{\sigma_1^2+T\sigma_2^2}\right)^{n-j+1} + \\ & \frac{T}{2\sigma_2^2(T+1)^n}\exp\left(-\frac{g}{2\sigma_2^2}\right)\sum_{j=1}^{n}\left(\frac{1}{T+1}\right)^j\left(\frac{\sigma_2^2}{\sigma_2^2+T\sigma_1^2}\right)^{n-j+1} + \\ & \frac{1}{2(\sigma_1^2-\sigma_2^2)(T+1)^{2n}}\left[\exp\left(-\frac{g}{2\sigma_1^2}\right)-\exp\left(-\frac{g}{2\sigma_2^2}\right)\right] \quad g \geqslant 0 \end{aligned} \tag{6.125}$$

由此得到

$$\begin{aligned} \Pr[G \geqslant 0] = {} & \frac{T}{(T+1)^n}\sum_{j=1}^{n}\left\{\left(\frac{1}{T+1}\right)^j\left[\left(\frac{\sigma_1^2}{\sigma_1^2+T\sigma_2^2}\right)^{n-j+1} + \right.\right. \\ & \left.\left.\left(\frac{\sigma_2^2}{\sigma_2^2+T\sigma_1^2}\right)^{n-j+1}\right]\right\} + \frac{1}{(T+1)^{2n}} \end{aligned} \tag{6.126}$$

可以看出,上式只与局部噪声方差的比值有关,设 $\eta = \sigma_1^2/\sigma_2^2$,则有

$$\Pr[G \geqslant 0] = \frac{T}{(T+1)^n}\sum_{j=1}^{n}\left\{\left(\frac{1}{T+1}\right)^j\left[\left(\frac{1}{1+T/\eta}\right)^{n-j+1} + \left(\frac{1}{1+T\eta}\right)^{n-j+1}\right]\right\} + \frac{1}{(T+1)^{2n}} \tag{6.127}$$

式(6.127)中,虚警概率关于 η 是以 $\eta=1$ 为中心对称的,因此所得的门限 T 在固定虚警概率下也是以 $\eta=1$ 为中心对称的。这点将在后面的仿真中加以验证。

6.2.3.4 非相干积累检测的集中式处理

实际工作的雷达都是在多个脉冲观测的基础上进行检测的,多个脉冲积累后可以提高信噪比,从而改善雷达的检测能力。信号经过检波后,在失去相位信息的情况下进行积累,被称为非相干积累。这个概念同样可以应用到网络化雷达分布式检测中。对于集中式的网络结构,在中心处理器中将各个传感器的观测值看作是多个脉冲的检波后信号,然后进行叠加和检测,实际上也是一种非相参积累。假设各个检测器对目标的观测是独立的,每个检测器将观测值 $y_i, i=1,2,\cdots,N$ 直接送到融合中心进行累积得到检测量 y。根据 N – P 准则,最优检测的形式是 LRT 检测。

假设各个检测器的噪声服从 $N(0,1)$ 正态分布,且各个检测器都是独立的,各个检测器的信噪比相同;各检测器送给中心处理器的信号都经过了平方律检波。那么,在 H_0 假设下,得到的检测量是一个服从 $\chi^2(2N)$ 分布的随机变量。

$$p(y|H_0) = \frac{1}{2^N\Gamma(N)}y^{N-1}e^{-\frac{y}{2}} \qquad y \geqslant 0 \tag{6.128}$$

在 H_1 假设下,检测量 y 服从非中心的卡方分布。

设卡方分布的概率累积函数为

$$F(x,N) = P(y \geqslant x) = \int_x^{\infty} p(y)\,dy \tag{6.129}$$

我们可以用概率累积函数来计算虚警概率:

$$P_f = \int_{V_T}^{+\infty} p(y|H_0)\,dy = F(V_T, 2N) \tag{6.130}$$

可见,虚警概率与噪声的方差是无关的。由概率累积函数就可得到检测门限关于虚警概率的公式。

假设各个检测器噪声均服从 $N(0,\sigma^2)$ 的高斯分布,且各个检测器独立。那么,在 H_0 假设下,得到的检测量 y 是一个近似 $\chi^2(2N)$ 分布的随机量。

$$p(y|H_0) = \frac{1}{(2\sigma^2)^N\Gamma(N)}y^{N-1}e^{-\frac{y}{2\sigma^2}} \qquad y \geqslant 0 \tag{6.131}$$

式中：σ^2表示高斯噪声的方差。定义 L_i为每个检测器的参考单元数，T 为固定门限系数，Z 为各参考单元的和，在 $L_1 = \cdots L_i = \cdots L_N$时，$Z$ 服从分布：

$$p(z) = \frac{1}{(2\sigma^2)^{LN}\Gamma(LN)} z^{LN-1} \mathrm{e}^{-\frac{z}{2\sigma^2}} \qquad z \geqslant 0 \tag{6.132}$$

那么，虚警概率的表达式为

$$\begin{aligned} P_{\mathrm{f}} &= \int_0^\infty p(z) \int_{\frac{TZ}{L}}^\infty p(y \mid H_0) \mathrm{d}y\mathrm{d}z \\ &= \int_0^\infty \frac{1}{(2\sigma^2)^{LN}\Gamma(LN)} z^{LN-1} \mathrm{e}^{-\frac{z}{2\sigma^2}} \int_{\frac{TZ}{L}}^\infty \frac{1}{(2\sigma^2)^N\Gamma(N)} y^{N-1} \mathrm{e}^{-\frac{y}{2\sigma^2}} \mathrm{d}y\mathrm{d}z \end{aligned} \tag{6.133}$$

进一步推导后得到结果：

$$\begin{aligned} P_{\mathrm{f}} = \frac{L^{LN}}{\Gamma(LN)\Gamma(N)} & \left[\frac{T^{N-1}(LN+N-2)!}{(L+T)^{LN+N-1}} + \frac{T^{N-2}(N-1)(LN+N-3)!}{(L+T)^{LN+N-2}} + \right. \\ & \left. \frac{T^{N-3}(N-1)(N-2)(LN+N-4)!}{(L+T)^{LN+N-3}} + \cdots + \frac{(N-1)!\ (LN-1)!}{(L+T)^{LN}} \right] \end{aligned} \tag{6.134}$$

由式(6.133)可见，虚警概率 P_{f}只与 L、N、T 有关，与噪声的方差是没有关系的。可以得到在不同虚警率、不同局部检测器个数以及参考单元数下的固定门限系数。

通过分析上述两种情况的检测，可以得到集中式处理的一些局限性。首先，由于卡方分布的复杂表达式形式，我们难以运用最优检测器似然比检测。其次，这里假设各个检测器噪声是独立同分布，但是当各个检测器的噪声是独立但不同分布时，就要重新估计累积量 y 的概率分布，这是一个较难的数学问题。另外，这里的非相干积累只是将各个检波后信号直接进行叠加，当局部信噪比差异较大时，这种叠加反而会影响检测性能。因此，可以考虑对信号进行加权处理。此外，还要考虑各个检测器与中心处理器之间的通信带宽要求等。但是，由于集中式处理检测效果的最优性，在检测器个数较小以及通信带宽满足的情况下，它不失为一个较好的检测方法，同时也可以作为评估其他分布式检测算法性能的标准。

6.2.4 仿真分析

6.2.4.1 AND 和 OR 方法

将 OR 融合和 AND 融合的局部优化的检测效果作一比较。图 6.20 仿真了在一个局部检测器信噪比(10dB)不变,另一个检测器信噪比变化时,运用不同的局部优化算法的检测性能曲线。图 6.21 为两检测器固定相差 3dB 时的检测性能曲线。从以下仿真结果可以看出,在相同条件下,OR 融合优于 AND 融合。AND 方法根据信噪比调节门限,使得检测性能总跟信噪比较高的那个检测器保持一致。但是,它在利用了信噪比较好的那一路信号的同时,实际上以高门限舍弃了信噪比较低的那一路信息,这样固然提高了检测性能,但是对于有效的了解目标的情况无疑是一种损失。所以对于警戒雷达来说,融合检测的主要目的是提高检测概率,在这个意义上说,OR 准则要由于 AND 准则。

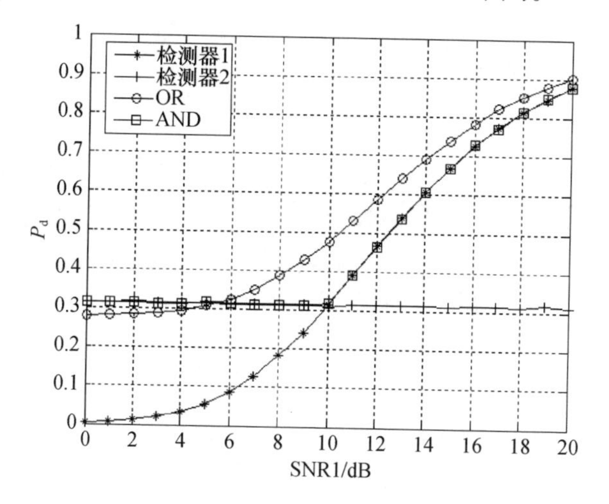

图 6.20 OR 与 AND 融合检测性能比较 (SNR2 = 10dB)

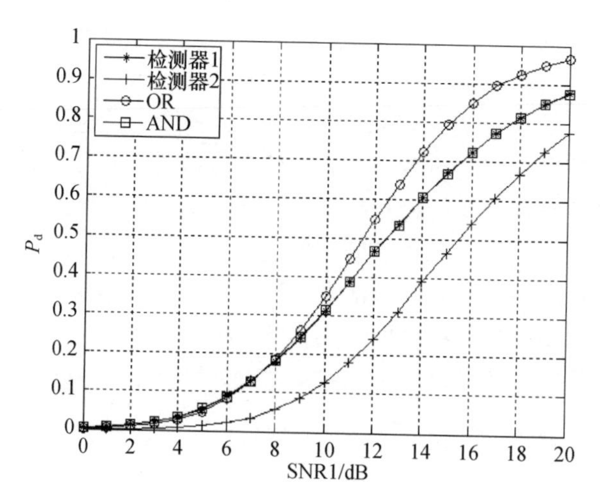

图 6.21 OR 与 AND 融合检测性能比较(SNR1 - SNR2 = 3dB)

6.2.4.2 R类与S类检测统计量

仿真了在局部信噪比相同与不同时，R类检测器与S类检测器的检测的性能。S类统计量在两检测器信噪比相同或非常接近时略优于R类（图6.22）。但是，正如前面所提到的，S类统计量在检测性能上的优势会随着局部信噪比差异的增大而减弱（图6.23），当局部信噪比的差异大到一定程度时（2dB），S类统计量会劣于R类统计量（图6.24）。

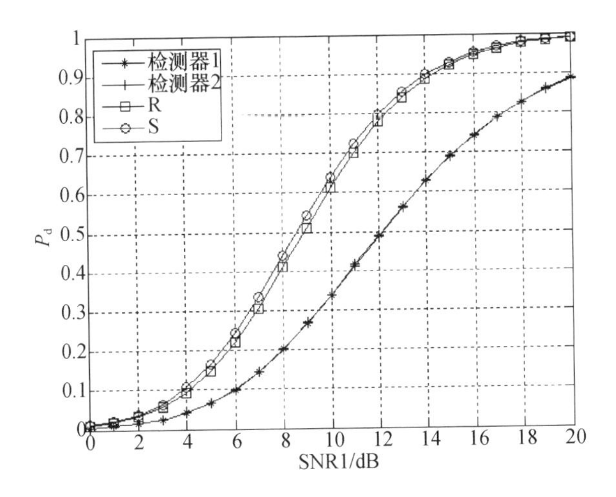

图6.22　R与S融合检测性能比较（SNR2 = SNR1）

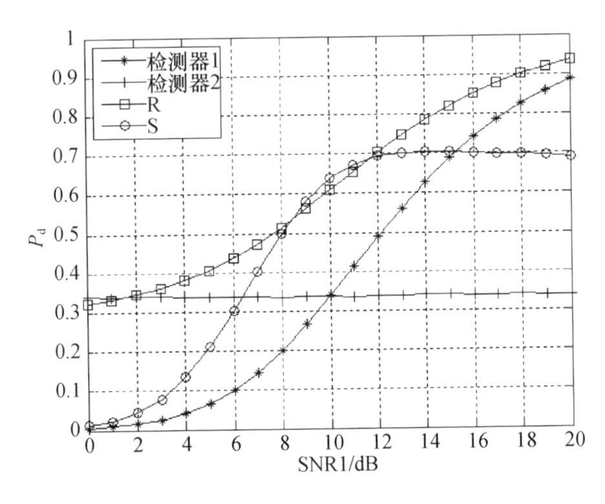

图6.23　R与S融合检测性能比较（SNR2 = 10dB）

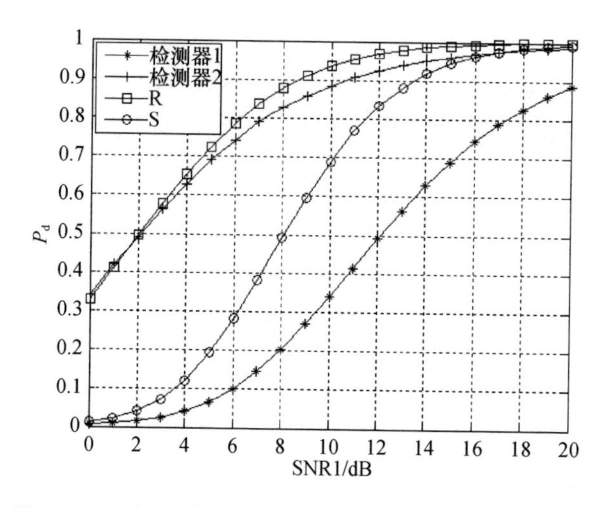

图 6.24　R 与 S 融合检测性能比较(SNR2 - SNR1 = 10dB)

6.2.4.3　性能比较

仿真了在局部信噪比相同和不同情况下,基于 R 类和 S 类 LTS 检测、基于局部二元判决 OR 融合检测的性能。从图 6.25 可以看出,当局部信噪比相同时或者不相同但相差很小时,S 类 LTS 最优,R 类 LTS 次之,或融合最差。当局部信噪比相差较大时,如图 6.26 和图 6.27 所示,R 类 LTS 性能最优,或融合检测次之,S 类 LTS 最差。由此可以得出,R 类 LTS 的抗信噪比差异的性能优于 S 类 LTS,这个结论也可以推广到多局部检测器系统。

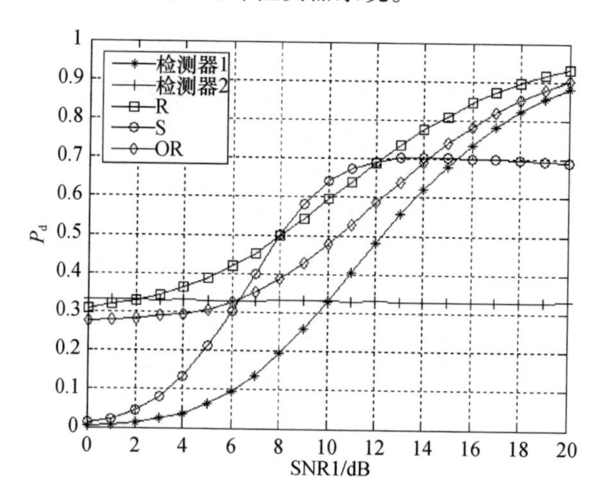

图 6.25　各种分布式检测算法的性能比较(SNR2 = 10dB)

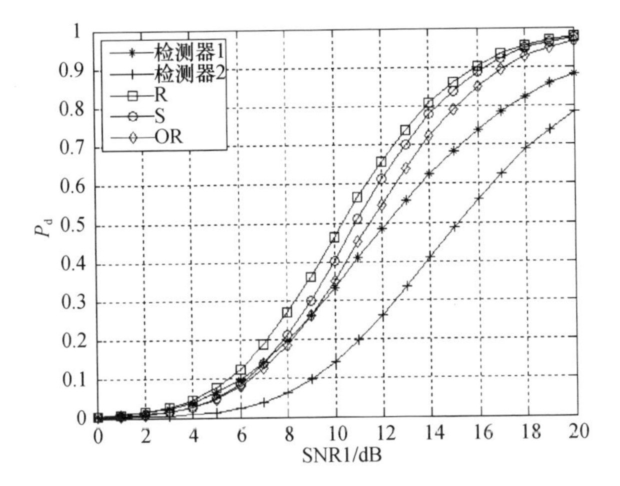

图 6.26　各种分布式检测算法的性能比较(SNR1 - SNR2 = 3dB)

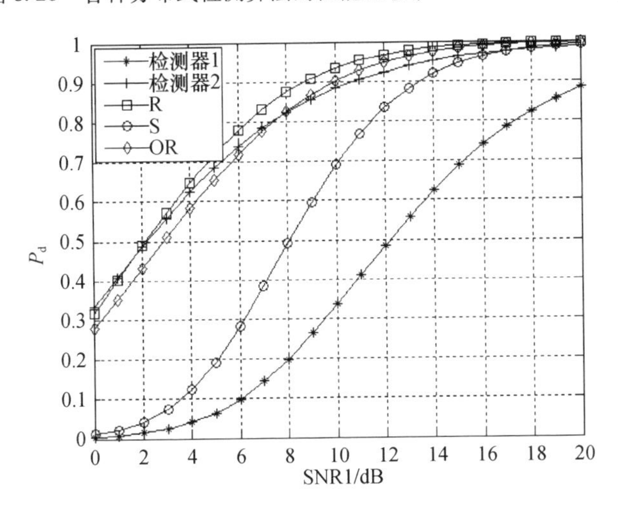

图 6.27　各种分布式检测算法的性能比较(SNR2 - SNR1 = 10dB)

参考文献

[1] Bliss D W, Forsythe K W. Multiple - input multiple - output (MIMO) radar and imaging: Degrees of freedom and resolution. Proc. 37th Asilomar Conference Signals System Computer [C]. Pacific Grove, CA: 2003.

[2] Deng H. Polyphase Code Design for Orthogonal Netted Radar Systems. [J] IEEE Trans. on Signal Processing. 2004, 52(11): 3126 - 3135.

[3] Deng H. Discrete frequency - coding waveform design for netted radar systems[J]. IEEE Signal Processing Letters. 2004, 11(2): 179 - 182.

[4] 刘波．MIMO 雷达正交波形设计及信号处理研究[D]．成都：电子科技大学，2008.4.
[5] Liu B, He Z-S, Zeng J-K, et al. Polyphase Orthogonal Code Design for MIMO Radar Systems. International Conference on Radar[C]. 2006.
[6] Liu B, He Z-S, He Q. Optimization of Orthogonal Discrete Frequency-Coding Waveform Based on Modified Genetic Algorithm for MIMO Radar[C]. International Conference on Communications, Circuits and Systems,2007:966-970.
[7] Khan H A, Edwards D J. Doppler problems in orthogonal MIMO radars[C]. 2006 IEEE Conference on Radar,2006.
[8] Kevin J Gartz. Generation of Uniform Amplitude Complex Code Sets with Low Correlation Sidelobes[J]. IEEE Trans. on Signal Processing. 1992,40(2):343-351.
[9] Stoica P, He H, Li J. New Algorithms for Designing Unimodular Sequences With Good Correlation Properties[J]. IEEE Trans. on Signal Processing,2009,57(4): 1415-1425.
[10] 胡亮兵．MIMO 雷达波形设计[D]．西安电子科技大学,2010:73-76.
[11] Fletcher A,Robey F. Performance bounds for adaptive coherence of sparse array radar[R] MIT Lincoln Laboratory, 2003:247-251.
[12] 曾涛，殷丕磊，杨小鹏，等．分布式全相参雷达系统时间与相位同步方案研究[J]．雷达学报，2013，2(1)：105-110.
[13] 殷丕磊，杨小鹏，曾涛．分布式全相参雷达的相位差跟踪技术[J]．信号处理，2013，29(3)：313-318.
[14] Gao Hongwei, Cao Zhe, Wen Shuliang, et al. Study on Distributed Aperture Coherence synthesizing Radar with Several Experiment Results: IEEE proceeding of Radar Conference[C]. 2011: 84-86.
[15] Sun P L, Tang J, He Q, et al. Cramer-Rao bound of parameters estimation and coherence performance for next generation radar [J]. IET Radar Sonar Navigation, 2013, 7(5): 553-567.
[16] Tang X W, Tang J, He Q, et al. Cramer-Rao Bounds and Coherence Performance Analysis for Next Generation Radar with Pulse Trains [J]. Sensor, 2013, 13: 5347-5367.
[17] 宋靖，张剑云，郑志东，等．分布式全相参雷达相干参数估计性能[J]．电子与信息学报,2014,36(8):1926-1931.
[18] Godrich H, Haimovich A M, Blum R S. Target localization accuracy gain in MIMO radar-based systems [J]. IEEE Transaction on Information and Theory, 2010, 56(6): 2783-2802.
[19] He Q, Blum R S, Godrich H, et al. Target velocity estimation and antenna placement for MIMO radar with widely separated antennas [J]. IEEE Transaction on Signal Processing, 2010, 4(1): 79-100.
[20] He Q, Blum R S, Haimovich A M. Noncoherent MIMO radar for location and velocity estimation: more antennas means better performance [J]. IEEE Transaction on Signal Processing, 2010, 58(7): 3661-3680.

[21] Wei C M, He Q, Blum R S. Cramer – Rao bound for joint location and velocity estimation in multi – target non – coherent MIMO radars: Proceedings of 44th Conference on Information Science Systems (CISS), 2011[C]:1 – 6.

[22] He Q, Blum R S. Cramer – Rao bound for MIMO radar target localization with phase errors [J]. IEEE Signal Processing Letters, 2010, 17(1): 83 – 86.

[23] Godrich H, Haimovich A M. Localization performance of coherent MIMO radar systems subject to phase synchronization errors: Proceeding of Fourth ISCCSP, 2010[C]: 1 – 5.

[24] Yang Z, Wu Z, Yin Z, et al. Hybrid radar emitter recognition based on rough k – means classifier and relevance vector machine [J]. Sensors, 2013, 13: 848 – 864.

[25] Ackroyd M H, Ghani F. Optimum mismatched filters for sidelobe suppression[J]. IEEE Trans. on Aerospace and Electronic Systems, 1973, 9(2):214 – 218.

[26] 位寅生, 沈一鹰, 刘永坦. 一种基于最小二乘的高频雷达信号处理方法[J]. 系统工程与电子技术, 2001, 23(1): 34 – 36.

[27] 何学辉, 曾操, 苏涛, 等. 基于二阶锥规划的峰值副瓣抑制滤波器设计. 系统工程与电子技术[J]. 2009, 31(11):2567 – 2570

[28] Karmarkar N. A new polynomial – time algorithm for linear programming[J]. Combinatorial. 1984. 4:373 – 395.

[29] Boyd S, Vandenberghe L. Convex Optimization[M]. Cambridge University Press, 2004.

[30] 魏铁, 吴孟华东, 毛滔, 等. 基于凸优化方法的认知雷达波形设计[J]. 现代雷达, 2012, 34(3): 18 – 21

[31] Candes E J, Romberg J, Tao T. Robust uncertainty principles: exact signal reconstruction from highly incomplete frequency information [J]. IEEE Trans on Information Theory. 2006, 52(2): 489 – 509.

[32] Qian Shie, Chen Dapang. Joint time – frequency analysis: method and applications [M]. London: Prentice – Hall International (UK) Limited, 1996.

[33] Zhang Qun, Tat Soon Yeo, Hwee Siang Tan, et al. Imaging of a Moving Target With Rotating Parts Based on the Hough Transform[J], IEEE trans. on GRS, 2008, 46(1), 291 – 299.

[34] Mcharg J C, Cuomo K M, Coutts S D, et al. Wideband Aperture Coherence Processing forNext Generation Radar[R]. MIT Lincoln Laboratory, 2004.

[35] Coutts S, Cuomo K, Mcharg J, et al. Distributed Coherent Aperture Measurements for Next Generation BMD Radar[C]. IEEE Workshop on Sensor Array and Multichannel Signal Processing, 2006: 390 – 393.

[36] Brookner Eli. Phased – Array and Radar Breakthroughs[C]. IEEE Radar Conference, 2007: 37 – 42.

[37] Brookner Eli. Phased – array and radar astounding breakthroughs – an update[C]. IEEE Radar Conference, 2008:1 – 6.

[38] Fletcher A, Robey F. Performance bounds for adaptive coherence of sparse array radar: Proceedings of the Adaptive Sensors Array Processing Workshop[C]. MIT Lincoln Laboratory,

March 2003.

[39] Gao Hongwei, Cao Zhe, Wen Shuliang, et al. Study on Distributed Aperture Coherence synthesizing Radar with Several Experiment Results [C]. IEEE Radar Conference, 2011: 84 - 86.

[40] Sun P L, Tang J, He Q, et al. Cramer - Rao bound of parameters estimation and coherence performance for next generation radar [J]. IET Radar Sonar Navigation, 2013, 7(5): 553 - 567.

主要符号表

A_c	加权自相关函数
a	地球半长轴半径
$\boldsymbol{a}(\varphi)$	目标导向矢量
a_A	锥顶 A 的回波幅度
a_M	锥顶滑动点 $\boldsymbol{M}$ 的回波幅度
a	尺度参数
B	系统带宽
	脉冲带宽
B_r	噪声通频带(近似为接收机带宽)
b	地球半短轴半径
	位置参数
c_p	系数
$\boldsymbol{c}$	杂波
D	舰船满载吨位
	脉压比
	数据点集
D_c	幅度差函数
D_j	截获接收机检测因子
D_r	雷达检测因子
$E_i(n)$	积累效率
F	噪声系数
$\boldsymbol{F}$	状态转移矩阵
F_{nr}	雷达噪声系数
F_{pr}	重频
f	工作频率
f_0	雷达载频
f_c	雷达工作频率
	进动频率

f_d	多普勒频率
f_p	重频
G	ISAR 图像质量评估得分
G^2	发射和接收天线增益
G_o	ISAR 图像客观评估得分
G_k^o	第 k 个客观评价准则图像质量得分
Gr1	雷达发射天线在截获接收机方向的增益
Grj	截获接收机在雷达方向的天线增益
Grr	雷达天线接收增益
Grt	雷达天线发射增益
G_s	ISAR 图像主观评估得分
G_k^s	第 k 个主观评价准则图像质量得分
h	高度
$\boldsymbol{i}$	瞬态干扰信号
$J_n(\beta)$	第一类一阶贝赛尔函数
K	证据冲突系数
K_1	客观评价准则条数
K_2	主观评价准则条数
k	玻耳兹曼常数
k	脉压得益
L	目标实际尺寸
	系统损耗
L_j	截获接收机系统损耗
L_r	雷达系统损耗
L_{win}	时频窗长
l_A	质心到锥顶距离
l_c	弹头长度
M	x 轴上的单元个数
N	y 轴上的单元个数
	积累脉冲数
	码元数
N_{FFT}	脉冲积累点数
n	系统噪声
n_k	测量噪声
P_{av}	平均发射功率

P_{b}	目标出生概率
P_{c}	脉压得益
P_{d}	目标死亡概率
P_{t}	雷达峰值功率
P_{η}	背景功率,功率谱
p_k^{o}	第 k 个客观评估准则的权值
p_k^{s}	第 k 个主观评估准则的权值
$\boldsymbol{Q}$	协方差矩阵
$\boldsymbol{R}$	协方差矩阵
$\boldsymbol{R}_{\mathrm{c}}$	杂波协方差矩阵
$\mathbb{R}^{N}$	$N\times 1$ 维基矢量空间
r	底面半径
r_k	第 k 个散射中心离雷达的距离
$\boldsymbol{s}$	目标信号
T_0	噪声温度
T_{p}	脉冲时宽
T_{S}	绝对温度
T_{W}	时域窗时长
T	锥体的观测时间
t	时刻
v	飞行速度
v_k	零均值高斯过程
$\boldsymbol{v}_{rx},\boldsymbol{v}_{ry},\boldsymbol{v}_{rz}$	雷达速度矢量
$\boldsymbol{x}_k$	目标第 k 帧的状态
$\boldsymbol{x}_k$	目标在 X 方向的距离
y_k	目标在 Y 方向的距离
$\ell_0\ell_1\ell_2$	范数
α	方位角
	锥旋轴与雷达视线(夹)角
	俯仰角
β	仰角
ξ	幅度谱
Δf	多普勒频率
$\boldsymbol{\Phi}$	测量矩阵
φ_0	初始相位角

φ_p　相位延时

ϕ_c　自相关值

ϕ_k　散射中心的相位

γ　弹头与雷达视线夹角

λ　雷达工作波长

ρ_{f_d}　多普勒分辨单元

ρ_r　距离分辨单元

Θ　完备集合

$\boldsymbol{\Theta}$　$M \times N$ 维矩阵

θ　进动时锥旋角

σ　目标截面积

σ_k　散射中心的幅度

σ_{thrsh}　门限

τ　时延

τ_c　码元时宽

ω　旋转角速度

ω_r　桨叶旋转角速度

$\boldsymbol{\Psi}$　基矩阵

$\Psi(t)$　母小波

$\Psi_{a,b}(t)$　小波函数

缩略语

APR	Adaptive Power Residual	自适应功率剩余
ATR	Automatic Target Recognition	自动目标识别
CPI	Coherent Processing Interval	相干处理间隔
CT	Curve Tracking	曲线跟踪
DACR	Distributed Aperture Coherent Radar	分布式全相参雷达
DARPA	Defense Advanced Research Projects Agency	美国国防部高级研究计划局
DCT	Doppler Centroid Tracking	多普勒中心跟踪
DEM	Digital Elevation Model	数字高程模型
DLG	Digital Line Graphic	数字道路地图
DOA	Direction of Arrival	波达方向
DP	Dynamic Programming	动态规划
DTED	Digital Terrain Elevation Data	数字高程电子地图
EHT	Extended – Hough Transform	扩展霍夫变换
EM	Expectation Maximization	期望极大化
ENL	Equivalent Number of Looks	等效视数
FFT	Fast Fourier Transformation	快速傅里叶变换
FRFT	Fast Radon – Fourier Transform	快速瑞登傅里叶变换
GA	Genetic Algorithm	遗传算法
GBR	Ground Based Radar	地基雷达
GIP	Generalized Inner Product	广义内积
GMD	Ground – based Midcourse Defense	地基中段弹道导弹防御
GMTI	Ground Moving Target Indication	地面运动目标指示
HRRP	High Resolution Range Profile	高分辨距离像
HT	Hough Transform	霍夫变换
ICBM	Intercontinental Ballistic Missile	洲际弹道导弹

IID	Independent and Identically Distributed	独立同分布
ISAR	Inverse Synthetic Aperture Radar	逆合成孔径雷达
ISL	Integrated Side – lobe Level	积累副瓣电平
JEM	Jet Engine Modulation	喷气发动机调制
KA – STAP	Knowledge Aided – Space Time Adaptive Processing	知识辅助空时自适应处理
KASSPER	Knowledge Aided Sensor Signal Processing and Expert Reasoning	知识辅助传感器信号处理专家推理
KB – STAP	Knowledge Based – Space Time Adaptive Processing	基于知识的空时自适应处理
LPI	Low Probability of Intercept	低截获概率
LRT	Likelihood Ratio Test	似然比检测
MD	Micro Doppler	微多普勒
MIMO	Multi – Input Multi – Output	多输入多输出
MTD	Moving Target Detection	动目标检测
MTI	Moving Target Indication	动目标显示
NHD	Non – Homogeneity Detection	非均匀检测器
NLCD	National Land Cover Data	地表特征信息
OTHR	Over The Horizon Radar	超视距雷达
PD	Pulse Doppler	脉冲多普勒
PF	Particle Filter	粒子滤波
PRF	Pulse Repeat Frequency	脉冲重复频率
PSL	Peak Side – lobe Level	峰值副瓣电平
PSNR	Peak Signal Noise Ration	峰值信噪比
RCS	Radar Scatter Section	雷达散射截面积
RDI	Range – Doppler Imaging	距离多普勒成像
RIDI	Range Instantaneous Doppler Imaging	距离瞬时多普勒成像
RMSE	Root – mean Square Error	均方根误差
SA	Simulate Annealing	模拟退火
SAR	Synthetic Aperture Radar	合成孔径雷达
SBX	Sea Based X – Band Radar	海基 X 波段雷达
SCNR	Signal to Clutter Plus Noise Ratio	信杂噪比
SINR	Signal to Interference Plus Noise Ratio	信干噪比

SLBM	Submarine Launched Ballistic Missile	潜射弹道导弹
STAP	Space Time Adaptive Processing	空时自适应处理
STFT	Short Time Fourier Transform	短时傅里叶变换
SVD	Singular Value Decomposition	奇异值分解
SVM	Support Vector Machine	支持矢量机
TBD	Track Before Detect	检测前跟踪
TFT	Time – Frequency Transform	时频变换
USGS	US Geological Survey	美国地理测量部门

(a) XBR雷达

(b) GBR-P雷达

图 1.1　美国地基反导雷达

图 1.2　SPY 雷达

(a) SBX Under Way建造

(b) SBX雷达远景

(c) SBX雷达天线罩内部

图 1.3　SBX 雷达

(a) (b)

图1.4 “观察岛”号(a)和“无敌号”测量船(b)

(a) (b)

图1.5 美国E-2C(a)和俄罗斯A-50机载预警雷达(b)

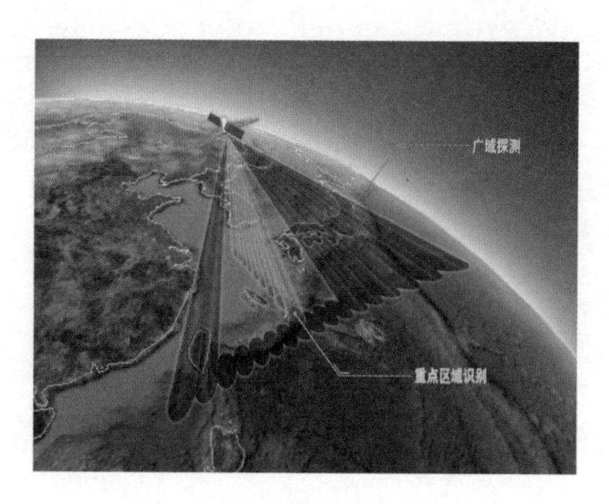

图1.6 天基预警雷达工作示意图

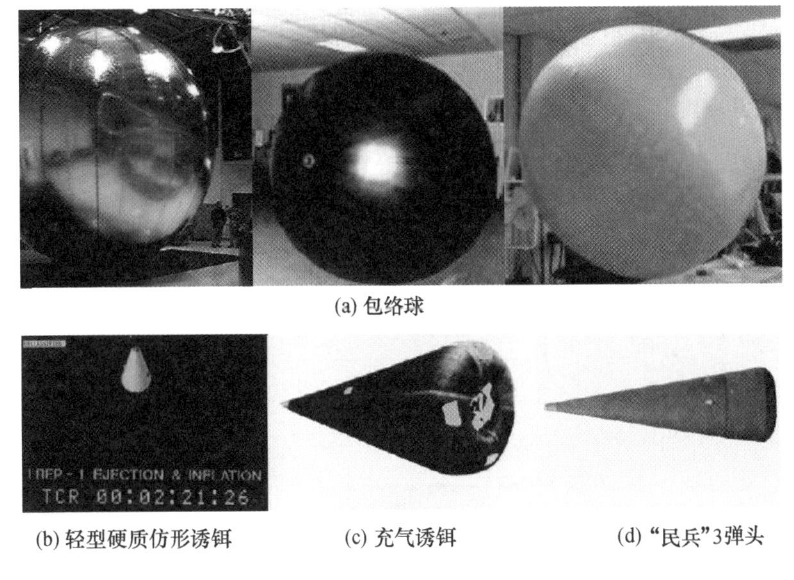

图 1.8　诱饵气球

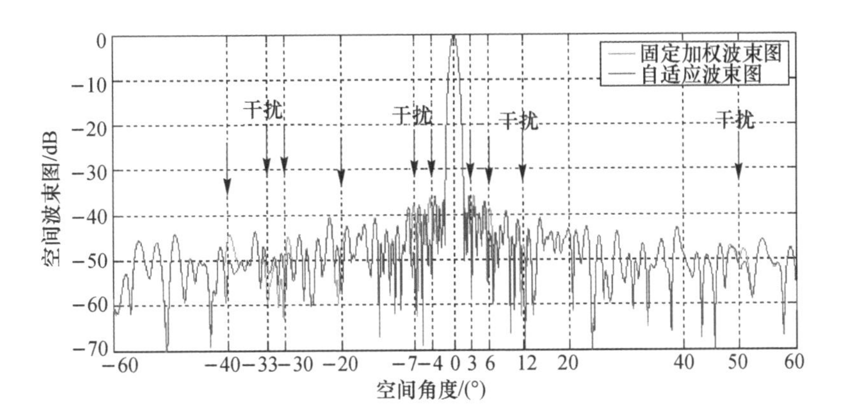

图 1.10　基于辅助波束的自适应置零

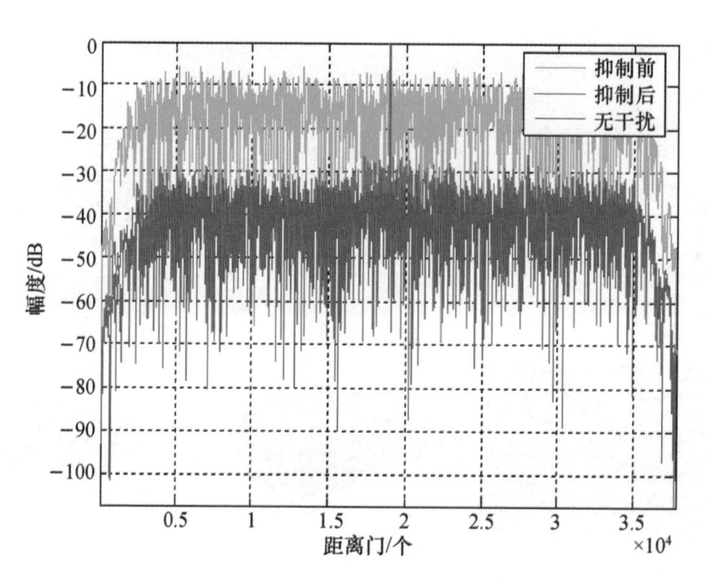

图 1.11　干扰抑制处理效果

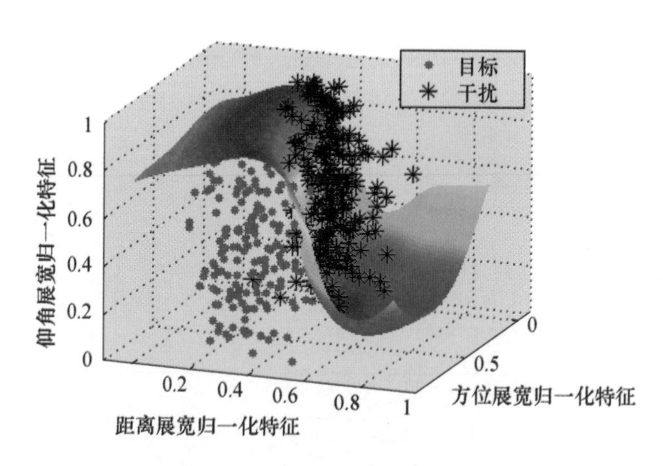

图 1.12　目标和干扰分类曲面

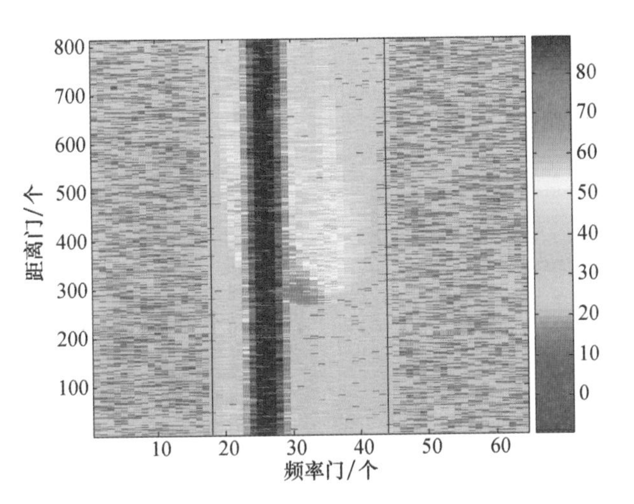

图 1.13　STAP 前距离 - 多普勒图

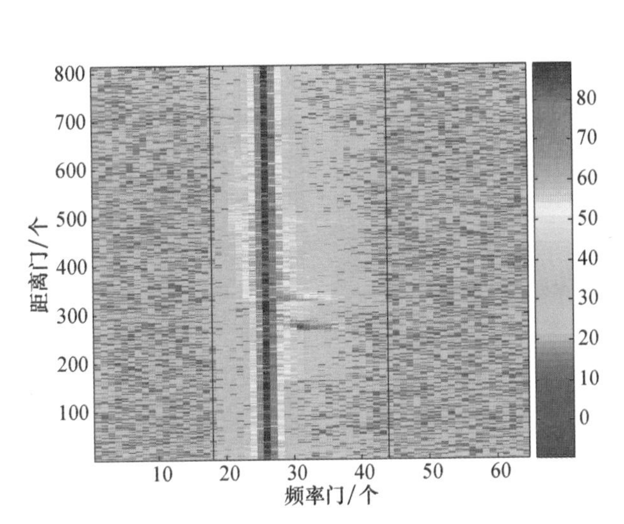

图 1.14　STAP 后距离 - 多普勒图

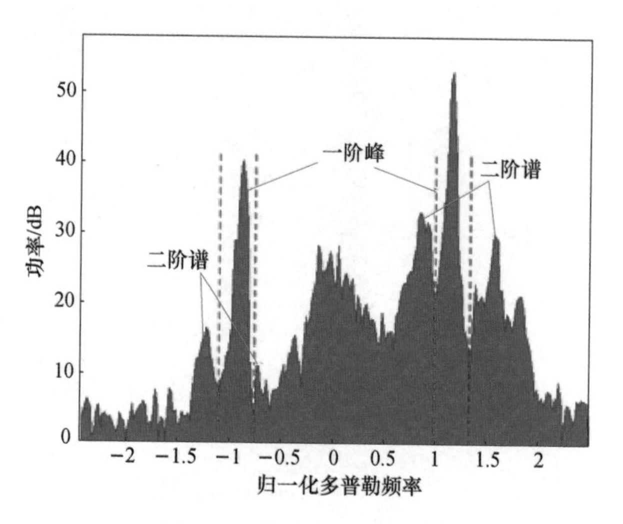

图 1.15　海洋回波多普勒谱

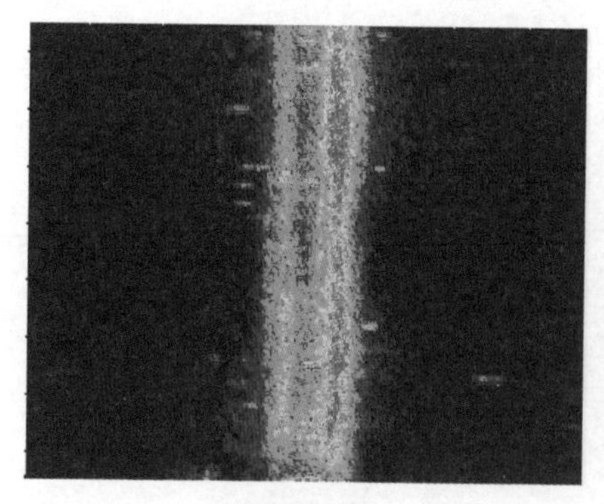

(a) 杂波抑制前

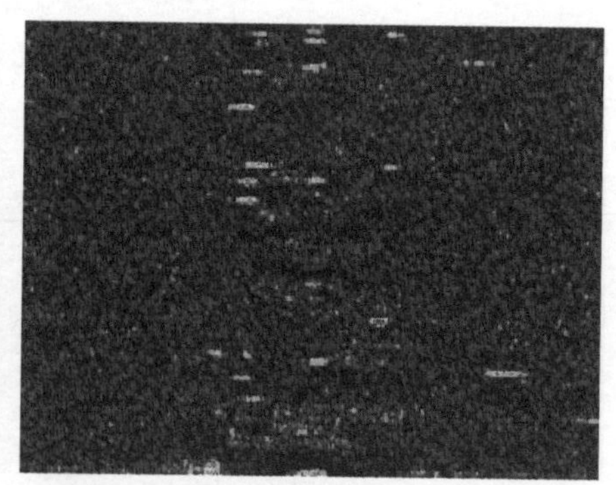

(b) 杂波抑制后

图 1.16　基于杂波重构的海杂波抑制(距离 - 多普勒图)

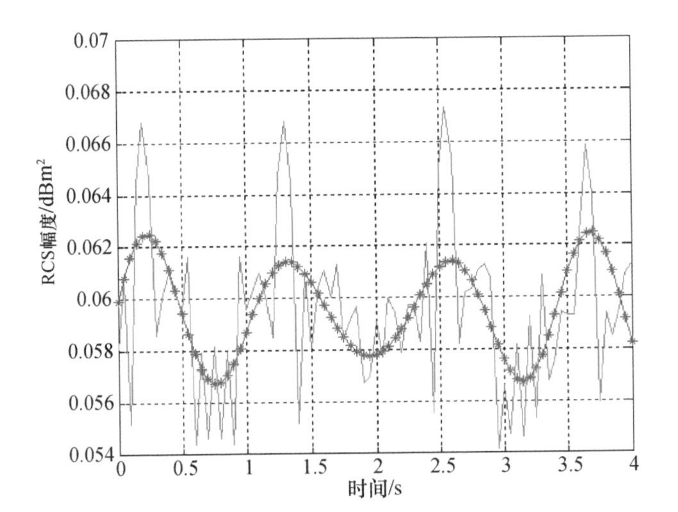

图 2.4　弹头进动周期为 0. 85Hz 的 RCS 序列（红色曲线）与三角函数拟合序列（蓝色曲线）对比

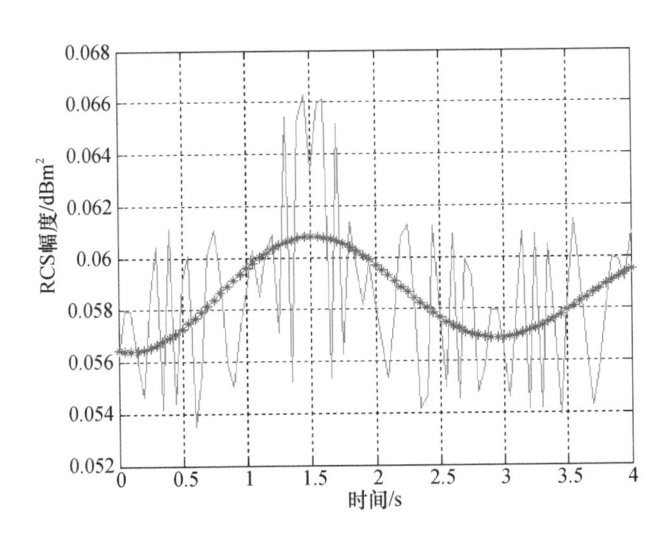

图 2.5　弹头进动周期为 0. 35Hz 的 RCS 序列与三角函数拟合序列对比

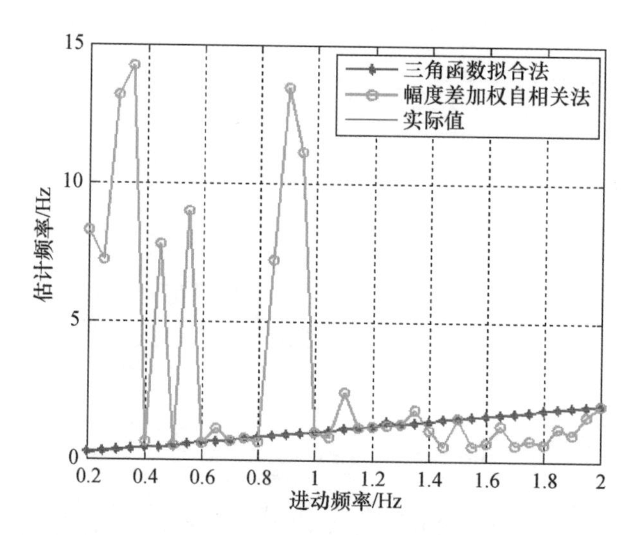

图 2.6　不同进动频率时本书方法（三角函数拟合法）和自相关类方法估计均值

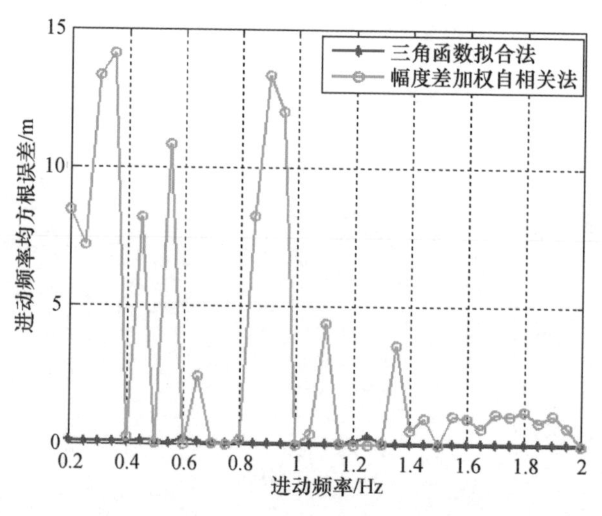

图 2.7　不同进动频率时本书方法和自相关类方法估计均方根误差

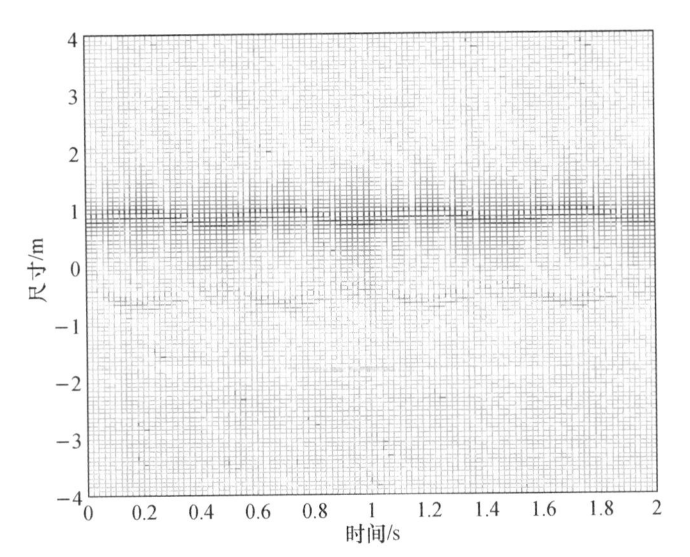

图 2.9　$\alpha = 20°, \theta = 10°, f_c = 2\text{Hz}$ 时某弹头计算数据的距离像序列图

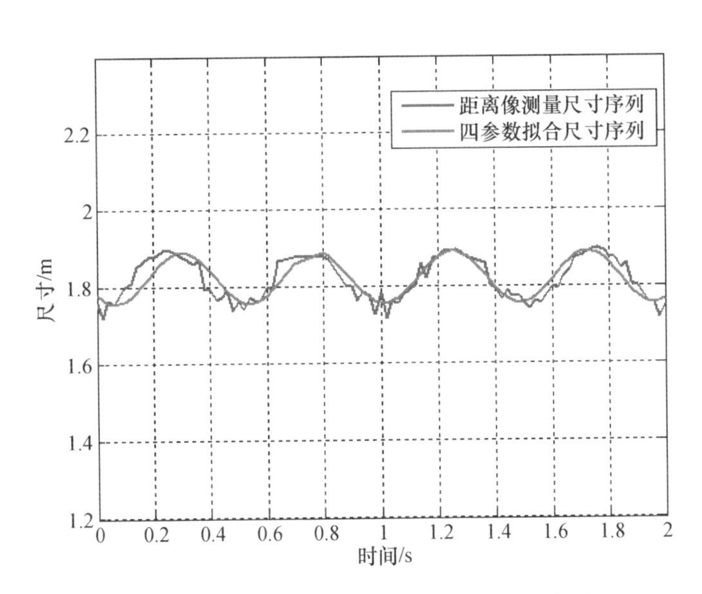

图 2.10　距离像测量尺寸序列与拟合尺寸序列

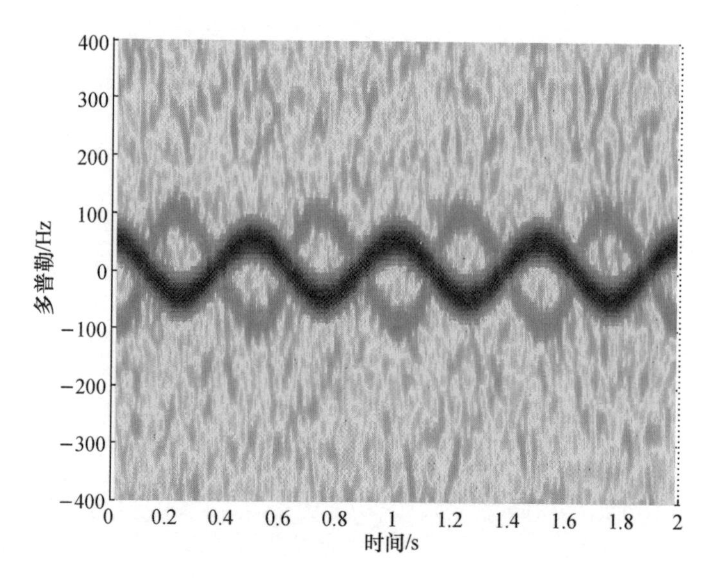

图 2.14　锥体弹头模拟回波 STFT 时频功率谱

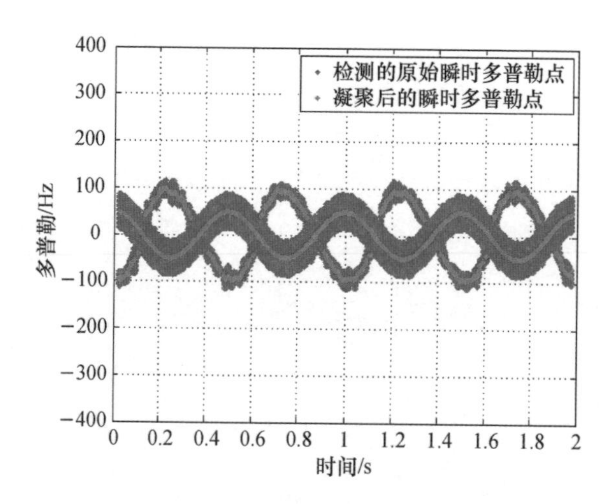

图 2.16　时频图检测出的瞬时多普勒点和凝聚后的点

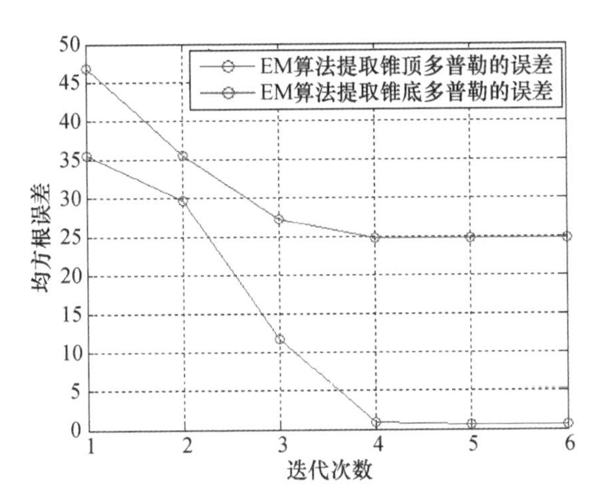

图 2.17　EM 算法提取锥体散射点瞬时多普勒的迭代误差曲线

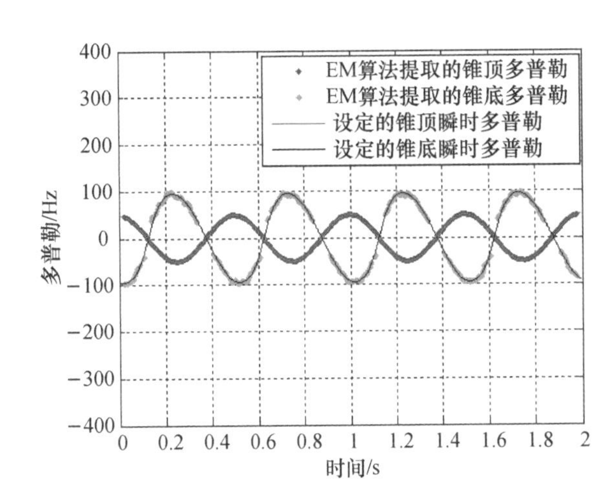

图 2.18　EM 算法提取的锥体散射点瞬时多普勒

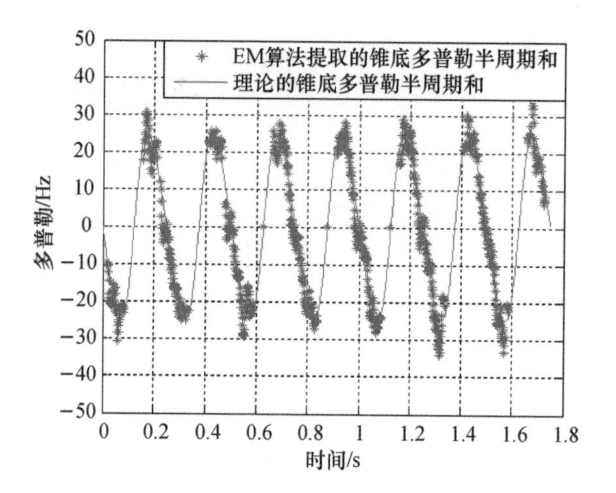

图 2.19　锥底瞬时多普勒半周期和

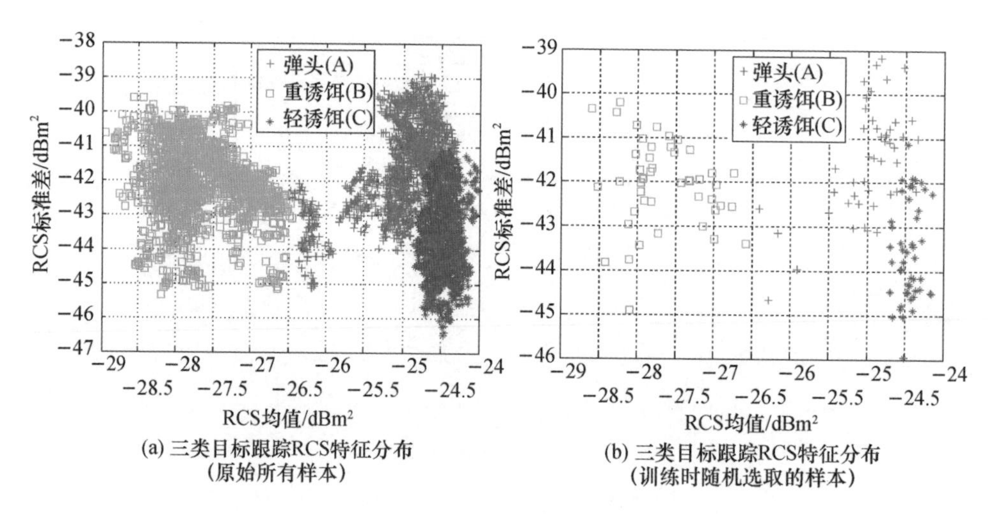

图 2.22　原始特征空间

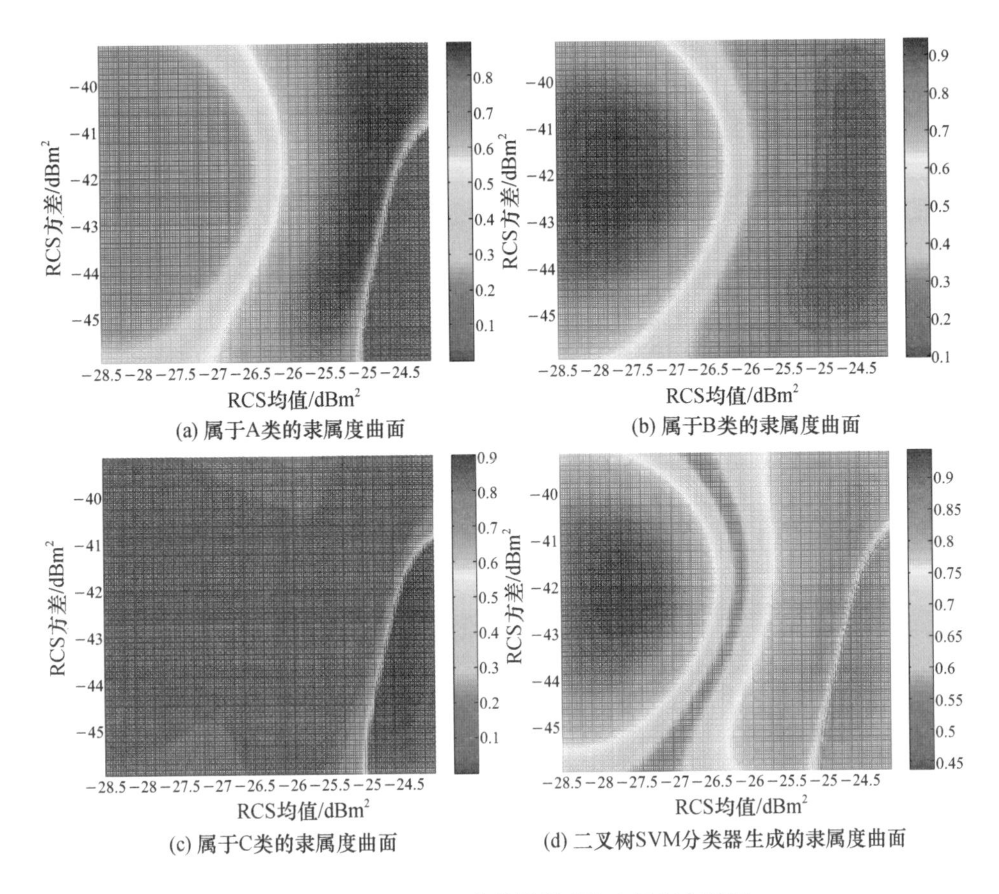

图 2.23　基于 SVM 分类器得到的隶属度曲面图

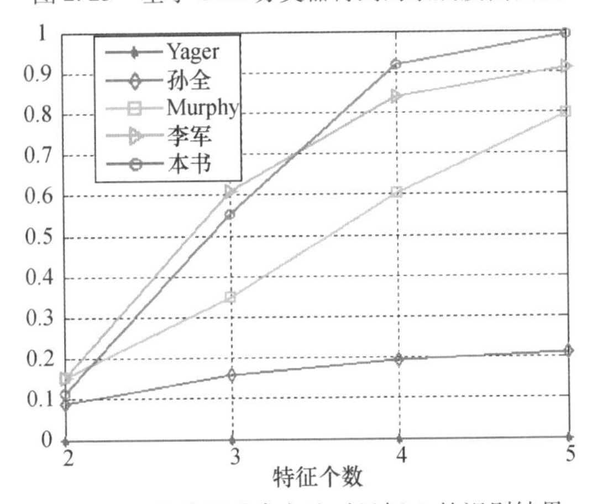

图 2.24　多特征融合方法对目标 A 的识别结果

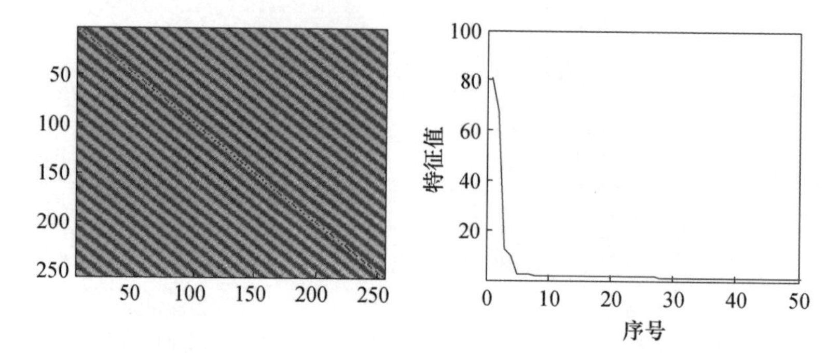

图 2.26　喷气式飞机回波的协方差阵灰度和特征谱

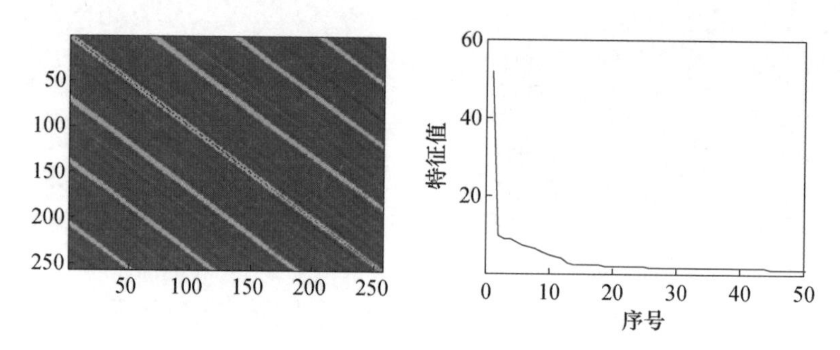

图 2.27　螺旋桨飞机回波的协方差阵灰度和特征谱

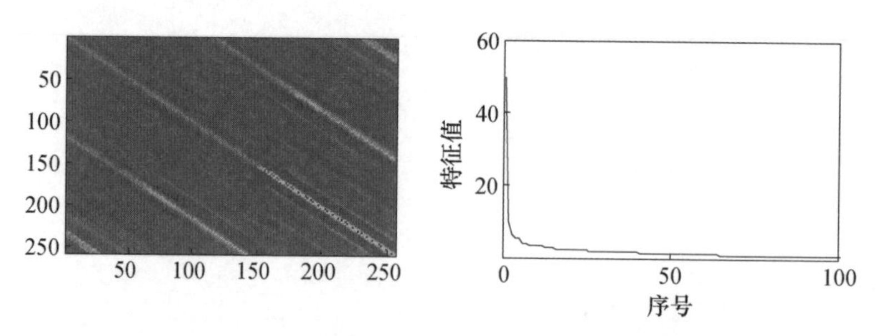

图 2.28　直升机回波的协方差阵灰度和特征谱

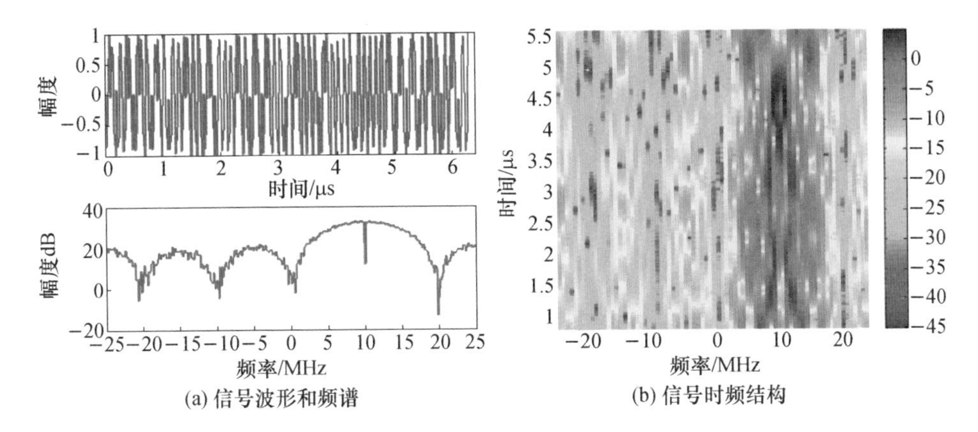

(a) 信号波形和频谱　　(b) 信号时频结构

图 3.1　离散相位编码信号波形

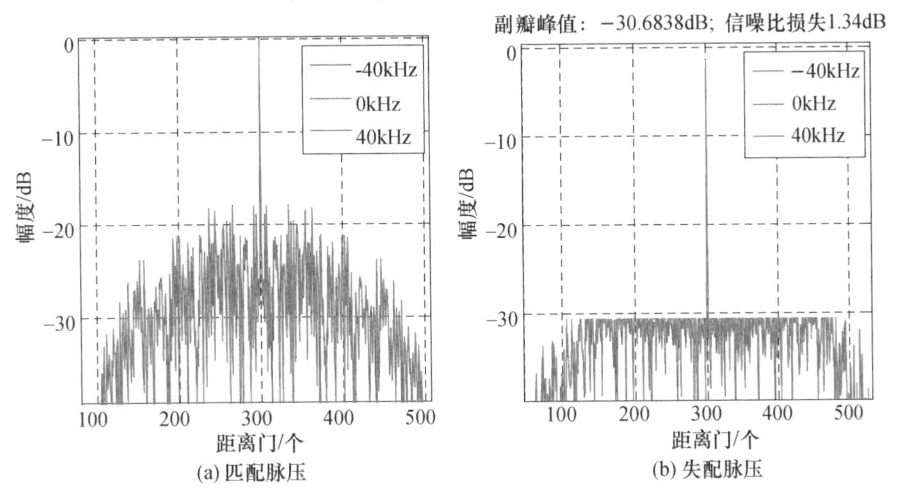

(a) 匹配脉压　　(b) 失配脉压

图 3.2　离散相位编码脉压结果

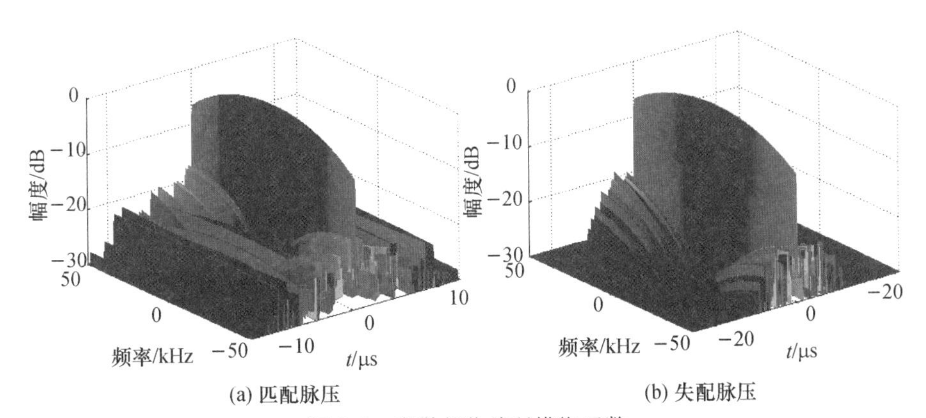

(a) 匹配脉压　　(b) 失配脉压

图 3.3　离散相位编码模糊函数

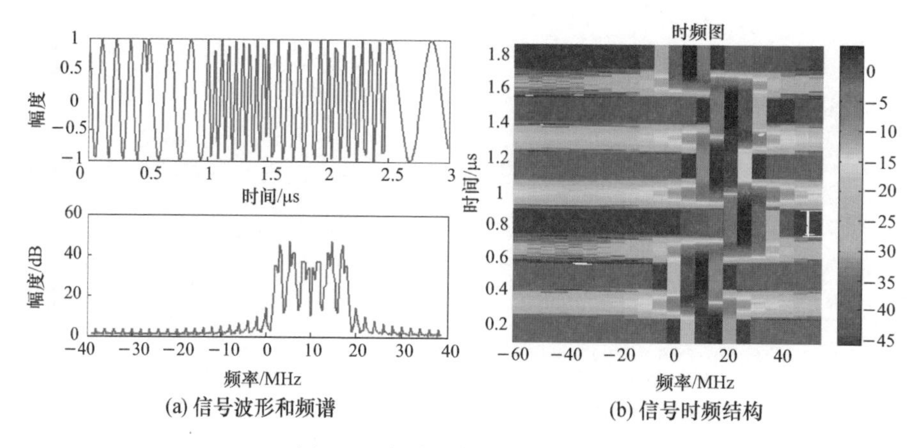

图 3.4　离散频率编码信号波形

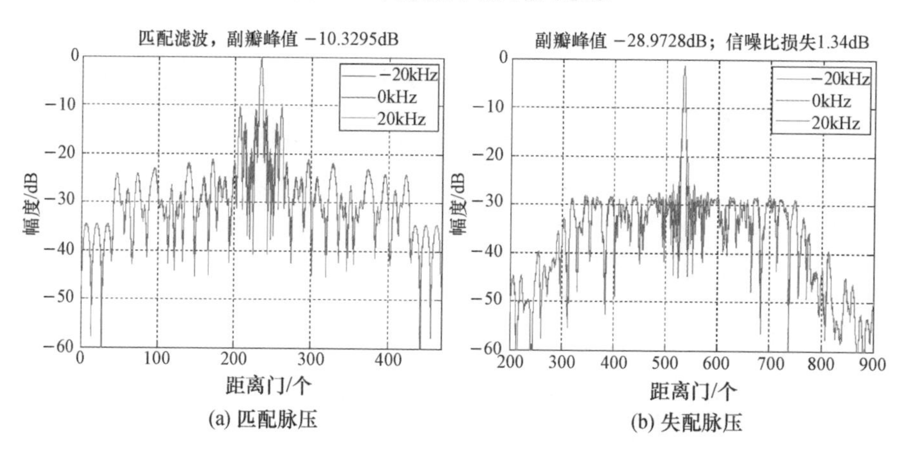

图 3.5　离散频率编码脉压结果

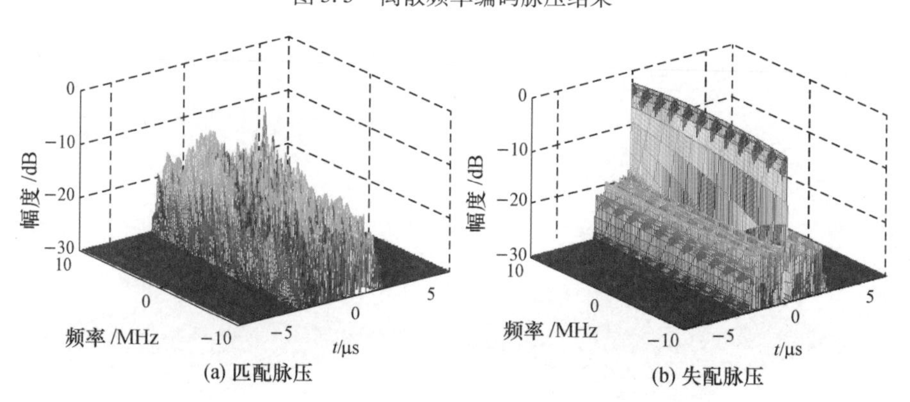

图 3.6　离散频率编码模糊函数

彩/16

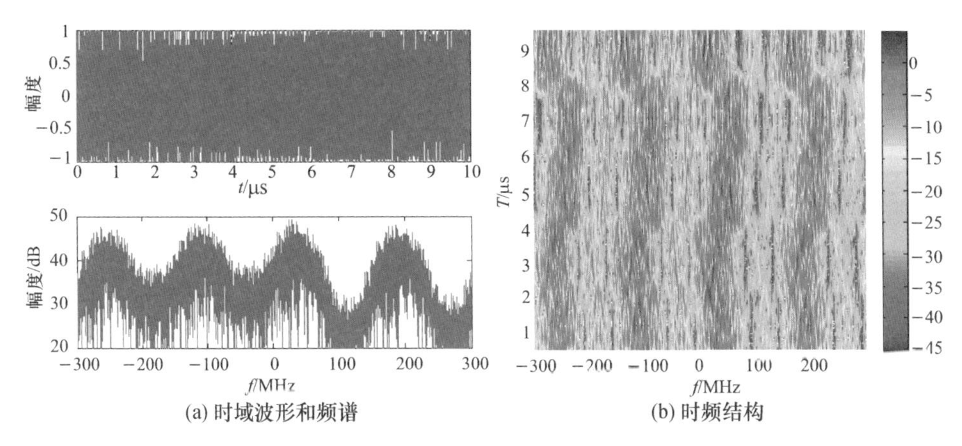

(a) 时域波形和频谱

(b) 时频结构

图 3.8　频率分集波形

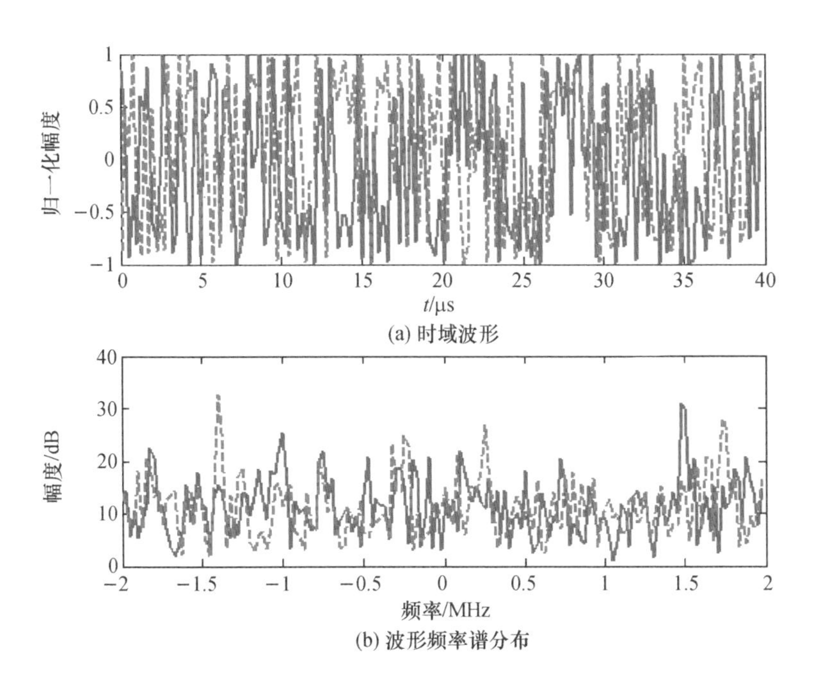

(a) 时域波形

(b) 波形频率谱分布

图 3.9　时域波形和频域结构

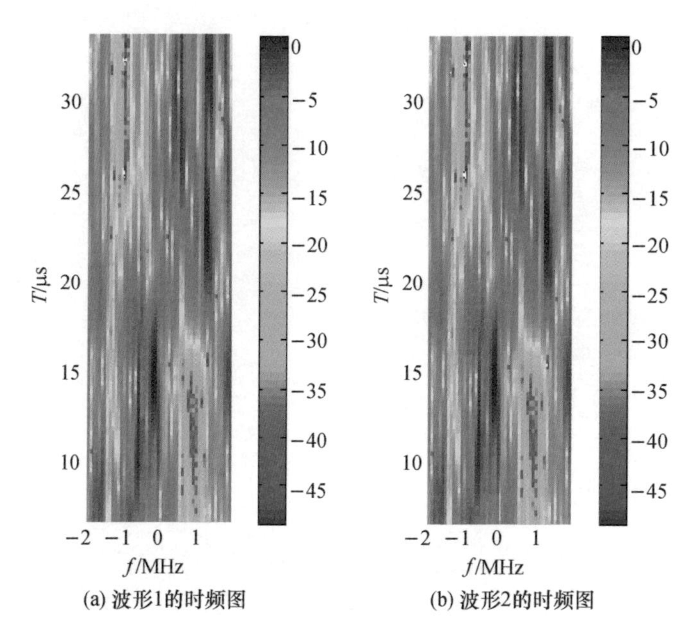

图 3.10　波形时频结构

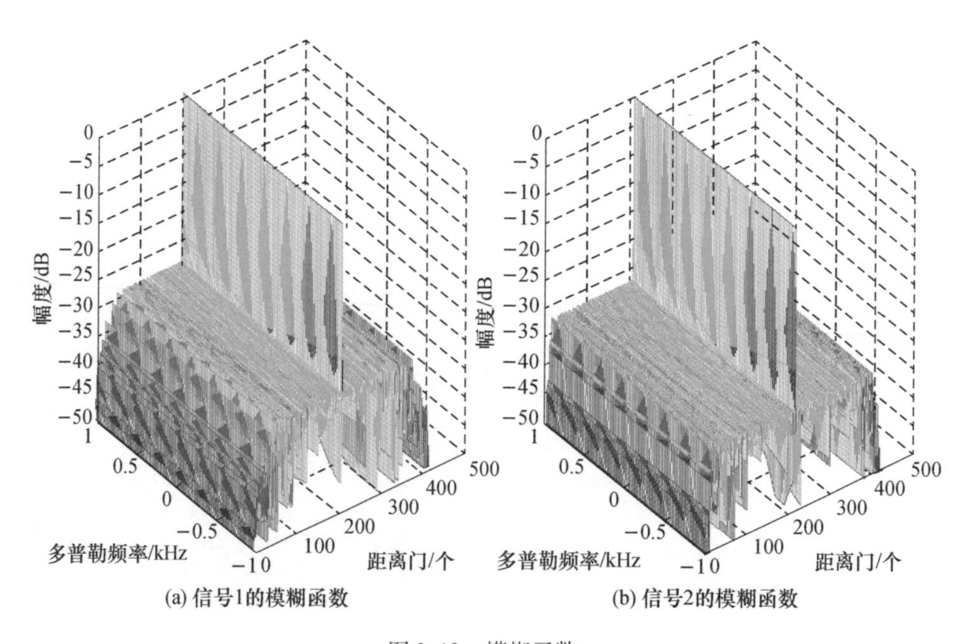

图 3.12　模糊函数

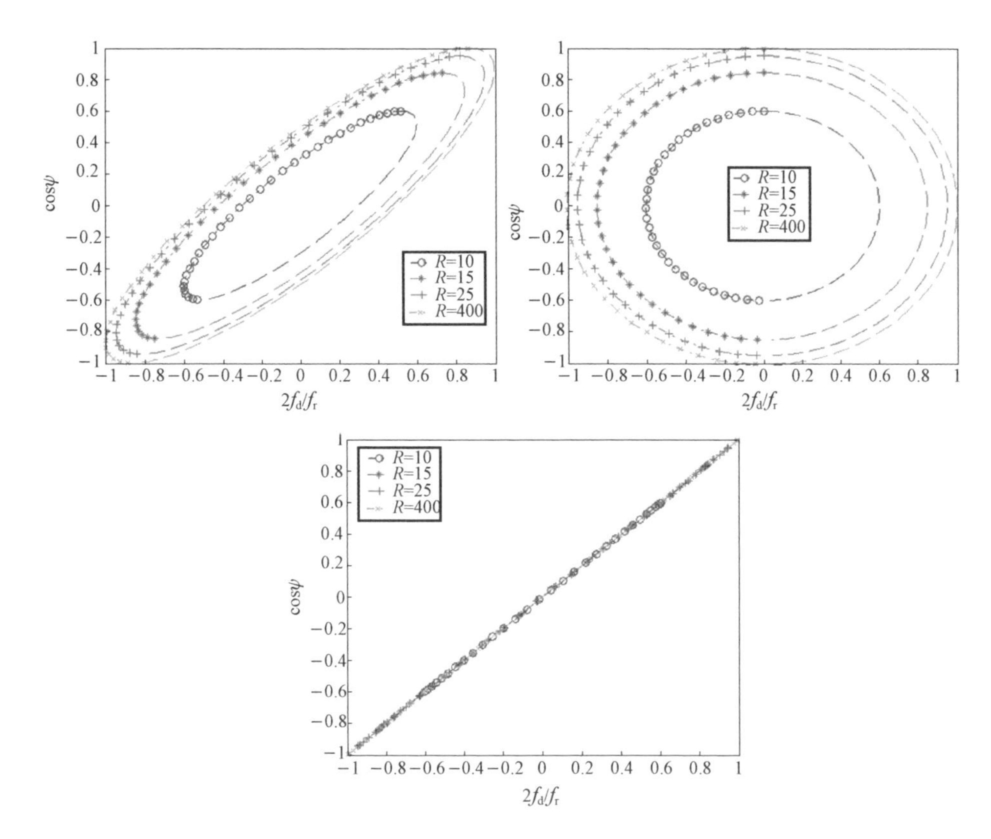

图 3.15　地杂波的空时二维谱分布

图 3.16　KA－STAP 典型工作场景

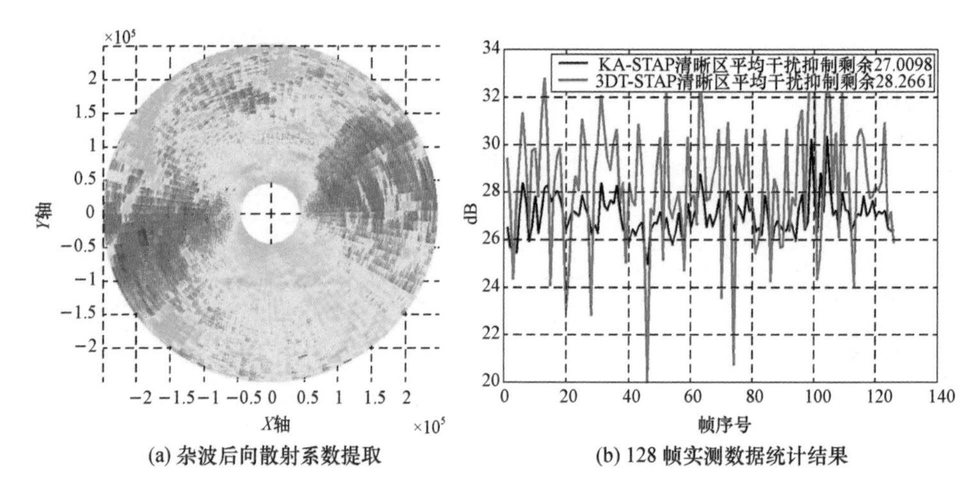

(a) 杂波后向散射系数提取　　(b) 128 帧实测数据统计结果

图 3.21　KA－STAP 性能实测数据验证

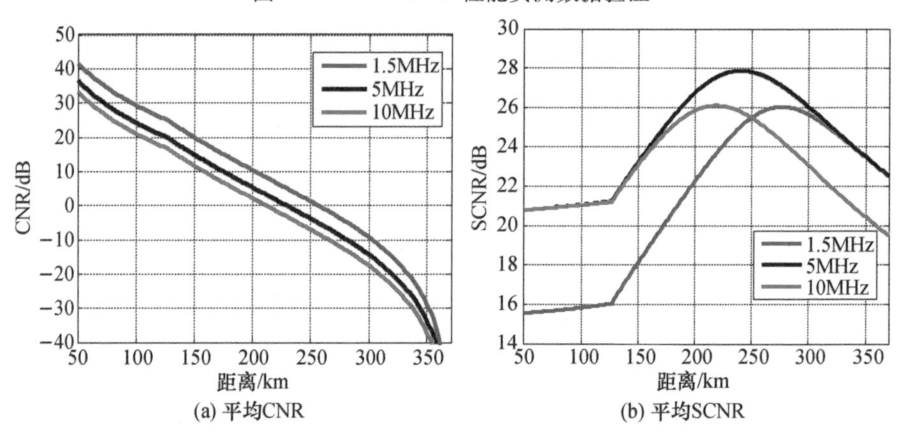

(a) 平均CNR　　(b) 平均SCNR

图 4.10　不同带宽下 CNR/SCNR 随距离的变化

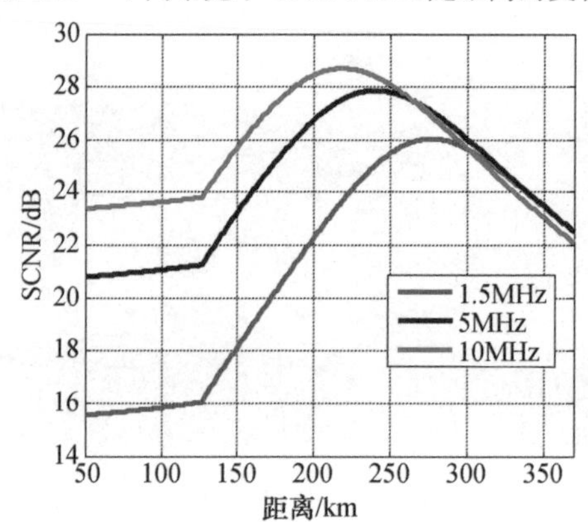

图 4.11　不同带宽下积累后 SCNR 随距离的变化曲线

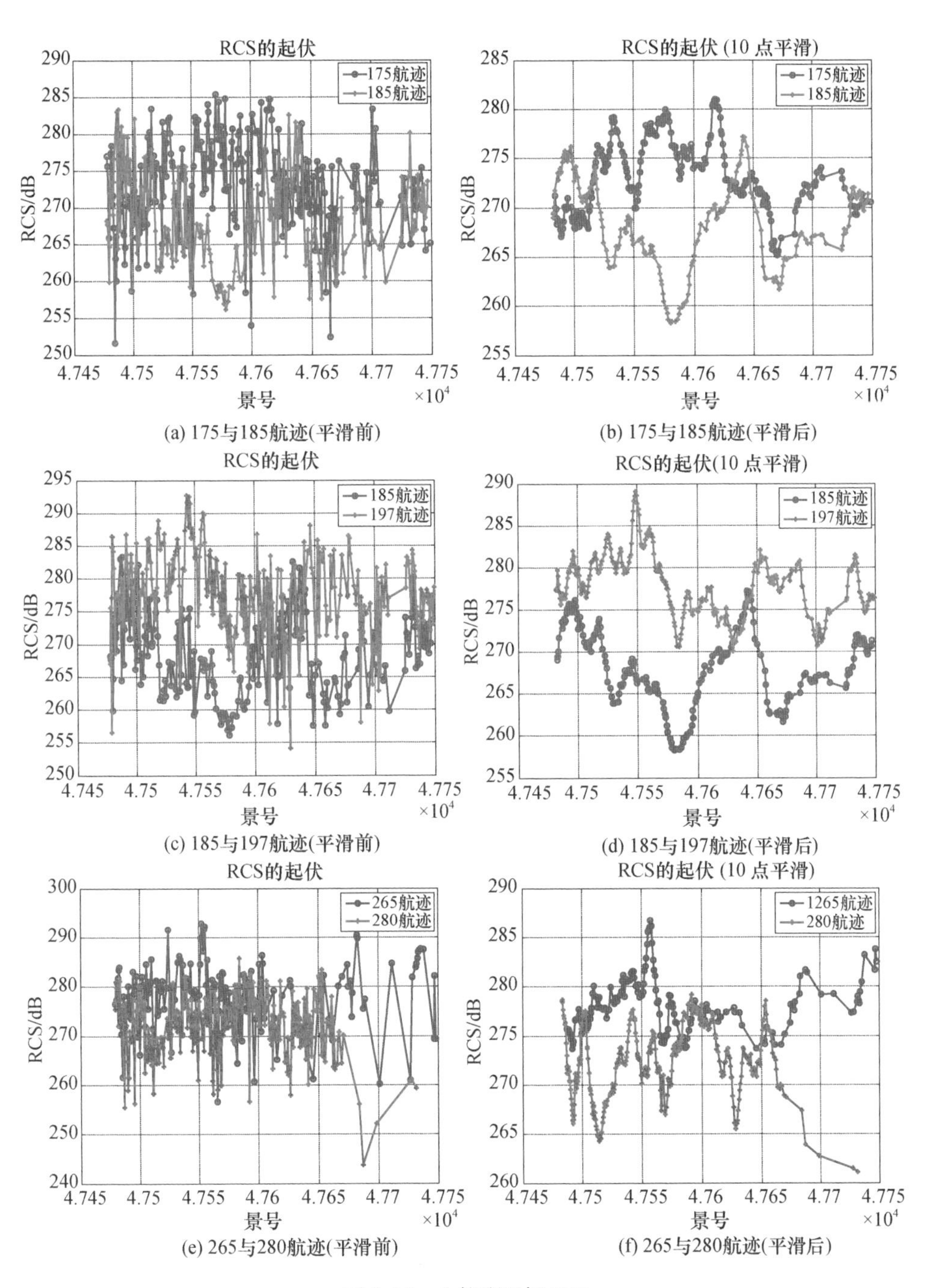

图 4.16　六航迹目标 RCS

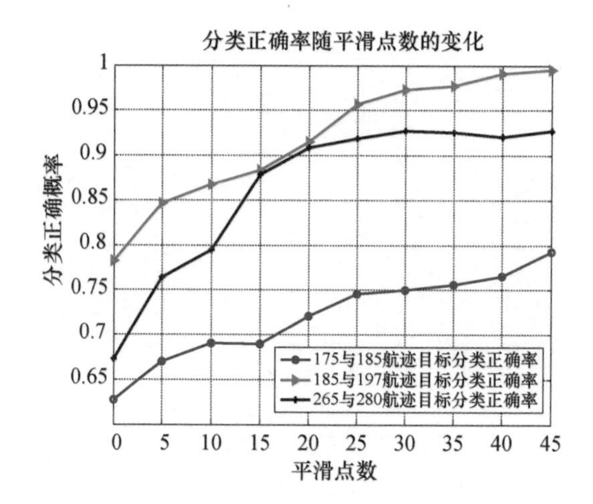

图 4.17 正确分类概率与平滑点数的关系曲线

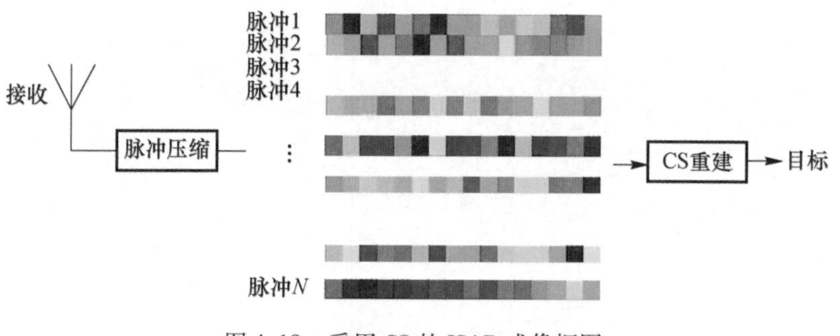

图 4.18 采用 CS 的 ISAR 成像框图

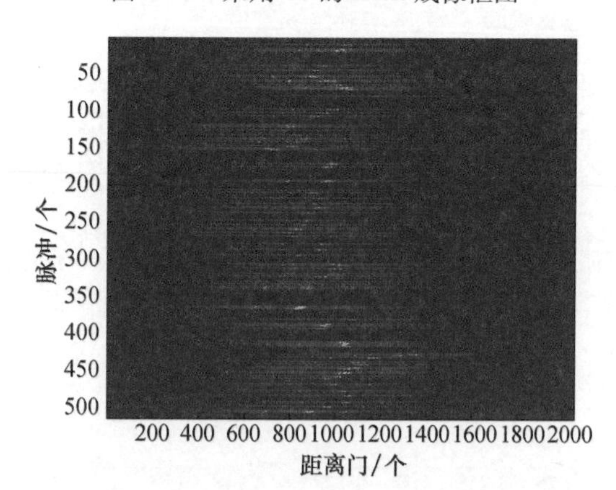

图 4.19 稀疏采样信号

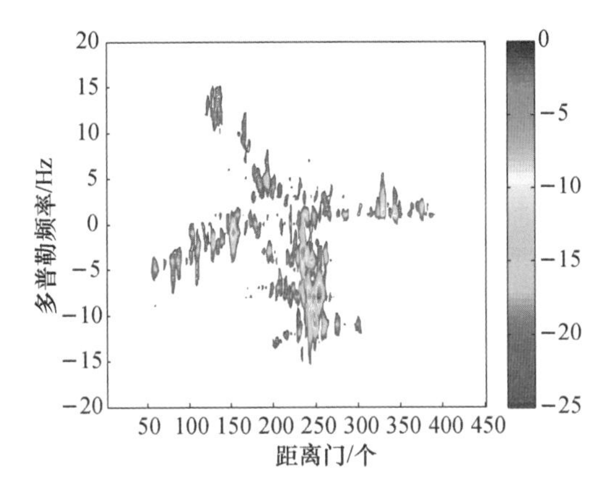

图 4.20 采用 CS 成像结果

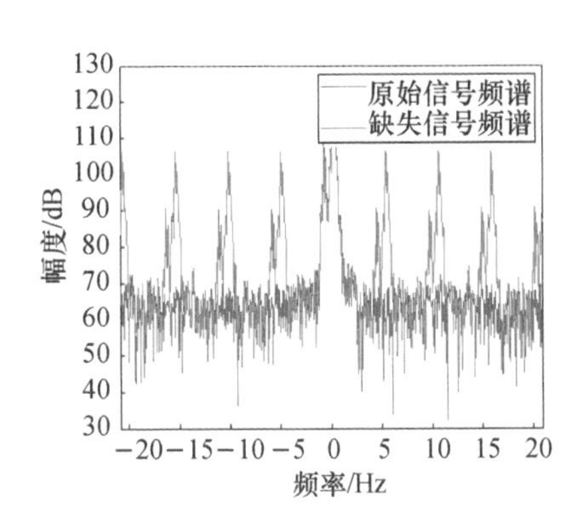

图 4.24 常规处理

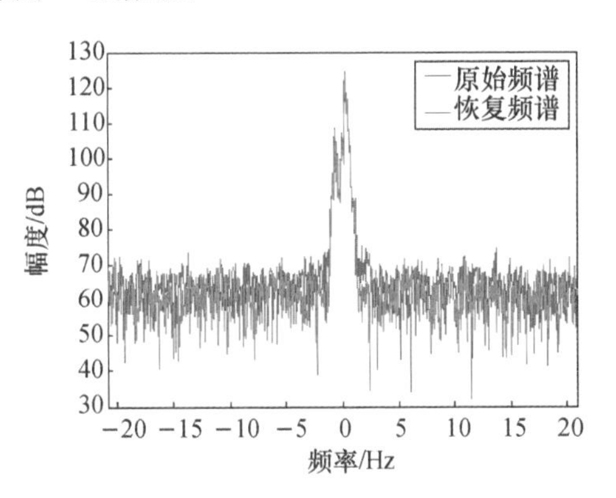

图 4.25 稀疏处理

图 5.1 GBR - P 雷达

图 5.2　SBX 雷达

图 5.3　Cobra Gemini 雷达

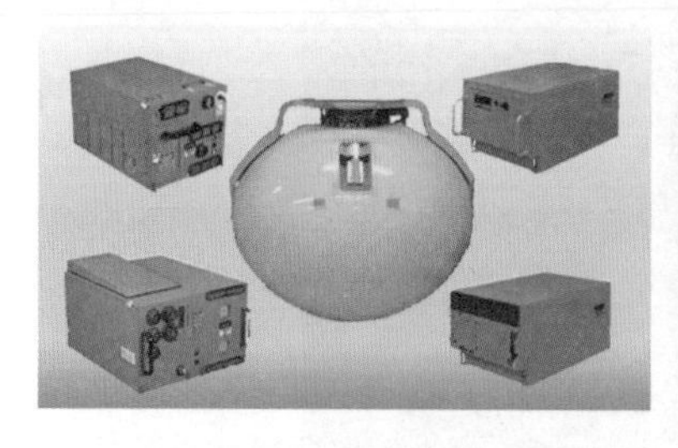

(a) APY-10型雷达

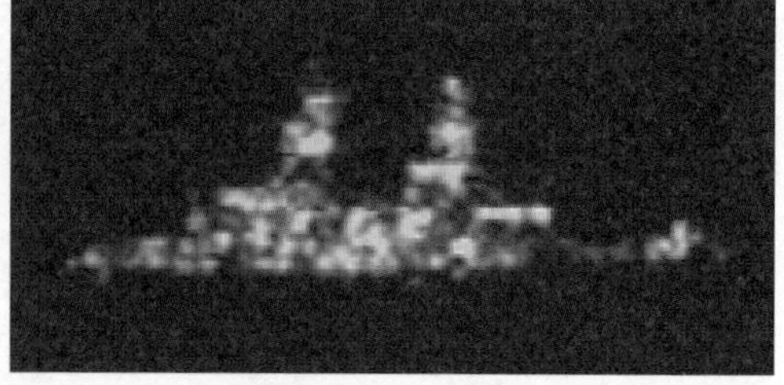

(b) 雷达对舰船目标的ISAR成像

图 5.4　APY－10 型雷达及其对舰船目标的 ISAR 成像

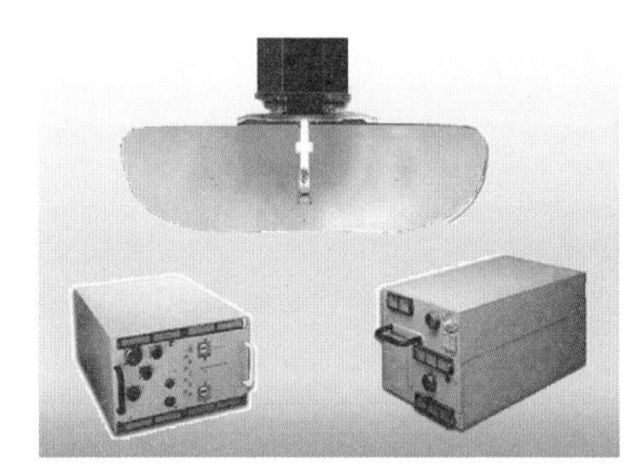

(a) Sea Vue雷达

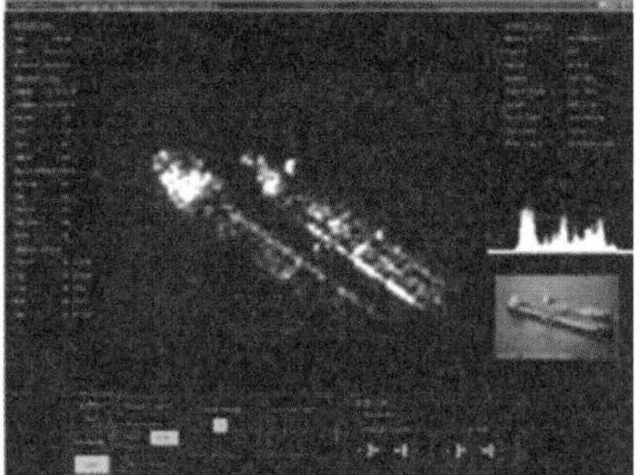

(b) 海面目标ISAR成像界面

图 5.5　Sea Vue 雷达及其 ISAR 成像界面

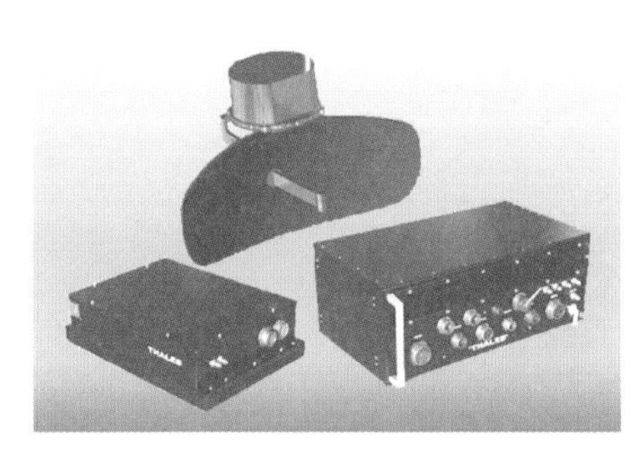

(a) Ocean Master雷达

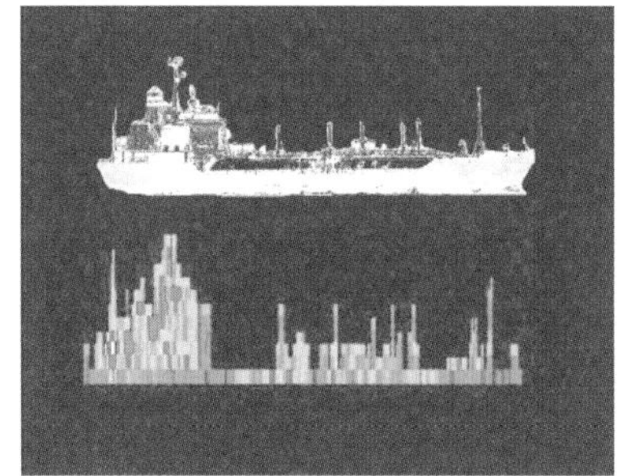

(b) ISAR成像画面

图 5.6　Ocean Master 雷达及 ISAR 成像画面

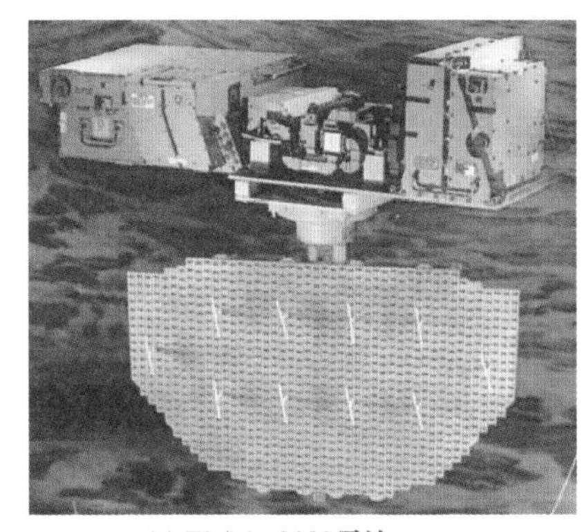

(a) EL/M−2022雷达

(b) ISAR成像界面

图 5.7　EL/M－2022 雷达及其 ISAR 成像

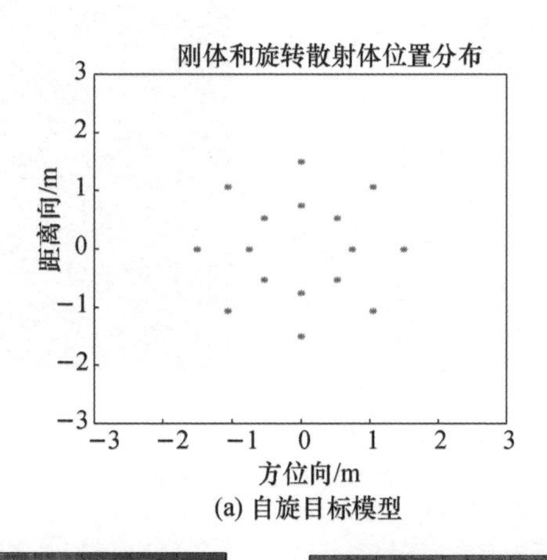

(a) 自旋目标模型

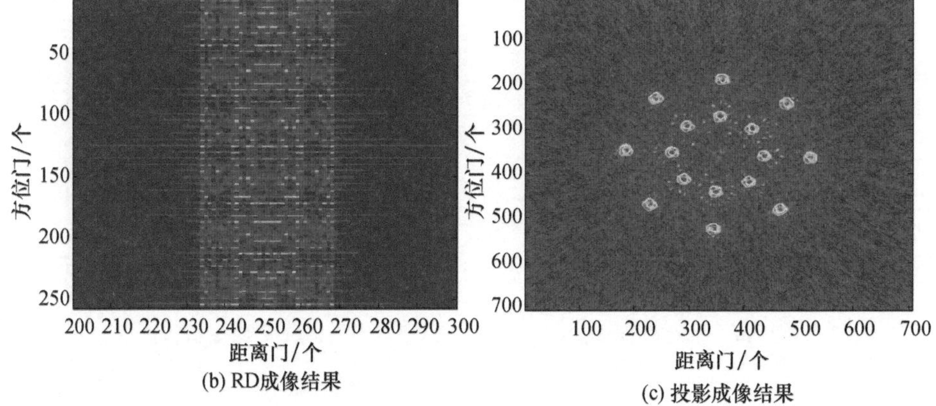

(b) RD成像结果

(c) 投影成像结果

图 5.12　RD 算法和投影算法成像结果

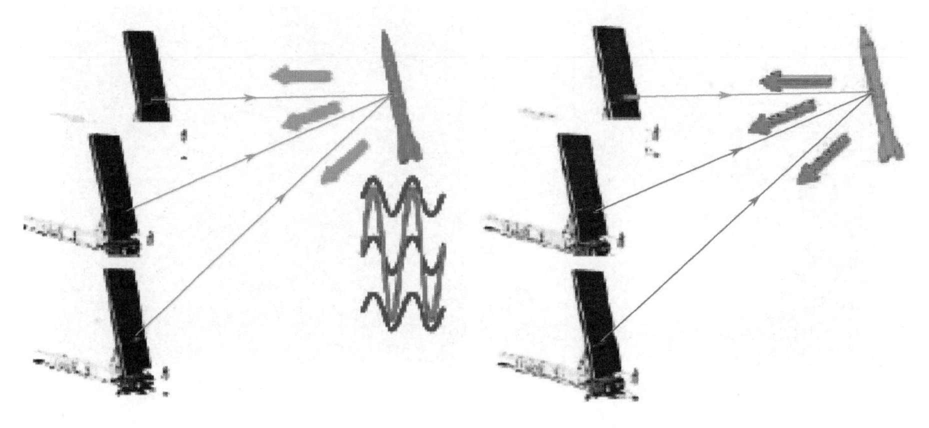

图 6.3　收发全相参

图 6.4　接收相参

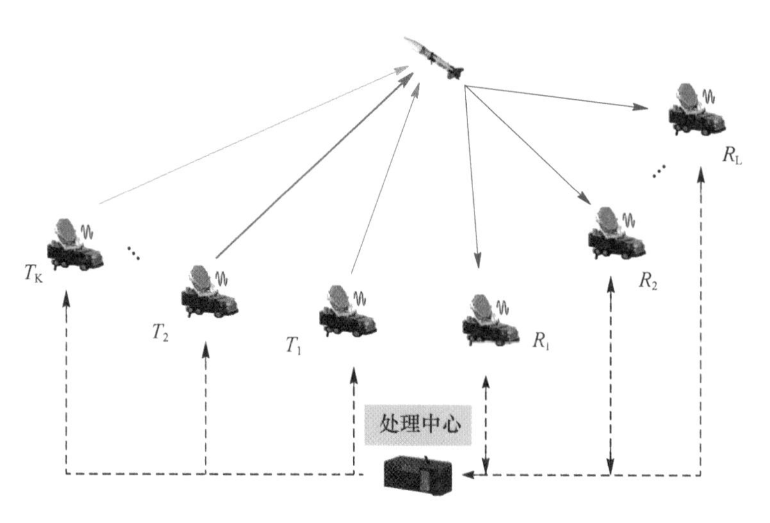

图 6.5　一般结构的 DACR 系统

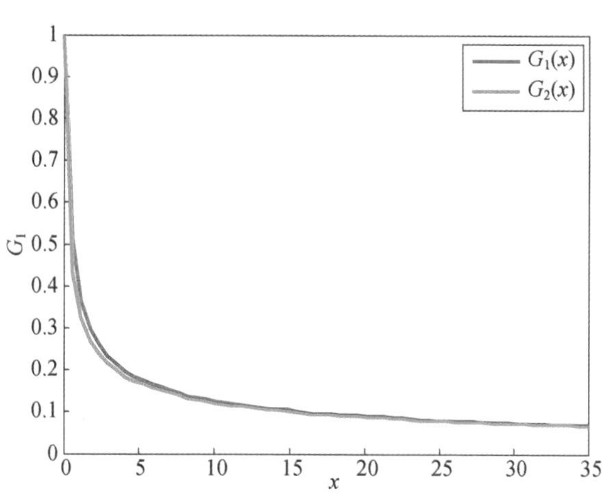

图 6.6　$G_1(x)$和 $G_2(x)$的拟合结果

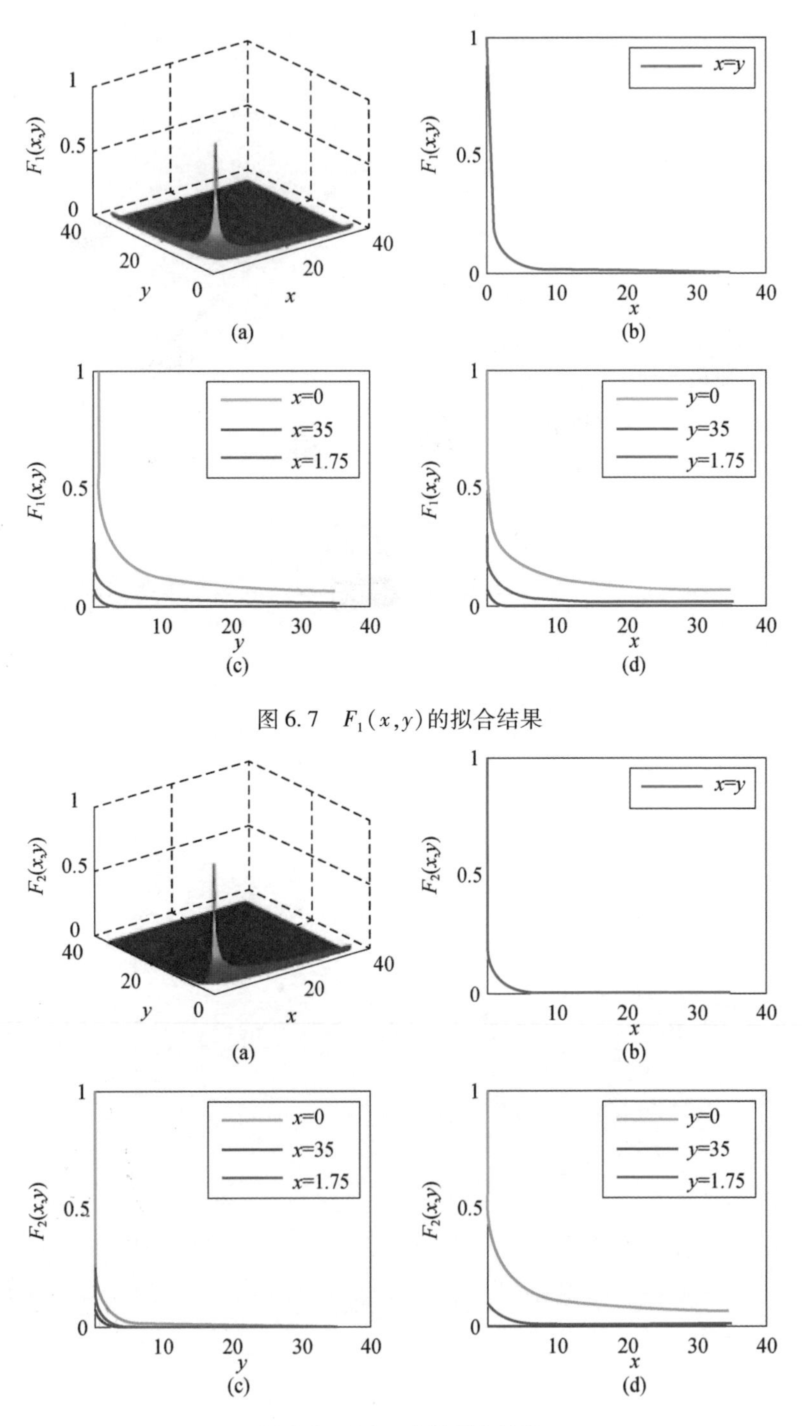

图 6.7　$F_1(x,y)$的拟合结果

图 6.8　$F_2(x,y)$的拟合结果

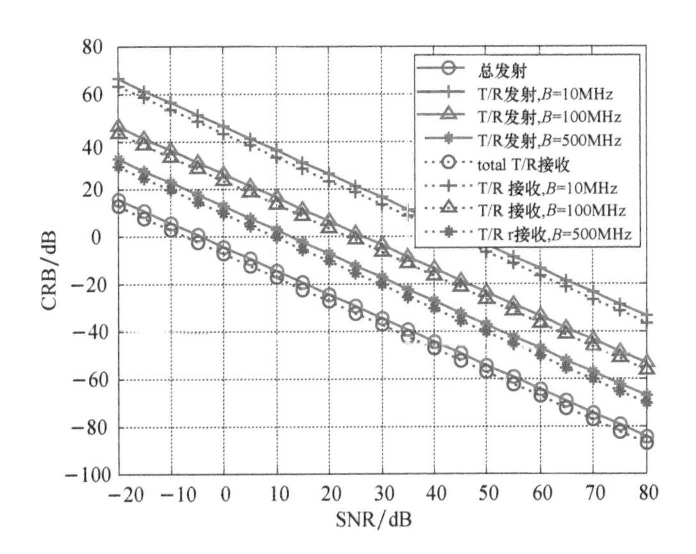

图 6.9　两种模型对应的相位差估计 CRB

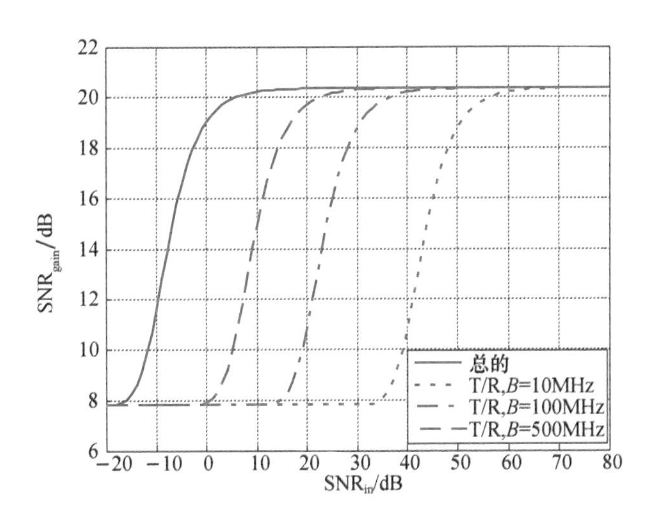

图 6.10　两种模型对应的 $\mathrm{SNR_{gain}}$

彩 / 30

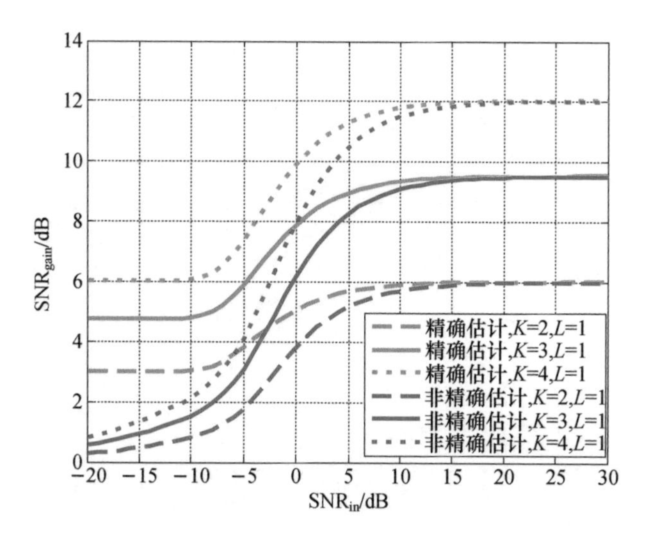

图 6.11　接收天线数一定

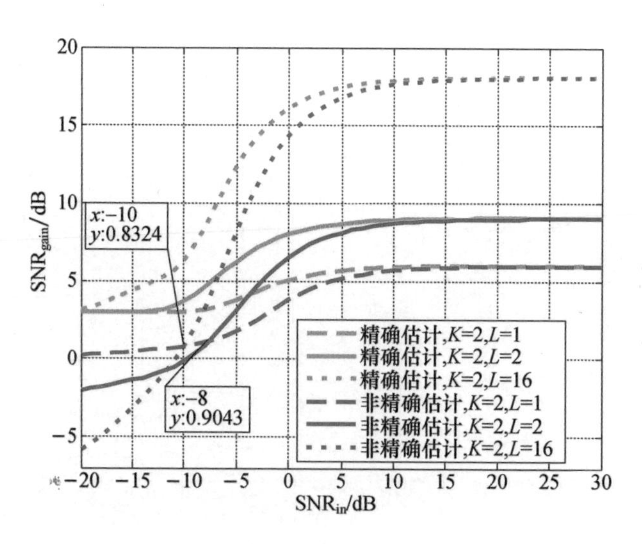

图 6.12　发射天线数一定

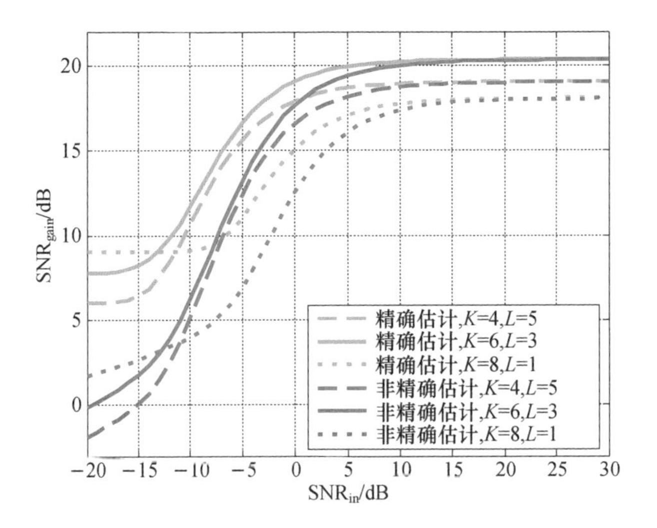

图 6.13　收发天线总数一定图